储藏物甲虫

张生芳　樊新华　高　渊　詹国辉　主编

U0273698

科学出版社

北京

内 容 简 介

　　全书分概论、储藏物甲虫的外部形态及分类 3 部分。第 1 部分介绍了储藏物甲虫的含义、经济和检疫重要性、防治及标本的鉴定和制作技术等；第 2 部分介绍了储藏物甲虫的形态特征；第 3 部分记述了国内外储藏物甲虫 34 科 351 种（亚种），包括了我国的储藏物甲虫主要种类及国外的重要种类。图文并重，附黑白特征图 356 幅及 338 个种（亚种）的全虫彩图，书末附拉丁名英文名称对照、中文名索引及拉丁名索引，便于读者查阅。书中增加了部分新种和新纪录种，对 46 个种的学名进行了订正，并对部分种的中文名称进行了调整。

　　本书适于从事植物检疫、粮食、食品、中药材、外贸及图书档案和文物保管工作者使用，也可供有关科研单位和大专院校师生的教学和科研参考。

图书在版编目 (CIP) 数据

储藏物甲虫／张生芳等主编 . —北京：科学出版社，2016. 1
ISBN 978-7-03-041325-3

Ⅰ.①储… Ⅱ.①张… Ⅲ.①粮仓-仓库害虫-鞘翅目 Ⅳ.①S379. 5

中国版本图书馆 CIP 数据核字 (2014) 第 144972 号

责任编辑：马　俊　矫天扬　赵小林／责任校对：郑金红
责任印制：肖　兴／封面设计：铭轩堂

科 学 出 版 社 出版
北京东黄城根北街 16 号
邮政编码：100717
http://www.sciencep.com

北京凌奇印刷有限责任公司 印刷
科学出版社发行　各地新华书店经销

*

2016 年 1 月第 一 版　开本：787×1092　1/16
2016 年 1 月第一次印刷　印张：23 1/4　插页：16
字数：522 000
POD定价：　198. 00元
（如有印装质量问题，我社负责调换）

《储藏物甲虫》编委会

主　　编　张生芳　樊新华　高　渊　詹国辉

副 主 编　白旭光　周玉香

编写人员　国家仓储有害生物检疫重点实验室(苏州)：

花　婧　张生芳　陈云芳　陈景芸　郑斯竹

赵毓郎　高　渊　詹国辉　樊新华

河南工业大学：

白旭光　周玉香

吉林出入境检验检疫局：

魏春艳

北京东方大地虫害防治有限公司：

武增强

中国检验检疫科学研究院：

周　贤

前　　言

1998 年出版的《中国储藏物甲虫》和 2004 年出版的《储藏物甲虫鉴定》两书,对国内外储藏物甲虫的分类、生物学、经济意义和国内外分布进行了介绍。两书出版迄今已 10 年有余,期间研究工作取得了一定的进展,有必要加以总结。

我们继续对国内外有关资料进行了收集,对国内有关著作中某些储藏物甲虫的学名进行了订正(包括误定名的种及使用异名的种),使该书中种的定名更科学。

对苏州出入境检验检疫局多年来检疫截获的标本及过去国内调查采得的标本做了进一步鉴定,书中增加了少数新种和新纪录种。

书中的彩图,是在原来的基础上,部分采用了河南工业大学粮食食品学院白旭光和周玉香二位先生拍摄的图;部分图由苏州检验检疫局根据实物重新拍摄;另外又增加了国外专家新近提供的部分种的图。书中的黑白特征图,也在原来的基础上进行了部分调整和补充。

书中对于部分种的中文名称,作者尝试进行了某些调整。如过去许多称为“××谷盗”的种,广泛存在于谷盗科、锯谷盗科、扁谷盗科和拟步甲科。在本书中,凡属锯谷盗科的种,均在“谷盗”之前加上“锯”字(唯有米扁虫,因为该种的中名在国内文献中用得广泛,就不再变更);至于拟步甲科中的某些种,如长头谷盗、阔角谷盗、赤拟谷盗、杂拟谷盗等,由于国内文献中用得相当普遍,也不再变更;长角象科的咖啡豆象,经常被误认为隶属于豆象科,在本书中更改为咖啡长角象;球棒甲科的怪头扁甲,在本书中并非隶属于扁甲科,故更改为怪头球棒甲;扁薪甲科的椭圆薪甲和头角薪甲,均在“薪甲”之前冠以“扁”字,以避免被误认为隶属于薪甲科。

从植物检疫和储藏物保护的实际需要出发,本书突出了具有经济重要性和检疫重要性的类群及国内有分布的种。书中强调的重要类群,如皮蠹科和豆象科等,进行了较详细的阐述;对于没有明显经济重要性和检疫重要性的类群,有的科只提供一个种作为代表(如隐翅甲科和步甲科),或对记述种的数量进行了压缩(如薪甲科和隐食甲科等),如果读者对这些科种的鉴定有兴趣,可参考《中国储藏物甲虫》和《储藏物甲虫鉴定》两书。

我们工作的进展及该书的出版,得益于国内外有关专家及同行的大力支持。德国的 A. Herrmann 博士、英国的 D. G. H. Halstead 博士及美国的 R. S. Beal, Jr. 教授曾馈赠珍贵标本和资料,这些材料现保存在苏州出入境检验检疫局国家仓储有害生物检疫重点实验室,为该书的编写以及今后的科学研究工作提供了帮助,在此表示诚挚的感谢。

由于作者水平所限,书中难免有错误或疏漏之处,恳请读者批评指教。

编著者
2015 年 7 月

目　　录

一、概　　论

（一）储藏物甲虫的含义

从广义上讲，储藏物甲虫是指与储藏物有直接或间接关系的鞘翅目昆虫，涉及该目下的 40 多个科。

1945 年，Hinton 在其所著的《储藏物甲虫》一书中，报道全世界记述的种类达 600 余种。至今全世界已报道的种类尚无资料可查，肯定远远超过这个数字。就我国报道的种类来说，已有数十种在 Hinton 的著作中就不存在。

与储藏物有关的甲虫可分成以下 3 大类群：第 1 类直接为害储藏的谷物、豆类、油料、食品、肉制品、奶制品、皮毛、干果及中药材等，包括许多经济意义重要的种类；第 2 类为害的对象主要与木材（包括竹材）有关，包括木制家具和器具、建筑物的木质结构、图书档案和木包装及衬垫物等，这类害虫相当一部分为钻蛀性害虫；第 3 类为食腐、食霉菌及捕食性甲虫。以上类群普遍发生于仓库、储藏室、商业船只、粮油加工厂、酿造厂、食品厂、商店、博物馆及居民住宅等场所。

（二）储藏物甲虫的经济重要性

鞘翅目昆虫不仅在种类方面是昆虫纲中最大的一个目，在经济意义方面也是十分重要的一个目，在储藏物昆虫中鞘翅目更是显居首位。

赵养昌等(1982)在《中国仓库害虫区系调查》一书中列出我国储藏物甲虫 181 种，占储藏物昆虫总数的 85%。另外，该书又列出了中国主要的仓库害虫 39 种(包括昆虫和螨)，其中鞘翅目昆虫 33 种，占 84.6%。经过本书作者进一步调查研究，目前国内储藏物甲虫已达到 300 余种。

据有关部门调查，我国因有害生物造成的粮食损失，国家粮库为 0.2%，农户储粮为 8%～10%，而我国农户储粮约占总储存量的 2/3，因此，因仓储有害生物直接为害造成的粮食损失非常巨大，其中储藏物甲虫的危害最大。

储藏物甲虫对多种储藏品均可造成严重的危害，据统计，全世界每年因仓储有害生物造成的粮食、豆类、油料损失约占总储存量的 5%，一些发展中国家甚至高达 15%～20%。

除直接取食，储藏物甲虫还可引起粮食发热、霉变、品质下降，造成营养质量下降，甚至影响人畜健康。又如烟草甲在香烟、雪茄上造成蛀孔，蠹虫危害珍贵的收藏品等。这些损失往往比直接损失更为严重。

（三）储藏物甲虫的检疫重要性

储藏物甲虫对植物检疫也具有十分重要的意义。储藏物甲虫是特殊的生态类群，对高温、低温和干燥的抵抗力强，又能长期耐饥饿，加之多数虫体小而隐蔽，极易随寄主或其他载体进行远距离传播。另外，该类甲虫的食性杂、繁殖力强，在仓内的繁殖期长、生活周期短，在短时间内往往可以产生大量个体。加之，仓内环境稳定，食料丰富，外来的种类比较容易定居。由于上述原因，许多甲虫早已成为世界性分布的种类。

以几种主要豆象或斑皮蠹的世界传播蔓延为例。谷斑皮蠹于 1946 年随贸易渠道传入美国，直到 1956 年才解除检疫，严重危害年份造成的经济损失达数亿美元，共耗资 1100 多万美元用于根除该有害生物。四纹豆象的世界分布更广泛，危害性更大，在我国南方一年可发生 11~13 代。在尼日利亚，由于四纹豆象为害，豇豆储藏 9 个月质量损失达 87%。该虫于 20 世纪 60 年代随港澳旅客携带的豆类传入我国，现已蔓延到广东、广西、福建、浙江、湖南、云南、江西、新疆、河南等省(自治区)。

1. 检疫意义比较突出的储藏物甲虫

皮蠹科、豆象科、拟谷盗科、长蠹科等具有突出的检疫重要性。以皮蠹科、豆象科为例，作者对口岸截获的种类进行了鉴定，发现如下有重要经济意义的种。

皮蠹科 Dermestidae：

  暗褐毛皮蠹 *Attagenus brunneus* Faldermann

  斑纹齿胫皮蠹 *Phradonoma nobile* Reitter

  标本圆皮蠹 *Anthrenus museorum* (Linnaeus)

  地毯圆皮蠹 *Anthrenus scrophulariae* (Linnaeus)

  谷斑皮蠹 *Trogoderma granarium* Everts

  褐足球棒皮蠹 *Orphinus fulvipes* (Guérin-Méneville)

  黑斑皮蠹 *Trogoderma glabrum* (Herbst)

  横带毛皮蠹 *Attagenus fasciatus* (Thunberg)

  简斑皮蠹 *Trogoderma simplex* Jayne

  里斯皮蠹 *Reesa vespulae* (Milliron)

  美洲皮蠹 *Dermestes nidum* Arrow

  秘鲁皮蠹 *Dermestes peruvianus* Castelnau

  缅甸毛皮蠹 *Attagenus birmanicus* Arrow

  墨西哥斑皮蠹 *Trogoderma anthrenoides* (Sharp)

  拟白带圆皮蠹 *Anthrenus oceanicus* Fauvel

  拟长毛皮蠹 *Evorinea indica* (Arrow)

  日本斑皮蠹 *Trogoderma varium* (Matsumura & Yokoyama)

  肾斑皮蠹 *Trogoderma inclusum* LeConte

  世界黑毛皮蠹 *Attagenus unicolor unicolor* (Brahm)

条斑皮蠹 *Trogoderma teukton* Beal

痔皮蠹 *Dermestes haemorrhoidalis* Küster

豆象科 Bruchuidae：

埃及豌豆象 *Bruchidius incarnatus*（Boheman）

暗条豆象 *Bruchidius atrolineatus*（Pic）

巴西豆象 *Zabrotes subfasciatus*（Boheman）

菜豆象 *Acanthoscelides obtectus*（Say）

地中海兵豆象 *Bruchus ervi* Froëlich

花生豆象 *Caryedon serratus*（Olivier）

灰豆象 *Callosobruchus phaseoli*（Gyllenhal）

角额豆象 *Bruchidius angustifrons* Schilsky

可可豆象 *Callosobruchus theobromae*（Linnaeus）

罗得西亚豆象 *Callosobruchus rhodesianus*（Pic）

曼氏脊背豆象 *Specularius maindroni*（Pic）

欧洲兵豆象 *Bruchus lentis* Froëlich

三叶草豆象 *Bruchidius trifolii* Motschulsky

四纹豆象 *Callosobruchus maculatus*（Fabricius）

胸纹粗腿豆象 *Caryedon lineatonota* Arora

野葛豆象 *Callosobruchus ademptus*（Sharp）

野豌豆象 *Bruchus brachialis* Fåhraeus

银合欢豆象 *Acanthoscelides macrophthalmus*（Schaeffer）

鹰嘴豆象 *Callosobruchus analis*（Fabricius）

上述截获的种类 80% 在我国无分布。

2. 储藏物甲虫的入侵案例

谷斑皮蠹 *Trogoderma granarium* Everts：发源于印度、斯里兰卡和马来西亚，曾随贸易渠道传入欧洲和美洲。该虫虽于 1953 年在美国加利福尼亚州首次报道，但实际上最早发现于 1946 年，当时误鉴定为黑毛皮蠹。到 1953 年，该虫在一个仓库中，在上部 1.25m 深的粮层中，幼虫数量竟然比粮粒数还要多，当年在加州造成的经济损失达 2.2 亿美元，相当于该州农产品总收入的 10%。当年用溴甲烷和其他药品处理之后未发现活虫，但秋季入仓的新粮到第 2 年又发现被严重侵染。该虫还扩散到美国的亚利桑那州和新墨西哥州及墨西哥。针对这一极其严重的疫情，美国当局制订了严密的根除计划。从 1955 年 2 月，开始了历时 5 年的疫情调查，曾先后对美国 36 个州的 4.5 万多个调查点进行了 6 万次调查，在墨西哥的 2 个州进行了 900 次调查，结果发现了谷斑皮蠹侵染点 455 个，侵染仓库的总体面积达 396.2 万 m³。当局对调查出的侵染点全部进行了溴甲烷熏蒸处理，到 1956 年 12 月 1 日，有 382 个侵染点，311.3 万 m³ 仓库经处理之后解除了检疫，共耗资 1100 多万美元。该虫在中国大陆没有分布，几次入侵及时发现并得以根除。1962 年发现于山东青岛一个仓库，由进口马里的花生带入；1981 年全国储粮检疫害虫普查时，发现于云南德宏州及保山地区的 10 多个县市，引起国务院高度重视，由当时的粮食部和农业部联合下文，对该虫进行了跟踪调查，拨巨款进行根除，并增设了瑞丽和畹町两个动植物检疫所；1984 年发现于深圳沙和鸽场；1989 年发现于中山市；1990年发现于深圳腐竹厂。经过分析，谷斑皮蠹主要是通过进口谷物、豆类、油料等农副产品传入我国的。20 世纪 70 年代，谷斑皮蠹在我国台湾定居，现已成为当地一种重要的储粮害虫。

蚕豆象 *Bruchus rufimanus* Boheman：原产于欧洲，后来传入伊朗和非洲北部，在当地危害一向严重，1909 年传入美国，同时传入加拿大。此虫在朝鲜及日本也有分布，可能也是从欧洲或北美洲传入的，现已经蔓延到全世界。蚕豆象最普遍的传播途径是被害豆类的调运。日本侵华期间，日军将马饲料带入中国，随同带入的还有蚕豆象，当时中国还没有该仓储昆虫。由于该虫飞翔能力、耐饥饿能力及抗寒能力都较强，在我国广泛传播、迅速蔓延，已经成为豆类的主要害虫，每年蚕豆因此损失 20%～30%。

菜豆象 *Acanthoscelides obtectus* (Say)：原产于中美洲和南美洲，主要借助被侵染的豆类通过贸易、引种和运输工具等进行传播，卵、幼虫、蛹和成虫均可被携带，在运输途中成虫还可飞行扩散，其适应性强、危害严重、根治困难，现已成为世界性的大害虫，广泛分布于全世界 5 大洲 60 多个国家。我国首次于 1990 年在吉林图们发现，1991 年初步调查，该虫已经在吉林的中朝边境地区定居。1994 年查明，该虫已经扩散蔓延到延边州的珲春、图们、龙井、汪清、龙县和延吉。该虫在我国吉林、北京、天津、山东、江苏、上海、浙江、福建、广西、广东、海南、西藏等口岸多次被截获。

灰豆象 *Callosobruchus phaseoli* (Gyllenhal)：原产于亚洲和非洲，现已扩展到北美洲、南美洲和欧洲。1984 年 6 月昆明动植物检疫所从来自澳大利亚的牧草种子汉卧斯扁豆中首次检获该虫。1986 年 5 月以来畹町、瑞丽动植物检疫所多次从来自缅甸的白扁豆和白茶豆中检获该虫。1987 年报道在深圳药材库发现；1999 年报道在浙江泰顺县发现；2000 年报道在温州发现；2005 年报道在广东雷州半岛发现。

墨西哥拟叩甲 *Pharaxonotha kirschi* Reitter：原产于南美洲，后传入欧洲，另有资料报道菲律宾也有发生。该虫对储藏的谷物、豆类和薯类造成较严重危害。我国曾在云南、广东、广西等口岸截获此虫。2002 年发现于广东雷州半岛，后经调查疫情并未根除。

银合欢豆象 *Acanthoscelides macrophthalmus* (Schaeffer)：原产于美洲，分布于美国、墨西哥、危地马拉、萨尔瓦多和洪都拉斯等国，近几年发现在我国海南、云南及广西等地定殖危害。该虫在美洲的寄主多达 11 种，均属银合欢属植物。我国华南热带作物科学研究院 1961 年从墨西哥引入了银合欢进行栽培种植，广西畜牧研究所于 1964年也曾试种，至今在我国广西、广东、福建、海南、云南、浙江、湖北等地已有较大面积栽培，引种范围从西沙群岛北至湖北武昌。1999 年首次在海南发现该虫于银合欢豆荚和种子上为害，银合欢库存种子被害率达 35%～100%。

墨西哥斑皮蠹 *Trogoderma anthrenoides* (Sharp)：是斑皮蠹属中经济意义比较突出的一种。该虫发源于美洲，目前已在日本定居。该虫被列入《日本向中国出口精米植物卫生要求议定书》中。由于长期以来将墨西哥斑皮蠹误认为是饰斑皮蠹，墨西哥斑皮蠹的经济重要性和检疫技术得不到应有的重视。该虫分别在苏州、防城港及黄浦等口岸被截获。

大谷蠹 Prostephanus truncatus（Horn）：原产于美国南部，后扩展到美洲其他地区，是南、北美洲主要的玉米害虫；现在，大谷蠹分布不再局限于美洲，20 世纪 80 年代初在非洲立足，并迅速蔓延，在坦桑尼亚、肯尼亚、多哥等国均有大量发生。该虫主要随玉米、木薯干等农产品的调运传播，若不采取有效的检疫措施加以制止，大谷蠹将成为遍及撒哈拉南部非洲地区的、国际性的主要储粮害虫。大谷蠹在中国有无分布，是一个有待进一步澄清的问题。Lesne 于 1898 年报道，在中国的储藏玉米中曾发现此虫；20 世纪 70 年代，从香港运往美国的仓储物内截获到大谷蠹。以上事例说明该虫可能在我国有分布；然而，20 世纪 50 年代至 80 年代，我国进行了多次较大规模的仓储害虫调查，均未发现此虫。所以，即使该虫在我国存在，发生范围也可能十分局限；或由于我国米象属昆虫大量发生，大谷蠹的虫口密度尚很低，因此不易查出。

（四）储藏物甲虫的采集

1. 蛀食性种类

此类害虫钻蛀于玉米、麦类、豆类、高粱、稻米等的粮粒内，或钻蛀于竹材、木材或其他被害物内部生活。如果被害物为粮粒，可用过筛法寻找成虫。若发现粮粒内有幼虫或蛹，可将被害粒浸入 50~60℃温水中，经过半小时之后剖粒检查，获取标本。对被蛀的竹、木结构，除进行表面检查外，往往需要将被害物劈开进行检查。

2. 粉食性种类

此类害虫喜食面粉和成品粮，也取食钻蛀性害虫为害后形成的破损粮粒和碎屑。它们往往生活于含水量较高的粮食和糠麸内。如锯谷盗、几种扁谷盗、几种拟谷盗、几种粉盗及米扁虫等，多发生于粮油加工厂的车间和仓房，栖息于粮食加工器械上残留的碎屑中及车间的边角处。成虫可用过筛获取；幼虫当过筛时往往紧附在筛面上，可用毛笔粘取。

3. 腐食性和菌食性种类

此类害虫多发生于阴暗潮湿的霉粮、粮食下脚料及尘芥物中，在地下室、粮食加工厂升降机底座及中药材库的阴湿角落多见。常见的种类如薪甲科、隐食甲科和小蕈甲科的种类及小菌虫、黑菌虫和二带黑菌虫、黑粉虫等。可将陈腐粮、药材碎渣及尘芥物过筛获取标本。

4. 杂食性种类

此类害虫食性极杂，为害谷物、油料、干燥或腐败的动植物性物质，如毛皮、动植物性药材、图书档案及昆虫标本等，皮蠹、郭公虫、蛛甲及某些窃蠹就属于这一类害虫。要调查采集这类昆虫，除了粮油加工厂外，还可调查中药材库、卷烟厂、酿造厂、皮革厂、土特产库、博物馆等。尤其是中药材库，那里的食物比较丰富，害虫的种类很多。

调查时，需要掌握调查对象的生物学特性，如生活史、寄主范围及最嗜的食物、栖息场所、耐干性等。例如，在我国北方要调查花斑皮蠹或条斑皮蠹，需要知道二者1年仅发生1代，成虫出现于春季，成虫寿命一般情况下仅10余天。如果调查错过了成虫期，则采得的标本基本上都是幼虫，虫种的鉴定会有一定难度。即使偶尔发现了死成虫标本，由于成虫死后尸体易被皮蠹幼虫取食破坏或被蛛网紧紧包围，往往触角及跗节断裂，虫体残缺不全，对鉴定带来许多困难。

例如，谷斑皮蠹的最嗜食物已不是毛皮和动物性材料，而转化为最嗜食植物性产品。因此，在进行调查或检疫检验时，除应对动植物材料、包装材料进行全面检查外，尤其注意对谷物、油料、豆类及饲料的检查，特别是来自疫区的花生、花生饼，携带该虫的可能性更大。谷斑皮蠹还有明显的趋触性，取食之后喜欢栖息于缝隙内，因此常发现于麻袋缝隙内、仓房墙壁缝隙及梁柱地板缝隙内。棉花本来不是它的食物，但该虫也常发现于棉花的包皮上及包皮内棉花的皱褶内。谷斑皮蠹喜高温，多栖息于轮船机舱附近温度较高的场所。

另外，一个地区的大多数储藏物昆虫，其中包括仓螨，均可以在当地野外的树皮下、蜂巢、蚁巢及鸟兽巢内找到。尤其在树皮下的种类最多，因为树皮下为储藏物昆虫的自然发源地之一。对一个地区来说，在自然界能发生的种类，如果仓内有适宜的食物，就很容易转化为储藏物昆虫。不难理解，自然界中的树皮下及某些动物的巢穴，对维持当地储藏物昆虫的种群有着重要的作用。因此，在进行仓内调查的同时，辅助于室外调查，定会丰富调查的内容。

曹阳和白旭光曾在河南郑州对兼营室外生活的储藏物昆虫进行了调查。在室外环境中共采得44种储藏物昆虫，其中包括麦蛾、玉米象、赤拟谷盗、药材甲、绿豆象、豌豆象、蚕豆象、黑毛皮蠹、花斑皮蠹、几种露尾甲等。以上昆虫栖息的场所包括居民小片菜地的菜花、路边草丛、室外腐烂的水果及蔬菜、动物骨骼及羽毛等。这些昆虫的成虫多数飞翔力较强，极易飞入仓库内感染储藏物。许多种类又有访花习性，在风和日丽的天气，成虫往往群聚于花上，取食花粉花蜜，进行交尾。在北京，作者曾发现大量红圆皮蠹集中于文冠果的花上，也曾发现大量牵牛豆象集中在小旋花的花蕊处，它们对花的品种似乎有一定的选择，在大风、阴雨和太阳曝晒的天气则很少出动。

（五）储藏物甲虫的饲养

现场检验取得的昆虫不仅有成虫，还有幼虫、蛹、卵，而目前鉴定技术除对部分种类能通过幼虫进行鉴定外，大多仅能以成虫鉴定为准，因此，需通过实验室人工饲养至成虫后才能进行形态学鉴定。

储藏物甲虫栖息的场所是一个特殊的半封闭环境，饲养时应设计类似的环境。

口岸截获的储藏物甲虫具有一定的外来有害生物入侵风险，饲养时应注意环境的生物安全控制。实验室应有专用的养虫室，设置准备间、缓冲间和饲养间，与外界进行物理隔离，分种类和批次置于养虫缸后，再将养虫缸置于专用的养虫箱或培养箱中饲养，记录饲养编号、寄主或为害产品种类等信息，并保存饲养记录。

由于在生物学习性等方面的差异，饲养时在饲料、活动空间、温湿度等方面应尽量模拟昆虫的自然生活环境。储藏物甲虫的饲料方法可根据活动场所、饲养周期、饲料品种的不同进行分类和设计。

1. 按活动场所分类

（1）在作物收获前已在田间植株上为害，只在田间繁殖的种类。如蚕豆象和豌豆象在田间时已经蛀入豆粒内，收获时被带入室内，在豆粒内继续发育，成虫羽化后不再为害储藏物，第 2 年再飞回田间为害，每年只发生 1 代，能在田间豆类荚上产卵，幼虫以幼嫩豆粒为食。该类昆虫室内不易繁殖，饲养时必须设计类似田间的环境，对饲料比较挑剔，饲养难度大。

（2）在田间和储藏期均能为害和繁殖的种类。如绿豆象从田间进入储藏期，在仓内可产生后代继续繁殖，或第 2 年一部分种群又飞回田间繁殖，这类害虫为害储藏物更为严重。部分种类需设计一段时间的田间环境，其余时段只需储藏环境饲养，室内饲养难度较大；部分种类能常年在储藏环境饲养，无需设计田间环境，室内饲养难度较小，如大谷蠹均能在田间和储藏期为害，在室内以玉米或红薯干能长期饲养繁殖。

（3）只在储藏期为害，不去田间产卵繁殖的种类。如杂拟谷盗和谷象，一生只在储藏产品中发育繁殖，与储藏环境关系密切。这类昆虫室内饲育较容易。

2. 按饲养周期分类

（1）全年连续饲养。需要较为恒定的环境，如人工气候箱或恒温箱，可以按设计需要调节温、湿度和光照。用这种饲养方法主要以科研为目的，饲养昆虫种类明确、种类少，饲养方法比较单一。

（2）短期饲养。这种饲养方法主要目的是获得成虫用于鉴定，因此饲养周期短，目标明确，但由于可能饲养的昆虫种类较多，饲养条件各不相同，因此需要根据环境要求，分类或分区域进行，也可分别放入人工气候箱或培养箱饲养。

3. 按饲料品种分类

（1）谷物饲养。直接用储藏谷物饲养，如小麦、玉米、大豆等；或使用经过加工后的谷物饲养，如麦麸、面粉、红薯干等。主要适用于为害谷物的昆虫。

（2）木料、竹料饲养。用木片、木段、竹片等作为饲料，适用于钻蛀类昆虫。

（3）配方饲料饲养。使用动植物产品加工材料，加上一定的营养物质，按一定的配方混合后作为饲料，适用于饲养方法比较成熟的昆虫。

4. 几种昆虫的饲养方法

（1）杂拟谷盗 Tribolium confusum Jacquelin du Val

全麦粉加1%酵母粉混合后作为饲料，在60℃下烘24h，消灭其中的螨类和微生物。用1000ml的广口瓶盛装饲料，放入供试的杂拟谷盗成虫，瓶内放少许硬纸片有利于虫体活动，瓶口用纱布或黑布封盖，置于27℃、70%RH的恒温箱内饲养，2周后取出检查其发育和繁殖情况。

（2）黄粉虫 Tenebrio molitor Linnaeus

以麦麸与米糠按1：1比例混配饲料为主食，辅以瓜皮、果皮、蔬菜等于25℃室温通风条件下饲养，2万头/m² 为最佳饲养密度，定期定量补充成虫可使产虫量增加。另外，小麦粉+玉米粉混合饲料对黄粉虫幼虫体重增长影响较大，是比较适宜的饲料配方。黄粉虫对温度的适应范围较宽，最佳生长发育温度为25～30℃，饲料含水量为18%时，黄粉虫幼虫生长较快，阴暗条件下生长更快。黄粉虫幼虫喜欢在浅层饲料中活动，饲料厚度保持在4.0～5.5cm为宜。

（3）洋虫 Palembus dermestoides（Fairmaire）

成虫饲料可用花生：玉米粉按1：1比例混合，或玉米粉：豆粉：麦麸按2：2：6比例混合；幼虫饲料可用玉米粉：豆粉：麦麸按3：3：4混合。成虫饲养：在塑料盆底铺一张报纸，供成虫产卵用，再铺上纸巾，然后铺上纱网，在纱网上放入饲料和虫源，用盖盖紧。成虫把大部分卵产在报纸上，每2天收集1次，把产卵纸取出，放入幼虫饲养箱，并撒一层细细的幼虫饲料。卵全部孵化后，将粘有卵的纸取出，把初孵幼虫轻轻抖落在饲养箱中，密度0.7万～1.4万头/m² 为宜，低龄幼虫应喂细的粉末饲料，高龄幼虫可适当用粗饲料。

（4）小圆皮蠹 Anthrenus verbasci（Linnaeus）

用粗干鸡毛洗净晒干，除去细毛，将粗干剪成小段打成粉，另用干酪素、啤酒酵母、胆固醇和麦胚打粉混合拌匀。将以上饲料分装于直径约15cm的玻璃缸中，每缸放一定数量的供试昆虫和几片洗净的鸡毛，加金属纱网盖上，置于28℃、60%RH的恒温箱内，不给光照。幼虫孵化后将鸡毛取走，用分样筛将虫筛出。幼虫老熟后要分缸饲养，缸内放几片鸡毛，成虫羽化后爬上鸡毛栖息和产卵，完成一代需5个月左右。

（5）大谷蠹 Prostephanus truncatus（Horn）

将红薯洗净，切成1cm厚的薯片，60℃烘干后作为饲料，也可以带粒玉米棒或木薯干晒干后作为饲料。将饲料置于养虫缸内，挑入成虫，用金属纱封盖，置于25℃、干燥室内饲养，每2周检查1次，主要检查饲料是否保持干燥，因大谷蠹特别耐干，甚至在含水量5%左右仍能存活，湿度较大时有真菌腐殖，不利于其生长，所以若发现红薯干发软或有螨虫，应及时更换饲料。更换时在白布上将红薯片或玉米棒掰开，仔细挑出成幼虫，特别是薯片皮层附近及玉米棒中间虫量最多。更换下来的饲料另外用养虫缸放置，上部放少许干的红薯干，2～3天后观察，若仍有残余昆虫，会被新鲜食料吸引，取食新的红薯干，将其中昆虫转移至新养虫缸内饲养，如此反复几次可将残余虫量大部分转移。大谷蠹检疫风险极高，饲养环境应进行有效的生物安全控制，更换下来的饲料应通过高压、煮沸等方式杀虫后方可弃置。

（6）双窝竹长蠹 *Dinoderus bifoveolatus*（Wollaston）

以含水量30%左右的竹片作为食料，置于养虫缸内，挑入成虫，室内20~30℃环境下饲养，能存活并繁殖。虫量较大时应及时增加竹片。

（7）双钩异翅长蠹 *Heterobostrychus aequalis*（Waterhouse）

以含水量30%左右的木段作为食料，口岸截获的活虫最好是使用寄主木料进行饲养，置于养虫缸内，在室内20~30℃环境下饲养，该虫活动能力很强，并能啃咬部分胶皮、塑料制品，注意防护，防止活虫逃逸。虫量较大时应及时增加食料。

（8）玉米象 *Sitophilus zeamais* Motschulsky、米象 *S. oryzae*（Linnaeus）

以水稻为食料，置于广口瓶内，用铁纱网封口（象虫钻挤能力强，普通纱网不能有效防护），在室内避光自然条件下饲养，注意控制室内湿度并定期检查，防止食物发霉，即能正常生长和繁殖。

（六）储藏物甲虫的检验与鉴定

1. 现场检验技术

储藏物的种类多、原料杂，主要包括谷物、杂粮、油料、药材、皮毛、水产品、畜产品、干果、坚果、菌类、茶叶，还有经动植物加工制成的木板、胶合板、家具、竹器、藤器、草工艺品、皮毛、水产品、畜产品，甚至包括纸张、文具等深加工产品等。

现场检验时，除关注货物产品本身外，还应检查产品包装物、装载工具、周边环境及人员活动区域。这里列出储藏物甲虫现场检验的一些重点，其他产品可选择合适的方法进行现场检验。

（1）粮谷类检验

储藏物甲虫为害的粮谷主要包括小麦、大麦、稻米、玉米、黍、燕麦、高粱等粮食，以及花生、豆类、木薯干、红薯干等杂粮。

检查时，观察表面是否有虫孔，发现可疑，可破粒查虫；对一些较小昆虫，破粒查虫时易损坏虫体，影响实验室鉴定，应仔细操作，也可根据产品和可疑有害生物情况，采取其他办法将虫体取出，例如，发现咖啡豆表面有虫孔，怀疑有咖啡果小蠹时，可用微波振动水煮法，使咖啡豆粒膨大，虫体从孔洞振出；检查储藏区域是否有蛀屑、排泄物或其他昆虫活动痕迹；可根据谷物品种和重点筛查的昆虫种类，选择不同孔目的筛过筛（一般用0.3~0.4cm），观察筛下物是否有虫；部分种类昆虫幼虫、蛹甚至幼虫蜕下的表皮具有鉴别价值，应一并收集，例如，斑皮蠹可根据幼虫或其蜕下的皮进行鉴定。

（2）竹木草柳藤制品检验

这些产品包括以竹木草柳藤为原料制成的产品、木质包装、植物铺垫材料等。以检查钻蛀性昆虫为主，常见的有长蠹科、小蠹科、粉蠹科等昆虫。

检查时，应首先观察制品表面是否有蛀屑等为害状，然后查看是否有虫孔或虫体，发现可疑应进行解剖查虫。部分昆虫幼虫期为害没有蛀屑外露，其坑道在制品内部，外表孔洞也不明显，可随机抽样，锯开并观察横切面是否有坑道和孔洞出现。

（3）动物产品检验

对羊毛、毛笔、皮张、鱼干、肉脯等动物产品，主要观察表面有无虫体或蛀屑等为害状，若发现皮蠹类昆虫，应注意同时收集幼虫、蜕下的皮等，以利于实验室快速鉴定。

（4）运输工具检验

针对船舶、飞机、火车、汽车及集装箱等运输工具，除关注所装载货物携带昆虫外，还要检查运输工具本身、植物铺垫材料、旅客携带物、食品舱及所用食材等。

对于运输工具本身，重点检查所载货物的残留物、货舱壁、门窗边缘、缝隙边角等处有无昆虫及其为害痕迹；对于植物铺垫材料，主要观察表面是否有虫孔，有无蛀屑、排泄物等；对于旅客携带物，主要检查食品、动植物及其产品有无昆虫及其为害状，应特别关注水果、植物种子等高风险产品；对于食品舱的检查，重点关注谷物及其包装、蔬菜、干果、泔水、调味料等，以及角落缝隙等处。一般可用目测、强光照射、过筛、X光机、剖检等检查方法。

（5）虫样初步处理和鉴定

现场检疫发现的虫体，可用指形管盛装，并对虫体进行形态学简单识别。除部分种类可依据幼虫直接识别外，形态学鉴定方法大多只能根据成虫进行鉴定，因此若未发现成虫，应暂时以指行管或广口瓶保存，并注意保护幼体样品，保持通气和原有的湿度，条件允许的，应尽量保存于其为害的产品中，尽快送实验室，培养为成虫进行进一步鉴定。若发现成虫，可初步用放大镜或体视显微镜观察，判断大致类别，进而进行风险判定，以决定是否采取进一步检疫措施。如需要，应进一步送实验室进行种类鉴定。

对风险较大的昆虫种类，如皮蠹、豆象、长蠹、小蠹、蛛甲等，由于可能需通过分子检测快速确定具体种类，应注意将样品及时送实验室，或采用100%乙醇浸泡、快速烘干、超低温等方法保存样品，防止DNA分解破坏。

2. 实验室鉴定技术

（1）成虫形态鉴定

①直接观察外部形态特征。将送检的活成虫放入毒瓶中将虫杀死，也可把虫放入乙醇或热水或电热干燥箱中杀死，然后放在体视显微镜下观察各部位特征。对于死亡时间较长的样品，由于虫体僵硬，需将虫体放入软化器中软化后观察以防止操作过程中损坏样品，但为了加快软化速度，也可将虫体置于滤纸上，将滤纸放在盛水的烧杯上用酒精灯加热，水煮沸后10min左右即基本达到软化效果。

②分离解剖观察外部形态特征。储藏物甲虫常用的外部形态特征主要有触角、前胸背板、胸部腹板、前足、后足、鞘翅、腹末、臀板等，部分昆虫一些部位较隐蔽，不易操作和观察，需进行分离解剖甚至制作成玻片后观察。主要解剖部位有触角、足、鞘翅、

腹部等。

触角的分离。用昆虫解剖针将成虫头部取下，倒放，左手持解剖针从头部与胸的接合处插入，固定头壳，用右手持解剖针轻挑触角柄节基部，来回挑动直至使触角柄节脱离头壳。此过程中注意不要挑动触角棒节及索节，以免触角从相互连接的节间脱离，失去整体鉴定价值。若为十分细小的昆虫，或触角不易分离的昆虫，或死去时间较长的昆虫，触角极易因操作不当损坏，可用右手持眼科镊，夹住昆虫头壳着生触角的部位，用力夹碎头壳后使触角分离。

足的分离。无论鉴定特征在腿节、胫节或跗节上，均应将足整体解剖下来，以免破坏足的完整性及足毛等附属结构。解剖时，左手持解剖针从胸部插入固定虫体，右手持解剖针挑动腿节，直至足脱离胸部。

鞘翅的分离。将成虫头部朝上，先用解剖针从胸部插入，再用解剖针从两鞘翅合缝中使两鞘翅左右稍分开后插入，将虫体前后固定。右手持解剖针从右鞘翅内缘以逆时针方向往外拨，来回活动直至鞘翅脱落。

腹板的分离。一般将腹板整个取下，不要把每个腹节分开。先用解剖针或眼科镊将鞘翅除去，滴点95%乙醇膨胀肌肉，然后用解剖针把不相关的组织挑开，余下空腹板即可。

分离出所需的虫体组织后，在体视显微镜下观察或制片后观察。

③标本处理后解剖观察。储藏物甲虫部分关键特征有时在虫体内部，如雌雄外生殖器等。由于虫体有许多肌肉和脂肪等组织，需进行消解，以免影响解剖和观察。解剖前，先将样品放入10% NaOH溶液中浸泡，时间根据温度和虫体情况而定，以去除肌肉等非骨化组织，一般在室温条件下几小时甚至过夜，如急需解剖鉴定，可浸泡在10% NaOH溶液中用酒精灯加热至60℃左右几分钟至半小时。样品经碱液处理后，用清水冲洗，然后移入小玻璃皿内，加75%乙醇，在体视显微镜下解剖后，制片观察。

解剖雄虫外生殖器时，使虫体腹面朝上，一手用解剖针在腹部轻压，将外生殖器挤出体外后，另一手用解剖针将其挑出，或左右手各持解剖针将腹部挑开，找到外生殖器后挑出，用解剖针去除不相关的组织。此过程应特别注意及时添加75%乙醇，以免组织干燥后变形或制片气泡较多。挑出雄虫外生殖器后，制片观察。

解剖斑皮蠹下唇的颏时，将虫体用10% NaOH浸泡，室温下约需3h。取出虫体，用水洗去碱液。注意虫体经碱液浸泡后较软化松散，需小心操作。将虫体置于培养皿中，滴加适量75%乙醇，在体视显微镜下进行解剖。注意滴加液量的控制，若过多，则易造成虫体组织漂浮移动，增加解剖难度；过少则极易全部挥发，造成虫体组织破坏；在解剖过程中注意及时添加液体，保持虫体浸润。解剖时，双手持较细的解剖针，将头部取下单独操作；观察下唇位置，可将头部腹面朝上，找到下唇须即可确定下唇位置；采用针头压迫、切割等方法，将下唇分离。在载玻片上滴加少量封片剂，将颏或下唇以针头挑入胶中，整理姿态，加上盖玻片。

（2）幼虫形态鉴定

目前除部分斑皮蠹属、长蠹科昆虫等少数种类可通过幼虫鉴定到种外，大部分储藏物甲虫尚无法以幼虫完成鉴定，或仅能根据幼虫鉴定大致种类。

①直接观察。将活幼虫放入烧杯中用95%乙醇处死，然后放在体视显微镜下观察。

②虫体处理后解剖。以斑皮蠹属和长蠹科幼虫为例。

皮蠹幼虫的解剖。在斑皮蠹属昆虫种类鉴定方面，幼虫的解剖鉴定技术已较成熟，主要鉴定特征有：幼虫触角、上内唇、第8腹节背板。解剖上内唇时，将皮蠹幼虫或蜕浸泡在75%乙醇中，头朝上，腹面向上，在体视显微镜下，以解剖针将头壳上唇部位分离开，镜下观察，内有呈"八"字形感觉棒的膜质结构即为上内唇，用解剖针将其与周边组织分离。解剖第8腹节背板时，需要用昆虫针将该背板附近的刚毛剔除干净，然后将该背板前后小心分离出来，制片观察。

长蠹幼虫的解剖。长蠹幼虫的鉴定，头部极为重要，其解剖鉴别特征为：前额（心形盾）、触角区、内唇及上颚等，其中心形盾位于头部前方、触角区位于两侧、内唇位于口器端部与心形盾相连接。采用陈志舜等的方法，解剖时，先把头部取下，倒放，加入75%乙醇。心形盾的解剖用针要适当，不要把针从正面插入，两侧相互扯拉，以免损坏刚毛或拉破心形盾，造成鉴定上的误解。先用一解剖针插入口器下方，固定头部，另一针把二上颚挑开，接着把针置入内唇下方，以前额前缘为宜，用力一挑，整个心形盾连触角区、内唇会向上翻开，脱离头部，或把幼虫体腹面向上（不切头部），左手解剖针插入幼虫前胸以固定虫体，右手解剖针分别把二上颚挑出，接着把针置入前额前缘下方，用力一挑便可。然后把挑出的心形盾（包括触角区和内唇）、上颚制片观察。

(3)分子检测技术及应用

①核酸分子标记基因种类。由于昆虫基因组数量相当庞大，无法进行全面的序列分析，需要针对基因组中个别特征基因片段进行重点研究。因此，选择合适的分子标记片段是昆虫分子系统学研究的关键所在。

利用特定DNA片段对昆虫进行种类鉴定，是人类认识昆虫分类地位及其亲缘关系最直接的手段之一。目前，线粒体DNA(mtDNA)、核糖体DNA(rDNA)、叶绿体DNA、卫星DNA、微卫星DNA和核蛋白编码基因等特征基因作为分子标记被广泛应用于昆虫的分类鉴定和系统发育研究中，其中rDNA和mtDNA中多个标记基因在昆虫的分子系统研究中应用最广。

rDNA是核基因组中的序列，同时，具有多变区及保守区，能够反映早期及近期进化事件，主要利用其保守区研究高级分类阶元关系。

mtDNA属于细胞器基因组，缺乏细胞核基因组中的保护机制，因而变异较为明显，能够反映较短时间内的进化事件，被广泛用于物种及种下关系的鉴别。

在植物检疫昆虫鉴定方面，可选择应用分子标记基因，通过设计特异性引物来扩增目标昆虫特定的基因片段，达到实现种类鉴定、近缘种区分的目的。

②RAPD技术的应用。随机扩增多态性分析(RAPD)是一种遗传标记技术，以一系列9~10bp长的随机序列为引物，对所研究的基因组DNA进行PCR扩增，如果所用引物与基因组的结合位点发生了碱基的改变，则必然会影响PCR扩增产物的数量，凝胶电泳后就会显示出不同的条带数，从而可以反映出生物DNA水平上的多态性。虽然对于一个引物而言，其检测基因组DNA多态性的区域是有限的，但如果利用一系列引物

则可使检测区域扩大，甚至覆盖整个基因组。

RAPD 技术目前已经广泛应用于鞘翅目、同翅目、蜻蜓目、等翅目、直翅目、双翅目、鳞翅目、膜翅目等昆虫的分类研究，其中鞘翅目中应用最多。

RAPD 技术的优点是简便快速，24h 可完成全部实验，对仪器设备要求不高，所需DNA 量少，特别适于小型昆虫，并能扩增干制标本或固定标本。应用多对引物可进行高级阶元间比较，与 RFLP 技术结合可进行快速序列分析。其缺点是 RAPD 为显性遗传，不适于居群遗传结构，易受污染性外源 DNA(如内共生体、寄生物、体表携带物等)影响，个体变异大，结果重复性差(即使 PCR 条件的微弱变化)。

③PCR-RFLP 技术的应用。PCR 与限制性片段长度多态性分析技术(PCR-RFLP)的基本原理是采用 PCR 扩增目的 DNA 片段，然后将待检测的 DNA 片段用限制性内切酶酶切，限制性内切酶识别并切割特异的序列，然后将酶切后的产物进行电泳，再由限制酶图谱分析此段序列的特异酶切位点，借以片段的多样性来比对不同来源基因序列的差异性。

PCR-RFLP 技术是一种较为容易、快速的方法，已被广泛应用于生物种类区分和分子鉴定。其优点是 RFLP 分析可随机选取足够数量能代表整个基因的 RFLP 标记，且每个标记变异大，检测方便，用于探测 RFLP 的克隆探针可随机选择(rDNA、cDNA 或总DNA 均可)，因此，可以产生和获得足以反映种属遗传差异的大量多态性。PCR-RFLP多选择 mtDNA 进行，可获得限制性位点变异(物理图谱)、片段长度多态性和基因组大小变异等数据。该技术在昆虫种内或近缘种间研究应用较多。

李伟丰等于 2001 年对来自不同国家的 7 种长蠹科(Bostrychidae)害虫的线粒体 DNA *ND*4 基因的部分序列进行测定，发现这 7 种昆虫不仅在外形特征上存在差异，并且在 *ND*4 基因序列上也存在明显差异。这为长蠹科昆虫的准确鉴定提供了充分的证据。黄永成等应用非损伤性 DNA 测序技术测定了来自不同国家的 5 种长蠹科害虫的线粒体 DNA *ND*4 基因的部分序列。结果表明，双钩异翅长蠹所在的异翅长蠹属分化最早，其次是大竹长蠹所在的大长蠹属，双棘长蠹和黑双棘长蠹所在的双棘长蠹属及红艳长蠹所在的钻木长蠹属。双棘长蠹和黑双棘长蠹隶属于同一个属，遗传关系最近，分化最晚。上述结果与形态学研究结果相吻合。

由于 RFLP 技术存在许多局限性，现有的限制性内切酶不可能检出所有的核苷酸改变、酶切所产生的不同长度的酶切片段所能提供的多态信息量有限等，目前在鞘翅目昆虫分类研究中的应用不多，目前尚未有应用于长蠹科害虫种类鉴定的报道，国内主要应用于双翅目、膜翅目等昆虫的快速鉴定。

④种特异引物 PCR(SS-PCR)技术的应用。种特异引物 PCR(species-specmc PCR，SS-PCR)扩增技术是与通用引物 PCR(universal-primers PCR，UP-PCR)技术相区别而提出来的。SS-PCR 技术的原理与普通 PCR 扩增相似，只是在根据靶序列进行引物设计时，需要充分考虑引物的特异性，用特异性强的引物扩增未知模板，通过检测目标片段的有无，达到把目标种与其他种鉴别开来的目的。SS-PCR 技术已分别应用于赤眼蜂和检疫性实蝇的种类鉴定。但目前尚未有应用于长蠹科害虫种类鉴定的报道。

SS-PCR 技术仪器设备要求不高，具有周期短、特异性强、灵敏度高、操作简单、快速及对原始 DNA 样品的数量和质量要求低等特点，能在一个反应管内将所要研究的目的基因或某一 DNA 片段于数小时内扩增至十万乃至百万倍，PCR 产物通过琼脂糖凝胶电泳，借助成像仪直接观察和判断结果；也可以通过扩增产物测序，再与已知的基因片段比较，以确认扩增片段是否一致。

⑤实时荧光 PCR 技术的应用。荧光 PCR 技术的原理是以标记特异性荧光探针杂交技术为特点，集 PCR 和探针杂交技术的优点为一体，直接探测 PCR 过程中的荧光变化，还可获得 DNA 模板的准确定量结果。实时荧光 PCR 技术有明显的优势，实行闭管式实时测定，扩增与检测同时完成，既简化了操作步骤，又防止扩增产物交叉污染，从而提高了检测的特异性。在昆虫检测中应用的实时荧光 PCR 技术包括 SYBRGreen 实时荧光 PCR 和 TaqMan 实时荧光 PCR 两种。实时荧光 PCR 技术已广泛应用于实蝇、天牛等昆虫的种类鉴定。但目前尚未有应用于长蠹科害虫种类鉴定的报道。

⑥基因芯片技术的应用。基因芯片基本原理是将核酸片段作为识别分子，按预先设置的排列固定于特定的固相支持载体的表面形成微点阵，利用反向固相杂交技术，将标记的样品分子与微点阵上的核酸探针杂交，以实现多到数万个分子之间的杂交反应，通过特殊的检测系统来高通量大规模地分析检测样品中多个基因的表达状况或者特定基因分子的存在。现阶段我国生物芯片主要产品包括基因表达谱芯片、转基因农产品检测芯片、新生儿基因检测芯片、肝炎病毒、艾滋病病毒基因检测芯片。其中肿瘤检测、肝病检测、自身免疫疾病诊断芯片即将或已经进入临床应用和商业化运作。物种鉴定检测芯片研制仍处于起步阶段，如应用于临床致病真菌鉴定和水产食品中常见病原微生物鉴定等。迄今为止，基因芯片技术应用于昆虫鉴定的公开报道只见于果蔬检疫性实蝇的快速检测。

3. 我国储藏物甲虫部分学名的订正

对昆虫的种加以精确的鉴定格外重要。如果不对一切有生态意义的种给予准确的鉴定，就不可能作出科学的生态调查，在实验生物学中也不能作出科学性的实验，对害虫的治理也不可能制定出真正科学的对策。例如，谷斑皮蠹 *Trogoderma granarium* Everts 是一种极其危险的国际检疫性害虫，与其同属的有经济意义的就有近 20 种或亚种。如果我们在外来的农副产品中截获到 1 头谷斑皮蠹活虫，那么全部入境的货物都必须做彻底的灭虫处理；如果我们截获的是花斑皮蠹 *Trogoderma variabile* Ballion，尽管截获的活虫量很大，由于该虫在我国广泛分布，它的检疫重要性不大，处理方法也会相应改变。所以，误将谷斑皮蠹鉴定为花斑皮蠹或其他经济意义不大的种，将大大增加该虫进入我国的机会，客观上为该虫的入侵开了绿灯。拟裸蛛甲 *Gibbium aequinoctiale* Boieldieu 在我国遍及各省区，多年来国内文献中均将该种误定名为其近缘种裸蛛甲 *Gibbium psylloides* (Czenpinski)。过去国内曾对该虫做了那么多的区系调查、生物学、生态学和防治研究，但都是在裸蛛甲的名称下进行报道的。鹰嘴豆象 *Callosobruchus analis* (Fabricius) 与四纹豆象 *Callosobruchus maculatus* (Fabricius) 在 1975 年被 Southgate 确立为两个不同的种之后，并未马上被某些经济昆虫学者关注。几十年来，有许多四纹豆象的研究报告所用的试材后来证明是鹰嘴豆象,而某些鹰嘴豆象的报告所用的试材又是四纹豆象,同样造成了极大的混乱。细胫露尾甲 *Carpophilus delkeskampi* Hisamatsu 是在我国分布极广的种,而酱曲露尾甲(或称黄斑露尾甲) *Carpophilus hemipterus*(Linnaeus)仅分布于我国最南部的少数省(区),只因为 2 个种成虫鞘翅上都有黄斑,长期以来将细胫露尾甲误认为是酱曲露尾甲,国内某些以酱曲露尾甲的学名所发表的形态学、生物学和防治报告,有可能所用的试材实际上是细胫露尾甲。

我国大规模的储藏物害虫区系调查起始于 20 世纪 50 年代中期,至 80 年代中期,分别由中国科学院、原粮食部和农业部及全国药材系统组织过多次全国范围的调查。在调查的基础上,产生了几部我国储藏物害虫专著。这些著作也成为粮食系统、中药材系统、植物检疫系统进行虫种鉴定的主要中文参考文献。我们国内的储藏物害虫专著,其种的定名基本上是以 Hinton 1941~1945 年发表的有关论著为基础的。然而,几十年后,该学科在国际上有了飞速发展,个别种证明当时定错了;更多的种经过订正,属名变了,或种名变了,或种名、属名全变了,我们的著作并没有充分反映出这些变化。

笔者通过多年的研究,查阅了某些重要科的分类文献及某些国家近些年发表的有关储藏物害虫出版物,除对我国储藏物甲虫的种类进行了补充记述之外,还对某些种的学名提出订正意见。现将订正的种按科的顺序分列如下,每种后面注明该种在国内出版物中使用的异名或误定名。

(1)象虫科 Curculionidae

阔鼻谷象 *Caulophilus oryzae*(Gyllenhal);*C. latinasus*(Say)

(2)皮蠹科 Dermestidae

红带皮蠹 *Dermestes vorax* Motschulsky;*D. lardarius vorax* Motschulsky

沟翅皮蠹 *Dermestes freudei* Kalik & N. Ohbayashi;误定名为 *D. ater* Degeer(钩纹皮蠹)

短角褐毛皮蠹 *Attagenus unicolor simulans* Solskij;*A. piceus*(Olivier)subsp.

黑毛皮蠹 *Attagenus unicolor japonicus* Reitter;*A. piceus*(Olivier)

驼形毛皮蠹 *Attagenus cyphonoides* Reitter;*A. alfieri* Pic(阿氏黑皮蠹,埃及黑皮蠹)

横带毛皮蠹 *Attagenus fasciatus*(Thunberg);*A. gloriosae*(Fabricius)(褐带黑皮蠹,光轮毛皮蠹)

月纹毛皮蠹 *Attagenus vagepictus* Fairmaire;*A. vagetapictus* Fairmaire

拟白带圆皮蠹 *Anthrenus oceanicus* Fauvel;*A. vorax* Waterhouse

日本白带圆皮蠹 *Anthrenus nipponensis* Kalik & N. Ohbayashi;*A. pimpinellae* var. *latefasciatus* Reitter(白带圆皮蠹)

红圆皮蠹 *Anthrenus picturatus hintoni* Mroczkowsky;*A. scrophulariae* subsp.(花背皮蠹)

条斑皮蠹 *Trogoderma teukton* Beal;*T. oothecophilum* Chao & Lee(螵蛸斑皮蠹)

日本斑皮蠹 *Trogoderma varium* Matsumura & Yokoyama;*T. laticorne* Chao & Lee(粗角斑皮蠹)

(3)阎虫科 Histeridae

黑矮阎虫 *Carcinops pumilio*(Erichson);*C. quattordecimstriatus* Stephens

（4）木蕈甲科 Ciidae

中华木蕈甲 *Cis chinensis* Lawrence；误定名为 *C. mikagensis* Nobuchi & Wada（胸角蕈甲）

（5）豆象科 Bruchidae

花生豆象 *Caryedon serratus*（Olivier）；*Caryedon gonagra*（Fabricius），*Pachymerus gonagra*（Fabricius）

紫穗槐豆象 *Acanthoscelides pallidipennis*（Motschulsky）；误定名为 *A. plagiatus* Reiche & Saulcy（窃豆象）

苦参豆象 *Kytorhinus senilis* Solsky；*K. sharpianus* Bridwell

灰豆象 *Callosobruchus phaseoli*（Gyllenhal）；*C. phaseoli*（Chevrolat）

四纹豆象 *Callosobruchus maculatus*（Fabricius）；*C. quadrimaculatus*（Fabricius）

（6）郭公虫科 Cleridae

赤胸郭公虫 *Opetiopalpus subulosus* Motshulsky；*O. morulus*（Kiesenwetter）

（7）蛛甲科 Ptinidae

拟裸蛛甲 *Gibbium aequinoctiale* Boieldieu；误定名为 *G. psylloides*（Czenpinski）（裸蛛甲）

西北蛛甲 *Mezioniptus impressicollis* Pic；误定名为 *Niptus hololeucus*（Faldermann）（黄蛛甲）及 *Mezium affine* Boieldieu（棕红色蛛甲）

褐蛛甲 *Pseudeurostus hilleri*（Reitter）；*Eustetus hilleri* Reitter

沟胸蛛甲 *Ptinus sulcithorax* Pic；误定名为 *Tipnus unicolor*（Piller & Mitterpacher）（粗足蛛甲，仓储蛛甲）

棕蛛甲 *Ptinus clavipes* Panzer；*P. latro* Fabricius（窃蛛甲）

（8）粉蠹科 Lyctidae

齿粉蠹 *Lyctoxylon dentatum*（Pascoe）；*L. japonum* Reitter（日本粉蠹）

（9）薪甲科 Lathridiidae

缩颈薪甲 *Cartodere constricta*（Gyllenhal）；*Coninomus constrictus*（Gyllenhal）

四行薪甲 *Thes bergrothi*（Reitter）；*Lathridius bergrothi* Reitter

龙骨薪甲 *Enicmus histrio* Joy & Tomlin；误定名为 *E. transversus*（Olivier）（方胸薪甲）

湿薪甲 *Lathridius minutus*（Linnaeus）；*Enicnomus minutus*（Linnaeus）

红颈薪甲 *Dienerella ruficollis*（Marsham）；*Microgramme ruficollis*（Marsham）

中沟薪甲 *Dienerella beloni* Reitter；*Microgramme beloni* Reitter

大眼薪甲 *Dienerella arga*（Reitter）；*Cartodere argus*（Reitter）

脊鞘薪甲 *Dienerella costulata*（Reitter）；*Microgramme costulata* Reitter

丝薪甲 *Dienerella filiformis*（Gyllenhal）；*Cartodere filiformis*（Gyllenhal）

柔毛薪甲 *Corticaria punctulata* Marsham；*C. pubescens*（Gyllenhal）

（10）隐颚扁甲科 Passandridae

红褐隐颚扁甲 *Aulonosoma tenebrioides* Motschulsky；*Laemotmetus rhizophagoides*（Walker）

（11）小蕈甲科 Mycetophagidae

波纹蕈甲 *Mycetophagus hillerianus* Reitter；误定名为 *M. antennatus* Reitter（粗角蕈甲）

（12）拟步甲科 Tenebrionidae

小隐甲 *Microcrypticus scriptum*（Lewis）；*M. scriptipennis* Fairmaire

弗氏拟谷盗 *Tribolium freemani* Hinton；误定名为 *T. madens* Charpentier（黑拟谷盗）

赤拟谷盗 *Tribolium castaneum*（Herbst）；*T. ferrugineum* Fabricius

洋虫 *Palembus dermestoides*（Chevrolat）；*Martianus dermestoides* Chevrolat

深沟粉盗 *Coelopalorus foveicollis*（Blair）；*Palorus foveicollis* Blair

龙骨粉盗 *Coelopalorus carinatus* Blair；*Palorus carinatus* Blair

（13）露尾甲科 Nitidulidae

隆肩露尾甲 *Urophorus humeralis*（Fabricius）；*Carpophilus humeralis*（Fabricius）

（七）储藏物甲虫的防治

储藏物甲虫的防治应遵循"以防为主，综合防治"的方针，采用适于自身条件的、经济有效的综合防治方法。归纳起来有以下几种：检疫防治、清洁卫生防治、管理防治、物理防治、生物防治和化学防治。

1. 检疫防治

检疫防治是一项非常重要的防治措施。目前，我国许多危害性较大的储藏物甲虫都是由国外传入的，如蚕豆象、菜豆象、四纹豆象、谷斑皮蠹（仅分布于台湾省）等。

新中国成立以后，我国对检疫工作逐步开始重视。有关部门于 1951 年公布了《输出输入植物病虫害检疫暂行办法》；1954 年出台了《输出输入植物检疫暂行办法》，颁发了《植物检疫操作规程》和《植物病虫害熏蒸消毒方法》；1957 年颁发了《国内植物检疫试行办法》；1982 年国务院发布了《中华人民共和国进出口动植物检疫条例》；1991 年 10 月 30 日颁布了《中华人民共和国进出境动植物检疫法》，并于 1992 年 4 月 1 日起施行。从此，检疫防治步入法规化轨道。2007 年 5 月 29 日发布了《中华人民共和国进境植物检疫性有害生物名录》，将我国防范传入的有害生物由原来的 84 种（属）增至 435 种（属），之后又陆续增补了几种。近几年，每年从进口的各类动植物货物中截获的储藏物害虫高达 100 多种，有力地保证了国内的农业生产和经济发展。

检疫防治作为法规防治，不论是进口、出口，还是省间、地区间调运，都要根据检疫法和相应的制度及合同严格执行。一旦检出检疫性害虫，应作除害、退运或销毁处理。

2. 清洁卫生防治

储藏物害虫一般都喜欢脏、乱、阴暗、潮湿的环境；因此，清洁明亮、低温干燥的仓房库区害虫就不易发生。

清洁卫生一般包括以下几方面。一是储藏物自身的清洁卫生。储藏物自身干净整洁，不带病源和虫源，不带尘土和杂物。二是仓房的清洁卫生。仓房的地面、墙壁、顶棚、梁柱、仓内设备设施、门窗通风孔等光洁干爽，不留孔洞缝隙，不留杂物异物，就能消除仓内害虫感染源，避免或减少害虫的感染。三是输送设备、包装运输器具的清洁卫生。输送机、提升机、码包机、运输车辆、包装袋、包装箱、包装纸、包装绳、铺垫物、清扫用具等都要保持良好的清洁和卫生，以消除害虫的相互交叉感染。四是场地环境的清洁卫生。仓房库区周围环境不留污水、杂草、垃圾，使害虫没有生息繁衍的场所。

在做好并保持清洁卫生的基础上，还要注意做好清仓消毒除虫工作。每年在开春和入冬前后，都要对仓房库区进行喷药或喷设防虫线。每次出仓后、入仓前，对空仓及有关设施都应进行喷药。此项工作能大大消除害虫的传播感染，收到事半功倍的效果。

3. 管理防治

（1）对于新建库要选择在地势高、干燥、通风良好的地理位置。

（2）库房的设计布局、生活区设置、道路安排、绿化带建造等都要科学合理，既要考虑到有效性，也要考虑到不利于害虫感染传播的合理性。

（3）仓房的设计建造，要充分注意通风设施、输送码放设施、熏蒸杀虫设施、电力照明设施、除湿监测设施的配套和现代化。库房要防雨、防漏、防潮、隔热、保温，还要具备较好的气密性。

（4）旧仓房要及时改善仓储条件，既干燥、通风，又能密闭、熏蒸。

（5）新旧货物、干湿货物、不同品种与不同产地货物、带虫与不带虫货物、杂质多与杂质少货物等都要分开存放。

（6）根据储藏物品种、等级、质量等情况，制订出定期和不定期检查制度，及时检查虫情，发现问题及时处理。

（7）重视人才管理，重视技能培训和素质提高，使管理制度化、科学化。科学严格的管理，也是害虫防治至关重要的环节。

4. 物理防治

物理防治包括温控防治、气控防治、物理特性防治和辐射防治。

（1）温控防治

温控防治包括高温防治和低温防治。

①高温防治。分为日光曝晒防治、烘干防治、热蒸汽防治等。

日光曝晒防治。一种是晒烫场地，然后将货物铺摊在上面，害虫遇到烫晒逐渐致死或迅速逃避，起到杀虫或驱虫作用。另一种是直接曝晒储藏物。有害虫时可将害虫曝晒致死或驱除；无害虫时，通过曝晒可降低储藏物水分，杀灭微生物，增加储藏物的抗虫能力。粮食一般曝晒温度达到 48~55℃、时间达到 5h 以上时，就能杀死大部分害虫。由于粮食是热的不良导体，因此，利用曝晒后粮食热入仓，使粮食在仓内能保持较长时间的高温，可大大提高杀虫效果。这种方法已成为小麦热入仓防治害虫的一种常用方法，但一般油料、大米、稻谷、种用粮不能采用这一方法。

烘干防治。木材、烟草、粮食等经过烘干炉、烘干窑、烘干机、烘干塔加热烘干就能达到杀虫杀菌、降水防虫的目的。储藏物品种不同，所选用的烘干设施及温度范围也各异。小麦烘干时，热空气温度一般控制在80~120℃，烘干时间一般为30~60min。出塔时的温度控制在50~55℃。

热蒸汽防治主要是利用加热设备将水沸腾汽化，产生湿热蒸汽，把储藏物热度升高到超过害虫生理活性热容上限，达到杀虫之目的。这一方法主要用来处理工具、器材、日杂品之类，如麻袋、面袋、特殊工作服、筛子、簸箕、竹、藤、柳条编织品、木制品等。一般温度保持在80℃左右，处理时间不超过30min（多数为15~25min）。处理后应摊开在阴凉通风、干燥无虫的场地晾干。通过湿热蒸汽处理可达到杀死全部害虫的目的。

②低温防治。低温防治主要是利用冬季自然冷空气或利用制冷设备人为产生冷气，使储藏物处于温度较低环境中，从而使害虫不能为害或不能发育繁殖或将其冷冻致死。实施的办法有以下几种。一是建造低温仓，一般低温仓的温度上限控制在15℃左右。二是利用冬季寒冷天气进行自然通风或机械通风，使仓内储藏物的温度接近或达到外界大气温度。三是将仓内储藏物搬到仓外，使其冷冻，冻透后再搬回仓内。后两种办法在粮库用得最多。由于粮食是热的不良导体，通过通风或倒仓冷冻后的粮食，就能使这一低温状态保持很长时间，从而达到杀虫或较长时间防虫的目的。

（2）气控防治

气控防治主要是通过改变储藏物周围环境的气体成分来抑制害虫的发生、发展或将其致死。该方法包括自然降氧法、自然降氧与药剂熏蒸结合法、人工充气降氧法、脱氧剂降氧法等。该方法的实施都必须在充分密封的环境条件下进行。

①自然降氧法。利用储藏物自身有机体的呼吸，吸去被密封环境中的氧，使氧浓度降低，呼出二氧化碳使二氧化碳量增加，从而使其中的害虫得不到必需的氧量而窒息死亡。

②自然降氧与药剂熏蒸结合法。在自然降氧的同时，再放入少量的磷化铝（一般放入$1~3g/m^3$），自然降氧再加熏蒸效果更快更好。这种办法在粮库用得最多最广，称为"双低法"。

③人工充气法。即充入CO_2或N_2，人为改变密封环境中的气体成分比例。充CO_2一般要达到35%~40%。充N_2一般要达到97%。

④脱氧剂降氧法。将能迅速与氧发生反应的物质（如三价铁粉）放入密封的环境内，使其迅速大量耗氧，致使氧浓度迅速降到一定比例。一般将氧控制在8%以下就能抑制害虫的发生，氧降到2%以下就能杀死害虫。

（3）物理特性防治

物理特性防治主要是利用储藏物及其害虫、杂质等之间物理属性的差异（如个体大小、密度大小等），采用风车、溜筛或风筛结合型设施进行除虫除杂的一种防治方法。该方法主要是以减少害虫密度、减少杂质来达到防治目的。适用于粮食、饲料、干果及中草药的半成品和部分成品。

（4）辐射防治

辐射防治主要是指用${}^{60}Co-\gamma$射线，还可用X射线、阴极射线、激光、电子束、高频、微波等防治害虫。该方法都要借助特定、有效的设施和场地环境才能进行，造价及成本相对较高，目前还只能用来处理较贵重和较特殊的储藏物品。

5. 生物防治

主要有以下方法。

（1）利用害虫天敌，以虫治虫。

（2）利用昆虫病原微生物即病原细菌、病原病毒及病原真菌，以菌治虫。

（3）利用昆虫保幼激素破坏其生长发育达到防治目的。

（4）利用昆虫灭幼脲类杀虫防治。

（5）利用昆虫信息素即性外激素和聚集信息素进行诱集防治。

另外，在粮食仓库还常利用害虫的生理生活习性进行覆盖粮面防治、上爬诱集防治、趋光诱集防治、食物诱集防治等。

生物防治对环境无污染，对人畜也安全，但杀虫一般都不彻底，多数只能用来控制或减少害虫密度以达防治之目的。

6. 化学防治

化学防治就是利用化学药剂进行害虫防治。该方法与以上诸类防治方法相比，具有杀虫谱广、杀虫迅速彻底、效果明显、操作简便、经济实用等优点，是目前应用最多、最广的一种防治方法。但化学防治常有污染环境、多对人畜有毒、对被处理的储藏物容易产生残留毒素和毒害、害虫易产生抗性等缺点。用于防治储藏物甲虫的化学药剂有防护剂、熏蒸剂、防霉剂及空仓与器材杀虫剂 4 大类，以防护剂和熏蒸剂使用最广泛。

（1）防护剂

防护剂多数用于粮库的害虫防治。应用的药剂种类有：防虫磷、杀虫松、甲基嘧啶磷、甲基毒死蜱、溴氰菊酯等。防护剂多数在粮仓不易密闭、不易熏蒸、储藏时间较长的大型散池、立筒仓、钢板仓、土堤仓等使用。它们基本上属于触杀剂和胃毒剂，使用时一般要求粮食基本无虫或虫口密度很小。

① 防虫磷。防虫磷是 70% 的优质马拉硫磷乳油，具有一定的熏蒸作用。该药剂杀虫谱广，对大多数储粮害虫都有较好的防治效果，对谷蠹、露尾甲等防治效果较差，不宜在水分高的粮食中使用，不能与敌敌畏混用。在铜板仓中使用，药量要增加 $0.5 \sim 1$ 倍。防虫磷可用于各种原粮和种子粮，但不能用于成品粮。使用方法：用超低量喷雾器将药剂直接喷撒在入仓的粮流上；喷拌稻糠载体，将拌好的稻糠载体随入仓粮流均匀拌于粮中。一般情况下，根据粮堆大小、粮层高低分层拌药。对于立筒仓，多数情况分上、中、下 3 层或 5 层拌药。使用剂量掌握在 $10 \sim 30 mg/kg$，仓房密封较差、水分偏大、储藏时间较长等情况，用药量适当偏于上限。防虫磷在我国粮库使用时间较长，目前害虫对其产生的抗性日趋明显。

② 杀虫松。杀虫松是纯度为 93% 的优质杀螟松。杀虫谱广，与防虫磷相似，杀虫效果优于防虫磷，使用方法同防虫磷。温度、湿度对它的影响比对防虫磷的影响小，应

用范围也同防虫磷。应用剂量小于防虫磷，一般用量为5~20mg/kg。在对防虫磷抗性明显的地区，使用杀虫松效果明显，但对谷蠹的防治效果不理想。

③ 溴氰菊酯。溴氰菊酯开始生产于20世纪70年代，后被不断研究开发，先后制成了农业上用的敌杀死、卫生上用的凯素灵和储粮上用的凯安保。

凯安保是2.5%的溴氰菊酯加25%的增效醚，经过乳化而成的乳剂产品，含量以溴氰菊酯2.5%计。该药杀虫谱广，药效明显高于防虫磷和杀虫松，尤其是对谷蠹有特效，但对玉米象、拟谷盗等效果较差。温度和湿度对它的影响较小。用药量为0.5~1.0mg/kg，使用范围及方法与上两种药剂相同，可用于空仓和场、厂的清消杀虫。

由于凯安保对谷蠹有特效，而对常见的玉米象、拟谷盗等效果差，与防虫磷有互补性，因此将二者混配就能大大提高防治效果。保粮安是69.3%的防虫磷与0.7%的溴氰菊酯混合，再加7%的增效醚，经过乳化后形成的乳化剂，含量以保粮安70%计，使用范围及方法同上。用药量一般是10~20mg/kg。

④ 甲基嘧啶磷。甲基嘧啶磷又称甲基嘧啶硫磷、安得利、保安定、虫螨磷，也属于触杀剂和胃毒剂，同时也有熏蒸作用。该药剂杀虫谱广、药效高、残效期长，温度和湿度对它的影响很小，对谷蠹药效差，但对螨类有特效。使用范围及方法同防虫磷。使用剂量一般为5~10mg/kg。

⑤ 甲基毒死蜱。甲基毒死蜱也属于触杀剂和胃毒剂，杀剂谱广。防治效果不论是对谷蠹还是对玉米象都优于防虫磷。建议剂量为5~15mg/kg。

（2）熏蒸剂

熏蒸剂通常能在常温下进行气化产生毒气，毒气通过害虫的呼吸系统进入体内，与体内的某些物质发生生物化学反应，产生障碍物质，导致害虫死亡。曾使用过和正在使用的熏蒸剂有：磷化氢、溴甲烷、氯化苦、环氧乙烷、氢氰酸、敌敌畏、硫酰氟、二硫化碳、四氯化碳、二溴乙烷、二氯乙烷等。其中，二硫化碳、四氯化碳、二溴乙烷、环氧乙烷曾有研究证明有致癌作用，已在很多国家停止使用。氯化苦、硫酰氟有些研究者认为毒性大，有争议，不少国家也已停用。氢氰酸由于操作不便，也早已不用。溴甲烷亦有研究认为有致癌可能，尤其是研究表明，溴甲烷是破坏大气臭氧层的要害物质，蒙特利尔协议中各方协定从1995年起逐年减少生产使用，美国表示将在2000年后不再使用溴甲烷。我国目前使用较多的熏蒸剂是磷化氢、溴甲烷、氯化苦、硫酰氟、环氧乙烷和敌敌畏。敌敌畏作为熏蒸剂主要用于空仓熏蒸。环氧乙烷主要用于皮毛及进口粮的杀虫杀菌。氯化苦主要在南方数省使用，作为磷化氢的替补和轮换药剂使用，多数用于粮库和药材库。磷化氢是目前使用范围广、使用量最大的一种熏蒸剂，储藏物对它的吸附小、解吸快、残留低，但对金属铜有较强的腐蚀作用，且要求环境温度在15℃以上才能使用。溴甲烷比磷化氢适用范围广，对磷化氢不易处理的带金属铜器物、古书、古画、古建筑及厂房、车间等都可使用，并可用来熏蒸处理鲜活物，要求环境温度在4℃以上。溴甲烷存于钢瓶，搬运使用、操作均不如磷化氢方便，但熏蒸处理速度快，适于检疫熏蒸处理。硫酰氟沸点更低（-55.2℃），更适于冬季和低温环境下使用，是检疫应急处理的较理想药剂。

① 磷化氢。磷化氢是由磷化铝、磷化钙、磷化镁通过水解反应，磷化锌通过稀酸或

碱溶液反应而产生的。磷化镁目前我国还没有使用,磷化钙也已在 20 世纪 70 年代末停止使用,磷化锌使用量较少,使用最多的是磷化铝。磷化铝有 56% 的粉剂和 56% 的片(丸)剂。

磷化氢杀虫谱广、药效高、残留低、扩散性好、成本低,可以熏蒸处理各类储藏物,磷化铝的使用剂量一般为 $6 \sim 129 g/m^3$。随熏蒸对象、密封条件、环境温度、害虫种类及其密度不同,所选用的剂量亦不同,投药位置及投药器具的选择对熏蒸效果的影响也很大。目前,不少人反映磷化氢熏蒸效果差,其原因除连续多年使用而无药剂轮换出现抗性增大及某些药剂质量问题外,一个主要原因就是投药位置不当。研究掌握仓房内或货位周围气流的流动分配是确定投药点的关键。随意投药、盲目投药都会使某些部位产生不同程度的死角,易造成杀虫不彻底。在粮食仓库使用磷化铝除常规的熏蒸方法外,还有"双低"熏蒸,剂量一般为 $1 \sim 3 g/m^3$;缓释熏蒸,剂量为 $3 \sim 6 g/m^3$;仓外投药机(器)快速反应投药熏蒸、环流熏蒸等,剂量为 $6 \sim 9 g/m^3$;磷化铝随粮入仓熏蒸,剂量一般为 $3 \sim 6 g/m^3$;挂袋熏蒸、插管熏蒸、压埋熏蒸,剂量为 $6 \sim 9 g/m^3$ 等。磷化氢易燃易爆,在实际熏蒸过程中要严加防范。容易引起燃爆的因素主要是浓度、温度及气体流速。

目前,多数害虫对磷化氢都有不同程度的抗性。抗性较大的虫种主要有谷蠹、锈赤扁谷盗、土耳其扁谷盗、长角扁谷盗和玉米象等。使用磷化氢应注意温度要在 15℃ 以上,不宜熏蒸带有金属铜制品的储藏物,不宜熏蒸古书古画。CO_2 对磷化氢有明显的增效作用。

② 溴甲烷。溴甲烷杀虫谱广,药效显著,扩散性好,杀虫快速,不易燃爆。溴甲烷为液化钢瓶装,沸点为 3.6℃,环境温度在 4℃ 以上就可使用。杀虫速度比磷化氢快得多,应用范围比磷化氢广。溴甲烷不但用于仓库,也能用于田间;不仅能处理各类储藏物,还能处理蔬菜、苗木、花卉、水果等。熏蒸储藏物剂量一般为 $20 \sim 50 g/m^3$,熏蒸时间一般为 16~48h,最长不超过 72h,否则很容易产生药害。熏蒸蔬菜、苗木、花卉、水果的一般剂量为 $15 \sim 50 g/m^3$,时间一般在 2~4h。熏蒸大蒜剂量为 $45 \sim 60 g/m^3$,时间不能超过 8h。

溴甲烷不宜熏蒸谷物种子及豆类。熏蒸皮毛、纺织品超过 48h 易产生药害。熏蒸鲜活体更应严格控制熏蒸时间。溴甲烷警戒性较差,熏蒸时要严格执行操作规程。在熏蒸大型库房时。由于总药量大,加上溴甲烷分子质量大,极易附着于地面,很容易将操作人员的脚冻伤。因此,在熏蒸大型仓房时,操作人员要穿高筒靴,严加防范。CO_2 对溴甲烷有增效作用。

③ 氯化苦。氯化苦杀虫谱广,杀虫彻底,但对螨类效果较差。沸点高,不燃爆,挥发性及扩散性差,极易被吸附,低温时不能使用,一般要求温度在 20℃ 以上才可使用。氯化苦对金属如铜、铁、铝、锌等都有腐蚀性。不能用来熏蒸成品粮、油料、种子粮等。氯化苦散气解吸较慢,熏蒸散气时间至少在 7 天以上,地下仓及山洞仓不宜使用。熏蒸剂量一般在 $35 \sim 70 g/m^3$,空仓在 $20 \sim 30 g/m^3$。氯化苦对眼睛黏膜有强烈的刺激作用,操作时要特别注意,做好保护。CO_2 对其有一定的增效作用。

④ 硫酰氟。硫酰氟杀虫谱广,渗透性好,杀虫速度快,沸点低,不燃爆,特别适于低温环境下熏蒸,是检疫应急熏蒸的理想用药。一般用药量为 $30 \sim 70 g/m^3$,熏蒸时间一般不超过 48h,否则易产生药害。

（八）储藏物甲虫标本的制作

储藏物甲虫标本对种类鉴定、科学研究、科普教育等具有重要意义，同时也是口岸检疫重要的溯源依据。

昆虫实物标本按保存方式主要分为 3 类：干制标本、浸渍标本和玻片标本。

1. 干制标本

（1）材料

制作方法的材料主要包括：昆虫针、三级台、回软缸（干燥器）、标签、剪刀、硬白纸、软木片、树胶。

①昆虫针。主要对虫体和标签起支持和固定作用。目前市售的昆虫针是用优质的不锈钢丝制成的，针的顶端以铜丝制成小针帽，便于手持移动标本。按针的长短、粗细，昆虫针分为 00 号、0 号、1 号、2 号、3 号、4 号、5 号 7 种型号，可根据虫体大小分别选用。其中 00 号和 0 号针最细，直径为 0.3mm，依次每增加一个型号直径增加 0.1mm，5 号针最粗，以直径 0.6mm 的 3 号针最常用；00 号针为微针，可用 0 号针手工制作，将 0 号针自针尖起以钳子截取针全长的 1/3 长度，即为 00 号针；00 号针用于制作微小型昆虫标本，将针穿插虫体后，插在软木片或纸片上，再用较粗的昆虫针固定，故 00 号针又名二重针。

②三级台。又称平均台，是制作昆虫标本的辅助工具，用优质木板或有机玻璃制成的，其功能是使昆虫标本和标签在昆虫针上的高度规范统一，既方便针插标本的手持取用，又整齐美观、促进标本的交流交换。最上一层高 24mm，用重插法或粘胶法制作小昆虫标本时，三角纸或软木片都用此级确定高度，直插法制作标本时也用此级基本确定标本的高度；做标本时，先把针插在标本、纸片或软木片的正确位置，然后放在台上，沿孔插到底。中间一层高 16mm，用于确定采集标签高度。最下一层高 8mm，针尖向下插时，用于确定鉴定标签的高度；对一些用直插法制作虫体较厚的标本，倒转针头将针尖向上，可用于精确确定标本高度，使虫体背面露出 8mm 的针长，便于标本的取用，因此此层又名"背距层"。

③回软缸。是用来使已干硬的样品重新恢复柔软，以便整理制作的用具。虫样采集后如不及时制作，放置时间久，或标本未进行整姿需重新制作，或需取用干燥标本上虫体部分结构时，因躯体干燥、关节僵硬、虫体硬脆，操作极易造成虫体损坏，必须使虫体还软后才能操作。一般使用干燥器作为回软缸，在缸底放些湿沙子，加几滴石炭酸以防发霉；标本用培养皿等装上，放入缸中垫片上，勿将标本与湿沙接触；密闭缸口，借潮气使标本还软；还软所需时间因温度及虫体大小而定，干燥多年的标本，夏季一般 2~3 天即可。另外，若急需制作标本，或急需从干燥标本上取下部分结构时，可使用简易的蒸汽高温还软法，在烧杯中加适量水，烧杯口用一层滤纸覆盖，将虫体置于滤纸上，用酒精灯加热烧杯，使水温维持在将沸的状态，使高温蒸汽浸润虫体，根据虫体大小和僵硬程度，需 10~20min 即可还软。

④标签。昆虫标本的标签是一个标本的原始记录，对标本的保存、鉴定、交流、溯源均十分重要。一般有两个标签：上面为采集标签，主要包括采集时间、地点、人物、寄主及生境等信息，下面为鉴定标签，包括学名、中文名、鉴定人等信息，根据需要还在合适的位置注明标本编号、馆藏位置等辅助信息。前人未发现过的新种，在标本下面还要加上新种或新亚种标签。昆虫标本的标签，以昆虫针插在虫体下方，其中上部的采集标签在昆虫上的位置，相当三级台第二级的高度，下部的鉴定标签相当于三级台最下一级的高度。标签用比较坚硬、表面光滑的白纸，排版印制成 1.5cm×1.0cm 的黑框，标签上的字要用绘图墨水笔或打印清楚，防止日久褪色或不易识别。

（2）制作方法

干制的储藏物甲虫标本根据保存方式可分为针插标本、干制管装标本、表壳标本等。

干制管装标本即将虫体干燥后放于指形管或玻璃管中，为防止其震动导致损坏，在虫体上下部分通常用棉花保护，中间留略大于虫体厚度的距离，此种保存方法较之针插标本，其优点是制作方法简单、便于携带和交流、保存维护简便、同一管可保留多头昆虫标本，缺点是一般不能将肢体展开、不利于展示、标签不能紧附在标本上，一般作为昆虫样品资源的辅助保留方式。

由于储藏物甲虫个体普遍较小，近年来制作成表壳标本比较常见。用透明小器皿（如塑料表壳或玻璃表壳）作为容器，将整姿后经干燥的虫体，将虫体腹面以少量乳胶粘于表壳内，干燥后上部盖上，以黏合剂密封。其优点是可长期保存而无需维护、制作方法简单、便于携带交流而不会损伤虫体、利于展示，缺点是不利于观察（特别是腹面）、标签不能紧附在标本上，一般作为昆虫展示的标本制作方式。

此外，如考虑日后进行分子检测的需要，应尽量使活体标本快速干燥，将体内水分在短时间内去除，并使标本一直处于干燥状态，以减少 DNA 的降解。

针插标本是最常见的一类干制标本，根据制作方法的不同，可分为：直刺法、重插法、三角纸粘胶法。

①直刺法。储藏物甲虫个体一般较小，但对其中个体较大的种类，仍可使用昆虫针直接穿刺虫体的方法制作针插标本。针插时，将虫体背面向上置于泡沫板上，选择合适的昆虫针，以右侧鞘翅基部内侧为插入点，持针垂直于虫体纵轴插入，从右侧中足和后足之间穿过，这样能最大限度保护重要特征不受损伤。插入后，一手持针尖，针尖朝上使虫体背面向下，将针帽插入三级台最下层孔内，针头插到底，用镊子沿针两侧向下调整虫体位置，直至虫体背面接触三级台最下层表面为止，使虫体背面留有 8mm 昆虫针。加插标签时，手持针帽部位，从标签的右半部插入，使大部标签位于昆虫针的左边，以三级台中间一层确定采集标签高度，以最下层确定鉴定标签的高度，调整标签的水平方向，使标签横向与虫体纵轴垂直。

②重插法。也称双插法，适用于微小而坚硬的甲虫。以 00 号微针穿刺虫体，针插部位同直刺法；将穿刺过虫体的微针插在小软木片上，然后用合适的昆虫针插过软木片固定。以三级台最上级确定软木片在昆虫针上的高度，加插标签后调整水平方向，使虫体纵轴与软木片、标签横向垂直。

③三角纸黏胶法。适用于微小昆虫。用光面相片纸或透明胶片剪成小三角纸,一般为底边长 4mm、高 10mm 的等腰三角形;以昆虫针插在三角纸近底边中央位置,以三级台最上级确定三角纸在昆虫针上的高度,将纸尖端向下折一角度,并黏极少乳胶,将虫体胸部腹侧面与向下折的纸尖端黏合,用昆虫针尖挑拨调整姿态,并使虫体位于昆虫针左侧,其纵轴与三角纸的高垂直,待胶干燥后加插标签。

2. 浸渍标本

浸渍标本由于其操作简便,不易损伤虫体,在口岸检疫中应用较多,特别是对于同批同种昆虫数量较多时,一般用浸渍方法保存大量标本。

(1)保存液

75% 乙醇。其优点是标本干净、虫体伸展、观察方便,是最常用的保存液,缺点是内部组织较脆,不利于进行内部解剖,如果瓶塞不严,容易挥发。在此保存液中加几滴甘油,可保持虫体柔软。适合保存成虫和身体较大较硬、颜色较浅的幼虫。

福尔马林浸渍液。即 4% 甲醛溶液,以福尔马林:蒸馏水为 1:(17~19)的比例配制而成。其优点是有利于标本的解剖,缺点是有刺激性气味和一定毒性,标本附肢容易脱落。适合保存成虫和身体较大较硬、颜色较浅的幼虫。

乙酸福尔马林乙醇混合保存液。以 80% 乙醇:福尔马林:冰醋酸为 15:5:1 的比例配制而成。优点是对于昆虫内部组织有较好固定作用,缺点是日久标本容易变黑,并有微量沉底。适用于保存颜色浅、身体柔软的类型。

无水乙醇。其优点是可使标本快速脱水,降低 DNA 降解速度,缺点是极易挥发,虫体变脆。适用于保存需进行分子检测的标本。

(2)制作方法

除需进行分子检测的标本直接用 100% 乙醇保存外,一般浸渍标本制作时,均需对虫体进行煮烫处理,以使虫体舒展。煮烫时间和温度根据虫体大小、老幼和种类而定,个体大的温度高一些,可以直接投入热水中烫,个体细小的可以用水浴的方式,隔水加温,一般要求煮到虫体僵直为止。

柔软细小的昆虫及一般昆虫的卵、幼虫可放入指形管或小瓶中保存,并用铅笔或墨笔书写标签投入管(瓶)中,将许多小指形管再浸在相同保存液的大广口瓶中保存最好。

含水量较多的标本在保存液中浸泡约 20 天后更换一次保存液再长期保存。

3. 玻片标本

玻片标本在储藏物甲虫鉴定中非常重要,经常需要观察豆象科昆虫的外生殖器、斑皮蠹属昆虫的上内唇等作为重要鉴定特征。

(1)永久玻片制作方法

①杀死和固定。常用的固定液是 70%~75% 乙醇,该浓度不仅适用于固定,若加入 1% 甘油还可保存标本。此外也有用 4% 甲醛或布勒氏(Bless)固定液固定材料,布勒氏固定液以 40% 甲醛:冰醋酸:70% 乙醇为 7:3:90 的比例配制而成。昆虫解剖后应立

即用固定液将组织细胞杀死固定，固定后的材料就不会变质、变形。

②软化。由于昆虫体壁和内部结构都有不同程度的骨化及固定引起的硬挺，为了避免整姿时材料损伤，常在固定后用5%氢氧化钾或乳酸酚软化液进行软化，乳酸酚软化液以乳酸∶苯酚∶蒸馏水为2∶1∶1的比例配制。氢氧化钾为碱性软化剂，其软化作用较强烈，乳酸酚为酸性软化剂，软化作用较弱。

软化不仅防止材料损伤，同时可使色素沉积深的材料脱去部分色素而透明，表现出丰富的层次以利于观察，又可对体内外的蜡质、脏物、脂肪、肌肉起到消蚀溶解作用，有利于清洁材料。

软化处理时将已经杀死固定的标本投入5%氢氧化钾中，一般水浴煮沸5~10min即可，那些坚挺、颜色极深的材料可适当延长加热时间或提高氢氧化钾水溶液浓度。为了避免材料受损，也可在40~50℃恒温箱中缓慢加热，甚至采用冷浸过夜的方法来处理。软化处理时应常在镜下检查，只要材料柔软合适、透明适度就可停止处理。

③洗涤。软化处理后的材料必须用蒸馏水充分漂洗干净，微小材料漂洗2~3次，5~10min/次，较大材料则多漂洗几次，然后转入70%乙醇中保存。由于软化处理后的材料既透明又比较柔软，因此洗涤时一般不转移材料，而是用吸水管吸去旧的蒸馏水，注入新的蒸馏水进行洗涤，这样可以避免损伤或丢失材料。

④脱水。常用的脱水剂为不同浓度的乙醇。

脱水时将洗涤过的材料经70%、80%、90%、95%、无水乙醇逐级由低浓度过渡到高浓度乙醇中，直至材料中所含水分全部置换出来。梯度脱水的好处：一是保证脱水彻底；二是避免因脱水过快引起材料收缩变形。脱水时一般也采用不移动材料而置换新液的方法避免损伤或丢失材料。

为了保证把水分脱净，要注意以下几点：一是材料不要在高浓度乙醇中停留过久以免材料变硬变脆，进入无水乙醇后为了保证脱水彻底，可在相等的时间里再换一次新的无水乙醇，即经过两次无水乙醇脱水处理；二是一般在室温时，各级乙醇停留5min就够了，如果气温偏低或材料偏大可适当延长时间；三是只要材料中有少量水，最后封片会出现白雾状而使标本看不清。

⑤透明。脱水后的材料为了使其特征清楚、层次分明、镜检时有最佳折射率，在封片前常进行透明。这时的透明与前面的软化处理有关系，如果经软化处理后的材料透明度高，那么透明处理的时间应短些，如果软化处理后的材料颜色还偏深，透明不够，那么透明处理的时间可长些。

常用于永久玻片标本的透明剂有二甲苯、香柏油和冬青油。

二甲苯：透明能力强，微小昆虫透明约10min就可以了。经软化处理后透明度高的材料在二甲苯中放置时间要短，一般透明1~2min，仅仅起到过渡作用即可，以便接下来用加拿大胶封藏。

香柏油：溶于醇，可作为乙醇脱水后的透明剂。香柏油透明速度慢，微小昆虫往往也需要1~2h，有时甚至更长。但其优点是不会使材料发硬发脆，不会损伤材料。

　　冬青油：无色油样液体，溶于醇。材料经脱水后直接进入冬青油中透明。冬青油透明速度也很慢，材料可长时间停留其中而不受损，所以很适合具翅小昆虫的透明。

　　用香柏油、冬青油透明的标本在用加拿大胶封片前，最好在二甲苯中略停留一下，以便封片时加拿大胶能较快渗入标本材料中。

　　⑥封片。常用的封片剂是加拿大树胶，可用二甲苯作溶剂，调成各种稠度的胶备用。配制好的胶不要随意搅动，防止产生气泡而不利于封片。如果树胶中有很多气泡，或冬季树胶滞稠，可把密封的树胶瓶放在40℃恒温箱中，经过一段时间后气泡会消失，滞稠的树胶能回软使用。

　　极小而薄的材料可用稀的树胶封藏，大型而厚实的材料或在盖玻片四周用碎玻璃垫高，或用较稠的胶封藏。厚实材料用稠胶封藏，树胶的量要充分。

　　应根据材料大小选用不同规格的盖玻片。用注射时割截安瓿瓶用的小砂片将18mm×18mm、20mm×20mm的盖玻片一分为四，得到小型盖玻片，用于单个封藏微小材料，可促进胶的凝固，效果会好得多。

　　在一张载玻片上可根据不同性别、不同发育阶段、不同观察部位封藏几个材料，既容易操作又便于对比观察。

　　将已脱水透明好的标本材料放置在载玻片上滴上树胶，趁二甲苯尚未干时就立即整姿，将触角、足等充分展开，防止折叠扭曲。有时为了有较充分的时间整姿，往往在材料表面滴加少许稀薄的树胶，待整理完成后吸去稀薄树胶再加滴稠度合适的树胶。如材料周围有小气泡无法清除干净，不必急于清理，可放置在40℃恒温箱中一段时间去除气泡。加盖玻片后，放在40℃恒温箱中经较长时间的烘烤，直至胶凝固不动方可装盒收藏。

　　制成后烘烤片子的时间往往较长，有时甚至需半年之久才能使胶彻底凝固不动。如果树胶未彻底凝固即装盒，极易因材料和胶的质量而下滑移位。

　　（2）临时玻片制作方法

　　临时玻片标本在经固定、软化处理及洗涤后可用水溶性胶直接封藏。常用的水溶性封藏剂有以下几种。

　　①Berlese's阿拉伯胶氯醛液。配方：蒸馏水20ml、水合氯醛16g、阿拉伯胶15g、冰醋酸5ml、葡萄糖10g。

　　配制时先把阿拉伯胶均匀溶在蒸馏水中，然后加入水合氯醛，水浴加热至全部溶解成透明胶状液，稍冷却后加入冰醋酸、葡萄糖，并用玻璃丝过滤装瓶备用。

　　②Hoyer's阿拉伯胶氯醛液。配方：蒸馏水20ml、水合氯醛200g、阿拉伯胶30g、甘油20ml。

　　水合氯醛对材料具有透明作用，如经软化处理的材料透明度很合适则不宜用该液封藏。否则封藏一段时间后，会因透明过度至使细微特征尤其是螨类标本难以辨清，这种玻片放置过久特别是过于干燥，水合氯醛还会析出结晶使标本破损，故不宜作永久保存。

　　③聚乙烯醇封片剂。配方：蒸馏水30ml、聚乙烯醇5g、乳酸30ml、甘油3ml。

先将聚乙烯醇逐渐溶入冷水充分搅拌，然后在水浴上加热使全部溶成黏稠液（聚乙烯醇溶入冷水时，出现乳状混浊，加热后即可变清），加入乳酸，最后加甘油搅拌均匀。配成后放置24h便可使用。

制片时，在载玻片上滴一滴封藏剂，将取得的虫体组织挑入，在体视显微镜下用解剖针剔除组织周边的气泡，调整需要的姿态，盖上盖玻片。若解剖出来的部位较厚，制片时，需使用凹面载玻片，在凹面滴加封藏剂，放入所需的虫体组织，加盖玻片后即可镜检。如需长期保存玻片，应将玻片平放，在自然状态风干（需1~2月），或在电热干燥箱内35~40℃烘干。

临时玻片标本的制作快速，而且一般不易损伤材料，如果玻片标本做得很成功，经烘干后，用无色指甲油或加拿大胶涂抹盖玻片四周，可保存相当一段时间。

（3）染色

整体封藏玻片标本，如果透明度合适，一般不需染色。特别是临时玻片标本经软化处理后，材料的折射率高于封藏剂的折射率，如果透明度合适，标本材料的细微结构不染色也清晰可见。用加拿大胶封藏的玻片标本，因封藏剂的折射率高，加之标本材料经软化处理、脱水、透明后折射率也较高，在这种情况下，标本材料的细微结构如果不易显示就需要染色了，染色一般在对标本脱水前进行。

常用于整体染色的染色剂有以下几种。

①硼砂洋红。配方：硼砂4g、蒸馏水100ml、洋红1g、70%乙醇100ml。

将洋红加入硼砂水溶液中加热煮沸使洋红充分溶解，冷却过滤。在滤液中加入70%乙醇即成。硼砂洋红是一种常用的动植物整体染色的染色剂，用于细胞核染色，细胞质亦能被染，但色彩浅淡。硼砂洋红用于整体染色，着色美观。

材料经洗涤后即可入本液染色。室温下染15~30min。过染部分可用1%盐酸乙醇（70%乙醇100ml加入1ml盐酸配制成）分色。然后经70%乙醇洗涤几次，约5min/次，洗涤后可进行高一级脱水。

②锂洋红。配方：碳酸锂1.5g、蒸馏水100ml、洋红2.5g。

将洋红加入碳酸锂水溶液中煮沸后冷却过滤即可使用。过染部分亦可用1%盐酸乙醇分色，经洗涤后脱水。

4. 生活史标本

昆虫生活史标本是把一种昆虫的各个虫态，寄主被害状和天敌等标本有序地装在一个盒内，以表示这种昆虫的生活过程。这种标本综合了干制、液浸昆虫标本及压制蜡叶标本等制作方法，在教学、生产和展览等方面经常使用。所用材料与制作方法如下。

（1）标本盒

标本盒大小多种多样，一般用硬纸盒，用玻璃面作盖，盒内装满棉花，将标本放入。或不装棉花，用松紧带把指形管标本固定于盒底，成虫标本针插于盒中，在盒的一角做一小盒放置防标本虫的药剂。

（2）指形管

指形管大小依标本的大小而定，木塞一定要配得很严密。指形管用来装卵、幼虫和蛹等虫态。制作时先将脱脂棉剪成长条，用乙醇或其他保存液浸透，把标本放在棉花上，一起装入管中，淡色标本在棉花上不明显，可垫以黑纸。用长柄针伸入管中整理姿势，然后用滴管加满保存液，盖严管口，用石蜡、火漆或封口胶密封。也可用安瓿管方式封口。

（3）装盒及标签

标本依次自左向右排列，分别加上卵、幼虫、蛹和成虫等的标签；在盒的左上角放上总的标签或说明，加盖。最后把盒盖固定住。一套完全的生活史标签应包括被害状、天敌、幼虫分龄和成虫分雌雄的标签。

二、储藏物甲虫的外部形态

（一）体躯构造及体向

1. 体躯的分节、分段

体躯指的是昆虫的整个身体，它由许多环节连接而成，每个环节就称为体节，整个体躯由 18~20 个体节组成，各体节按其功能的不同又趋向于分段集中，因而构成了头、胸、腹 3 个体段(图 1，图 2)。

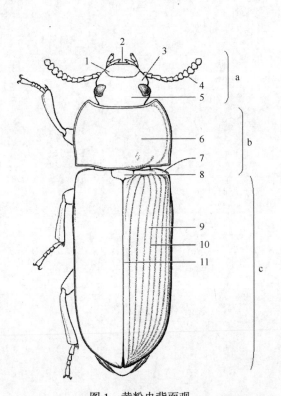

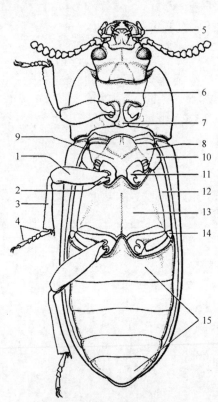

图 1　黄粉虫背面观

1. 唇基；2. 上唇；3. 颊；4. 触角；5. 额；6. 前胸背板；
7. 肩胛；8. 小盾片；9. 行间；10. 行纹；11. 翅缝
a. 头；b. 胸；c. 腹
（仿 Bousquet）

图 2　黄粉虫腹面观

1. 腿节；2. 转节；3. 胫节；4. 跗节；5. 下颚须；6. 前胸腹板；7. 基节间突；8. 中胸前侧片；9. 中胸腹板；10. 中胸后侧片；11. 基节；12. 后胸前侧片；13. 后胸腹板；14. 后胸后侧片；15. 腹部腹板
（仿 Bousquet）

头部：一般认为昆虫的头部是由 6 个胚胎环节愈合而成的，但头壳上已找不到分节的界限，头部着生有取食用的口器和感觉器官——眼和触角，所以头部是取食和感觉的中心。

胸部：由 3 个体节组成，分节明显，分别称前胸、中胸、和后胸。这 3 个体节虽然不愈合，但彼此紧密结合，不能自由活动。中、后胸的背侧各着生有 1 对翅，分别称为前翅和后翅，各节侧腹面均着生 1 对足，分别称前足、中足和后足。胸部是运动的中心。

腹部：通常由 11 节组成，分节明显，节与节之间，以节间膜连接，可以伸缩。腹部第 8~10 节通常具有特化为交配和产卵的附肢。腹部是生殖和代谢中心。

昆虫的体躯或各个体节一般为圆筒形，且左右对称，可按附肢基部（简称肢基）的地位将其分为 4 个体面。两侧着生肢基部分为侧面或侧区，肢基上面的部分称为背面或背区，肢基下面的部分称腹面或腹区。背面、侧面及腹面的界线可用两条假设的侧线即背侧线和腹侧线来划分。背侧线在肢基之上，由头部口器基部的上方、经胸部足的基部和气门之间、腹气门之下、生殖肢基部之上，一直到达尾须基部的上方。腹侧线在肢基之下，起自口器基部，经胸部足基的下方、腹部的侧下方和生殖肢基部的下方，终止于肛侧板和尾须之间。

昆虫的体壁大部分骨化为骨板，形成外骨骼。体壁的骨化不仅具有保护作用，还可以供肌肉着生，成为重要的运动机械。各体节的骨化区，依其所在的体面分别命名为：背板、腹板和侧板。骨板常在适当的部分向里褶陷，褶陷的部位呈狭槽，称为沟，由沟可将骨板划分为若干小片，称为骨片，这些骨片按其所在骨板，分别称为背片、腹片和侧片。

体壁的内陷部分称为内突，内突的形状各异，可呈脊状、板状、叉状、臂状等。依其所在的部位和形状的不同，名称也各异：在头部的称为幕骨，在体躯背面的称为悬骨，在腹面的称为内刺突和叉突，在侧面的称为侧内脊。所有的内突统称为昆虫的内骨骼。它既可增强体壁的强度又可增加肌肉的着生面。

在昆虫体壁表面所形成的缝，是由相邻两骨片并接所留下的分界线。

2. 体形和体色

储藏物甲虫有的呈圆筒形，有的呈椭圆或圆球形，有的扁平或侧扁。

储藏物甲虫体色各异，多数色暗，呈棕、褐或黑色；有的颜色鲜艳，呈红、黄、蓝、绿等色。有的由几种颜色组成美丽的斑纹，有的还具有金属光泽。一般营隐蔽生活的昆虫体色较浅，营裸露生活的体色较深暗。生活于植物上的多为绿色，生活于地面的多为黄、褐、黑色。夜出性昆虫一般比日出性昆虫体色深暗。昆虫体色的不同，是长期自然选择的结果，一般与周围环境的颜色接近，对昆虫具有一定的保护作用，使之能更好地隐蔽，以避免天敌的侵袭。

3. 体向

描述昆虫特征时，常涉及昆虫的体向、基与端、外与内、前与后等概念，通常将昆虫一定的体躯部分作为定向的基础，在昆虫鉴定时，首先要了解虫体的方向（图 3）。

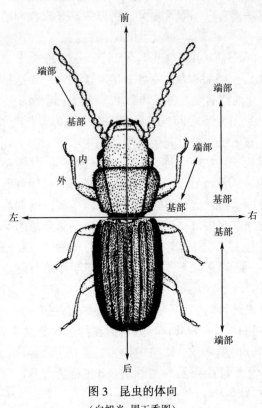

图 3　昆虫的体向
（白旭光、周玉香图）

（1）水平方向。以前胸背板基部中央、小盾片前的一个点作为体躯的基点，从这个基点出发，可以说明体躯方向的 4 个基本概念，即前后、纵横、内外和基端。

基点上纵线箭头指向头部的是前方，又称头向，指向鞘翅端末的是后方，又称尾向。如前胸背板离头部较近的边缘称为前缘，远离头部的边缘称为后缘。

凡与纵线平行的都称为纵或长，与横线平行的都称为横或阔。

体躯的任何部分，以体躯中轴，即穿过基点的纵线为基准，凡接近体躯纵轴的称内，远离体躯纵轴的称外或侧。

昆虫的附器和外长物，与基点比较接近的称"基"，与基点相反的方向都指"端"。如前胸背板的后方是基部，前方是端部；鞘翅以靠近前胸的部分为基部，远离前胸的部分为端部。

（2）垂直方向。以虫体背面向上放置，向着虫体背面的方向为背向，背向朝上；向着虫体腹面的方向为腹向，腹向朝下。

以上是昆虫体躯的几个基本方向，但由于许多构造和斑纹在虫体上的方向不是正的而是斜的，往往介于上述方向之间，如昆虫的触角可能既是头向又是侧向或背向，按其具体位置可记述为头—侧向或者头—背向，其余类推。

（二）头　　部

1. 头壳的构造

头部是昆虫最前面的一个体段，是昆虫感觉和取食的中心。头壳一般为半球形，外部着生感觉器官（复眼、触角，有的还有单眼）和取食器官（口器）。

（1）头部的分节理论。头部是由数个体节愈合而成的一个完整的头壳，外观上已看不出分节的痕迹。研究储藏物昆虫的学者一般认为昆虫的头部由 6 节组成。根据对昆虫胚胎发育的研究，昆虫的头部是由原头和颚头部组成的。其中原头由前触角节、触角节和闰节组成，颚头部由上颚、下颚和下唇 3 个体节组成。近期胚胎学研究证明，前触角节常辨认不清，因此也认为昆虫头部是由 5 个体节组成的。

（2）头壳的分区。头部是一完整的体壁高度骨化的坚硬颅壳，通常是昆虫整个体躯中最为坚硬的部分。头部有两个孔,在头部前方的是口孔,其周围有口器;在头部后方的是后头孔,头部的神经、消化器官及其他器官通过后头孔与胸部相连。

头部没有分节的痕迹,但是有一些与分节无关的后生的沟,沟内有相应的内脊和内突形成头部的内骨骼。

由于头壳上后生沟的存在,把头壳分成若干区。

额:是头部正面位于口上沟上方的一个完整的区域。触角和单眼位于额区。

唇基:位于额的下缘或前缘,即口上沟之下,上唇就悬挂在唇基的下方。

颊:是头的侧面部分,位于复眼之下,上颚基部之上。

头顶:位于额之上,两复眼之间的头壳上面部分。

此外,有时将颊和头顶合称为颅侧区,将额和唇基合称为额唇基区。

储藏物甲虫头部最易发生变化的是额唇基区,常见的一种形式是延长成象鼻状的"喙",如象甲科的玉米象、米象和谷象;有些种类稍延长成较短的"吻",如豆象科的绿豆象和豌豆象等。有时将头的侧方,复眼和颈之间称为颞颥(图4)。

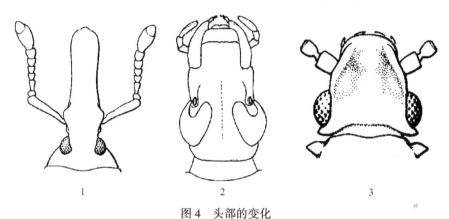

图4　头部的变化

1. 谷象;2. *Caryedes helvinus*;3. 大眼锯谷盗

(2. 仿 Kingsolver;余仿 Bousquet)

(3)头部的内骨。昆虫头部的内骨称幕骨,是由体壁内陷而成,主要功能是加强头壳的支撑以承受口器肌肉的牵引和保护头内脑等器官。

幕骨前臂:是由额唇基沟两端内陷而成,外面的陷孔称前幕骨陷,可借此正确辨别额唇基沟的位置。

幕骨后臂:是由次后头沟下端内陷而成,外面所留的陷口称后幕骨陷,可借此辨别次后头的位置,两幕骨后臂通常相接形成幕骨桥,并和幕骨前臂相连合成"P"或"X"形。

幕骨背臂:幕骨前臂上又各生出一个突起,向背面伸到触角附近的头臂上。

2. 头部的形式

头部的形式简称为头式。根据口器在头部着生的位置和方向,储藏物甲虫的头式可分成3类(图5)。

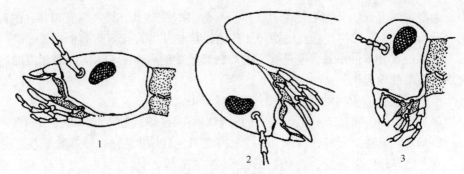

图5 昆虫的头式
1. 前口式；2. 后口式；3. 下口式
（引自 www.zin.ru）

前口式：头部平伸，颚端向前，口器与身体纵轴平行的头型。常见于捕食性种类，见于步甲科、拟步甲科、锯谷盗科、扁谷盗科、谷盗科等。

下口式：头部与躯干垂直，颚端向下的头型。为植食性昆虫所具有，见于长蠹科、豆象科、蛛甲科等。

后口式：头部和口器斜向体躯后方、与身体纵轴成一锐角的头型。口器静止时常弯贴在身体腹面，见于部分天牛科昆虫等。

昆虫的头部一般为圆形，但前口式和下口式则多为扁平状。

昆虫头式的不同，反映了取食方式的不同，这是昆虫对环境的适应。利用头式可区分昆虫大致的类别，故在分类学上常有所用。

3. 触角

（1）触角的基本构造。触角是昆虫重要的感觉器官，是一对十分灵活、可转动的分节附肢。

触角一般着生在头部的额区，有的位于复眼之前，有的位于复眼之间。

触角是分节的构造，由基部向端部通常可分为柄节、梗节和鞭节3部分（图6）。

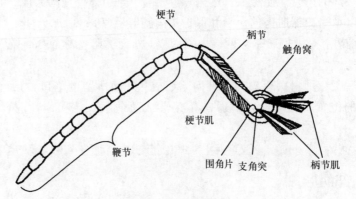

图6 触角的构造
（仿管致和）

柄节：是触角基部的一节，通常比较粗大，着生于触角窝内，四周有膜相连。

梗节：是触角的第 2 节，形状、长短常因种类不同而异性。

鞭节：是柄节与梗节以外的部分，由许多小节组成，即触角第 3 节至末端的各小节。触角的鞭节变化很大，这和昆虫种类有关，部分种类与性别也有关系，雌雄异形的一般雄虫触角较为发达。

（2）触角的类型。触角的类型、分节数目、各小节的大小、颜色和着生位置等随种类的不同而各异。因此，触角是识别昆虫种类的主要特征之一。储藏物甲虫触角多数由 11 节组成，但有些甲虫的触角可少至 2 节，多至 40 节以上。储藏物甲虫触角大体可分为以下类型(图 7)。

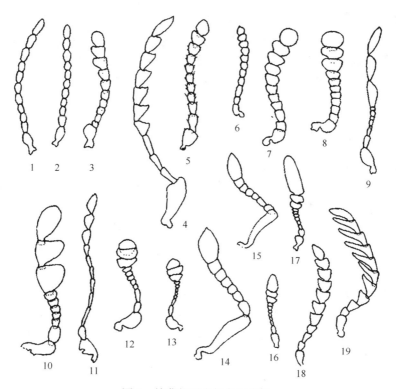

图 7　储藏物甲虫触角的类型

1. 丝状(长角扁谷盗雄虫)；2. 念珠状(长角扁谷盗雌虫)；3. 锯齿状(大谷盗)；4. 锯齿状(烟草甲)；5. 棍棒状(锯谷盗)；6. 棍棒状(黄粉虫)；7. 棍棒状(杂拟谷盗)；8. 锤状(赤拟谷盗)；9. 锤状(药材甲)；10. 锤状(谷蠹)；11. 锤状(咖啡豆象)；12. 锤状(脊胸露尾甲)；13. 锤状(黄斑露尾甲)；14. 膝状(谷象)；15. 膝状(米象)；16. 锤状(黑毛皮蠹雌虫)；17. 锤状(黑毛皮蠹雄虫)；18. 锯齿状(豌豆象)；19. 栉齿状(绿豆象雄虫)

(仿 Kurtz and Harris)

丝状：或称线状。触角细长如丝，鞭节各小节的直径、形状大致相同，向端部逐渐变细。如步甲科、蛛甲科、长角扁谷盗等。

念珠状：或称串珠状。鞭节由近似圆珠形的小节组成，整个触角形似一串念珠。如锈赤扁谷盗等。

锯齿状：鞭节的各小节或部分小节向一侧突出，略呈三角形，状如锯齿，整个触角形似锯条。如烟草甲、豌豆象、四纹豆象等。

栉齿状：或称梳齿状。鞭节各小节向一侧强烈突出，状如梳齿，整个触角形如梳子。如绿豆象雄虫等。

棍棒状：鞭节的各小节自基部向端部逐渐膨大，整个触角形如棍棒。如杂拟谷盗、黄粉虫等。

锤状：触角的末端数节突然膨大且密结，状如锤头。如露尾甲科、赤拟谷盗等。

膝状：又称肘状或曲肱状。柄节特别长，柄节与鞭节之间呈膝状或肘状弯曲。如象甲科等。

鳃叶状：由锤状触角特化而成，端部数节扩展成片状，叠合在一起，状如鱼鳃。如蜉金龟科。

以上触角类型只是大致的划分，每一类型中又有很多变化形式及中间类型。同一类型的触角，常有人认为是甲型，而另一人认为是乙型，在分类鉴定时应予以注意。

对于部分种类的昆虫，触角的类型常常也是重要的第二性征，可用于区分同种昆虫的雌雄。如锈赤扁谷盗的雌虫触角为念珠状，雄虫为丝状；绿豆象雄虫为栉齿状，雌虫为锯齿状。

4. 复眼和单眼

昆虫的视觉器官包括复眼和单眼两大类。

（1）复眼。一般都具有 1 对复眼，着生于头部的侧上方，大多数为圆形或卵圆形，也有的呈肾形。复眼是昆虫的主要感光器官，昆虫的复眼能分辨出近距离的物体，特别是运动着的物体。复眼是由若干个小眼组成的，每一小眼的表面一般呈六角形，称为小眼面。小眼面的大小及数目在各种昆虫中有较大的差异。一般地讲，组成复眼的小眼数目越多，复眼造像越清晰。

有的种类复眼可分成背区和腹区，侧面观，可见一狭长的区域将复眼不同程度地切割，这个狭长的区域就是甲虫的颊。颊有时切割复眼止于复眼前方，有时向复眼后方延伸并掩盖复眼的一部分。腹面观，两复眼之间的距离也常因虫种不同而差异很大，是鉴别种类的特征之一（图 8）。

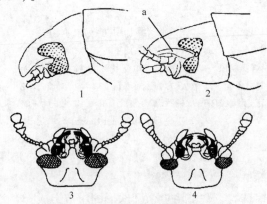

图 8 赤拟谷盗和杂拟谷盗的复眼

1, 3. 赤拟谷盗；2, 4. 杂拟谷盗；1, 2. 侧面观；3, 4. 腹面观；a. 颊

（1, 2. 仿 Bousquet；3, 4. 仿陈启宗、黄建国）

（2）单眼。昆虫的单眼是一种不完善的辅助视觉器官，只能分辨光线的强弱和方向，不能造像。成虫的单眼为背单眼，可增加复眼感受光线刺激的反应。背单眼与复眼同时存在，通常为活动能力强的昆虫所具有，但许多昆虫的背单眼已退化或消失。单眼的有无、数目和位置常被用作分类特征(图9)。

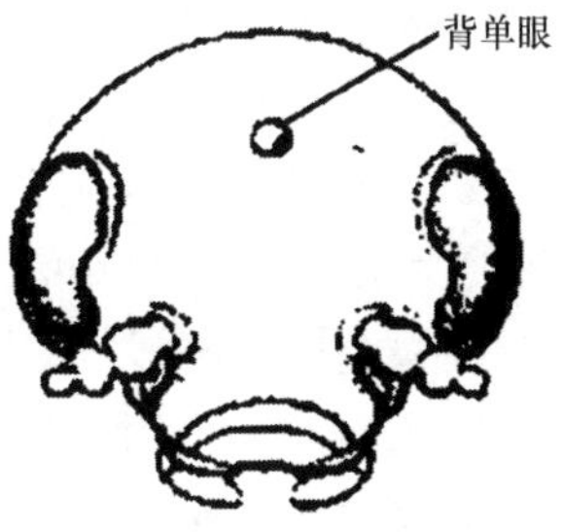

图 9　肾斑皮蠹头部
（仿 Bousquet）

5. 口器

昆虫的取食器官称为口器，一般由上唇、上颚、下颚、下唇和舌5部分组成，其中上唇和舌属于头壳的构造，上颚、下颚和下唇是头部的3对附肢。

各种昆虫因食性和取食方式不同，形成了不同的口器类型。储藏物甲虫的口器为咀嚼式口器(图10)。

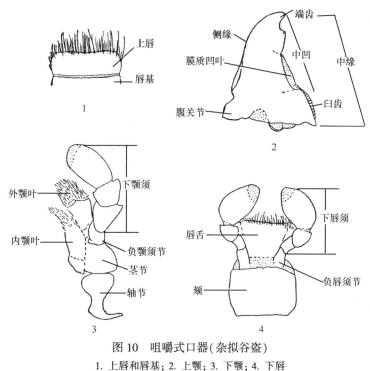

图 10　咀嚼式口器(杂拟谷盗)
1. 上唇和唇基；2. 上颚；3. 下颚；4. 下唇
（仿 Kurtz 和 Harris）

比较形态学研究表明，咀嚼式口器是最基本、最原始的类型，其他类型口器都是由咀嚼式口器演化而来的。它们的各个组成部分尽管在外形上有很大变化，但都可以从其基本构造的演变过程找到它们之间的同源关系。

咀嚼式口器的主要特点是具有坚硬而发达的上颚，用以咬碎食物，并将其吞咽下去。口器的上唇、上颚、下颚与下唇围成的空隙称为口前腔。舌在口前腔的中央，将口前腔分为前、后两部分，前面的部分称为食窦，前肠开口于此处，食物在此经咀嚼后送入前肠；后面部分称为唾窦，唾腺在此开口，唾液流出后，在口前腔与食物相混合。有些咀嚼式口器的昆虫也常有饮水的习惯，饮水时将舌紧贴唇基内壁，借食窦和咽喉的肌肉交替伸缩形成唧筒进行吸水。

上唇是悬于唇基前缘的一双层薄片构造，由唇基上唇沟与唇基分界，作为口器的上盖，可以防止食物外落。上唇的前缘中央凹入，外壁骨化；内壁膜质柔软，上生密毛和感觉器，称为内唇。上唇内部有肌肉，可使上唇作前后活动。

上颚位于上唇的后方，是由头部附肢演化而来的 1 对坚硬的锥状构造。上颚的前后有两个关节，连接在头壳侧面颊下区的下方。上颚端部具齿的部分称为切齿叶，用以切断和撕裂食物；基部与磨盘齿槽相似的粗糙部分称为臼齿叶，用以磨碎食物。

下颚位于上颚的后方和下唇的前方。也由头部的 1 对附肢演变而来，左右成对，可辅助取食。下颚可分为轴节、茎节、外颚叶、内颚叶、下颚须 5 个部分。轴节是基部的三角形骨片，基部有一个突起与头壳的侧下缘相连。茎节是轴节下方的一个长方形骨片，有膜与轴节相连，可以活动。其外缘有一个小片或小突起，称为负颚须节，上面着生下颚须。外颚叶着生在茎节前端外侧的一个不甚骨化的匙状构造，也称为"盔节"。内颚叶是位于茎节前端内侧的一个较骨化、端部具齿的叶片状构造，也称为"叶节"。内、外颚叶具有协助上颚刮切食物和握持食物的作用。下颚须着生在茎节外缘的负颚须节上，一般分为 5 节，有触觉毛，具有嗅觉和味觉的功能。

下唇位于下颚的后面、头孔的下方。基部第一节称为后颏，相当于下颚的轴节，后颏又常被一横沟分为前后两个骨片，后端的成为亚颏，前端的成为颏；与后颏相连的前端为前颏，是下唇前端的部分，相当于下颚的茎节；在前颏的端缘有两对叶片状构造，外侧的一对称为侧唇舌，内侧的一对称为中唇舌；唇舌常有退化现象；下唇须着生在前颏侧后方的一块骨片即负唇须节上，组成节数较下颚须少，一般只有 3 节，亦较下颚须短；下唇须上生有感觉毛，主要起感触食物的作用。

舌位于头壳腹面中央，是头部颚节区腹面扩展而成的一个囊状构造，而不是头部的附肢。舌壁具有很密的毛带和感觉区，起味觉作用。舌有肌肉控制伸缩，帮助运送和吞咽食物。

（三）胸　　部

胸部是昆虫的第 2 体段，位于头部与腹部之间，是昆虫的运动中心。

在胸部和头部之间有一膜质的环，称为颈或颈膜。颈通常缩入前胸内，其来源尚不十分清楚，可能是由下唇节和前胸的一部分互相结合而成的。在颈膜上具有一些小骨片，称为颈片，背、腹、侧区各有 1 对，其中两侧的侧颈片最为多见和重要。侧颈片由两片组成，互相顶接并呈一夹角。侧颈片前端称为前侧颈片，其前方与后头突支接；后端称为后侧颈片，其后方与前胸的前侧片形成关节。侧颈片上着生有起源于头部和胸部的肌肉，这些肌肉及背腹纵肌的伸缩活动，可使头部前伸或后缩，上下倾斜和左右活动。

胸部由 3 个体节组成，由前向后依次分别称为前胸、中胸和后胸。每一胸节各具足 1 对，称胸足，分为前足、中足和后足。大多数昆虫在中、后胸上各具有 1 对翅，分别称为前翅和后翅。中、后胸由于适应翅的飞行，互相紧密结合，内具发达的内骨和强大的肌肉。前胸无翅，所以前胸与中、后胸在构造上不同，中、后胸又称为具翅胸节或翅胸节。

1. 前胸

昆虫的前胸由于无翅，与飞行无关，在构造上比具翅胸节简单。前胸的发达程度与前足的发达程度有关系，对甲虫来说，其3对足的发达程度相似，所以3个胸节的发达程度也基本相同。

（1）背板

前胸背板的构造简单，通常为一块完整的骨片，其靠近头部的边缘称为前缘，靠近胸部的边缘称为后缘，两侧的边缘称为侧缘；前缘与侧缘之间形成的角，称为前角；后缘与侧缘之间形成的角，称为后角。

甲虫的前胸背板很发达，其大小、形状因虫种而异（图11）。其形状主要有长方形、正方形、近三角形、半圆形、卵圆形、椭圆形等；有的向前延伸，遮盖全部或部分头部；有的自两侧向腹面扩展形成圆筒形；有的隆起、有的平坦；有的具凹陷、有的具隆脊等；有的具刻点或瓦状瘤突、有的光滑、有的具毛垫；有的两侧具齿突等。由于前胸背板通常暴露在外面，容易观察，因此是鉴别昆虫种类的重要依据特征。

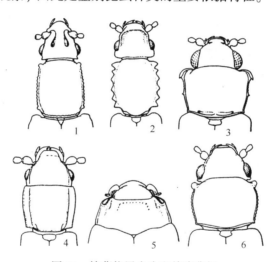

图11　储藏物甲虫头和前胸背板

1. 黑足球棒甲；2. 锯谷盗；3. 尖角隐食甲；4. 土耳其扁谷盗；5. 小圆甲；6. 米扁虫

（仿Bousquet）

（2）侧板

储藏物甲虫的前胸侧板仅为一简单的骨板，没有明显的侧沟将其分为前、后侧片。前胸背板与前胸侧板之间通常以一条沟分界，称为背侧沟，但在许多昆虫中背侧沟消失。

2. 具翅胸节

具翅胸节又称翅胸节，是指成虫的中、后胸节。它直接牵引着翅的运动，所以其特点是背板、侧板和腹板都很发达，并且两个胸节彼此紧密结合。

（1）背板

具翅胸节背板有3条横沟，从前向后依次称为前脊沟、前盾沟、盾间沟；前脊沟由初生分节的节间褶发展而来，其内的前内脊发达，形成悬骨，是背纵肌着生的地方；前盾沟是位于前脊沟后的一条横沟；盾间沟通常呈"八"形，位于背板后部，内脊较强大，盾间沟的地位和形状很不固定，有的甚至全部消失。3 条横沟将背板分为 4 个背片，从前向后依次为端前片、前盾片、盾片和小盾片；端背片是前脊沟前的一块狭条骨片，常向前扩展与前一节的背板紧密相接；前盾片是前脊沟与前盾沟间的狭片，其大小和形状变化很大，甲虫的中胸前盾片常较发达；盾片是前盾沟与盾间沟之间的骨片，通常很大；小盾片是盾间沟后的一块小形骨片；由于具翅胸节的背板通常被翅所覆盖，不易观察，一般不用来鉴别种类，而中胸的小盾片是有翅昆虫唯一暴露在外的一块具翅胸节背片，其形状在不同种类的昆虫中差异很大，因此在储藏物甲虫中被用作分类特征(图 12)。

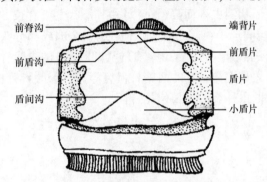

图 12　具翅胸节背板的模式构造
（仿 Snodgrass）

（2）侧板

具翅胸节的侧板比前胸侧板更为发达，形成显著的侧面板片。腹方有侧基突，与足的基节相连接，为基节的运动支点；背方在盾片两侧缘前后各有一突起，称为前背翅突和后背翅突，它们分别与翅基第 1 腋片和第 3 或第 4 腋片相接，作为翅基的支点。侧基突到侧翅突之间有一条侧沟，也称侧板缝，把侧板分为前后两部分，前部称为前侧片，后部称为后侧片（图 2）。侧翅突的前、后，在前、后侧片上方的膜中，各有分离的小骨片，即前上侧片和后上侧片，统称为上侧片。侧板在足基节臼的前、后与腹板并接，分别形成基前桥和基后桥。

（3）腹板

鞘翅目昆虫具翅胸节的腹板通常看不出分片现象，但其上的一些特殊构造常作为分类的依据特征。

3. 胸足

胸部各节各有胸足 1 对，前胸的足称为前足，中胸的足称为中足，后胸的足称为后足。胸足是胸部行动的附肢，着生在各节侧腹面的侧板与腹板之间，基部与体壁相连，形成一个膜质的窝，称为基节窝。

成虫的胸足一般由 6 部分组成，自基部向端部依次分为基节、转节、腿节、胫节、跗节和爪(图 13)。

储藏物甲虫的胸足多数为步行足，少数种如阎虫的前足特代为开掘足。

（1）基节

基节是胸足的第 1 节，着生在基节窝内。基节的形状多样，通常有球形、

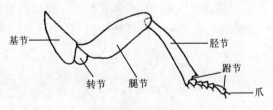

图 13　胸足的构造
（白旭光、周玉香图）

圆锥形、横板形、卵圆形等，有时还具
有容纳腿节的沟。鞘翅目昆虫的基节窝
有开放式和封闭式之分，如在前足基节
窝的后方，前胸腹板与前胸侧板相接
的，称为关闭式或封闭式；前胸腹板与
前胸侧板不相接，而基节窝的后方是以
膜质相连的，称为开放式(图14)。

图14　前足基节窝
1. 开放式；2. 关闭式
（仿 Choate）

（2）转节

转节是足的第2节，也是最短的1节，通常为1节构造。转节基部以前后两个关节
与基节相连，端部以背腹关节与腿节紧密相连而不能活动。

（3）腿节

腿节常为胸足中最强大的一节，末端同胫节以前后关节相接，两关节的背腹面有较
宽的膜，腿节和胫节间可作较大范围活动。有时腿节腹面凹入形成胫节沟，可容纳胫
节，沟的内外两侧常具有不同形状的齿突或隆线，是豆象等科分类的重要特征。

（4）胫节

胫节通常较细长，以两个关节与腿节相连，可折贴于腿节下方或沟内。胫节上常有成
排的刺或齿突，有些近末端具有可活动的距，这些刺、齿突、距常被作为分类鉴别的依据。

（5）跗节

跗节与胫节端部相连，由2~5个小节组成，各小节之间以膜质相连，可以活动。各
小节的大小、形状及颜色等常作为分类的依据。昆虫3对足的跗节小节数目常有很多变
化，因此可分为许多跗节式，如5-5-4式，是指前足和中足的跗节小节数为5个，后足的
跗节小节数为4个，另外还有5-5-5式、4-4-4式、3-3-3式等(图15)。

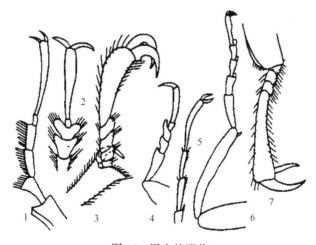

图15　甲虫的跗节
1、2. 露尾甲科；3. 谷盗科；4. 拟叩甲科；5. 薪甲科；6. 郭公
虫科；7. 木蕈甲科
（4. 仿 Hinton；余仿 Рейхардт）

（6）爪

爪是胸足最末端的构造。储藏物甲虫的成虫大多生有成对的爪，许多昆虫在爪下具一瓣状构造，称为爪垫，便于吸附在光滑物体的表面，有时爪垫表面被覆着管状或鳞片状毛。

4. 翅

昆虫是无脊椎动物中唯一能飞翔的动物，也是动物界中最早出现翅的类群。翅的获得不仅扩大了昆虫活动和分布的范围，也加强了昆虫活动的速度，使昆虫在觅食、求偶、寻找产卵和越冬越夏场所及逃避敌害等多方面获得了优越和竞争能力，是昆虫纲成为最繁荣的生物类群的重要条件。在各类昆虫中，翅有多种多样的变异，所以翅的特征就成了研究昆虫分类和演化的重要依据。

（1）翅的构造

一般认为，昆虫的翅是由背板体壁的延伸物演化而来，有上下两层薄膜，两层薄膜之间有纵横排列的支持组织，称为翅脉。

模式构造中，昆虫的翅通常呈三角形，具有 3 条边和 3 个角。翅展开时，在前方的边称为前缘；在后方的边称为内缘；在翅的端部、前缘与内缘之间的边称为外缘。前缘与内缘间的夹角，称为肩角；前缘与外缘间的夹角，称为顶角；外缘与内缘间的夹角，称为臀角。

（2）翅的变化

储藏物甲虫翅的变化包括翅的有无或退化，以及质地的变化。

储藏物甲虫成虫一般都有翅，但也有少数无翅或退化的种类。如百怪皮蠹雌性成虫无翅，雄虫的鞘翅质地薄而柔软，部分昆虫如谷象等后翅消失；还有很多鞘翅处于有翅与无翅之间的过渡型或短翅型，如隐翅甲等。

前翅翅面全部骨化为角质，质地坚硬，不能弯曲折叠，不透明，没有翅脉，已失去正常的飞行功能，平时覆盖在虫体背面，将中胸背板除小盾片外的部分、后胸背板全部和腹部背板全部或部分覆盖，因此前翅用来保护后翅和身体，作用如刀鞘，故称为鞘翅。鞘翅可分为基缘、侧缘（形态学上的前缘）、翅端和肩角。鞘翅在翅缝末端处的角称缝角。鞘翅侧缘通常向下弯折，部分遮盖中胸、后胸和腹部侧方，形成一条窄边，内侧以线为界，前端没有折到肩角，成为鞘翅缘折。假缘折位于鞘翅下的侧缘，内侧以脊或线为界，其前端折到肩角。假缘折长达鞘翅缝或缩短在鞘翅缝之前中止，见于拟步甲科的某些成员（图16拟步甲科中胸、后胸及腹部腹面观）。

鞘翅上的雕饰和构造对甲虫鉴定十分重要。鞘翅表面由光亮平滑至凹凸不平，上面可生有脊、刺、瘤突或沟槽，最常见的是鞘翅上的纵沟或刻点行（称行纹或行沟），其间由行间（或间室）分开

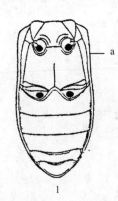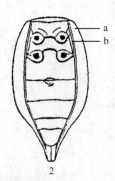

图 16　假缘折和缘折

1. 粉虫；2. 琵琶甲

a. 假缘折；b. 缘折

（仿赵养昌）

（图1）。行间平坦或隆起成脊。行纹和行间的编号顺序由内向外，即由翅缝到翅的侧缘。第1行纹也称为缝行纹。挨近小盾片通常还有1条附加的短行纹，称为小盾片行纹，在对行纹编号时，该行纹不计在内。鞘翅缝与第1行纹之间为第1行间，第2行间、第3行间由内向外依次类推。在有的种类，奇数行间的刻饰往往不同于偶数行间。两鞘翅的端部通常合成一个圆弧形，或有时翅缝突出成齿或刺，或延伸成尾突状，或每一鞘翅后部各自呈圆形；有的种类翅端平截，呈直线形，因此腹部末端外露，尤其如隐翅虫等短翅型种类，腹部大部分暴露；有的种类翅端突然向下倾斜形成斜面，倾斜处有时具明显的边缘，将斜面区分开。

后翅为膜翅，如同薄膜，透明，翅脉较少或无，平时纵横折叠于前翅之下，是甲虫的主要飞行器官。在善于飞翔的种类，后翅比鞘翅宽而长，在静止时全部被鞘翅遮盖。即使在隐翅虫科，鞘翅十分短，但后翅静止时仍几经折叠而隐藏于鞘翅之下。步甲、拟步甲和象甲的一些种类缺后翅。后翅的翅脉在甲虫分类中有重要意义，其脉相可分为肉食型、隐翅型和萤型。肉食型为甲虫较原始的形态，存有主要各纵脉，多横脉，M1与M2间有横脉1~2条，如有2条时，常形成小翅室。隐翅型横脉全缺，M1基部消失，先端游离，存于翅顶附近。萤型的M1和M2先端相合，由合点起，仅由一脉M2直达翅缘，R2形成如R脉的逆向翅脉，称为回归脉，Cu与诸A脉间常有横脉（图17）。

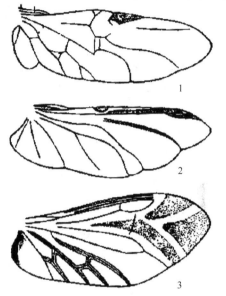

图17　甲虫后翅分区和脉序类型
1. 肉食型；2. 隐翅型；3. 萤型
（仿Imms）

（四）腹　　部

1. 腹部的基本构造

腹部是昆虫体躯的第3个体段，紧连于胸部之后。消化、排泄、循环和生殖系统等主要内脏器官即位于腹腔内，其后端还生有生殖附肢，因此是昆虫代谢和生殖中心。

低等昆虫腹部有11节，但多数储藏物昆虫的腹节数已减少，储藏物甲虫成虫从背面观可见到6~8节，腹面观可见5~6节。腹面观可见到的腹节，称可见腹节，是鉴别昆虫种类的特征之一，基部第1节称第1腹节，第2节称第2腹节，依次类推。

成虫腹节都是后生节，有很发达的节间膜和背、腹板之间的侧膜。腹节可以互相套叠，后一节的前缘套叠在前一节的后缘内，因此能伸缩自如，并可膨大和缩小，以帮助呼吸、蜕皮、羽化、交配、产卵等活动。腹节有发达的背板和腹板，但没有像胸节那样发达的侧板。多数昆虫成虫的腹板是肢基片和腹板愈合而成的一块骨片，从形态学上说应为侧腹板，气门则位于背板与侧腹板间的膜上。有时背板还可向侧下方扩伸，将气门围在背板内。

昆虫腹节减少的原因主要是合并和退化，特别是腹末几节往往特化为外生殖器的一部分。具有外生殖器的腹节，称为生殖节；生殖节以前的腹节，称为生殖前节或脏节；生殖节以后的腹节多有不同程度的退化或合并，称为生殖后节。

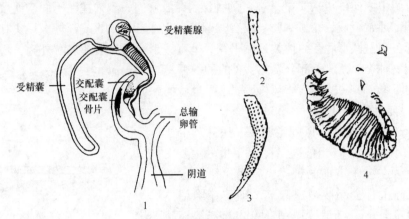

图 18　皮蠹雌虫外生殖器
1,2 谷斑皮蠹；3 肾斑皮蠹；4 痔皮蠹（2，3，4 为交配囊骨片）
（1~3 仿 Howe 及 Burges，4 刘永平图）

外生殖器是昆虫的生殖型附肢。一般雌虫的第 8 和第 9 腹节的附肢，构成产卵器；雄虫第 9 腹节的附肢，有时连同第 10 腹节的一部分，构成交配器。产卵器和交配器统称为昆虫的外生殖器。外生殖器在昆虫分类上，尤其是区别近缘种方面，是十分重要的依据。

储藏物甲虫的雌虫外生殖器通常高度退化，但部分特征在区别某些近缘种时用到，如皮蠹的交配囊骨片等。

2. 雄虫外生殖器

雄虫外生殖器称为交配器，包括将精子输入雌体的阳基及交配时挟持雌体的 1 对抱握器。阳基源于第 9 节腹板后的节间膜，此节的节间膜常内陷成生殖腔，阳基陷藏在腔内。第 9 腹节腹板常扩大而形成下生殖板，也有由第 7 或第 8 腹节腹板形成下生殖板的。

雄虫的外生殖器包括阳茎（中叶）、阳茎侧突（侧叶）和基片。阳茎多是单一的骨化管状构造，是有翅昆虫进行交配时插入雌体的器官。射精管即开口于阳茎端的生殖孔。阳茎里衬着膜质的内阳茎（内囊），端部的开口为阳茎口。内阳茎壁为膜质，交配时翻出，伸入雌体的交配囊中，生殖孔则位于内阳茎端部。阳茎基部两侧的阳茎侧叶，是由生殖肢演变而成的。鞘翅目昆虫的两个阳茎侧叶有时不对称。阳茎与阳茎侧叶在基部未分开时，基部粗大形成一个支持阳茎的构造，成为阳茎基。阳茎基和阳茎之间常有较宽大的膜质部分，阳茎得以缩入阳茎基内。象甲科的雄虫外生殖器可分为阳茎和阳茎后突两部分。在某些科（如豆象科），内阳茎上有许多骨化刺、齿等结构，并排列成一定的图案，同一种雄虫内阳茎骨化刺排列的图案基本相同，不同种排列的图案往往差异很大，因此，内阳茎骨化刺排列的图案，加上阳茎侧突的形态，成为鉴别种的重要依据之一（图19）。

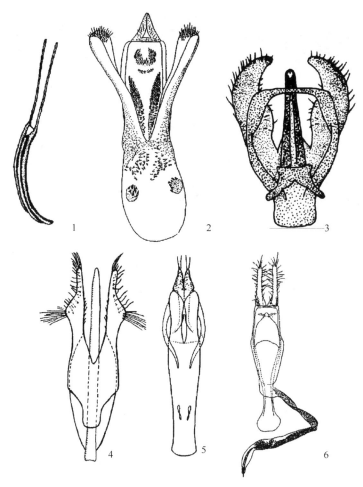

图19　甲虫雄性外生殖器的形态

1. 玉米象；2. 四纹豆象；3. 肾斑皮蠹；4. 白斑蛛甲；5. 毛隐食甲；

6. 黑斑谷盗

（1、2. 刘永平图；3. 仿 Beal；4. 仿 Hinton；5. 仿 Woodroffe；6. 仿 Green）

（五）两性异形

鞘翅目昆虫的两性异形现象普遍存在。除了两性生殖器官的构造不同之外，往往还存在许多其他特征可以区分雌雄。与雌虫相比较，雄虫的个体通常较小，身体较狭窄，体重较轻，但上述特征由于经常有两性重叠现象，故不甚可靠。而且，个别种类由于雄虫的头和前胸上有十分发达的附属构造，有可能比雌虫个体更大。

某些拟步甲、步甲及金龟子等的雄虫前足跗节（有时还包括中足跗节）强烈扩展并生有吸毛，在交尾时用以把握雌体。有的雄虫后足腿节膨大，有时具刺，有时前足、中足或后足胫节弯曲而延长，或在雄虫胫节上有刺，以此与雌虫相区分。

雄虫的上颚通常比较发达，如阔角谷盗等；有的种类雄虫上颚外缘具齿突，如某些扁谷盗。

许多种类两性触角有明显的差异。一般来说，雄虫的触角发达（图 20），较长，或触角棒长而粗，或触角节上的侧突更发达。个别情况下，甚至雄虫触角节数多于雌虫。

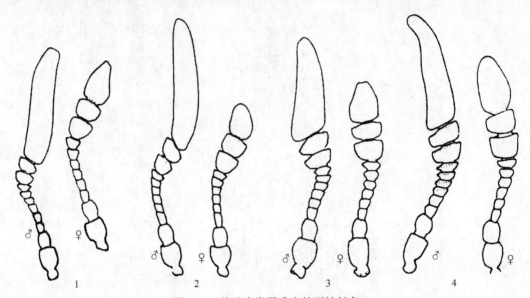

图 20　4 种毛皮蠹属成虫的两性触角
1. 驼形毛皮蠹　2. 斯氏毛皮蠹　3. 黑毛皮蠹　4. 暗褐毛皮蠹
（仿 Halstead）

有的种类，雄虫的口须要比雌虫发达。

有的种类，如蛛甲属 Ptinus 的某些种，由于雌虫不太活动，导致后翅退化，而雄虫则后翅发达。

还有些种类，如皮蠹属 Dermestes 的多数种，雄虫腹部第 3、第 4 腹板（或仅第 4 腹板）近中央有一凹陷，由此发出直立毛束，而雌虫无上述结构。

某些拟谷盗属 Tribolium 的种，雄虫前足腿节腹面近基部有具毛的大刻点（毛窝），而雌虫则没有。另外，两性区别也表现在其他方面，如前胸背板的形状和表皮的细微刻饰不同，足的跗节数的差异等。

个别种雌雄两性差异十分大，看上去简直不像是一个种。如皮蠹科的百怪皮蠹，雄成虫狭长，具鞘翅，触角细长，可见腹板 7 节；雌成虫幼虫状，无翅，触角短，可见腹板 8 节。另一个极端就是雌雄两性差异十分小，外形上难以区分，如蛛甲科、长蠹科、窃蠹科的一些种，成虫显然缺乏第二性征，往往需采用蛹期的特征来区分性别。

蛹的腹末端有 2 对突出物，背面的 1 对由幼虫的尾突变来，腹面的 1 对与外生殖器有关。前 1 对有的种类有，有的种类无，而后 1 对一般情况下都具有。后 1 对称生殖附器，往往可以显示蛹的性别。

雄性蛹的生殖附器有时仅为 1 对小的突起，短而明显，呈乳头状，不分节或分成 2

节，2 个乳突一般向端部方向互相接近；雌虫的生殖附器一般情况下比雌虫发达，乳突更明显突出，通常分 3 节，两乳突一般向端部方向岔开，或二者保持近平行。通过雌蛹突出而岔开的生殖附器，往往与雄蛹很容易分开。表 1 分科列出某些储藏物甲虫的性别区分特征[引自 Halstead(1963)，本书作者又添加了少量内容]。

表 1　储藏物甲虫的两性特征

所属科	虫种	两性特征	
皮蠹科 Dermestidae	拟白腹皮蠹 *Dermestes frischii* 秘鲁皮蠹 *D. peruvianus*	腹部第 4 腹板上有 1 大刻点，由此发出 1 毛束：	
	痔皮蠹 *D. haemorrhoidalis* 白腹皮蠹 *D. maculatus*	雄：有	雌：无
	火腿皮蠹 *D. lardarius* 钩纹皮蠹 *D. ater*	腹部第 3、4 腹板上各有 1 大刻点，各发出 1 毛束： 雄：有	雌：无
	二星毛皮蠹 *Attagenus pellio*	触角棒端节： 雄：长为其基部 2 节之和的 4~5 倍	雌：略长于其基部 2 节之和
	黑皮毛蠹 *A. unicolor*	触角棒端节： 雄：长为其基部 2 节之和的 3~4 倍	雌：约与其基部 2 节之和等长
	小圆皮蠹 *Anthrenus verbasci*	蛹的生殖乳突： 雄：球形，端部相互接近	雌：分 3 节，强烈突出，近平行
	丽黄圆皮蠹 *A. flavipes*	蛹的生殖乳突： 雄：球形，端部略接近	雌：分 3 节，突出，端部岔开
	黑圆皮蠹 *A. fuscus*	触角第 3~4 节： 雄：宽大于长	雌：长宽略等
	标本圆皮蠹 *A. museorum*	触角端节： 雄：长约为第 7 节的 6 倍	雌：长约为第 7 节的 2 倍
	三色齿胫皮蠹 *Phradonoma tricolor*	触角棒： 雄：由 6 节组成	雌：由 3 节组成
	谷斑皮蠹 *Trogoderma granarium*	触角棒端节： 雄：延长	雌：不延长
	拟肾斑皮蠹 *T. vercicolor*	触角棒： 雄：6~8 节组成	雌：4 节组成
长蠹科 Bostrichidae	谷蠹 *Rhyzopertha dominica*	蛹的生殖乳突： 雄：端部互相接近，不突出，分 2 节	雌：端部岔开，突出，分 3 节
窃蠹科 Anobiidae	药材甲 *Stegobium paniceum* 烟草甲 *Lasioderma serricorne*	蛹的生殖乳突： 雄：球形，不突出	雌：突出，分 3 节，明显岔开

所属科	虫种	两性特征	
蛛甲科 Ptinidae	谷蛛甲 *Mezium affine*	蛹的生殖乳突:	
		雄:稍突出,岔开, 大部分紧贴第 9 腹板,分节不明 显,顶端圆	雌:强烈突出,岔开,分 3 节, 顶端尖
	裸蛛甲 *Gibbium psylloides* 包氏蛛甲 *G. boieldieui*	后胸腹板中区 1 个大而圆的具毛刻点:	
		雄:有	雌:无
	圆蛛甲 *Trigonogenius globulus*	后胸腹板后 1/5 处中间 1 个具毛刻点:	
		雄:有	雌:无
	褐蛛甲 *Pseudeurostus hilleri*	腹部第 5 腹板端部每侧各有 1 个卵形大浅窝,由此发 出直立毛束:	
		雄:无	雌:有
	黄蛛甲 *Niptus hololeucus*	蛹的生殖乳突:	
		雄:小,球形,平行至端 部互相接近	雌:明显突出,相互岔开
	Stethomezium squamosum	蛹的生殖乳突:	
		雄:突出,平行至端部相互 接近,分 2 节,末端圆	雌:强烈突出,岔开,分 3 节,末端尖
	仓储蛛甲 *Tipnus unicolor*	蛹的生殖乳突:	
		雄:小,球形,端部互相 接近	雌:突出,岔开,分 3 节, 末端尖
	短毛蛛甲 *Ptinus sexpunctatus*	后胸腹板:	
		雄:较宽,中纵线狭窄,由腹 板基部延至中部	雌:较窄,中纵线宽,局限 在腹板基部 1/5
	澳洲蛛甲 *Ptinus tectus*	蛹的生殖乳突:	
		雄:球形,不明显	雌:突出,岔开,分 3 节
	白斑蛛甲 *P. fur*	雄:体长形,两侧近平行; 前胸背板中部隆起; 触角长	雌:体倒卵形;前胸背板 中部不隆起;触角 较短
	棕蛛甲 *Ptinus clavipes*	雄:体长形,两侧近平行; 复眼大而凸;触角长	雌:体倒卵形;复眼较小; 触角较短
	弯距蛛甲 *P. pusillus*	雄:体略长;中、后足胫节 距长而弯	雌:体卵圆形;中、后足胫 节距短而直
郭公虫科 Cleridae	赤足郭公虫 *Necrobia rufipes*	鞘翅行纹刻点:	
		雄:每一刻点内有 1 根后 倾的黑色硬刚毛	雌:每一刻点内有 1 根前 倾的黑色硬刚毛
谷盗科 Trogossitidae	大谷盗 *Tenebroides mauritanicus*	蛹的生殖乳突:	
		雄:稍突出	雌:突出,分 3 节,岔开

续表

所属科	虫种	两性特征	
扁谷盗科 Laemophloeidae	土耳其扁谷盗 Cryptolestes turcicus 微扁谷盗 C. pusilloides 长角扁谷盗 C. pusiilus 乌干达扁谷盗 C. ugandae	后足跗节及触角： 雄:跗节4节;触角与体几 乎等长	雌:跗节5节;触角约为 体长的2/3
	锈赤扁谷盗 C. ferrugineus 开普扁谷盗 C. capensis	上鄂外缘齿： 雄:有	雌:无
锯谷盗科 Silvanidae	米扁虫 Ahasverus advena	蛹的生殖乳突： 雄:极小,不易看出	雌:突出,分3节,岔开
	方颈锯谷盗 Cathartus quadricollis	雄:前胸背板长形;后足胫 节端有1齿	雌:前胸背板方形;后足 胫节端无齿
	锯谷盗 Oryzaephilus surinamensis 大眼锯谷盗 O . mercator	雄:后足基节间突圆锥形, 后足腿节有1齿	雌:后足基节间突非圆锥 形,后足腿节无齿
小蕈甲科 Mycetophagidae	四斑小蕈甲 Mycetophagus quadriguttatus 小蕈甲 Typhaea stercorea	前足跗节： 雄:3节	雌:4节
薪甲科 Lathridiidae	Coninomus nodifer	后足胫节： 雄:有1齿	雌:无齿
	湿薪甲 Lathridius minutus	蛹的生殖乳突： 雄:极不明显	雌:卵形,端部尖
露尾甲科 Nitidulidae	隆胸露尾甲 Carpophilus obsoletus 狭胸露尾甲 C. ligneus	腹部第6腹板：	
	脊胸露尾甲 C. dimidiatus 酱曲露尾甲 C. hemipterus 方斑露尾甲 C. maculatus	雄:在腹面可见,第5腹板 后缘有深凹,以收纳第 6腹板	雌:不可见,第5腹板末 端圆
隐食甲科 Cryptophagidae	隐食甲 Cryptophagus spp.	后足跗节： 雄:4节	雌:5节
拟步甲科 Tenebrionidae	黑粉虫 Tenebrio obscurus	蛹的生殖乳突： 雄:小而不明显,端部略 岔开	雌:明显,扁平,稍几丁质 化,不呈乳头状,岔开
	黄粉虫 T. molitor	蛹的生殖乳突： 雄:小而不明显,平行,基 部愈合	雌:同黑粉虫
	杂拟谷盗 Tribolium confusum 赤拟谷盗 T. castaneum	前足腿节近基部具刚毛刻点：	
	欧洲黑拟谷盗 T. madens 弗氏拟谷盗 T. freemani	雄:有	雌:无
	姬粉盗 Palorus ratzeburgi 亚扁粉盗 P. subdepressus	蛹的生殖乳突： 雄:小球状,不明显	雌:明显突出,末端岔开
	细角谷盗 Gnathocerus maxillosus	上颚背面的象牙状齿及头中央的2个突起： 雄:有	雌:无

所属科	虫种	两性特征	
拟步甲科 Tenebrionidae	阔角谷盗 *G. cornutus*	上颚背面的大锥形齿及头部的 2 个突起:	
		雄:有	雌:无
	Sitophagus hololeptoides	头的前侧区复眼之前的 1 对角突:	
		雄:有	雌:无
	二带黑菌虫 *Alphitophagus bifasciatus*	头的前部膨隆且有凹陷,额区 2 个黑色隆脊:	
		雄:有	雌:无
	长头谷盗 *Latheticus oryzae*	下唇中央 1 毛束:	
		雄:有	雌:无
	小菌虫 *Alphitobius laevigatus* 黑菌虫 *A. diaperinus*	中足胫节:	
		雄:2 个端距中的 1 个向内弯	雌:2 个端距均直
象甲科 Curculionidae	谷象 *Sitophilus granarius*	雄:喙较粗糙,比雌虫的宽短;腹部第 5~6 腹板下凸	雌:喙光滑有光泽,比雄虫的稍细长;腹部第 5~6 腹板不下凸
	米象 *S. oryzae* 玉米象 *S. aeamais*	雄:喙粗糙,较雌虫的明显宽短	雌:喙光滑有光泽,较雄虫的明显长而窄
长角象科 Anthribidae	咖啡长角象 *Araecerus fasciculatus*	臀板:	
		雄:垂直,背面观不明显	雌:倾斜,背面观明显
豆象科 Bruchidae		触角:	
	绿豆象 *Callosobruchus chinensis*	雄:栉齿状	雌:锯齿状
	罗得西亚豆象 *C. rhodesianus*	雄:强锯齿状	雌:弱锯齿状
	灰豆象 *C. phaseoli*	雄:触角强锯齿状;臀板无黑斑	雌:触角弱锯齿状;臀板有黑斑
	鹰嘴豆象 *C. analis*	臀板颜色:	
		雄:臀板中央有黄褐色宽带或"V"形区	雌:臀板中央有黄褐色狭带
	四纹豆象 *C. maculatus*	新羽化的雌虫每鞘翅上有 1 明显的大斑,雄虫无,但中间类型也很多	
	花生豆象 *Caryedon serratus* 决明豆象 *C. cassiae*	臀板:	
		雄:由背面不可见	雌:由背面明显可见
	暗条豆象 *Bruchidius atrolineatus*	雄:触角扇形	雌:触角锯齿状
	菜豆象 *Acanthoscelides obtectus*	臀板:	
		雄:垂直,背面观仅部分可见	雌:倾斜,背面观全部可见
	巴西豆象 *Zabrotes subfasciatus*	雄:鞘翅中部无白色横毛带	雌:鞘翅中部有 1 条白色横毛带
木蕈甲科 Ciidae	中华木蕈甲 *Cis chinensis* 印度木蕈甲 *C. indicus* 中条氏木蕈甲 *C. chujoi*	额唇基区突出的 4 个大齿	
		雄:有	雌:无

三、分　类

本书采用的分科检索表是根据 Halstead 博士在 1986 年《仓储品研究杂志》第 22 卷第 4 期发表的论文而制订的，并进行了如下变更和补充。

Halstead 的检索表内尚未包括木覃甲科 Ciidae、大覃甲科 Erotylidae 和蚁象甲科 Cyladidae 3 个科，作者在本书的检索表中加列进去。

Halstead 的检索表中将暹罗谷盗 *Lophocateres pusillus*（Klug）由谷盗科 Trogossitidae 中分出来归入脊谷盗科 Lophocateridae 中。但根据 Lawrence 和 Newton（1995）的研究报道，脊谷盗科仍作为谷盗科的一个亚科 Lophocaterinae，故暹罗谷盗在本书中仍归入谷盗科中。

Halstead 检索表中的蜉金龟属 *Aphodius* 归入金龟科 Scarabaeidae，本书检索表中将该属归入蜉金龟科 Aphodiidae。

Halstead 检索表中的长小蠹科 Platypodidae 作为一个亚科 Platypodinae 归入象甲科 Curculionidae 中，本书中仍作为一个独立的科。

Halstead 的检索表中将粉蠹科 Lyctidae 作为一个亚科 Lyctinae 归入长蠹科 Bostrichidae 中，本书中仍作为一个独立的科。

Halstead 检索表中将扁谷盗亚科 Laemophloeinae 归入扁甲科 Cucujidae，1993 年他又将该亚科上升为独立的科，即扁谷盗科 Laemophloeidae。本书中也作为一个独立的科。

Lawrence 和 Newton（1995）报道，根据球棒甲科 Monotomidae 这一科命名的优先权，将食根甲科 Rhizophagidae 作为一个亚科 Rhizophaginae 归入球棒甲科。

科 检 索 表

1 前胸背板侧缘有 6 个齿 ·· 59

　前胸背板侧缘不如上述 ·· 2

2 鞘翅扁平，边缘平展，每鞘翅有 7 条纵脊（包括缝脊）；触角柄节大，球形，梗节着生于柄节侧方，末 3 节形成触角棒。

　复眼不凹缘；跗节式 5-5-5，伪 4 节，第 1 节小，爪间突上有 2 根刚毛；体长 2.6～3.2mm ·········

　·············· 暹罗谷盗 *Lophocateres pusillus*（Klug）[谷盗科 Trogossitidae]

　鞘翅不如上述（若行间有隆脊，跗节为伪 4 节，则第 4 节小，爪间无爪间突，触角也不如上述）···

　·· 3

3 头部在复眼前方延伸成明显的喙，外咽缝合一或全缺 ··· 4

　头部在复眼前方不延伸成明显的喙，外咽缝 2 条 ·· 5

4 触角 10 节，不呈膝状，第 1 节不长，末节很长，有时较粗大 ·············· **蚁象甲科 Cyladidae**

　触角膝状，柄节长，通常长于其后 3 节的总长；跗节式 5-5-5，第 4 节小 ··· **象甲科 Curculionidae**

5 鞘翅背方无毛，金属蓝绿色，边缘古铜色；前胸背板色泽与鞘翅相似，但两侧疏被短毛。触角短，锯齿状；头强烈下弯；复眼大；第 1~4 跗节稍呈叶状；体长 13~22mm ·······················

　···················· **赤缘绿吉丁 *Buprestis aurulenta* L.** [吉丁虫科 Buprestidae]

身体背方表皮色泽不如上述，若背方呈金属色，则触角非锯齿状 …………………………… 6

6 触角棒 3 节，呈不对称的鳃叶状，触角 9 节；上颚不发达，隐于唇基之下；足为开掘式，前足胫节具齿，跗节式 5-5-5 ……………………………………………… **蜉金龟科 Aphodiidae**

触角不如上述；足各异 ………………………………………………………………………… 7

7 复眼被颊分隔，形成深缺切；触角着生处由背方不可见；跗节式 5-5-4；腹部基部的 3 个腹板愈合，不能活动 ……………………………………………………………………………………… 55

复眼不如上述；若有缺切，则其他特征不完全如上述 ……………………………………… 8

8 下颚须发达，几乎与触角等长；触角短，末 3~4 节形成触角棒，其上生拒水性毛；胫节端部具刺，跗节简单；身体背方强烈隆起 …… *Cercyon* spp. 及 *Sphaeridium* spp. [水龟虫科 Hydrophilidae]

下颚须不发达，远短于触角 …………………………………………………………………… 9

9 头部具中单眼；鞘翅遮盖腹末，两鞘翅内缘沿整个翅缝长度相遇，或在百怪皮蠹 *Thylodrias contractus* Motschulsky，雄虫两鞘翅仅在小盾片附近处相遇，向后岔开，雌虫无翅，幼虫状；身体着生刚毛或鳞片，腹面通常有收纳触角和足的凹槽 …………………… **皮蠹科 Dermestidae（部分）**

头部无中单眼；鞘翅遮盖腹末，或端部呈截形，使腹部背板外露 ………………………… 10

10 前胸前端呈狭的短颈状；头全部外露；鞘翅遮盖腹末；外形似蚁 ………… **蚁形甲科 Anthicidae**

前胸无上述颈状构造；至少头的基部与前胸密接；鞘翅遮盖腹末或短；外形不似蚁 ……… 11

11 后足基节大，将腹部第 1 腹板完全分隔；前胸腹面每侧有 1 条纵的背侧缝（notopleural suture）…

……………………………………………………………………………………… **步甲科 Carabidae**

腹部第 1 腹板不被后足基节完全分隔；前胸腹面两侧无背侧缝 …………………………… 12

12 鞘翅短，翅端截形，腹末至少有 3 节背板外露；触角无棒或触角棒松散；腹部可见腹板 6~7 节

……………………………………………………………………………… **隐翅虫科 Staphylinidae**

鞘翅遮盖腹末，或如果鞘翅呈截形，腹末 2~4 节外露，则虫体外形不如上述，或触角棒紧密；通常只有 5 节可见腹板 ………………………………………………………………………… 13

13 头部额唇基缝明显，侧纵脊远离复眼；鞘翅黄褐色，具暗褐色至黑色花斑；体长而扁；跗节式 5-5-5，第 3 节强烈扩展呈双叶状，第 4 节小但明显。

触角丝状，端部几节色暗；前胸背板前角约有 3 个具毛瘤突；体长 3.5~5mm ……………

………………… 黑斑锯谷盗 *Cryptamorpha desjardinsi*（Guérin-Menéville）[锯谷盗科 Silvanidae]

头部无额唇基缝或侧纵脊合并；若鞘翅有花斑，则外形不如上述；跗节各异 …………… 14

14 鞘翅黄褐色，中部具褐色至黑色斑；前胸背板侧缘具细齿；复眼大而突出；触角具 3 节棒；跗节式 5-5-5；体长 1.8~2.4mm …… T 形斑谷盗 *Monanus concinnulus*（Walker）[锯谷盗科 Silvanidae]

鞘翅无类似斑纹；外形不如上述 ……………………………………………………………… 15

15 前胸背板背方近前角处具触角窝；触角 10 节，末节膨大成棒；跗节式 4-4-4；身体卵圆形，强烈隆起，有光泽，体长小于 1.5mm ……………… 小圆甲属 *Murmidius* spp. [拟坚甲科 Cerylonidae]

前胸背板无上述触角窝 ………………………………………………………………………… 16

16 跗节式 5-5-5，第 1 节极长，约等于其余 4 节之和；触角柄节长，索节短，末节极度膨大形成触角棒；前胸背板两侧凹缘；身体圆筒状；腿节膨扩，前足胫节具横的齿状脊；鞘翅端常有齿或瘤突

……………………………………………………………………………… **长小蠹科 Platypodidae**

跗节或虫体外形不如上述 ……………………………………………………………………… 17

17 触角膝状，触角棒紧密（由 3 节组成，看上去似为 1 节）；鞘翅截形，腹末 1~2 节背板外露。头部或前胸背板下方具沟槽或凹窝以收纳触角；身体各部密接，卵圆形、圆筒形或略扁平；表皮坚硬而有光泽，足多少宽扁，跗节式 5-5-5 …………………………………… **阎虫科 Histeridae**

腹末背板外露或被鞘翅遮盖，如果触角为膝状，则腹末背板由背方不可见 ……………… 18

18　触角通常呈膝状，柄节长，索节短，触角棒大而紧密；头部背面观部分或全部被前胸背板遮盖。
　　跗节式 5-5-5，第 3 节简单或呈双叶状，第 4 节小；身体各部密接，粗圆筒状，体长 0.8～5mm，鞘
　　翅被直立或半直立鳞状毛或简单短刚毛 ·················· 小蠹科 Scolytidae
　　触角形状不如上述；若触角棒大而紧密，则头部由背方完全可见或身体非圆筒状 ············· 19

19　触角具松散且对称的 3 节棒，每节至少有 4 个大的感觉器；身体圆筒状或亚圆筒状，头部倾斜且
　　部分被前胸背板所遮盖，鞘翅端部无斜面；跗节式 4-4-4；各节简单，不呈叶状 ·············
　　···························· 木蕈甲科 Ciidae
　　触角不如上述，如果触角棒相似，则各节无感觉器；外形各异，如果身体多少呈圆筒状且头部倾
　　斜，或头完全被前胸背板遮盖，则跗节式为 5-5-5，第 1 节可能短，鞘翅端的斜面有或无 ······ 20

20　触角棒明显且中度紧密，由 3 个略扁的节组成；身体各部密接，长卵圆形，中度隆起；鞘翅遮盖腹
　　末；跗节式 5-5-5，各节明显而简单，非叶状。
　　背面光滑无毛；鞘翅基半部（至少在近肩胛处）具斑纹或淡色区；体长 2.5～4.5mm ·············
　　···························· *Dacne* spp.［大蕈甲科 Erotylidae］
　　触角不如上述，或如果触角棒相似，则虫体外形或跗节不如上述，鞘翅可能呈截形，外露的腹部
　　背板可多达 4 节；背面有毛或无毛 ··································· 21

21　跗节式 5-5-5，伪 4 节，真正的第 4 节小，第 3 节双叶状；触角棒松散或不明显 ············· 22
　　跗节不如上述，或如果各足跗节为伪 4 节且第 3 节呈双叶状，则触角棒紧密 ············· 26

22　后足腿节显著宽扁，腹面近端缘锯齿状；臀板外露，表皮非金属色；复眼大，两眼在额区的间距小
　　于复眼直径 ·························· 豆象科 Bruchidae（部分）
　　后足腿节不显著宽扁，如果显著宽扁，则虫体外形不如上述 ··················· 23

23　触角第 3～8 节细长，末 3 节形成的触角棒较宽，黑色近叶片状；跗节第 3 节双叶状，深凹，被第 2
　　节端部的刚毛环绕。
　　前足基节球形；复眼圆形不凹缘；体长 2.5～4.2mm ·····························
　　············· 咖啡长角象（咖啡豆象）*Araecerus fasciculatus*（Degeer）［长角象科 Anthribidae］
　　触角不如上述；第 2 跗节端部无环绕第 3 节的刚毛 ······················· 24

24　身体短，各部密接；臀板大而外露；后足第 1 跗节长于其余跗节之和 ··· 豆象科 Bruchidae（部分）
　　体形各异，臀板不外露，如果外露则臀板相对小；后足第 1 跗节短于其余跗节之和 ············· 25

25　触角着生于额突上；足较长；身体狭长，两侧近平行 ·············· 天牛科 Cerambycidae
　　触角不着生于额突上；足较短；外形不如上述 ················· 叶甲科 Chrysomelidae

26　体长 7～10.4mm；前胸背板具明显的侧脊；头及鞘翅黑色或金属色，前胸背板及虫体腹面黄色或
　　红黄色。
　　头、胸及鞘翅具鬃状刚毛；触角锯齿状；鞘翅具缝脊、侧脊和 3 条背脊，肩脊不明显 ············
　　···························· 黄胸拟花萤 *Melyris oblonga* F.［拟花萤科 Melyridae］
　　外形不如上述；若前胸背板有侧脊，则个体较小 ······················· 27

27　前胸及鞘翅边缘着生鬃状长毛；背面表皮有可能部分或全部金属色；跗节式 5-5-5，通常 1 节或更
　　多节呈双叶状；前足基节圆锥形突出 ······················ 郭公虫科 Cleridae
　　身体无上述鬃状长毛，或如果前胸背板边缘具上述毛，则其他特征不如上述；若表皮金属色，则
　　身体呈卵圆形且各部密接 ····································· 28

28　体长 7.3～13.2mm，淡红色至黄褐色，鞘翅端黑色；鞘翅具 3 条不甚明显的脊，第 3 背脊基部不
　　明显。
　　跗节式 5-5-4，亚末节双叶状；触角长，丝状；鞘翅着生细毛 ·····················
　　············· 黑尾拟天牛 *Nacerdes melanura*（L.）［拟天牛科 Oedemeridae］

体形及体色不如上述；鞘翅无上述的脊 ·· 29

29 前胸在头上方呈风帽状，其前孔向下；触角末 3~4 节显著膨大或长于其他节，形成松散的触角棒
（触角棒往往等于或长于其余触角节之和）或触角呈锯齿（或栉齿）状 ················ 30
如果前胸在头上方呈风帽状，则触角不如上述 ···································· 31

30 身体圆筒状，表皮十分坚硬；前胸背板表面多褶皱；鞘翅端的斜面多少明显；触角末 3~4 节膨大；
后足基节无纵沟槽收纳腿节 ·· **长蠹科 Bostrichidae**
身体亚圆筒状，表皮不十分坚硬；前胸背板表面无褶皱；鞘翅端部无明显的斜面；触角末 3 节中度
至极度延长，或触角完全呈锯齿（或栉齿）状；后足基节有纵沟以收纳腿节 ····· **窃蠹科 Anobiidae**

31 触角丝状，两触角在额区着生十分靠近，其间距小于触角柄节之长；前足基节圆锥形；头可能被
风帽状的前胸背板所遮盖；前胸远窄于鞘翅，足相当长，形似蜘蛛 ················ **蛛甲科 Ptinidae**
触角各异，如呈丝状，则两触角着生并不靠近；外形不如上述 ························· 32

32 触角末 2 节显著膨大；复眼大而突出，彼此远离；前胸背板中部多少凹陷；跗节式 5-5-5；身体长
形且两侧平行 ·· **粉蠹科 Lyctidae**
若触角具 2 节棒，则虫体外形或其他特征不如上述 ································· 33

33 后足基节具纵沟槽以收纳腿节；触角短，具紧密而大的 3 节棒；体长 5.5~12.5mm；前胸侧缘和鞘
翅的侧缘几乎连续；背腹面密被毛 ····················· **皮蠹属 Dermestes spp.** [**皮蠹科 Dermestidae**]
后足基节无上述沟槽；如果触角具紧密的 3 节棒，则虫体较小 ······················· 34

34 触角 11 节，末 2 节形成球形的触角棒（其中第 10 节大，第 11 节小，末节近端部有 1 横沟而形似 2
节）；体长形，鞘翅端部截形，腹末 1~2 节背板外露；腹部第 1 节可见腹板等于或长于第 2、第 3
腹板之和 ·· **球棒甲科 Monotomidae**
触角无上述球形的触角棒；其他特征不完全如上述 ······························· 35

35 前胸背板具成对的、完整的侧脊，2 条中脊仅在端部或在端部及基部明显。
触角棒 2 节；鞘翅具纵脊；身体多少呈长形 ··
························ ***Bitoma* spp. 及 *Microprius* spp.** [**坚甲科 Colydiidae**]
前胸背板无侧脊或侧脊不多于 1 条 ··· 36

36 前胸背板具弧形完整的亚侧脊；体卵圆形，后方尖，被长毛。
触角具松散的 3 节棒；跗节式 4-4-4，第 3 节小，或跗节式 3-4-4 或 3-3-3 ························
································ **伪瓢虫科 Endomychidae**
前胸背板无完整的亚侧脊，如果存在，则并非呈弧形；体形不如上述且无长毛 ·············· 37

37 身体半圆形或长卵圆形，下颚须末节斧形，跗节为伪 3 节，实为 4 节，第 3 节小，隐于呈叶状的第
2 节内。
背面通常呈红色和黑色，或黄色及黑色，有时暗红色或黄褐色；触角具 3 节棒··············
································ **瓢虫科 Coccinellidae**
体形不如上述，如果相似，则跗节不如上述，且下颚须末节非斧形············· 38

38 背方表皮十分光亮；身体呈卵圆形，十分隆起。
体长不大于 3mm；跗节式 5-5-5，第 4 节十分小，第 2、第 3 节端部凹缘且多少膨扩；爪基部具齿；
触角棒 3 节；下颚须末节非斧状 ····················· **姬花甲科 Phalacridae**
背面表皮不十分光亮或体形不如上述 ··· 39

39 触角末 3 节显著横宽，形成扁圆形紧密的触角棒，索节细；鞘翅遮盖腹末，或呈截形使腹末背板
外露；跗节式 5-5-5，至少有 1 节呈叶状扩展 ················· **露尾甲科 Nitidulidae**
触角不如上述，如具 3 节棒，则棒的形状不如上述；腹部背板不外露·················· 40

40 跗节的爪间突着生 2 根明显的刚毛，跗节式 5-5-5，伪 4 节，第 1 跗节极小，各节细而简单。

身体扁平，有光泽；前胸略呈心脏形，前角突出，与鞘翅间有细颈状连索；触角具松散的稍不对称的 3 节棒 ································· 谷盗属 *Tenebroides* spp. [谷盗科 Trogossitidae]

跗节无上述爪间突，如果跗节为伪 4 节，则第 1 节不小，或触角不如上述 ··············· 41

41　前胸背板具完整的亚侧纵脊；体小而扁，长不大于 3mm；鞘翅两侧近平行；触角不明显，触角有时与身体等长；跗节式 5-5-5 或 5-5-4 ·················· 扁谷盗科 Laemophloeidae

前胸背板无上述亚侧脊；如果虫体极小而扁，则触角棒明显且跗节不如上述 ·············· 42

42　跗节式 3-3-3 或跗节更少；体小或十分小，体长通常小于 3mm ······················· 43

跗节式 3-4-4、4-4-4、5-5-4 或 5-5-5，体十分小至大型 ···························· 45

43　触角棒 1 节；身体多少呈球形；跗节式 3-3-3；前胸背板侧缘及鞘翅缘折背缘有腺体开口；各足的基节看上去十分小，仅中部区域外露；鞘翅上的刻点混乱 ······················

················· *Aphanocephalus* spp. 及 *Parafallia* spp. [盘甲科 Discolomidae]

触角棒 2 或 3 节；身体多少长形扁平；跗节式 3-3-3、2-3-3 或 2-2-3；前胸背板及鞘翅侧缘无腺体开口；足的基节大部分可见，前足基节窝开放；世界性分布 ···················· 44

44　背面光滑无毛；唇基与额位于同一平面上；前足基节窝后方开放；鞘翅仅有 1 条缝行纹 ··········

··················· 扁薪甲属 *Holoparamecus* spp. [扁薪甲科 Merophysiidae]

身体背面多少有褶皱，或具深的刻点，或密生茸毛；头部上方多少不平坦，唇基与额不在同一平面上；前足基节窝后方关闭 ································· 薪甲科 Lathridiidae

45　头部多少被略呈球形的前胸背板所遮盖；复眼极小；体褐色；触角末 3 节形成椭圆形紧密的触角棒；跗节式 5-5-5；体长不大于 3mm ·············· 圆胸皮蠹属 *Thorictodes* spp. [皮蠹科 Dermestidae]

头部不被前胸背板遮盖；复眼明显或缺如；外形不如上述 ·························· 46

46　触角棒 1 节，大；身体卵圆形；鞘翅具行纹；跗节式 4-4-4，第 1 节呈叶状，第 4 节长；前胸背板及鞘翅的边缘平展 ··················· *Euxestoxenus* spp. [拟坚甲科 Cerylonidae]

触角及虫体外形不如上述 ·· 47

47　复眼缺如；鞘翅基部比前胸背板基部稍宽，鞘翅肩部的端角较突出；体长 1.6～2.2mm；中度延长，体呈亚圆筒状，无毛，有光泽；头大，触角棒 3 节；鞘翅无行纹；跗节式 4-4-4，不呈叶状扩展 ······

··················· 褐方胸甲 *Aglenus brunneus* (Gyllenhal) [方胸甲科 Othniidae]

有复眼；鞘翅和前胸背板基部的形状不如上述 ·································· 48

48　前胸背板前角有膨大加厚的胼胝 ·· 49

前胸背板前角无膨大加厚的胼胝 ·· 51

49　前胸背板前角加厚且呈斜截状，侧缘近中央有 1 小齿，或整个侧缘具小齿 ···············

··················· 隐食甲属 *Cryptophagus* spp. 或 *Micrambe* spp. [隐食甲科 Cryptophagidae]

前胸背板侧缘中央无齿，仅有前角膨大加厚的胼胝 ······························ 50

50　身体长形，着生淡灰色矛形的刚毛；两性的跗节式均为 5-5-5，体长 2.7～3.3mm ·············

··················· 厚角拟叩甲 *Leucohimatium arundinaceum* (Forskål) [拟叩甲科 Languriidae]

身体长卵圆形，无矛形刚毛 ·· 59

51　触角念珠状，末 3 节仅稍大于其他节；下颚须被向前伸展的头壳由腹面所遮盖；头的前部中央有浅凹。

第 1 跗节显著短于第 2 节；身体亚圆筒状；体长 3.7～4.0mm ······················

··················· 红褐隐颈扁甲 *Aulonosoma tenebrioides* Motschulsky [隐颈扁甲科 Passandridae]

触角非念珠状，或头部不如上述 ··· 52

52　前胸背板每侧基部有 1 条短脊。

表皮光泽无毛，暗褐色至红黑色；触角具松散的 3 节棒；前足基节窝后方开放；跗节式 5-5-5，第 4

节小；体长 4～4.5mm ……………… **谷拟叩甲 *Pharaxonotha kirschi* Reitter** [拟叩甲科 Languriidae]

前胸背板基部无短脊，外形不如上述 ……………………………………………… 53

53 两触角着生于额上且彼此靠近，其间距不大于第 1 触角节长；体长约 2mm，略呈卵圆形，背方隆起；触角棒 3 节；前足基节窝后方开放；前胸背板两侧简单……………………………………

……………………………………………… ***Atomaria* spp.** [隐食甲科 Cryptophagidae]

触角不着生于额上，且彼此远离 ………………………………………………… 54

54 前胸背板侧缘锯齿状，着生 9～10 个等长的小齿，近基缘具凹窝和沟槽。

鞘翅的缝行纹突出且完整；前足基节窝后方开放；跗节式 5-5-5（♀）或 5-5-4（♂）；鞘翅单一色 …

……………………………………………… ***Henoticus* spp.** [隐食甲科 Cryptophagidae]

前胸背板侧缘非锯齿状，若为锯齿状，则近基缘无凹窝和沟槽 ……………………… 55

55 雌虫雄虫的跗节式均为 5-5-4，跗节非叶状；前足基节窝后方关闭；颊多少突出，遮盖触角着生处；复眼被颊所分隔，缺切深，或复眼完整，其背缘与颊相切 ……………… **拟步甲科 Tenebrionidae**

跗节式 3-4-4、4-4-4 或 5-5-5，某些跗节可能呈叶状；复眼不凹缘；前足基节窝后方开放或关闭……

……………………………………………………………………………………… 56

56 触角 11 节，具明显的 2 节棒（第 9 触角节小，若视为 1 个棒节，则触角棒由 3 节组成），触角第 3 节长约为第 4～6 节之和；背面着生倒伏的鳞片状短毛，由鞘翅行纹内的颗瘤上发出。

跗节式 4-4-4；前胸背板前角突出，侧缘具细齿；前足基节窝后方开放 ………………………

……………………………………………… ***Colobicus* spp.** [坚甲科 Colydiidae]

触角形状不如上述；身体背面无鳞片状毛 ………………………………………… 57

57 前足基节窝后方开放；跗节式 4-4-4（♀）或 3-4-4（♂），不强烈扩展呈叶状。

头部额唇基沟明显；触角棒 3～7 节；身体背面着生茸毛；前胸背板基部与鞘翅等宽；体长 1.6～4.0mm ……………………………………………… **小蕈甲科 Mycetophagidae**

前足基节窝后方关闭；跗节式 5-5-5，第 4 节小，第 3 节可能呈叶状或匙状，或跗节式为 4-4-4 ……………………………………………………………………………… 58

58 跗节式为 4-4-4。

触角具松散的 4～5 节棒；前胸背板后角钝，前胸背板最宽处位于近端部 1/3 处，窄于鞘翅；体长约 2mm ……………………………… ***Myrmechixenus* spp.** [拟步甲科 Tenebrionidae]

跗节式 5-5-5，第 4 节小 …………………………………………………………… 59

59 前胸背板前角尖，通常形成齿突，或稍向侧方突出，或为圆形瘤突，侧缘简单或有细齿，或每侧有 6 个大齿。

身体卵圆至十分狭长，背面中度至十分扁平；第 3 跗节简单或扩展呈叶状 …………………

……………………………………………………………… **锯谷盗科 Silvanidae**

前胸背板前角钝，不向侧方突出，侧缘由基部至端部向外弓曲，非锯齿状；身体稍呈卵圆形，中度扁平；跗节式 5-5-5，后足第 3 跗节下方呈叶状扩展；复眼大；触角具松散的 3 节棒 ………………

……………………………………………… **蕈甲属 *Cryptophilus* spp.** [拟叩甲科 Languriidae]

（一）谷盗科 Trogossitidae

小至中型甲虫，体长 6～18mm。身体细长或卵圆形、圆筒形或扁平。黑色、褐色，也有蓝色或绿色；疏被毛或光裸无毛。头前口式或稍下弯，表面光滑或有皱纹刻点。触角 11 节，少数 10 节，末 3 节形成松散的触角棒；触角着生于复眼和上颚的基部之间。

前胸背板稍宽于头或远宽于头，有细缘边或边缘平展，表面光滑或有皱纹刻点。前足基节窝后方关闭或开放，前足基节横形或近球形，左右基节分离；中足基节近横形，扁平，左右基节分离；后足基节横形，左右基节相接。跗节式5-5-5，第1节甚小，第5节最长。小盾片小至中等大小，三角形。鞘翅完全遮盖腹部，末端圆形。腹部可见腹板5节，少数6节。

幼虫多为捕食性，在树皮下蛀木昆虫的隧道内捕食其他昆虫或小动物；或生活于树上的多孔菌中，食菌或花粉；或生活于干燥的植物性物质中，某些种类为害储藏物。

全世界记述约60属650种，储藏物内常见有2种。

种 检 索 表

头大，约与前胸端部等宽；前胸与鞘翅之间的颈状连索明显；鞘翅暗红褐色至黑色，上面的脊不明显；体长 6.5~11.0mm ·········· **大谷盗 Tenebroides mauritanicus**（Linnaeus）
头小，其宽约为前胸端部宽之半；前胸与鞘翅间的连索不明显；鞘翅锈褐色，上面的脊明显；体长 2.6~3.2mm ·········· **暹罗谷盗 Lophocateres pusillus**（Klug）

1. 大谷盗 Tenebroides mauritanicus（Linnaeus）（图 21；图版 I-1）

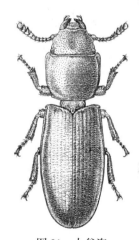

图 21　大谷盗
（仿 Bousquet）

形态特征　体长 6.5~11.0mm。长椭圆形，略扁平，暗红褐色至黑色，有光泽。头部近三角形，触角末 3 节向一侧扩展呈锯齿状。前胸背板宽略大于长，前缘深凹，两前角明显，尖锐突出；前胸与鞘翅间有细长的颈状连索相连。鞘翅长为宽的 2 倍，两侧缘几乎平行，末端圆；刻点行浅而明显，行间有两行小刻点。

生物学特性　在温带，1 年发生 1~2 代，在热带可发生 3 代。多以成虫越冬，以幼虫越冬者少。

成虫和幼虫喜潜伏于黑暗角落，在木板内、天花板内、粮仓的板壁及粮船的衬板下比较集中。雌虫将卵产在面粉内或被害物的缝隙中，每批通常含卵 20~30 粒。产卵持续 2~14 个月，产卵量为 430~1319 粒（其中有 1 头雌虫在室内饲喂燕麦片、酵母及真菌，产卵 3581 粒）。完成 1 个发育周期需要 70~400 天。幼虫有 3~7 龄，主要取决于饲养过程中的温度及食物，在不利的条件下幼虫期可长达 36 个月。幼虫和成虫对低温的抵抗力强，低于 15℃时此虫停止繁殖，在 12℃下则停止活动，28~30℃为发育和繁殖的最适温度，最适的相对湿度为 70%~80%。在 -9~40℃该虫可以存活下来。大谷盗的增长速率低，因为它的发育周期长，冬季进行冬眠。

成虫羽化若发生在秋末，则寿命可长达 12 个月；若在春季羽化，则寿命只有 6~7 个月。在 15℃下，成虫可耐饥 114 天，幼虫耐饥 33 天。食物的营养价值对该虫的发育和发生量有很大关系。例如，在 30℃下，取食整粒小麦时生活周期为 79 天，取食全麦粉时需要 90 天，取食精麦粉时需 102 天，取食稻谷时需 96 天。

　　大谷盗也生活在室外的树皮下及蛀木昆虫的隧道内，营捕食生活。卵及蛹在冬季的低温下不能成活。

　　经济意义　为害各种原粮、大米、面粉、豆类、油料、药材及干果等，严重影响了被害物的品质及种子的发芽力。对木板仓及包装物也有一定的破坏作用。

　　分布　中国绝大部分省（直辖市、自治区）；欧洲，南美，北美，非洲，澳大利亚，印度，土耳其，印度尼西亚，苏联南部。

2. 暹罗谷盗 *Lophocateres pusillus*（Klug）（图 22；图版Ⅰ-2）

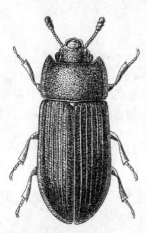

图 22　暹罗谷盗
（仿 Hinton）

　　形态特征　体长 2.6～3.2mm。长椭圆形，背面扁平，铁锈褐色。触角 11 节，第 1 节大而呈卵圆形，第 2 节着生于第 1 节侧方，末 3 节形成触角棒。前胸背板扁平，两侧略平行，端缘凹入，前角前突，前胸与鞘翅间有短的连索。鞘翅约与前胸等宽，两侧缘平行，每鞘翅有 7 条纵脊，脊间有深而密的两行刻点。跗节式 5-5-5，但第 1 跗节甚小，似为 4 节。

　　生物学特性　此虫较迟钝，多附着在面袋、木板、纸张等物体表面，有群居性。雌虫产下扇形的卵块，每卵块有卵 11～14 粒，卵多产在缝隙中。以成虫越冬。

　　卵的平均历期：在相对湿度 75%，温度为 17.5℃、20℃、25℃、30℃和 35℃时，卵期分别为 36.3 天、23.9 天、11.3 天、7.4 天和 5.8 天，在 15℃或 37.5℃时卵不能孵化。

　　幼虫共有 4 个龄。用全麦粉加酵母饲养，在相对湿度 75% 的条件下，当温度为 20℃、25℃、30℃和 35℃时，平均幼虫期分别为 128.3 天、57.6 天、33.7 天和 36.4 天，而平均蛹期分别为 27.5 天、12.3 天、8.0 天和 6.6 天。在 30℃下，当相对湿度为 10%、20%、30%、40% 和 50% 时，平均幼虫期分别为 56 天、47.3 天、44.3 天、39.8 天和 38.3 天。

　　由卵至成虫，在相对湿度 75% 的条件下，仍以全麦粉加酵母为食，在 20℃及 35℃条件下平均历期分别为 179.7 天和 48.8 天。

　　经济意义　经常发生于稻谷、大米、玉米、大麦及多种豆类及中药材内。该虫为第二食性昆虫，多与第一食性害虫如谷象、玉米象、米象、谷蠹和豆象类生活在一起。

　　分布　吉林、辽宁、内蒙古、河北、河南、广东、广西、四川、云南、江苏、湖北等省（自治区）；安哥拉，加纳，坦桑尼亚，刚果，赞比亚，肯尼亚，尼日利亚，马达加斯加，印度，巴基斯坦，斯里兰卡，泰国，缅甸，柬埔寨，印度尼西亚，日本，澳大利亚，英国，德国，法国，意大利，葡萄牙，美国，秘鲁，危地马拉，巴西。

（二）蚁象甲科 Cyladidae

　　体小至中型，狭长，体壁光亮。触角细长，不呈膝状，由 10 节组成，从喙基部斜伸；

第1节不长，末节很长且粗。前胸延长，尤其在前足基节前特别延长，后缘近基部收狭。鞘翅较狭长，刻点行明显。腹部腹板5节。幼虫体短无足。有的分类学者将该科归入锥象科 Brentidae，也有将其归入梨象科 Apionidae 或象甲科 Curculionidae。

3. 甘薯小象甲 *Cylas formicarius* (Fabricius)（图23；图版Ⅰ-3）

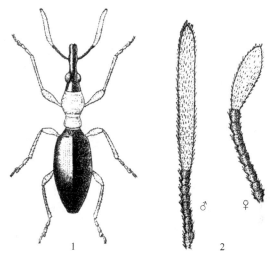

图23　甘薯小象甲
1. 雄虫；2. 触角
（仿陈其瑚）

形态特征　雌虫体长4.8~7.9mm，雄虫5~7.7mm。体狭长似蚁。全身除触角末节、前胸和足呈红褐色之外，其余部分均呈蓝黑色而有金属光泽。头部延伸呈象鼻状；复眼半球形，稍突出；触角发达，由10节组成，末节十分发达：雌虫触角末节长卵圆形，短于其余9节的总长；雄虫触角末节长圆筒形，长于其余9节的总长。前胸细长，后1/3缢缩呈颈状。两鞘翅合拢呈长卵圆形，宽于前胸，背方显著隆起，表面布稍明显的纵刻点行。足细长，腿节膨扩呈棒状。

生物学特性　甘薯小象甲每年发生代数因不同地区而异，在浙江1年发生3~4代，在台湾和海南1年发生6~8代。以成虫、幼虫或蛹越冬，其中以成虫在野外杂草、石块下、土壤缝隙及枯枝败叶下越冬者居多，以成虫、幼虫或蛹在薯块越冬者次之，在我国温暖的南方无明显的越冬现象。

初羽化的成虫隐匿在薯块内，3~5天之后由羽化孔爬出活动取食。羽化约1周后开始交尾。雌虫将卵产于薯块外露部分的表皮下，有时也产在藤头或薯蔓上。产卵时，先将皮层咬成圆形小孔，然后产卵于其中。1孔1卵，偶见1孔2~3粒卵。每雌虫一生产卵30~200粒，平均约80粒。

成虫不善飞，仅作短距离低飞，但爬行能力强。成虫取食露出地面的薯块，也可取食幼芽、嫩叶、嫩茎和薯块表皮。畏强光，多在清晨和傍晚活动，光线强时常隐于藤蔓或枯叶下。耐饥力强，可绝食1个多月。有假死习性。

幼虫蛀食于薯块或藤头内，形成弯弯曲曲的隧道，虫体后方堆满白色或褐色虫粪，被害处变黑褐色，散发腥辣臭味。幼虫共5龄，老熟后在隧道末端化蛹，或向外蛀食达皮层，咬成圆形羽化孔，然后在羽化孔处化蛹。

经济意义　为国内植物检疫对象之一。为害甘薯、蕹菜、野牵牛、砂藤、月光花、小旋花、登瓜薯等旋花科植物，但主要为害甘薯。成虫取食甘薯的嫩芽梢、茎蔓与叶柄的皮层，并啃食块根形成小孔，严重影响植株生长发育及薯块的质量和产量。幼虫在藤蔓或块根内取食，不但影响块根的发育，还可导致黑斑病、软腐病等病菌的侵染而腐烂霉坏。

分布 浙江、江西、湖南、福建、台湾、广东、广西、贵州、四川、云南等省（自治区）；日本，菲律宾，越南，柬埔寨，老挝，泰国，马来西亚，巴基斯坦，印度，北非，北美，澳大利亚。

（三）象甲科 Curculionidae

本科为鞘翅目中最大的科之一。据估计，全世界已记述的种类超过6万种，遍及世界各地。

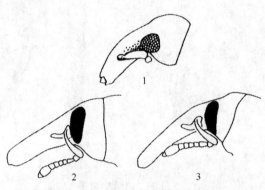

图24 3种象虫头部侧面观
1. 阔鼻谷象；2. 罗望子象；3. 谷象
（仿 Whitehead）

该科昆虫小至大型，体长2~70mm（喙不计在内）。主要特征是头部的额和颊延伸成象鼻状的喙；触角膝状，柄节长，索节4~7节，末端呈棒状；无上唇，代之为口上片；下颚须及下唇须退化而僵直，不能弯曲；外咽缝合二为一，外咽片消失。跗节5节，第4节小，隐于第3节和第5节之间。

象虫均为植食性。多数种类取食生长的作物或树木及植物的根、茎、叶、花、果实和种子，仅少数种类为害储藏物。谷象属 Sitophilus 的谷象、玉米象和米象，是世界性分布的储谷大害虫，其中玉米象可以称得上头号储谷大害虫。

种检索表

1 喙粗短，背缘向上拱隆；触角着生于喙的近中部，远离复眼（图24.1）；触角9节；臀板不外露；为害谷物、豆类、鳄梨、姜及薯块根等 ······ **阔鼻谷象 Caulophilus oryzae**（Gyllenhal）
喙圆筒状，背缘直；触角着生于喙的近基部，复眼之前；触角8节；臀板外露 ······ 2
2 触角着生处与复眼前方几乎相接（图24.2）；鞘翅单一色，或每鞘翅前后各有1红褐色斑，两斑间由1纵带相连；为害罗望子种子 ······ **罗望子象 Sitophilus linearis**（Herbst）
触角着生处与复眼前方有一明显距离（约等于触角柄节的宽度，图24.3）······ 3
3 前胸背板顶区的刻点长卵圆形，刻点大而稀；鞘翅颜色单一；后翅退化；雄虫阳茎见图27.4 ······
······ **谷象 Sitophilus granarius**（Linnaeus）
前胸背板刻点圆形，排列较密；后翅发达；每鞘翅有2个红褐色斑 ······ 4
4 雄虫阳茎背面均匀隆起，无纵凹沟（图28.2）；雌虫的"Y"形骨片两侧臂末端钝圆，两侧臂的间隔小，约为两侧臂宽度之和（图28.3）······ **米象 Sitophilus oryzae**（Linnaeus）
雄虫阳茎背面扁平，有2条平行纵凹沟（图29.2）；雌虫的"Y"形骨片两侧臂末端尖细，两侧臂的间隔远大于两侧臂宽之和（图29.3）······ **玉米象 Sitophilus zeamais** Motschulsky

4. 阔鼻谷象 *Caulophilus oryzae*（Gyllenhal）（图25；图版 I-4）

形态特征 体长 2.5~3.0mm。赤褐色或黑褐色，略有光泽。喙宽短，背缘向上拱隆，长约为宽的 2.5 倍，两侧近平行；触角着生于喙的中部，9 节，第 1 节伸达眼前缘，末端球杆状。胸部长宽略等，前胸背板刻点小而均匀，基部 1/3 有凹窝。鞘翅略呈圆筒形，不宽于前胸中部；其长大于前胸长的 2 倍，遮盖整个腹部；刻点行深，行内的刻点粗密，近翅端处刻点变小或消失；行间凸，刻点不明显，第 7、第 8 刻点行在肩部联合。前足胫节内侧凹入。

生物学特性 此虫善飞。在美国南部既可在仓内为害，也可由仓内飞往田间为害尚未成熟的玉米。雌虫产卵方式与玉米象相似，每 1 雌虫产卵平均 136 粒，最多达 229 粒（另有资料报道产卵量为 200~300 粒）。在美国南部的气候条件下，其产卵前期一般 1~2 个月，最短 9 天；产卵期平均 123 天，最长 176 天；卵期 4 天；幼虫共有 3 龄，第 1 龄 5~8

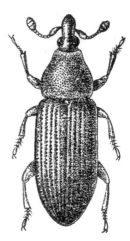

图 25 阔鼻谷象
（仿 Cotton）

天，平均 6 天；第 2 龄 3~7 天，平均 5 天；第 3 龄 5~14 天，平均 9 天。前蛹期 1 天。蛹期 5 天。完成 1 个发育周期需 25~38 天，平均 30 天。成虫寿命平均 152 天。整个幼虫期均在种子内蛀食为害。该虫对不利条件有较强的抵抗力，如在 16.6℃ 的温度下可耐饥 55 天。

经济意义 为害小麦、大麦、玉米、大豆、鹰嘴豆、豌豆、甘薯、西洋薯块、鳄梨子、橡子等。一般为害破碎、受损伤或不太成熟的谷粒。

分布 墨西哥，美国，波多黎各，牙买加，危地马拉，摩洛哥，英国，德国，比利时，芬兰，印度。

5. 罗望子象 *Sitophilus linearis*（Herbst）（图26；图版 I-5）

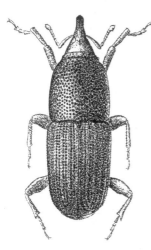

图 26 罗望子象
（仿 Whitehead）

形态特征 体长 3.5~5.0mm。圆筒状，红褐色至暗褐色，有光泽。喙长约为前胸长的 1/2。触角 8 节，触角窝几乎与复眼前方相接。前胸背板刻点小，近圆形，刻点间距至少等于 1 个刻点直径；刻点间光滑而有光泽。鞘翅颜色单一，或每一鞘翅两端各有 1 红褐色斑，两褐色斑由 1 褐色纵带相连。后翅发达。

生物学特性 雌成虫钻蛀种子，形成圆筒状隧道，卵产于隧道内。每雌虫产卵平均 35 粒，卵期 2~4 天。幼虫孵化后在种子内蛀食为害。幼虫期 13~18 天，共有 4 龄，前 3 龄的龄期为 2~3 天，第 4 龄龄期为 6~9 天。蛹期 6~8 天。成虫羽化后在种子内静止 2~4 天，然后才从虫道内爬出。1 粒罗望子种子内可羽化出 5~17 头成虫。成虫负趋光性，并有假死习性。羽化后即开始交尾，但多数交尾发生在羽化后 1~2 天。1 头雌虫一生可在 2~4 粒种子内产卵，产卵持续 5~31 天。成虫寿命13~71天。在印度，罗望子象在 2~3 月为害田间成熟的罗望子果荚。

经济意义 成虫和幼虫严重为害罗望子种子及果荚。成虫仅在种子内蛀孔产卵，尚不直接取食。在印度，由于该虫为害，种子损失达 50%~60%。也可蛀食红薯干和木薯干等，但不能繁殖。

分布 云南；美国，墨西哥，巴西，厄瓜多尔，牙买加，古巴，哥斯达黎加，印度。

6. 谷象 *Sitophilus granarius* (**Linnaeus**)（图 27；图版 I -6)

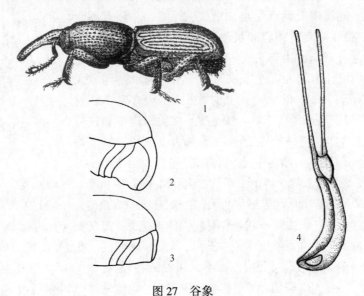

图 27 谷象
1. 成虫；2. 雄虫腹部末端；3. 雌虫腹部末端；4. 雄性外生殖器
（1. 仿 Balachowsky；2、3. 仿 Bousquet；4. 刘永平、张生芳图）

形态特征 体长 2.5~4.7mm。圆筒状，背方相当隆起，栗褐色或黑色，发红发亮。喙细长，圆筒状，略弯，其长约为前胸的 2/3。触角 8 节，着生于喙的基部；末节膨大，其长稍小于宽的 2 倍，端部尖。前胸背板刻点大而稀，顶区的刻点长卵圆形。鞘翅颜色单一，无淡色斑。后翅退化，丧失飞翔能力。

生物学特性 谷象 1 年发生的世代数因地而异。在加拿大和苏联北部 1 年 1 代；在苏联南部年发生 2~3 代；在美国东部地区年发生 4 代；在印度及某些热带国家年发生多达 7~8 代。当粮温下降到 15℃ 以下时停止发育和繁殖。发育的最适温度为26~30℃，最适相对湿度为 70%~80%。主要以成虫越冬。越冬场所主要在仓内的潮湿阴暗处，也可转移到仓库附近的砖瓦石块下及草堆、垃圾堆、杂草根际或树皮下。春天，当温度回升至 11~12℃ 时成虫开始取食，12.5~13℃ 时少数成虫开始交尾。交尾结束后雌虫钻入粮堆内产卵。雌虫用喙先在种子表面做卵窝，然后产卵于其中，并用黏液封口。雌虫产卵 100~400 粒，平均 150 粒。幼虫在粮粒内发育，共有 4 龄。在 25℃ 及相对湿度 70% 的条件下，卵期 4.5~5 天，幼虫期 22~24.5 天，蛹期 8~16 天。成虫羽化后在粮粒内停留数日才爬出来活动。在最适条件下，完成 1 个发育周期需要 28~43 天。最适合于发育的食物含水量为 15% ~ 17.5%。

经济意义　在世界的温带地区，谷象是一种十分重要的储粮害虫。成虫、幼虫均可为害，为初期性害虫。1 头谷象幼虫平均消耗谷物约 30mg，同时形成 6mg 粉屑。危害严重时，对玉米造成的质量损失可达 22.5% ~ 23.6%，对小麦造成的损失达 50% 以上。

谷象除为害谷物之外，还为害豆类、薯干、干果及中药材。

分布　新疆、甘肃；英国，爱尔兰，西班牙，葡萄牙，比利时，荷兰，瑞士，意大利，波兰，德国，南斯拉夫，捷克，瑞典，法国，苏联，丹麦，挪威，南非，埃塞俄比亚，阿尔及利亚，肯尼亚，埃及，莫桑比克，马拉维，印度，阿富汗，塞浦路斯，巴基斯坦，伊朗，土耳其，日本，菲律宾，泰国，印度尼西亚，加拿大，美国，阿根廷，玻利维亚，澳大利亚，新西兰。

7. 米象 *Sitophilus oryzae* (**Linnaeus**)（图 28；图版 I -7）

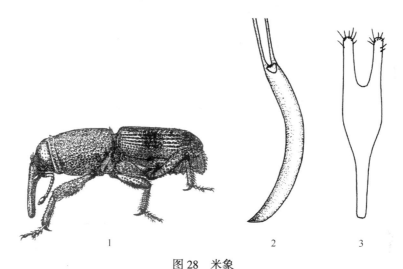

图 28　米象
1. 成虫；2. 雄性外生殖器；3. 雌虫"Y"形骨片
（1. 仿 Balachowsky；2、3. 刘永平、张生芳图）

形态特征　体长 2.3 ~ 3.5mm。圆筒状，红褐色至暗褐色，背面不发亮或略有光泽。触角 8 节，第 2 ~ 7 节约等长。前胸背板密布圆形刻点。每鞘翅近基部和近端部各有 1 个红褐色斑。后翅发达。雄虫阳茎背面均匀隆起，雌虫的"Y"形骨片两侧臂末端钝圆，两侧臂间隔约等于两侧臂宽之和。

生物学特性　在世界不同国家和地区年发生 4 ~ 12 代。在我国贵州省年发生 4 ~ 5 代，第 1 代和第 4 代的历期为 42 ~ 52 天，第 2 代和第 3 代的历期为 38 ~ 40 天。成虫于 4 月中、下旬开始交尾产卵，雌虫每天产卵 2 ~ 3 粒，在适宜条件下一生产卵多达 576 粒。幼虫在寄主内蛀食为害，经历 4 龄。在 25℃ 和相对湿度 70% 的条件下，卵期 4 ~ 6.5 天，幼虫期 18.4 ~ 22 天，蛹期 8.3 ~ 14 天，预蛹期 3 天，完成 1 个发育周期需 34 ~ 40 天。又据报道，在相对湿度 70% 的条件下，完成 1 个发育周期，在 30℃ 下需 26 天，在 21℃ 下需 43 天，在 18℃ 下需 96 天。成虫寿命 7 ~ 8 个月，最多达 2 年。米象发育的温度范围为 17 ~ 34℃，最适温度为 26~31℃；发育的湿度为相对湿度 45%~100%，最适的相对湿度为 70%。

经济意义　严重为害各种谷物及种子、谷物加工品，还为害某些豆类、油料、干果和中药材等。

分布　四川、福建、江西、贵州、湖南、云南、广东、广西；世界多数国家和地区均有分布。据报道，全世界未发现米象的国家有安哥拉，洪都拉斯，马拉维，泰国，哥斯达黎加，朝鲜，塞拉利昂，新加坡和委内瑞拉。

8. 玉米象 *Sitophilus zeamais* Motschulsky（图 29；图版 I -8）

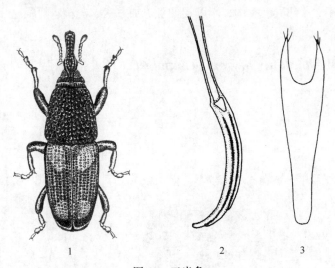

图 29　玉米象
1. 成虫；2. 雄性外生殖器；3. 雌虫"Y"形骨片
（1. 仿 Balachowsky；2、3. 刘永平、张生芳图）

形态特征　该种与米象极其近缘，外部形态十分相似，雄性成虫阳茎及雌虫"Y"形骨片的形状为两个种最主要的区分特征（见检索表）。

生物学特性　在我国北方地区年发生 1~2 代，在中原地区 3~4 代，亚热带地区可达 6~7 代。主要以成虫越冬。当气温下降到 15℃ 以下时成虫不再活动，进入滞育。成虫用喙在粮粒表面做卵窝，在每个卵窝内产 1 粒卵，然后用黏液封口。卵期一般为3~16天，幼虫期 13~28 天，前蛹期 1~2 天，蛹期 4~12 天。幼虫有 4 龄。在 27℃ 及 66%~72% 的相对湿度下，1~4 龄幼虫的历期分别为 3.6 天、4.7 天、4.8 天、5 天。玉米象发育的温度范围为 17~34℃，最适温度为 27~31℃；发育的相对湿度范围为 45%~ 100%，最适相对湿度为 70%。

与米象相比，玉米象的抗寒力比较强。因此，该种在我国的分布大大向北延伸。据 Bodenheiner 推测，在月平均温度为 3℃ 的地区，米象的生存即受到限制。

从食性上比较，玉米象喜食大粒谷物，如玉米；而米象则喜食小粒谷物，如大米。从行为上比较，玉米象更善飞，而米象较少飞翔。

经济意义　玉米象为储粮的头号大害虫，对多种谷物及加工品、豆类、油料、干果、药材均造成严重危害。在适宜的条件下，粮食储藏期所造成的质量损失在 3 个月内可达11. 25%，6 个月内可达 35. 12%。

分布　国内各省(直辖市、自治区)；世界大多数国家和地区。据报道，仅发现米象而无玉米象的国家有：阿尔及利亚，阿拉伯，多米尼加，埃及，厄瓜多尔，危地马拉，伊拉克，黎巴嫩，斯里兰卡，智利，塞浦路斯，巴布亚新几内亚，尼加拉瓜，巴拉圭，索马里，津巴布韦，利比亚，毛里求斯，摩洛哥，西班牙，瑞典，土耳其。

（四）皮蠹科 Dermestidae

多为小型甲虫，体长 1~12mm。背方隆起，腹面扁平，着生毛或鳞片。多数种类褐色至黑色，有的种类表皮具淡色斑，或虫体上的毛或鳞片显示出不同颜色和斑纹。

头小，除复眼之外，部分种类尚有中单眼；触角 4~11 节，触角棒 1~3 节，个别种类多达 5~8 节。前胸背板多横宽，其基部约与鞘翅基部等宽；多数种类前胸背板腹面两侧有界限分明的触角窝用于收纳触角棒。鞘翅发达，多遮盖腹末。前足基节近球形，基节窝后方开放；中足基节多球形，左右分离；后足基节左右相接触，多数种类后足有发达的腿节盖；跗节式 5-5-5。

该科昆虫往往生活于动物的巢穴内，取食其他动物残留的食物、动物尸体及毛和羽毛；有些种类也经常生活于仓储物内，取食干燥的水产品、皮张、药材、毛、羽毛，以及仓储谷物及其制品，构成一类十分重要的储藏物害虫。

皮蠹科昆虫全世界记述 1000 多种，与储藏物有关的有 100 余种。

属及某些种检索表

1　触角近丝状，端部不形成明显的触角棒；腹部可见腹板多于 5 节；雌虫无翅，幼虫状 ……………
　　…………………………………………… **百怪皮蠹 Thylodrias contractus Motschulsky**
　　触角端部形成明显的触角棒；腹部可见腹板 5 节；雌、雄虫具翅 ……………………………… 2
2　前胸背板两侧基部 1/3~2/3 处有明显的亚侧脊；体小，背方显著隆起；被直立的长毛 ……… 3
　　前胸背板无上述亚侧脊；体小至中型，被鳞片或毛 …………………………………………… 4
3　前胸腹板后突长而尖，嵌在中胸腹板的沟槽内；中胸腹板后缘中央有 1 小凹缘 …………………
　　………………………………………………… **棕长毛皮蠹 Trinodes rufescens Reitter**
　　前胸腹板后突十分短，端部凹入以收纳中胸腹板的前缘突；中胸腹板后缘中央不凹缘 …………
　　…………………………………………………………………… **拟长毛皮蠹属 Evorinea**
4　头部无单眼 …………………………………………………………………………………… 5
　　头部有单眼 …………………………………………………………………………………… 6
5　复眼发达；前胸背板基部两侧不显著缢缩；多黑色或暗褐色；个体较大，长 4~12mm …………
　　………………………………………………………………………………… **皮蠹属 Dermestes**
　　复眼显著退化；前胸背板基部明显缢缩，略呈球形；单一栗褐色；个体小，长不超过 3mm ………
　　……………………………………………………………………… **圆胸皮蠹属 Thorictodes**
6　后足第 1 跗节远短于第 2 跗节，触角棒 3 节 …………………………… **毛皮蠹属 Attagenus**
　　后足第 1 跗节等于或长于第 2 跗节；触角棒各异 ……………………………………………… 7

7 身体背腹面被三角形或卵圆形鳞片；第5腹板端部凹入 ·················· **圆皮蠹属 *Anthrenus***
　 身体背腹面被毛，无鳞片；第5腹板端部不凹入 ··· 8
8 前背折缘无界限分明的触角窝 ·· 9
　 前背折缘有界限分明的触角窝 ·· 10
9 触角棒4节；鞘翅前部暗褐色，后部2/3淡褐色，上述两区域间由1条黄褐色斜带分开 ··········
　 ·· **里斯皮蠹 *Reesa vespulae*（Milliron）**
　 触角棒2~3节 ··· **长皮蠹属 *Megatoma***
10 触角棒1~2节 ·· 11
　 触角棒3~8节 ·· 12
11 触角棒1节，雄虫触角棒呈长三角形；体宽卵圆形；爪有附齿 ········· **螵蛸皮蠹属 *Thaumaglossa***
　 触角末2节构成圆形或长卵圆形的触角棒；爪简单；体稍纵长 ········· **球棒皮蠹属 *Orphinus***
12 前足胫节侧缘具多数小齿 ··· **齿胫皮蠹属 *Phradonoma***
　 前足胫节无上述小齿 ··· 13
13 触角棒3节，第9节和第11节近等长，显著长于第10节；触角窝极宽而深，位于前背折缘的前半
　 部，前背折缘后部的隆起部分与触角窝近等宽 ········ **澳洲皮蠹 *Anthrenocerus australis*（Hope）**
　 触角棒3~8节（雄虫多为5~8节，雌虫多为4~5节），雄虫触角末3节的总长小于其余8节的总
　 长；其他特征不完全如上述 ··· **斑皮蠹属 *Trogoderma***

9. 百怪皮蠹 *Thylodrias contractus* Motschulsky（图30；图版Ⅰ-9：A♂，B♀）

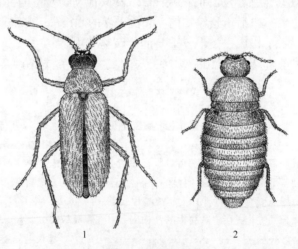

图30　百怪皮蠹
1. 雄虫；2. 雌虫
（刘永平、张生芳图）

　　形态特征　该种两性成虫的形态差异甚大，分别进行描述。

　　雄虫体长2.0~4.5mm。狭长，两侧略平行。背面黄褐色，腹面暗褐色，被黄褐色毛。复眼发达。触角长，末4节特别延长。鞘翅长约为前胸背板长的4倍，质软，两翅不密接，在后半部岔开。腹部有7个可见腹板，第2腹板后半部中央有1横形隆起，由上面发出1黄褐色毛束，第7腹板后缘近截形。足细长，第1跗节长约等于第2、第3跗节总长。

　　雌虫体长 2.6~5.2mm。粗短无翅，呈幼虫状。复眼小。触角短，末 3 节较长。腹部有 8 个可见腹板，第 2 腹板中央无毛束。足短，第 1 跗节略与第 2 跗节等长。

　　生物学特性　此虫多生活于某些鸟类及哺乳动物的巢穴内，也发现于仓库及人的居室内。除取食各种毛和羽毛之外，幼虫还取食寄主残留的食物。在 20℃ 下，完成 1 个生活周期需要 1 年以上。成虫不取食。在 25℃ 及相对湿度 43%~45% 的室内条件下，雌虫在羽化交尾后的第 2~3 天开始产卵。产卵持续 6~8 天，产卵结束 3~4 天后雌虫死亡，不产卵的雌虫可生活 2 个月。雌虫一生产卵 60~65 粒。卵期 19 天，幼虫期长达 11 个月。在营养条件恶化或虫口密度过高时，部分幼虫可进入长达 3~4 年的滞育。蛹期 12~14 天。以幼虫态越冬，第 2 年春季化蛹。幼虫受触动后身体卷曲呈球形。

　　Mertins 于 1981 年在美国艾奥瓦州大学室内条件下进行的观察表明，由于幼虫具有十分强的环境适应性，生活周期的长短变化很大。一般情况下，生活周期长 12.8 个月，最短 6.5 个月，最长多于 46 个月。雄虫后翅的发育程度个体变异很大，对多数个体的后翅进行测量表明，大翅型占 20%，其余的个体中，89% 属于小翅型，10% 属于短翅型，1% 属于中等翅型。

　　经济意义　幼虫为害多种动物性产品，包括动物标本及昆虫标本、中药材等。

　　分布　华北及西北各省（直辖市、自治区）及辽宁、内蒙古、河南、江西、湖南、湖北、广东、云南；加拿大，美国，英国，丹麦，芬兰，南斯拉夫，意大利，日本，苏联的中亚地区。

10. 棕长毛皮蠹 *Trinodes rufescens* **Reitter**（图 31；图版 I -10）

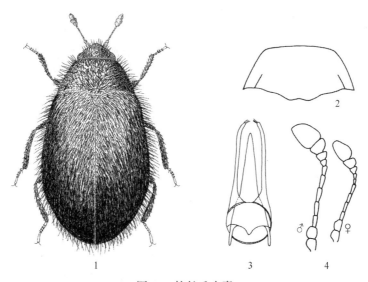

图 31　棕长毛皮蠹

1. 成虫；2. 前胸背板；3. 雄性外生殖器；4. 触角

（1. 仿 Hinton，2~4. 仿 Ohbayashi）

形态特征　体长 1.9~2.5mm，宽 1.2~1.5mm。宽卵圆形，背方显著隆起，密被暗褐色直立的毛。触角 11 节，触角棒 3 节，雄虫触角末节长为第 9、第 10 节总长的 2 倍，雌虫触角末节稍大于第 9、第 10 节的总长。前胸背板两侧缘略直，向端部方向渐狭缩；两侧近侧缘处各有 1 条纵脊，自后缘向前伸达端部 2/3 处。雄虫阳茎不伸达阳基侧突端部。

生物学特性　在日本，1 年发生 1 代，以幼虫越冬。翌年 4~5 月化蛹，蛹期 11~23 天，5 月成虫开始羽化。每雌虫产卵 50~60 粒。雄虫寿命 43~66 天，雌虫 31~75 天。卵期 8~23 天。幼虫有 5~7 龄，多为 6 龄。越冬幼虫历期 288~332 天，平均 300 天。

经济意义　幼虫取食动物性干物质，可穿透蚕茧取食蚕蛹，也同时发现于仓库内及羽毛内。

分布　据国内有关资料报道分布于四川、广东、浙江；日本。

11. 里斯皮蠹 *Reesa vespulae* (Milliron)（图 32；图版 Ⅱ-1）

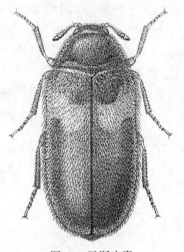

图 32　里斯皮蠹
（仿 Bousquet）

形态特征　体长 2~4mm。长椭圆形，体壁有光泽。头和前胸背板黑色，着生黑色毛；鞘翅前部及沿翅缝处暗褐色，鞘翅后 2/3 淡褐色，以上两个不同深浅区域被 1 条黄褐色斜带分开。触角短，11 节，触角棒 4 节。前胸背板腹面两侧无界限分明的触角窝。中胸有 1 深纵沟将中胸中区完全划分成两部分；后胸前侧片近前缘有 1 细的横沟。足黄褐色，胫节外缘无齿。

生物学特性　里斯皮蠹行孤雌生殖，迄今全世界尚未发现雄虫。由于该虫的这一生物学特性，即使 1 粒卵传播出去也可能使该种在新地定居下来。幼虫生活于胡蜂巢内，取食死昆虫，有时也侵入粮仓内。

经济意义　Beal 于 1967 年报道该虫在美国并非是一个经济意义重要的害虫。但传入欧洲之后，成为博物馆收藏品的重要害虫，不但为害动物标本，还为害植物标本。在挪威，该虫还侵入居室内，取食种子、鱼粉等。

分布　*Reesa* 目前全世界仅包括这 1 个种。该种原产于北美洲，广泛分布于加拿大和美国，随农产品的贸易往来传播到世界许多国家。20 世纪 50 年代末和 60 年代初，首先发现于苏联莫斯科大学的植物标本室及挪威的博物馆昆虫收藏品中，进而扩展到挪威的居民住房内。近 20 年来又进一步传播到欧洲的瑞士，丹麦，德国，芬兰，瑞典，荷兰和冰岛。此外，又发现于亚洲的阿富汗和大洋洲的新西兰。

12. 澳洲皮蠹 *Anthrenocerus australis* (Hope)（图 33；图版 Ⅱ-2）

形态特征　体长 2~3.4mm，宽 1.4~2.1mm。宽倒卵形，背面显著隆起。表皮有光泽，暗赤褐色至黑色；触角色淡，略带红色；头部及前胸背板黑色或近黑色；足的色泽稍淡，稍带褐色。背面着生暗褐色或黑色毛及白色或黄白色毛。前胸背板后缘中央有 1

与小盾片大小相等的白色毛斑；端部中央有 1 较小的白色毛斑，其两侧稍后方各有 1 毛斑；基部 2/5 在两侧 1/3 处各横列 1 矩形白色大毛斑，在靠侧缘处有时略伸向前方。鞘翅基部 1/3、中部、端部 1/4 各有 1 中断的波状白色或黄白色狭横带，有时横带中断成毛斑；鞘翅沿极基部、端部及内缘常有少量黄白色毛。有时前胸背板及鞘翅杂生多量白色及金黄褐色毛。腹面全部着生黄褐色毛。触角 11 节，第 10 节比第 9 或第 11 节短，第 9 和第 11 节近等长。复眼内缘在触角基部宽浅凹入。前胸背板两侧显著下弯，侧缘前部（有时大部分）在背面不可见。触角窝约占前胸背板侧缘的 1/2，宽倒卵形至两侧近平行，端部宽约为长的 5/8，背缘（前胸背板侧缘）稍膨大。前胸腹板前部 1/3（在两侧为前部 2/5）近垂直弯向腹面，中突有 1 低而完整的中纵隆线。前背折缘在触角窝后方的隆起部分稍比触角窝宽，连接前胸背板处仅略比连接前胸腹板处宽，表面有皱状粗刻点。中胸腹板中沟两侧的隆起部分呈亚矩形，长稍大于宽。后胸腹板的侧中陷线较明显。腹部第 1 腹板的侧中陷线明显，末端岔开，伸达腹板后缘。

图 33 澳洲皮蠹雄虫触角
（仿 Hinton）

生物学特性 成虫出现于春季和夏季。在食昆虫尸体及羊毛的条件下，幼虫期分别为 1 年和 2 年。

经济意义 为害毛皮及毛制品、鱼粉、谷物及其制品、昆虫标本。

分布 澳大利亚，新西兰，英国，荷兰，比利时，德国。

拟长毛皮蠹属 *Evorinea* 种检索表

体长 1.7~2.0mm；鞘翅肩部多呈淡红色；雄虫的阳基侧突短于阳茎 ………………………………………………………………………………………………… 拟长毛皮蠹 *Evorinea indica* Arrow

体长 1.4~1.6mm；鞘翅肩部黑色；雄虫的阳基侧突远长于阳茎 ………………………………………………………………………… 畹町拟长毛皮蠹 *Evorinea smetanai* Herrmann, Háva & Zhang

13. 拟长毛皮蠹 *Evorinea indica* Arrow（图 34；图版 Ⅱ-3）

形态特征 体长 1.7~2.0mm。宽卵圆形，背面隆起，暗褐色，触角及足黄褐色，肩部多呈淡红色，背面着生的直立和半倒伏状毛交替排列。触角 11 节，第 4~7 节约等长，第 8~9 节极短，触角棒 2 节，雄虫触角末节为第 10 节长的 3 倍，雌虫触角末节短。前胸背板每侧近侧缘处有 1 条亚侧脊，由基部发出，向前伸达端部 1/4 处。中胸腹板前突圆形，插入前胸腹板后突的凹窝内。雄虫阳茎端部 1/5 处有羽状附属物，阳基侧突端部着生刚毛 2 根。

经济意义 未详。发现于鸡饲料及腰果等储藏物中。

分布 台湾、广东；日本。

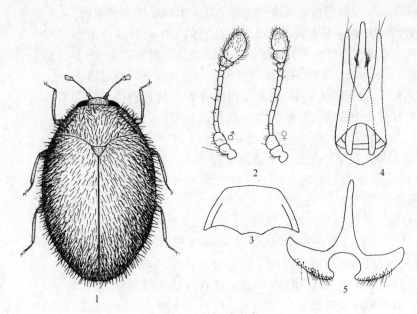

图34 拟长毛皮蠹

1. 成虫；2. 触角；3. 前胸背板；4. 雄性外生殖器；5. 围阳茎腹片

（刘永平、张生芳图）

注：过去曾使用其异名 *Evorinea hisamatsui* N. Ohbayashi，在此予以订正。

14. 畹町拟长毛皮蠹 *Evorinea smetanai* Herrmann, Háva & Zhang
（图35；图版Ⅱ-4）

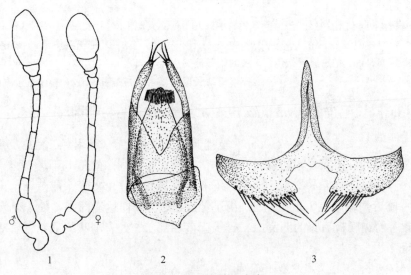

图35 畹町拟长毛皮蠹

1. 触角；2. 雄性外生殖器；3. 围阳茎腹片

（刘永平、张生芳图）

形态特征　体长 1.4~1.6mm，宽 1.0~1.3mm。卵圆形，黑色至暗褐色，略有光泽。头疏生直立长毛。触角 11 节，末节远大于其前一节。前胸背板有光泽，疏生直立的褐色长毛，毛的密度向侧方增大。前胸背板的亚侧脊与侧缘近平行。小盾片黑色，三角形，无毛和刻点。鞘翅有光泽，暗褐色至黑色，疏生直立的褐色毛。区别于前一种，雄虫阳基侧突远比阳茎长。

分布　云南畹町。

皮蠹属 Dermestes 种检索表

1　腹面密被白色或淡黄色毛，遮盖体表结构；腹板两侧具黑色毛斑；前胸背板背方隆起，前缘角由背方通常不可见 ……………………………………………………………………………… 2
　　腹面疏被淡黄色或暗色细毛，不遮盖体表结构；前胸背板多少扁平，前缘角由背方通常可见…… 14
2　鞘翅前半部有 1 白色或玫瑰色完整的宽横毛带，其余部分被黑色毛 …………………………… 3
　　鞘翅无上述毛带 ……………………………………………………………………………………… 4
3　鞘翅前半部有 1 玫瑰色毛带，前胸背板也几乎全部着生玫瑰色毛；鞘翅后半部着生暗色毛(若前胸背板及鞘翅基部着生灰白色毛，则为其原种白背皮蠹 Dermestes dimidiatus Steven) …………………
　　……………………………………………… 玫瑰皮蠹 Dermestes dimidiatus ab. rosea Kusnezova
　　前胸背板有火红色及黑色毛斑 …………………………… 中亚皮蠹 Dermestes elegans Gebler
4　鞘翅侧缘基部 2/5 处着生白色毛，形成宽而略倾斜的毛带，自肩部后方伸至内缘中部前方 ……
　　………………………………………………………… 云纹皮蠹 Dermestes marmoratus Say
　　鞘翅无淡色带或淡色带不如上述 …………………………………………………………………… 5
5　前胸背板两侧着生大量淡色毛，或在中区有淡色大毛斑 ………………………………………… 6
　　前胸背板两侧无大量淡色毛，中区也无淡色大毛斑 ……………………………………………… 11
6　前胸背板中区有 1 横向淡色大毛斑，毛斑的边缘锯齿状 … 花冠皮蠹 Dermestes coronatus Steven
　　淡色毛着生于前胸背板两侧 ………………………………………………………………………… 7
7　鞘翅边缘在端部之前着生多数小齿，端角延伸成 1 细刺 … 白腹皮蠹 Dermestes maculatus Degeer
　　鞘翅端部边缘无上述小齿和刺 ……………………………………………………………………… 8
8　第 5 腹板被白色毛，仅在每侧上角有 1 黑色毛斑 ……… 肉食皮蠹 Dermestes carnivorus Fabricius
　　第 5 腹板的暗色斑不如上述 ………………………………………………………………………… 9
9　第 5 腹板被白色毛，3 个黑色毛斑分别位于基部两侧和端部………………………………………
　　……………………………………………………… 拟白腹皮蠹 Dermestes frischii Kugelann
　　第 5 腹板被黑色毛，近前缘两侧有 2 个白色毛斑或 2 条白色纵毛带 ………………………… 10
10　第 5 腹板近前缘有 2 条白色短毛带；前胸背板侧缘在基部 1/3 较明显凹入，每侧近侧缘中部有 1卵圆形无毛区 ……………………………………………… 双带皮蠹 Dermestes coarctatus Harold
　　第 5 腹板有两条白色纵毛带，由前缘伸达后侧缘；前胸背板两侧不凹入，也无上述卵圆形无毛区
　　………………………………………………………… 西伯利亚皮蠹 Dermestes sibiricus Erichson
11　后足腿节无白色或淡黄色毛组成的横带；鞘翅被黑色毛，其间均匀散布白色毛，小盾片及前胸背板基部被红褐色毛 …………………………………… 金边皮蠹 Dermestes laniarius Illiger
　　后足腿节有清晰的白色或淡黄色毛带 …………………………………………………………… 12
12　背面着生黑色毛且具蓝灰色毛斑，形成大理石样图案；前胸背板上有 2 个黄色小斑，有时前胸背板前缘和后缘着生黄色毛；小盾片着生黄色毛；腹部着生白色或玫瑰色毛 …………………………
　　………………………………………………………… 鼠灰皮蠹 Dermestes murinus Linnaeus
　　前胸背板有多数黑色毛和赤色毛构成的毛斑，其间有时杂白色毛 ……………………………… 13

13　第 5 腹板近基部有两个很短的白色毛带 ························· 波纹皮蠹 *Dermestes undulatus* Brahm
　　第 5 腹板中部有 1 个多呈楔形的白色毛带 ········· 赤毛皮蠹 *Dermestes tessellatocollis* Motschulsky

14　鞘翅前半部有 1 淡黄色、灰白色或红色宽毛带，毛带内有少量黑色毛斑 ··················· 15
　　鞘翅无上述淡色毛带 ··· 16

15　前胸背板被黑色毛，近边缘区有多数淡黄色小毛斑；鞘翅基部有淡黄色宽毛带 ··················
　　··· 火腿皮蠹 *Dermestes lardarius* Linnaeus
　　前胸背板被单一的黑色毛，无淡色毛斑；鞘翅基部毛带红色(若基部毛带为苍白色，则为其变种淡
　　带皮蠹 *Dermestes vorax* var. *albofasciatus*) ············· 红带皮蠹 *Dermestes vorax* Motschulsky

16　腹部第 1 腹板的侧陷线在近基部显著内弯；腹部第 2~5 腹板的前侧角处各有 1 暗色钩状毛斑；雄
　　虫阳茎端部有 2 个骨化齿；背面被褐色毛并混杂淡黄色毛（若背面着生单一的灰色毛，则为其变
　　种家庭钩纹皮蠹 *Dermestes ater* var. *domesticus*) ············· 钩纹皮蠹 *Dermestes ater* Degeer
　　腹部第 1 腹板的侧陷线在近基部直或略内斜；腹部无上述毛斑；雄虫阳茎端部不如上述 ······ 17

17　中足第 1 跗节长约为第 2 节的 2 倍；雌虫交配囊内约有 15 个暗色圆锥形齿 ··················
　　··· 印度皮蠹 *Dermestes leechi* Kalik
　　中足第 1 跗节短于第 2 节 ··· 18

18　雄虫腹部第 3、第 4 腹板近中央各有 1 直立毛束 ····································· 19
　　雄虫腹部仅第 4 腹板有 1 直立毛束 ·· 20

19　每鞘翅有 10 条深而清晰的纵沟纹，仅在肩部变得模糊；中足第 2 跗节长为第 1 跗节的 2 倍 ······
　　································· 沟翅皮蠹 *Dermestes freudei* Kalik & N. Ohbayashi
　　鞘翅表面的纵沟纹较浅；中足第 2 跗节长为第 1 跗节的 1.25 倍；鞘翅长于前胸背板的 3 倍 ······
　　··· 美洲皮蠹 *Dermestes nidum* Arrow

20　鞘翅上的毛较粗而长，伸越翅端形成缨状长毛；雄虫的阳茎与阳基侧突近等长（10∶11），背缘较
　　均匀凹入，雌虫交配囊内有 1 复杂的贝壳样结构及少数小齿 ······························
　　··· 痔皮蠹 *Dermestes haemorrhoidalis* Küster
　　鞘翅上的毛较细而短，不伸越翅端形成缨状长毛；雄虫阳茎比阳基侧突短（10∶13），背缘前 1/3
　　强烈波曲状，雌虫交配囊内有 4~6 个长形锥状骨化齿或骨化齿消失 ························
　　··· 秘鲁皮蠹 *Dermestes peruvianus* Castelnau

15. 玫瑰皮蠹 *Dermestes dimidiatus* ab. *rosea* Kusnezova（图 36；图版 Ⅱ-5）

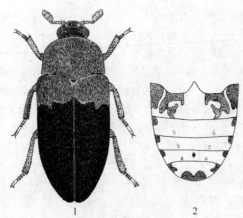

图 36　玫瑰皮蠹
1. 成虫；2. 雄虫腹部腹面观
（刘永平、张生芳图）

形态特征　体长 7.2~10.5mm。表皮黑色，前胸背板全部或绝大部分及鞘翅基部 1/4 着生玫瑰色毛，鞘翅其余部分着生黑色毛。腹部腹板大部被白色毛，第 2~5 腹板前侧角及近后缘中央两侧各有 1 黑斑，第 5 腹板中部的两个大斑相互连接。雄虫第 4 腹板中央有 1 凹窝，由此发出 1 直立毛束。

生物学特性　生活于全年降雨量均匀的干旱沙漠、半沙漠和草原地带，取食动物尸体。1 年发生 1 代，以成虫越冬。在 20~22℃ 及相对湿度 60% 的室内条件下，雌虫产卵不超过 30~32 粒，每产 1~2 粒往往间歇 1~2 天。卵期 6~7 天，幼虫期平均 41 天，

其间蜕皮 6 次，各龄期为 4~6 天，蛹期平均 19.2 天，整个发育周期需要 67.5 天。

经济意义　对生皮张等造成轻度危害。

分布　黑龙江、内蒙古、新疆、青海、西藏、甘肃、宁夏；苏联，蒙古。

16. 白背皮蠹 *Dermestes dimidiatus* Steven（图版 Ⅱ-6）

形态特征　该种为玫瑰皮蠹的原种，不同于玫瑰皮蠹的特征有：前胸背板及鞘翅基部的淡色毛呈灰白色而非玫瑰色；前胸背板散布褐色毛斑，中区每侧有 1 个斜脈。

分布　中国北部；苏联，蒙古。

17. 中亚皮蠹 *Dermestes elegans* Gebler（图版 Ⅱ-7）

形态特征　体长 6~8mm。该种与白背皮蠹相似，鞘翅基半部着生淡色毛，形成 1 条宽横带。不同于白背皮蠹在于该种的前胸背板有火红色毛及黑色毛构成的毛斑。

生物学特性　多发生于中亚的山区和山前地带。在哈萨克斯坦，1 年发生 1 代，以成虫越冬。该虫多生活于鸟巢或干燥的小动物尸体堆积处。在 25℃ 及相对湿度 60% 的室内条件下，雌虫产卵不多于 46 粒，卵期 5~6 天；幼虫期 34~41 天，其间蜕皮 5~6 次；蛹期 12 天，完成 1 个发育周期需 51~59 天。

经济意义　对皮毛造成轻度危害。

分布　哈萨克斯坦，乌兹别克斯坦，吉尔吉斯斯坦，塔吉克斯坦，土库曼斯坦。

18. 云纹皮蠹 *Dermestes marmoratus* Say（图版 Ⅱ-8）

形态特征　体长 9~12mm，表皮有光泽，黑色；鞘翅杂有黑褐色；触角及跗节黑褐色。头部杂生暗褐色、淡褐色和近白色小毛斑，白色毛比褐色毛少。前胸背板的毛与头部相同，但常无明显的白色毛，而淡褐色毛斑则排成极不明显的横列。鞘翅杂生淡褐色、暗褐色至黑色毛。暗褐色至黑色毛着生在表皮黑色部分；侧缘基部 2/5 处仅着生白色毛，并形成 1 宽而略倾斜的毛带，自肩部后方伸达或伸近内缘中部前方。腹面密生白色、暗褐色或黑色毛，白色毛分布如下：前胸腹板中部有时有 1 白色小毛斑；中胸腹板仅中部着生白色毛；后胸腹板除侧片近外缘前部 1/3 有 1 椭圆形黑色大毛斑外，全部着生白色毛；腹部第 1~4 腹板除侧缘基部 4/5 各有 1 暗褐色或黑色大毛斑外，全部着生白色毛，第 5 腹板仅近侧缘基部有 1 白色毛斑。中、后足基节、转节几乎全部为白色毛，腿节前面近中部有 1 横列完整的白色毛带；前足腿节后面近中部横列 1 极不明显的黄色毛带；中、后足腿节端部及各足胫节、跗节在暗褐色毛间有多量白色毛。前胸背板近端部最宽，两侧显著下弯，侧缘在背面仅部分可见；侧缘有完整细边缘，端半部圆形，基半部近直形或基部 1/3 略弯曲；后缘无细边缘，中央近截形，两侧宽，深弯曲；基部有略呈椭圆形的大凹陷 3 个（小盾片前方 1 个，较深；侧缘与中部之间各 1 个，稍浅）。前胸腹板中部显著横隆起，近端部较狭，并隆起呈亚隆脊状。前背折缘的触角窝伸达前背折缘侧缘。中胸腹板隆脊侧面观近直形，不中断。后胸后侧片后缘极宽，呈浅弧形，不倾斜或略倾斜。腹部第 1 腹板的侧陷线宽而深，位于腹板前部 1/4~1/3 处，基部直而向内斜；第 2~5 腹板无侧陷线。雄虫第 3、第 4 腹板基部 1/3 中央各有 1 小型浅凹陷，其中各有 1 直立的褐色毛簇。中、后足第 2 跗节比第 1 跗节长 1/4~1/3。

经济意义 在美国,该虫多见于奶粉厂和谷物仓库,取食干燥的动物性产品和死昆虫。

分布 加拿大,美国,古巴,墨西哥。

19. 花冠皮蠹 *Dermestes coronatus* Steven（图版Ⅱ-9）

形态特征 体长 7~8mm。黑色,着生淡褐色及白色毛。前胸背板中区有 1 横宽的淡白色毛斑,毛斑边缘呈波状。腹面大部被白色毛,后胸腹板上的白色毛更密,仅后胸前侧片前缘及后缘有 2 个黑斑;第 1 腹板前侧部位有 2 个大黑斑;第 2~4 腹板前侧角各有 1 黑斑;第 5 腹板大部被黑色毛,两个白色短毛带分别由腹板前缘两侧发出。

生物学特性 多生活于干旱草原地带,在中亚的山前地带、绿洲及河谷地带的高湿环境也有发生。此虫多生活于土表,取食无脊椎动物和小型脊椎动物尸体。在土库曼斯坦,1 年 1 代,以成虫越冬。越冬成虫于次年 3 月开始活动,幼虫的发育只在春季和夏初进行。幼虫于 6 月末至 7 月化蛹,新羽化的成虫到次年春开始繁殖。

经济意义 对皮张及家庭储藏品造成轻度危害。

分布 新疆;欧洲东南部,苏联,阿富汗,印度。

20. 白腹皮蠹 *Dermestes maculatus* Degeer（图 37;图版Ⅱ-10）

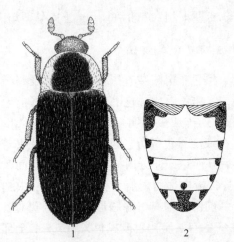

图 37 白腹皮蠹
1. 成虫;2. 雄虫腹部腹面观
（刘永平、张生芳图）

形态特征 体长 5.5~9.5mm。表皮赤褐色至黑色,背面密被黄褐色、白色及黑色毛,前胸背板两侧及前缘着生大量白色毛。腹面大部分着生白色毛,第 1~4 腹板每前侧角有 1 黑色毛斑,第 5 腹板大部被黑色毛,每侧有 1 条白色毛带。鞘翅边缘在端角之前的一段有多数微齿,端角向后延伸成 1 细刺。雄虫仅腹部第 4 腹板中央有 1 凹窝,由此发出 1 直立毛束。

生物学特性 多生活于居民区附近,取食小动物尸体。在 21.3~23.7℃下,雌虫产卵可持续 60 天,产卵 198~845 粒。卵期在 27℃下 3 天,在 22~23℃下 5 天。在 23℃及相对湿度 40% 的条件下,幼虫期 44 天,其间蜕皮 6~11 次。提高温度导致幼虫期缩短,而相对湿度由 70% 增加到 100% 时,幼虫蜕皮次数由 7~8 次减少至 5 次。在 25℃下,蛹期 8 天,在 34℃下蛹期 5 天;在 28~30℃下整个发育周期为 55 天。此虫各虫态均可越冬。发育的最低温度为 20℃,最适发育温度为 30~35℃;发育的最低相对湿度为 30%,最适相对湿度为 70%。成虫寿命 60~90 天。

成虫可短距离飞翔,有假死习性;幼虫有强的负趋光性、群集和假死习性。在虫口密度高及食物和水缺乏的情况下经常发生自相残食。在不利的条件下,完成 1 个发育周期可长达数年之久。

经济意义　严重为害动物性储藏品，为制革业和养蚕业的重要害虫。此虫还为害多种肉类及鱼类加工品、动物性药材、动物标本及家庭储藏品。老熟幼虫有开凿蛹室的习性，这一习性往往破坏大量幼虫并不取食的材料，如仓房建筑的木质部分、软木塞、硬纸板、亚麻、棉花、石棉甚至铅块等，造成额外的损失。

分布　中国各省（直辖市、自治区）；世界性分布。

21. 肉食皮蠹 *Dermestes carnivorus* Fabricius（图38；图版Ⅱ-11）

形态特征　体长6.5~8.5mm。表皮黑色，鞘翅基部及小盾片常呈红褐色。前胸背板端部及两侧有淡色毛带，两侧的毛带显著宽。鞘翅大部着生黑色毛，上面的淡色毛带变异较大，在典型的情况下，肩部后方有黄褐色毛及白色毛构成的横带，有时再后方还有4条淡色横带。沿鞘翅端部边缘有多数近等距离的钝齿。腹部每腹板的两前侧角各有1黑斑。雄虫第3、第4腹板中央各有1凹窝，由此发出直立毛束。

经济意义　主要为害动物性产品，包括皮张、动物性药材、鱼类及肉类加工品。也曾记载发现于可可和烟叶中。

分布　山东、福建、广东、台湾；南美，北美，日本，法国，德国，印度，澳大利亚，新西兰。

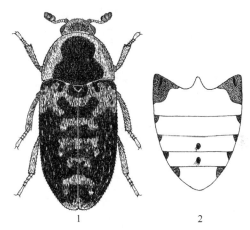

图38　肉食皮蠹
1. 成虫；2. 雄虫腹部腹面观
（刘永平、张生芳图）

22. 拟白腹皮蠹 *Dermestes frischii* Kugelann（图39；图版Ⅱ-12）

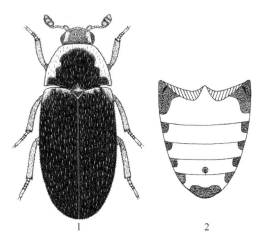

图39　拟白腹皮蠹
1. 成虫；2. 雄虫腹部腹面观
（刘永平、张生芳图）

形态特征　体长6~10mm。表皮黑色或暗褐色。前胸背板中区着生黑色、黄褐色及白色毛，两侧及前缘着生大量白色或淡黄色毛，形成淡色宽毛带；两侧淡色毛带的基部各有1卵圆形黑斑，使淡色带的基部呈叉状。鞘翅以黑色毛为主，杂白色及黄褐色毛；后端角无尖刺。腹部各腹板的两前侧角各有1黑斑，第5腹板端部中央还有1个横形大黑斑。雄虫仅第4腹节腹板中央稍后有1圆形凹窝，由此发出1直立毛束。

生物学特性　大量发生于草原、沙漠和半沙漠地带及2000m以下的山区，取食动物尸体。每年发生 2~3 代，在温带地区 1 年 3 代。幼虫及成虫均取食动物体的组织，也捕食某些蝇类的卵和幼虫。在 30℃ 及相对湿度 90% 的条件下，产卵前期 2~6 天，卵期 2.2 天，幼虫期 20 天，蛹期 6 天，由卵发育至成虫约经历 28 天。在 30℃ 及相对湿度 75% 的条件下，成虫寿命 50~55 天。产卵多达 350 粒，平均 249.3 粒。当温度由 20℃ 提高到 30℃ 时导致各发育期缩短，由 35℃ 上升到 40℃ 对幼虫发育几乎没有影响，但卵期延长，蛹期 4.8 天。湿度降低使产卵前期和幼虫期稍延长，产卵量及成虫寿命缩短，但对卵和蛹的发育基本上影响不大。该虫的发育最低温度为 22℃，最适温度为 31~34℃，发育的最适相对湿度为 50%。

经济意义 严重为害皮张、鱼类加工品、蚕丝和药材，偶尔也为害家庭储藏品。在我国西北地区，严重为害皮张，虫口密度远较白腹皮蠹高。

分布 黑龙江、吉林、辽宁、内蒙古、新疆、青海、甘肃、宁夏、河北、山东、浙江、四川、福建、山西、陕西、湖南、云南等省（自治区）；苏联，伊朗，阿富汗，中亚，中南欧，非洲，新热带区。

23. 双带皮蠹 *Dermestes coarctatus* Harold（图 40；图版 Ⅲ-1）

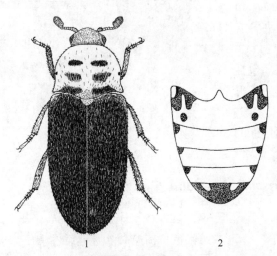

图 40 双带皮蠹
1. 成虫；2. 雄虫腹部腹面观
（刘永平、张生芳图）

形态特征 体长 6~9mm。表皮黑色，仅触角及跗节暗褐色。前胸背板侧缘在基部 1/3 处显著内凹；每侧近基部 2/5 处有 1 圆形无毛区；中区有 3 对对称的黑色毛斑，有时基部的 1 对不甚明显。腹部第 2~4 腹板大部被白色毛，每一腹板的前侧角各有 1 黑斑，第 5 腹板大部被黑色毛，仅在基部有两条白色短毛带，向后伸达该腹板中部。雄虫腹部腹板无凹窝和直立毛束。

生物学特性 在远东，此虫多生活于草原地带，取食动物尸体。雌虫产卵平均 250 粒，产卵期持续 70~120 天，平均 88 天。卵期 2~7 天，随温度而异。

幼虫一般蜕皮 6 次，有时达 7~8 次。幼虫期 30~60 天。蛹期 7~8 天。

经济意义 幼虫为害皮张及蚕卵、蚕蛹和蚕丝，在日本为养蚕业的害虫，也为害昆虫标本和其他动物标本。

分布 黑龙江、吉林、辽宁、甘肃；苏联，朝鲜，日本。

24. 西伯利亚皮蠹 *Dermestes sibiricus* Erichson（图 41；图版 Ⅲ-2）

形态特征 体长 6.5~9.5mm。表皮暗褐色至黑色，触角赤褐色。前胸背板两侧及前缘着生白色或淡黄色毛，形成倒 "U" 字形淡色宽毛带；中区大部分着生黑色毛，中部有 1 条黄褐色横毛带。鞘翅着生黄褐色、白色及黑色毛，以前两种毛为主，白色毛多集中于翅基部，形成白色毛斑，黄褐色毛在每鞘翅外侧形成 1 条明显的纵毛带，在鞘翅中部和内侧有时还形成 1~2 条淡色纵毛带。腹部腹板上的暗色花斑与白腹皮蠹十分相似：各腹板的前侧角均有 1 黑斑，第 5 腹板中部还有 1 大黑斑。

　　生物学特性　主要生存于干燥的沙漠和半沙漠地带。在某些地区，此种有被拟白腹皮蠹逐渐取代的趋势。在我国西北地区，虫口数量极低。在中亚，1 年发生 1 代。以成虫越冬。次年 5 月开始产卵，产卵期可持续 3 个月。5~8 月为幼虫期，7~9 月为蛹期，8 月出现成虫。在

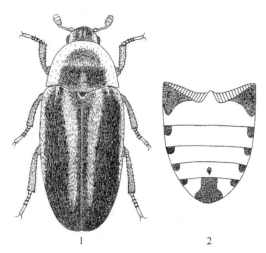

图 41　西伯利亚皮蠹
1. 成虫；2. 雄虫腹部腹面观
（刘永平、张生芳图）

22~25℃及相对湿度 60% 的室内条件下，成虫一次交尾经历 2~3min，有多次交尾现象。卵产于食物颗粒之间的缝隙内，往往 2~5 粒卵产在一块；1 头雌虫一生产卵 90~150 粒。卵期 6~9 天，幼虫孵出 3~4h 后开始取食。4 龄幼虫开始表现出负趋光性，多隐匿于食物颗粒的背光处。随着发育的继续，幼虫又逐渐转化为正趋光性。幼虫蜕皮 6~7 次，整个幼虫期 49~55 天。预蛹期 6~7 天，此时幼虫停止取食并隐藏在食物颗粒下。蛹期 10~11 天。

　　经济意义　主要为害动物性产品及其加工品，为皮张和干鱼的重要害虫。
　　分布　黑龙江、内蒙古、新疆、河北；苏联，土耳其，蒙古，中亚。

25. 金边皮蠹 *Dermestes laniarius* Illiger（图 42；图版Ⅲ-3）

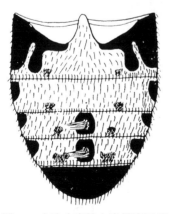

图 42　金边皮蠹雄虫腹部腹面观
（仿 Hinton）

　　形态特征　体长 6.5~8.0mm。前胸背板密被黑色毛，其间杂少量白色或淡黄色毛，但不形成淡色毛带或毛斑，在侧缘或基部通常着生黄色或红黄色毛。鞘翅被黑色毛，其间均匀杂有淡色毛，在小盾片及肩部区域被红黄色毛。腹部第 2~4 腹板大部为淡色毛，每侧在前侧角及基部中央两侧各有 1 黑色毛斑；第 5 腹板大部为黑色毛，有时在近前缘两侧各有 1 短的白毛带。雄虫第 3、第 4 腹板近基部中央各有 1 凹窝，由此发出 1 直立毛束。

　　生物学特性　生活于草原或森林草原地带。多爬行于土表，以昆虫、软体动物及其他无脊椎动物的尸体为食，幼虫亦可取食植物性物质。在欧洲，1 年发生 1 代，幼虫于 8 月化蛹，蛹期 11~12 天，以成虫越冬。

　　经济意义　偶尔发现于储藏物内，不造成实质性的危害。

分布　陕西；德国，法国，匈牙利，保加利亚，苏联。

26. 鼠灰皮蠹 *Dermestes murinus* Linnaeus（图 43；图版Ⅲ-4）

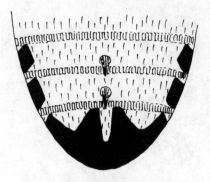

图 43　鼠灰皮蠹雄虫腹部腹面观
（仿 Mroczkowski）

形态特征　体长 7~9mm。背面着生黑色毛，杂蓝灰色毛斑，构成大理石样花纹。前胸背板前缘中央两侧各有 1 椭圆形黄色较大毛斑，基部 1/3 处中央两侧各有 1 椭圆形黄色较小毛斑，后缘着生黄色毛。腹部第 2~4 腹板每侧各有 1 黑斑；第 5 腹板大部为黑色毛，有 3 个白毛斑。雄虫第 3、第 4 腹板近中央各有 1 凹窝，由此各发出直立毛束。

生物学特性　多栖息于森林中，取食腐败的动物尸体。1 年 1 代。

经济意义　该种经济重要性不大，多生活于室外。偶尔侵入仓内，对皮张及家庭储藏品造成轻度危害。

分布　中国东北；朝鲜，远东，欧洲，苏联。

27. 波纹皮蠹 *Dermestes undulatus* Brahm（图 44；图版Ⅲ-5）

形态特征　体长 5.5~7.5mm。表皮黑色，触角暗褐色，有时鞘翅肩胛部、足的腿节及跗节暗褐色。前胸背板有较大的暗褐色毛斑及少量白毛斑，仅在个别个体白色毛斑占优势。鞘翅着生黑色、白色及褐色毛，白色毛形成大量不规则的波状斑纹，褐色毛多集中于翅基部。腹部第 2~4 腹板两前侧角各有 1 黑色毛斑，第 5 腹板大部为黑色毛，仅在近前缘处有两条白色短毛带。雄虫第 3、第 4 腹板近中央各有 1 凹窝，由此发出 1 直立毛束。

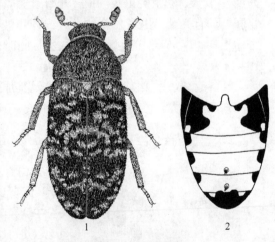

图 44　波纹皮蠹
1. 成虫；2. 雄虫腹部腹面观
（刘永平、张生芳图）

生物学特性　多生活于鸟类的巢穴内，取食鸟类残存的食物及小动物尸体。此虫又经常侵入仓内，取食动物性产品及含油量高的植物性产品。在新疆，多种动物性药材及杏仁受害严重。

在 22℃ 及相对湿度 50%~60% 的室内条件下，雌虫产卵 85~110 粒，每产 5~7 粒后往往间隔 2~3 天。卵期 5~6 天。幼虫期 46~60 天，其间蜕皮 5~6 次。蛹期 11 天。整个发育周期需要 62~76 天。在哈萨克斯坦，成虫 5 月开始活动，以成虫越冬。

经济意义　对皮张、干鱼、中药材及蚕茧为害较重，也为害动物标本及家庭储藏品。

分布　吉林、内蒙古、河北、新疆、青海、甘肃、宁夏；中南欧，苏联，小亚细亚，蒙古，日本，北美。

28. 赤毛皮蠹 *Dermestes tessellatocollis* Motschulsky（图45；图版Ⅲ-6）

　　形态特征　体长7~8mm。表皮赤褐色至暗褐色。前胸背板有成束的赤褐色、黑色及少量白色倒伏状毛，不规则指向。腹部第1~5腹板前侧角各有1黑色毛斑；第5腹板末端还有1"V"字形的黑毛斑，该毛斑有时两侧继续向前扩展，与前侧角的黑斑相接。雄虫第3、第4腹板近中央各有1凹窝，由此发出1直立毛束。

　　生物学特性　1年发生1代，以成虫或蛹越冬。从5月开始产卵，产卵期长，平均产卵200粒。幼虫通常有8龄，成虫寿命长达250天。

　　经济意义　此虫发现于存放饲料、花生、油饼、中药材、皮张、干制水产品仓库，偶尔也发现于粮仓。主要为害皮张、干鱼、动物性药材及动物标本等。

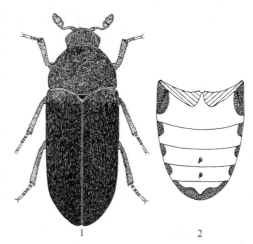

图45　赤毛皮蠹
1. 成虫；2. 雄虫腹部腹面观
（刘永平、张生芳图）

　　分布　黑龙江、吉林、辽宁、山西、陕西、内蒙古、青海、西藏、甘肃、宁夏、河南、河北、山东、四川、江苏、浙江、上海、云南、贵州、广西、福建；苏联，日本，朝鲜，印度。

29. 火腿皮蠹 *Dermestes lardarius* Linnaeus（图46；图版Ⅲ-7）

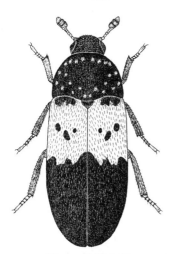

图46　火腿皮蠹
（刘永平、张生芳图）

　　形态特征　体长7.0~9.5mm。表皮黑色，触角及足的跗节暗褐色。前胸背板着生黑色毛，周缘缀多数灰黄色圆形小毛斑，后缘着生灰黄色毛。鞘翅端部1/2~3/5着生黑色毛，基部2/5~1/2由灰黄色毛形成淡色宽毛带，在每鞘翅的淡色带内各有4个黑色毛斑，其中近基部的1个最大，其余3个彼此靠近。雄虫第3、第4腹板近中央各有1凹窝，由此各发出1直立毛束。

　　生物学特性　在自然界，此虫主要生活于鸟巢内，也往往侵入仓库和居室内。喜食动物蛋白质含量丰富的物品，若食物中缺少蛋白质则大大降低生殖力，甚至完全不育。1年1代，以成虫越冬，翌年春成虫开始活动。室内观察表明，成虫寿命多达1年以上，且随温湿度条件变化很大：在15℃下61天，25℃下300多天。高于25℃时寿命缩短，30℃下169天，32.5℃下23天。在温度为18~20℃时，成虫产卵持续2个月，每天产卵5~6粒或更少，每雌虫一生产卵102~174粒。卵期一般7~8天，在17℃、24℃和25~28℃条件下分别为 9 天、3.5 天和 2.5 天。幼虫期 24 天（在 28℃ 下 18 天），蛹期 8~15 天。在 12.5℃ 下幼虫不能发育，陆续死亡；在 15℃ 下幼虫期加蛹期长达 145 天，而且产生的大部分成虫畸形。因此，温度稍高于 15℃ 才能保证该虫正常发育。雌虫将卵产在适于幼虫取食的食物上。幼虫畏光，老熟幼虫寻找坚硬的物体开凿蛹室化蛹。

经济意义　为害皮张及鱼类、肉类加工品，又为害蚕丝、中药材、动物标本和家庭储藏品。在欧洲某些国家，火腿皮蠹与白腹皮蠹在养鸡场的鸡粪中形成大的群体，化蛹时严重破坏鸡舍的木质结构，已成为养禽业的重要害虫（Coombs, 1978）。

分布　黑龙江、吉林、内蒙古、新疆；日本，苏联，欧洲大部分地区，北美。

30. 红带皮蠹 *Dermestes vorax* Motschulsky（图 47；图版Ⅲ-8）

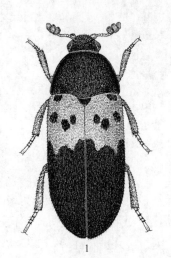
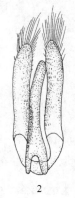

图 47　红带皮蠹
1. 成虫；2. 雄性外生殖器
（刘永平、张生芳图）

形态特征　体长 7~9mm，表皮黑色。前胸背板着生单一黑色毛，周缘无淡色毛斑。鞘翅基部由红褐色毛形成 1 宽横带，每鞘翅的横带上有 4 个黑斑。雄虫腹部第 3、第 4 腹板近中央各有 1 凹窝和直立毛束。

生物学特性　Takio 于 1937 年的观察表明，成虫产卵由 5 月持续到 7 月底，经历 40~80 天。每一雌虫产卵可达 170 粒。幼虫期 43~80 天，其间蜕皮 5~6 次。雄虫寿命 405~557 天，雌虫 335~538 天。当年 7 月羽化的成虫要等翌年春才开始繁殖。成虫可发生滞育。

经济意义　为害皮张、中药材和家庭储藏品，也是养蚕业的害虫之一。

分布　黑龙江、吉林、辽宁、内蒙古、河北、山东、甘肃、新疆、广西、浙江等地；苏联的东部沿海边区，朝鲜，日本。

31. 淡带皮蠹 *Dermestes vorax* var. *albofasciatus* Matsumura & Yokoyama（图版Ⅲ-9）

形态特征　为红带皮蠹的变种。区别原种的特征在于：个体稍小，体长 6.5~7.0mm；生活的个体鞘翅基部的宽横带由灰白色毛组成。

分布　黑龙江、吉林；日本，朝鲜。

32. 钩纹皮蠹 *Dermestes ater* Degeer（图 48；图版Ⅲ-10）

形态特征　体长 7~9mm。背面表皮暗褐色至黑色，腹面表皮暗红褐色，背面着生褐色毛夹杂淡黄色毛。鞘翅上的刻点不明显，无明显的纵脊和沟。腹部第 1 腹板侧陷线在基部向内显著弯曲，第 2~5 腹板每前侧角处有 1 暗色钩状斑纹。雄虫腹部第 3、第 4 腹板近中央各有 1 凹窝和直立毛束。雄虫外生殖器阳茎端部每侧有 1 骨化齿，雌虫交配囊内无骨化刺。

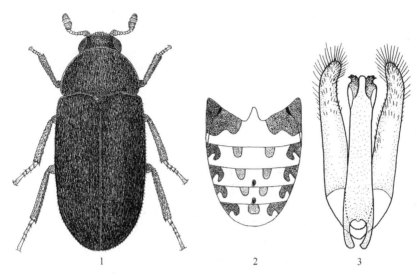

图48　钩纹皮蠹

1. 成虫；2. 雄虫腹部腹面观；3. 雄性外生殖器

（刘永平、张生芳图）

生物学特性　多发生于人类的居住区。1年2代，以成虫、幼虫或蛹在杂物中及缝隙内群集越冬。成虫主要取食动物性物质，幼虫的食性更复杂。雌虫产卵持续2~4个月或更多，平均产卵250粒，最多达400粒。在27~28℃条件下，卵期不多于3天；幼虫期约3周，其间蜕皮5~7次；蛹期8天，整个发育周期约6周。喜黑暗潮湿，有假死习性。

经济意义　在仓库和居室内，取食多种动物蛋白质含量丰富的储藏品，为皮毛、干鱼及中药材的重要害虫。

分布　中国各地；世界性分布。

33. 印度皮蠹 *Dermestes leechi* Kalik（图版Ⅲ-11）

形态特征　体长6.5~8.5mm。体背面单一暗红褐色至黑色，中度隆起，被灰黄色倒伏状细短毛，毛向后超越鞘翅末端，形成缨状毛，腹面的毛则更密。中足及后足第1跗节长约为第2节的2倍。雌虫交配囊内约有15个暗色圆锥状齿；雄虫的阳茎较短。雄虫腹部第3、第4腹板的中部各有1凹窝，由此各发出1长毛束。

生物学特性　多生活于鸟和哺乳动物的巢穴中，也经常发现于干燥的小动物尸体的堆积处。雌虫将卵产于砂土上或食物表面。卵期4~5天。幼虫发育2周后隐藏到砂土内直至化蛹，蛹期9~10天，由卵至成虫约6周，1年可能发生1~2代。

经济意义　发现于由巴基斯坦运至英国的骨粉内。

分布　广泛发生于印度，后发现于巴基斯坦，土库曼斯坦，乌兹别克斯坦，塔吉克斯坦，埃及。

34. 沟翅皮蠹 *Dermestes freudei* Kalik & N.Ohbayashi（图49；图版Ⅲ-12）

形态特征　体长8~9.5mm。与钩纹皮蠹相比，身体显著狭长。背面被暗褐色毛，腹面被黄褐色毛。前胸背板宽为长的 1.5～1.6 倍。鞘翅长为其总宽的 1.9 倍，每一鞘翅上有明显的纵沟纹 10 条。腹部第 1 腹板两侧的陷线在基部不内弯，该腹板基部每侧有 1 三角形的凹刻。雄虫腹部第 3、第 4 腹板近中央各有 1 凹窝和直立毛束。雄虫阳茎向端部方向渐细，顶端无骨化齿，这一特征也明显区别于钩纹皮蠹。

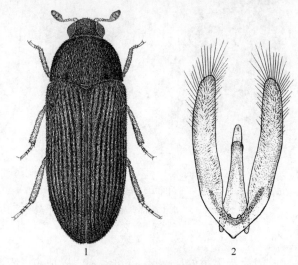

图 49　沟翅皮蠹
1. 成虫；2. 雄性外生殖器
（刘永平、张生芳图）

生物学特性　广泛发生于粮库及动物性中药材内。在北京，作者发现该虫大量存在于养鸡场的鸡粪池内，捕食其他昆虫和节肢动物。

经济意义　为害动物性中药材及其他储藏品。

分布　黑龙江、内蒙古、河北、河南、陕西、四川、江西、广东；日本，朝鲜。

注：该种在国内某些文献内误鉴为钩纹皮蠹；20 世纪 80 年代前的日本图鉴内曾误定名为二色皮蠹 *D. bicolor* Fabricius。1982 年 Kalik 等才确立为一个新种。

35. 美洲皮蠹 *Dermestes nidum* Arrow（图 50；图版Ⅳ-1）

形态特征　体长 7.5～9.5mm。体狭长，背面被黄褐色长毛，杂暗褐色毛。鞘翅长，大于前胸背板长的 3 倍，表面有较明显的纵沟纹。后足第 1 跗节略短于第 2 跗节。雄虫腹部第 3、第 4 腹板近中央各有 1 凹窝和直立毛束。

美洲皮蠹与沟翅皮蠹外形相似，不同之处在于前者鞘翅上的纵沟不及后者深；前者前胸背板宽为长的 1.4 倍，而后者前胸背板宽为长的 1.5～1.6 倍。

生物学特性　在自然界，曾发现于夜鹭巢内。偶尔也侵入仓库内。

经济意义　对皮毛、皮革及家庭储藏品造成轻度危害。

分布　中国东北、台湾；苏联，日本，朝鲜，蒙古，美国。

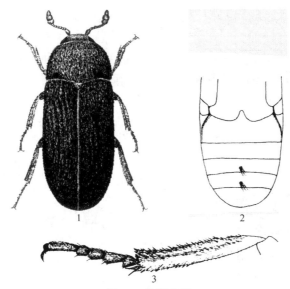

图 50　美洲皮蠹

1. 成虫；2. 雄虫腹部腹面观；3. 中足胫节及跗节

（刘永平、张生芳图）

36. 秘鲁皮蠹 *Dermestes peruvianus* Castelnau（图 51；图版Ⅳ-2）

形态特征　体长 8~11mm。鞘翅着生较细短的倒伏状毛，刚毛向后不超越翅末端，因此不形成缨毛；身上的毛以灰白色或淡黄色为主。触角棒暗灰褐色。鞘翅基半部两侧由背面可见。雄虫腹部仅第 4 腹板中央有凹陷及毛束。雄虫阳茎比阳基侧突短，二者长度之比为 10：13；由侧面看，阳茎背缘前 1/3 强烈波曲状；雌虫交配囊内有 4~6 个圆锥形长齿，齿间相互远离，或在少数个体，骨化齿可能退化或消失。

秘鲁皮蠹的以下特征不同于其近缘种美洲皮蠹：①鞘翅刻点行极不明显或全无；②后胸后侧片后端通常显著狭窄，后缘深凹；③腹部第 1 腹板侧陷线全部与腹板侧缘平行，基端终止于后胸后侧片外缘；④雄虫腹部仅第 4 腹板中央有凹窝及毛束。

生物学特性　每雌虫最多产卵 25 粒。卵期 18 天。幼虫有 5 龄，1 龄 7~8 天，2 龄 14 天，3 龄 14 天，4 龄约 21 天，5 龄 42~49 天（包括化蛹之前的静止期）。蛹期约 1 个月。

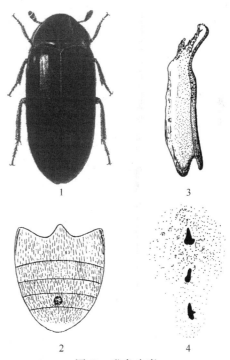

图 51　秘鲁皮蠹

1. 成虫；2. 雄虫腹部腹面观；3. 雄虫阳茎侧面观；

4. 雌虫交配囊骨化刺

（1、2. 仿 Kingsolver；3、4. 仿 Adams）

老熟幼虫蛀入到多种物体内做蛹室化蛹。幼虫还可以很容易地蛀入铅和锡内化蛹，但不能蛀入铝和锌内。

经济意义 为害毛皮、皮革及制品、肉制品、骨骼、蚕丝等，为国外危险性害虫。

分布 原产于美洲，当前分布于秘鲁，阿根廷，玻利维亚，智利，墨西哥，美国，欧洲，亚洲北部，地中海区。

37. 痔皮蠹 *Dermestes haemorrhoidalis* Küster（图 52；图版Ⅳ-3）

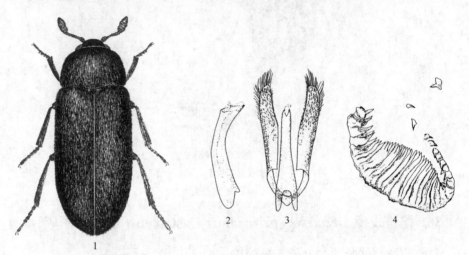

图 52 痔皮蠹

1. 成虫；2. 雄虫阳茎侧面观；3. 雄性外生殖器正面观；4. 雌虫交配囊骨化结构

（刘永平、张生芳图）

形态特征 该种与秘鲁皮蠹外形相似，不同于后者在于：①痔皮蠹鞘翅上的毛较粗较长，超越鞘翅端部形成长的缨毛；②身上的毛以暗色毛为主，杂少量淡黄色毛；③触角棒赤黄色；④鞘翅基半部两侧因密生近直立的长粗毛而由背方不可见；⑤雄虫阳茎约与阳基侧突等长，二者长之比为 10∶11，阳茎背缘侧面观较均匀凹入；雌虫交配囊内有 4~5 个小齿连同 1 个贝壳状的复杂结构。

雄虫腹部仅第 4 腹板中央有 1 凹窝及毛束。

经济意义 经常存在于厨室内，取食废弃物，对食物造成污染。

分布 世界性。

圆胸皮蠹属 *Thorictodes* 种检索表

1 前胸背板两侧呈翼状扩展，后缘中部向后突出，两侧凹入；鞘翅基缘两侧稍凹入，仅中部与前胸背板密接 ·············· **翼圆胸皮蠹** *Thorictodes dartevellei* John
前胸背板两侧不呈翼状扩展 ··· 2

2 体长不大于 1.5mm ·············· **小圆胸皮蠹** *Thorictodes heydeni* Reitter
体长大于 1.7mm ·· 3

3 鞘翅最宽处位于翅中部 ·············· **云南圆胸皮蠹** *Thorictodes brevipennis* Zhang & Liu
鞘翅最宽处位于翅近端部 ·············· **印中圆胸皮蠹** *Thorictodes erraticus* Champion

38. 翼圆胸皮蠹 *Thorictodes dartevellei* **John** （图 53；图版Ⅳ-4）

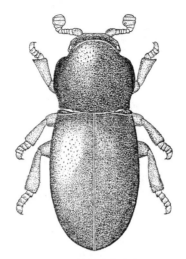

图 53　翼圆胸皮蠹

（刘永平、张生芳图）

形态特征　体长 1.5~1.7mm。长椭圆形，背面隆起，全身暗褐色。头部被前胸背板遮盖；触角 11 节，近端部显著向内弯曲，末 3 节形成卵圆形触角棒；复眼退化，隐于头部侧缘之下。前胸背板宽稍大于其长，两侧呈翼状扩展，边缘略平展。鞘翅两侧缘略平行，基部与前胸背板仅在中部密接。

生物学特性　未详，发现于粮库。

分布　云南；刚果。

39. 小圆胸皮蠹 *Thorictodes heydeni* **Reitter** （图 54；图版Ⅳ-5）

形态特征　体长 1.2~1.4mm。长椭圆形，黄褐色至栗褐色，背方显著隆起，疏被褐色毛。头部被前胸背板遮盖；触角 11 节，在近端部显著向内弯曲，末 3 节形成卵圆形的触角棒；复眼较退化，隐于头部侧缘之下。前胸背板长大于宽，近球形，端缘圆，两侧在近基部显著缢缩。鞘翅两侧略平行，近基部稍缢缩，端部钝圆。

生物学特性　Obenberger 于 1959 年报道，该虫在蚁巢内发育，也经常发现于储粮及其他储藏物内。

经济意义　成虫和幼虫为害谷物和谷物制品，但为害程度甚微。

分布　内蒙古、甘肃、陕西、江西、浙江、福建、湖南、四川、贵州、广东、广西、云南；苏联，英国，法国，德国，西班牙，苏丹，阿尔及利亚，印度，印度尼西亚，日本，美

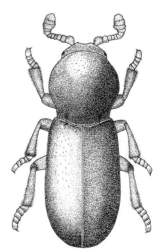

图 54　小圆胸皮蠹

（刘永平、张生芳图）

国，墨西哥。

40. 云南圆胸皮蠹 *Thorictodes brevipennis* Zhang & Liu（图55；图版Ⅳ-6）

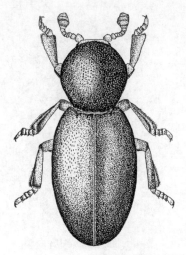

图55 云南圆胸皮蠹
（刘永平、张生芳图）

形态特征 体长1.8~2.2mm，宽0.8~0.9mm。赤褐色。头隐于前胸背板之下；触角11节，在近端部显著向内弯曲，末3节形成卵圆形触角棒；复眼小，隐于头的侧突之下。前胸背板长宽略相等，近球形，两侧在基部显著缢缩。鞘翅两侧向外弓曲呈弧形，最宽处位于翅中部。

生物学特性 未详。发现于粮仓内。

分布 云南(标本采自下关、梁河)。

41. 印中圆胸皮蠹 *Thorictodes erraticus* Champion（图56；图版Ⅳ-7）

形态特征 体长2.1~2.25mm，宽约0.8mm。身体长形，背方隆起，具中度光泽。前胸背板长大于宽，长心脏形，向基部和端部方向显著缢缩。鞘翅长卵圆形，长约为前胸背板的2倍，最宽处位于翅中部之后。

该种区别于小圆胸皮蠹 *Thorictodes heydeni* Reitter 的特征有：个体显著粗大，后者体长仅有1.2~1.4mm；另外，该种鞘翅外缘比后者明显向外弓曲。区别于云南圆胸皮蠹 *Thorictodes brevipennis* Zhang & Liu 的特征有：该种前胸背板长大于宽，鞘翅最宽处位于翅中部之后，而云南圆胸皮蠹前胸背板长宽略等，鞘翅最宽处位于翅中部。

分布 西藏；印度。

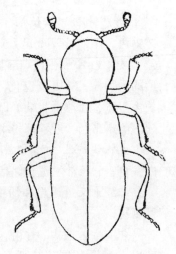

图56 印中圆胸皮蠹
（仿 Champ.）

毛皮蠹属 *Attagenus* 种检索表

1　中胸无收纳前胸后突的沟槽；鞘翅狭长，其长为前胸背板的 3 倍，鞘翅后半部有在近翅缝处中断的暗色横毛带 ················· 长翅毛皮蠹 *Attagenus longipennis* Pic
　　中胸有收纳前胸后突的沟槽 ·· 2

2　前足胫节外缘薄而锋利，近边缘着生 1 列（10 余根）外指向的刺；前胸背板基部中叶呈宽的截形叶状体向后突出，前胸背板宽约为其长的 2 倍 ······· 叶胸毛皮蠹 *Attagenus lobatus* Rosenhauer
　　前足胫节外缘不锋利，近边缘的刺排成几列或排列混乱 ························· 3

3　身体近卵圆形；足显著粗短；前足胫节长（不包括端距）不大于其宽（包括胫节刺）的 3 倍 ··· 4
　　身体椭圆形；足不粗短，前足胫节长（不包括端距）大于其宽（包括胫节刺）的 3 倍（通长为 4~5 倍） ·· 5

4　前胸背板黑色，鞘翅黄褐色，无淡色毛斑 ············· 黑胸短足毛皮蠹 *Attagenus molitor* Reitter
　　前胸背板及鞘翅黑色，鞘翅上有多数白毛斑呈波状排列 ·························
　　·· 波纹毛皮蠹 *Attagenus undulatus*（Motschulsky）

5　鞘翅颜色单一，无明显的淡色毛形成的斑或带 ································· 6
　　鞘翅上有明显的淡色毛斑或毛带 ··· 15

6　触角由 10 节组成，雄虫触角末节长为其余 9 节总长的 1.5~2 倍 ·················
　　·· 十节毛皮蠹 *Attagenus schaefferi*（Herbst）
　　触角由 11 节组成 ··· 7

7　前胸背板远比鞘翅暗 ··· 8
　　前胸背板颜色与鞘翅一致，或前者稍暗 ··· 10

8　雄虫触角末节长为第 9、第 10 节之和的 6~7 倍；背面主要着生黄色毛 ·················
　　······································ 褐毛皮蠹 *Attagenus augustatus gobicola* Frivaldszky
　　雄虫触角末节长为第 9、第 10 节之和的 3~4 倍 ································· 9

9　雄虫触角末节长为第 9、第 10 节之和的 4 倍；雌虫背面被黄色毛；体较小，长 2.5~4mm ·····
　　····································· 斯氏毛皮蠹 *Attegenus smirnovi* Zhantiev
　　雄虫触角末节长约为第 9、第 10 节之和的 3 倍；鞘翅基部 2/3 以黄色毛为主，其余以褐色毛为主；体较大，长 3.5~5mm ·················· 短角褐毛皮蠹 *Attagenus unicolor simulans* Solskij

10　前足第 2、第 5 跗节约等长；雄虫触角末节长为第 9、第 10 节之和的 5~7 倍 ·············
　　····································· 驼形毛皮蠹 *Attagenus cyphonoides* Reitter
　　前足第 2 跗节远短于第 5 跗节 ··· 11

11　雄虫触角末节长约为第 9、第 10 节之和的 4 倍；体暗褐色或近黑色；背面着生暗褐色毛，有时仅鞘翅基缘着生少量淡色毛 ··············· 暗褐毛皮蠹 *Attagenus brunneus* Faldermann
　　雄虫触角末节长约为第 9、第 10 节之和的 3 倍或远小于第 9、10 节之和的 3 倍 ·············· 12

12　雄虫触角末节长约为第 9、第 10 节之和的 3 倍 ································· 13
　　雄虫触角末节长不大于第 9、第 10 节之和的 2 倍 ································· 14

13　前胸背板侧缘、后缘及鞘翅基部着生黄色毛，其余部分着生暗褐色毛 ·················
　　····································· 黑毛皮蠹 *Attagenus unicolor japonicus* Reitter
　　背面着生单一暗褐色或黑色毛 ············· 世界黑毛皮蠹 *Attagenus unicolor unicolor*（Brahm）

14　雄虫触角末节长为第 9、第 10 节之和的 1.6~1.8 倍；背面着生黑色毛；分布于非洲 ·············
　　····································· 东非毛皮蠹 *Attagenus insidiosus* Halstead
　　雄虫触角末节长小于第 9、第 10 节之和，雄虫触角 3 个棒节大小差别不大，各节长均大于其宽，末节长为其宽的 2 倍; 鞘翅全部着生黄色毛, 或前部着生黄色毛, 后部着生暗褐色毛 ……………
…………………………………………… **缅甸毛皮蠹** *Attagenus birmanicus* **Arrow**

15 每鞘翅中部近翅缝处有 1 卵圆形的白毛斑, 在肩胛后方通常还有 2 个小白毛斑 …………
………………………………………………………… **二星毛皮蠹** *Attagenus pellio* **Linnaeus**
鞘翅淡色毛斑不如上述 ……………………………………………………………………………… 16

16 鞘翅仅基部 1/3 处有 1 条宽而完整的淡色月形带 …………………………………………… 17
鞘翅淡色毛带不如上述 …………………………………………………………………………… 19

17 雌、雄虫触角的 3 个棒节长明显大于宽, 末节长为宽的 3 倍以上 ………………………
………………………………………………………… **月纹毛皮蠹** *Attagenus vagepictus* **Fairmaire**
雌、雄虫触角相似, 3 个棒节横宽或长稍大于宽 …………………………………………… 18

18 触角棒节较横宽, 触角棒长小于触角长的 1/3; 前胸背板基部 1/3 中央具浅纵凹陷; 鞘翅亚基带不
太明显, 亚基带之下的表皮不显著色淡; 雌虫交配囊仅具小刺, 无骨化板 ……………………
………………………………………………………… **伍氏毛皮蠹** *Attagenus woodroffei* **Halstead**
触角棒节较近方形, 触角棒长为触角长的 1/3; 前胸背板无中纵凹陷; 鞘翅亚基带较明显, 亚基带
之下的表皮明显色淡; 雌虫交配囊有两对骨化板 …… **横带毛皮蠹** *Attagenus fasciatus* (**Thunberg**)

19 鞘翅上有 2 条通常在翅缝处中断的横带, 第 1 条完整, 在翅中部近翅缝处弯向小盾片; 前胸背板
有 4 个圆形斑排成 1 横排, 中部 2 个斑较大 ………… **斑胸毛皮蠹** *Attagenus suspiciosus* **Solskij**
鞘翅及前胸背板上的毛带及毛斑不如上述 …………………………………………………… 20

20 每鞘翅有 1 倾斜的白色毛带, 起始于肩胛部, 终止于翅缝中央, 两鞘翅的白色带合并成 "U" 字形
…………………………………………… **斜带褐毛皮蠹** *Attagenus augustatus augustatus* **Ballion**
鞘翅淡色毛带不如上述 …………………………………………………………………………… 21

21 鞘翅被暗褐色毛, 每鞘翅近基部有 1 淡黄色毛环 ……… **缅甸毛皮蠹** *Attagenus birmanicus* **Arrow**
鞘翅密被褐色毛, 每鞘翅上有淡黄色毛构成的亚基带环、亚中带及亚端带 …………………
…………………………………………………………………… **三带毛皮蠹** *Attagenus sinensis* **Pic**

42. 长翅毛皮蠹 *Attagenus longipennis* Pic (图 57; 图版Ⅳ-8)

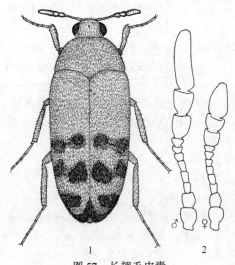

图 57 长翅毛皮蠹
1. 成虫; 2. 触角
(刘永平、张生芳图)

形态特征 体长 3.2~4.0mm。长椭圆形, 表皮褐色至暗褐色, 两侧近平行, 后部明显狭缩。触角 11 节; 雄虫触角各棒节长均大于宽, 末节长于第 9、第 10 节之和; 雌虫触角末节长小于第 9、第 10 节之和。腹面观中胸前方中央突出成脊, 无收纳前胸后突的沟槽。鞘翅长为前胸背板长的 3 倍, 后半部有在翅缝处中断的暗褐色横毛带, 翅端着生暗褐色毛。

生物学特性 在自然界, 该虫多栖息于某些鸟类 (鹳、鸽、鹰等) 在悬崖峭壁上筑的巢穴内, 也生活于蜘蛛、蜜蜂和胡蜂巢内。以幼虫越冬, 6 月中旬开始化蛹, 7 月初见成虫。成虫不需要补充营养。雌

虫产卵不多于 10 粒。在 20℃下，卵期18~20 天，蛹期16~18天。室内条件下幼虫期约 10 个月。

经济意义　该虫也往往侵入仓库内及居室内，多发现于皮毛和毛织品仓库，也发现于粮库。作者在新疆观察到幼虫为害毛毡。

分布　新疆、内蒙古；塔吉克斯坦，蒙古。

43. 叶胸毛皮蠹 *Attagenus lobatus* Rosenhauer（图 58；图版Ⅳ-9）

形态特征　体长 2.8~5.0mm，宽 1.4~2.5mm。红褐色，被黄褐色短毛。触角 11 节，雄虫触角末节长约为第9、第10 节之和，第9、第10 节约等长。前胸背板后缘中叶明显后突，形成宽的截形叶状体。前足胫节外缘狭而锋利，近外缘有 1 列等长的小齿。

生物学特性　在自然界，幼虫多生活于豪猪、獾、狐狸及沙漠中鸥鸦的巢穴内，取食皮毛、羽毛及寄主残留的食物。在土库曼，1 年发生 1 代，以幼虫越冬。成虫羽化期由 6 月持续到 9 月。在 25℃下，卵期 9~12 天，幼虫期长达 11 个月，蛹期 11~12 天，幼虫蜕皮 6~7 次。作者曾于 6 月在北京市室外捕获到成虫。

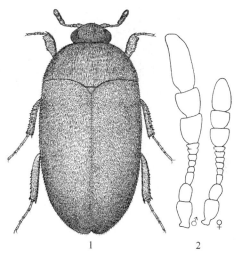

图 58　叶胸毛皮蠹
1. 成虫；2. 触角
（刘永平、张生芳图）

经济意义　幼虫为害蚕茧，为养蚕业的重要害虫。同时，也为害皮毛、羽毛、动物标本、谷物和家庭储藏品。

分布　新疆、北京；蒙古，阿富汗，伊拉克，中亚，阿拉伯，南欧，美国，非洲东北部。

44. 黑胸短足毛皮蠹 *Attagenus molitor* Reitter（图 59）

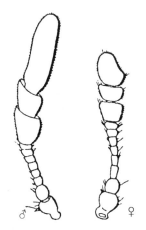

图 59　黑胸短足毛皮蠹触角
（仿 Mroczkowski）

形态特征　体长 2.5~3.3mm。卵圆形，前胸背板黑色，鞘翅淡红褐色，被淡黄褐色毛。触角 11 节，触角棒 3 节，其中第 9、第 10 节均横宽。足短，开掘式，胫节后缘及侧缘着生多数刺。

分布　哈萨克斯坦，蒙古。

45. 波纹毛皮蠹 *Attagenus undulatus* (Motschulsky)（图 60；图版Ⅳ-10）

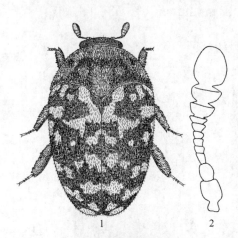

图 60　波纹毛皮蠹
1. 成虫；2. 触角
（刘永平、张生芳图）

形态特征　体长 2.4~4.5mm，宽 1.5~2.8mm。卵圆形，表皮暗褐色至黑色，触角及足淡褐色。触角 11 节，雌、雄触角相似，末节长约等于第 9、第 10 节之和，第 9、第 10 节等长。鞘翅基部 1/3、中部稍后及端部 1/5~1/4 处各有 1 条白色或淡黄色毛带，以上 3 条毛带断裂成零星的毛斑；另外，在鞘翅基部及中带和端带间的两侧还有分散的淡色毛斑。足粗短，腿节及胫节显著加宽，形成开掘足。

经济意义　未详。发现于粮库、粮食加工厂。

分布　广东、广西、云南；印度，越南，斯里兰卡，爪哇，印度尼西亚，马来西亚，菲律宾，马达加斯加，毛里求斯，昆士兰，夏威夷，马里亚纳群岛。

46. 十节毛皮蠹 *Attagenus schaefferi* (Herbst)（图 61；图版Ⅳ-11）

形态特征　体长 3.0~5.3mm。表皮暗褐色至黑色，触角及足黄褐色至暗褐色，背腹面被单一的黑色毛。触角 10 节，触角棒 3 节；雄虫触角末节长为其余 9 节总长的 1.5~2 倍，雌虫触角末节稍长于第 8、第 9 节之和。

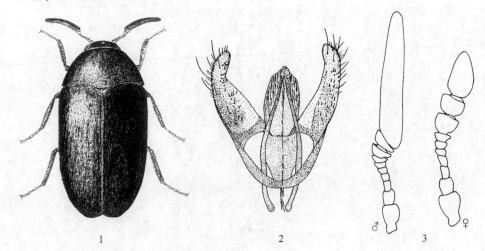

图 61　十节毛皮蠹
1. 成虫；2. 雄性外生殖器；3. 触角
（刘永平、张生芳图）

生物学特性 多生活于森林中，幼虫在鸟巢内发育，有时侵入仓内。作者发现于内蒙古海拉尔市酒厂的高粱内。

经济意义 对皮张、毛和羽毛、动物标本及家庭储藏品造成轻度危害。

分布 内蒙古；德国，中欧，苏联（高加索、西伯利亚至远东），美国。

47. 褐毛皮蠹 *Attagenus augustatus gobicola* Frivaldszky（图62；图版V-1：A♂，B♀)

形态特征 体长4.2~5.8mm。身体较狭长，前胸背板暗褐色至黑色；鞘翅红褐色，背面着生黄色长毛，无淡色毛带。触角11节，雄虫触角末节长为第9、第10节之和的6~7倍，雌虫末节长约为第9、第10节之和的1.5倍。

生物学特性 该亚种的发育和生活习性与斜带褐毛皮蠹相似。在非森林地带，该虫在鸟巢内发育，或在岩石裂缝及石块下有昆虫尸体堆积处生活；又往往侵入仓内，为害储藏物。在哈萨克斯坦，两年1代，以成虫和幼虫越冬。

经济意义 在我国新疆和哈萨克斯坦，该虫严重为害含角蛋白的毛织品、谷物和动物性中药材。

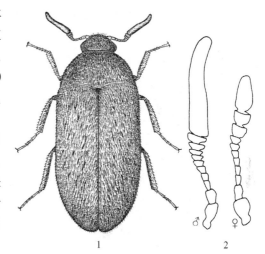

图62 褐毛皮蠹

1. 成虫；2. 触角

（刘永平、张生芳图）

分布 新疆、青海、甘肃、内蒙古；苏联，蒙古，印度。

48. 斯氏毛皮蠹 *Attagenus smirnovi* Zhantiev（图63；图版V-2)

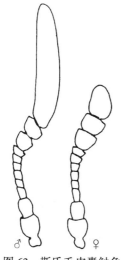

图63 斯氏毛皮蠹触角

（仿Halstead）

形态特征 体长2.5~4mm。体长卵圆形，背面隆起。头、前胸背板和小盾片黑色，触角褐色，鞘翅及足（除基节之外）黄褐色，腹面暗褐色至黑色。背面被倒伏状金黄色和深褐色毛，腹面被黄色毛。触角11节，触角棒3节；雄虫触角向后伸达前胸背板后角，末节长为第9、第10节之和的4倍，末节长为其宽的5倍，第9、第10节略等长；雌虫触角末节长等于第9、第10节之和。

前胸背板横宽，被金黄色毛。小盾片三角形，被黄色毛。

鞘翅长为两翅合宽的1.3倍，为前胸背板长的3.2倍；在前2/3两侧近平行；在前1/3主要着生金黄色毛，其余部位以暗褐色毛为主。

生物学特性 发现于鸟兽巢穴及居室内。在

莫斯科1年发生1代，成虫出现于4~5月。幼虫取食干燥的动物性物质。在24℃及相对湿度70%~80%条件下，成虫寿命约20天。产卵持续3~10天；雌虫产卵多达93粒，平均33.7粒。卵期10天，幼虫期3个月，蛹期8~13天。

经济意义　在俄罗斯，该虫发展成为数量大、危害比较严重的家庭储藏物害虫，严重为害毛、毛制品及多种家庭储藏物。

分布　该虫原产于非洲的肯尼亚，1961年发现于莫斯科，1963年发现于丹麦。

49. 短角褐毛皮蠹 *Attagenus unicolor simulans* Solskij（图64；图版 V-3）

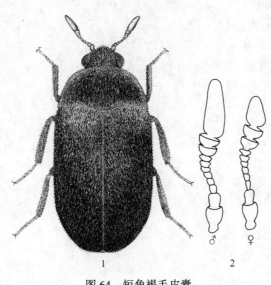

图64　短角褐毛皮蠹
1. 成虫；2. 触角
（刘永平、张生芳图）

形态特征　体长3.5~4.8mm。椭圆形，前胸背板暗褐色，鞘翅红褐色，无明显的淡色斑纹。触角11节，雄虫触角末节长约为第9、第10节之和的3倍，雌虫触角末节稍长于第9、第10节之和。前胸背板颜色明显比鞘翅暗，基部及两侧缘多着生黄褐色毛。鞘翅后部以暗褐色毛为主，基部1/4着生黄褐色毛。

生物学特性　在自然界，幼虫多栖息于某些鸟类的巢内，为典型的取食角蛋白物质的种类。室内可在皮张、羽毛、某些中药材、谷物和谷物制品内顺利发育。在25℃及相对湿度45%的条件下，成虫羽化后的第4~5天开始交尾产卵。每雌虫产卵45~118粒，平均78粒。产卵活动持续5~6天。雌虫寿命15~16天，未交尾者平均达50天。成虫不取食，喜食水。卵期8~10天，平均9天。幼虫期6~7个月，其间蜕皮9~11次。蛹期9~11天。自然情况下1年1代，以幼虫越冬，翌年4~5月成虫羽化。据作者观察，在北京的室内条件下，成虫羽化及产卵盛期在4月中、下旬。

经济意义　严重为害仓内的皮毛、药材、谷物、动物标本及毛和羽毛制品。在我国新疆，对储藏小麦及中药材为害尤重。

分布　内蒙古、河北、新疆；哈萨克斯坦，阿富汗，美国。

50. 驼形毛皮蠹 *Attagenus cyphonoides* Reitter（图65；图版 V-4）

形态特征　体长2.8~4.1mm，宽1.3~2.0mm。长椭圆形，表皮近单一栗褐色，被暗褐色或黄褐色毛。触角11节，触角棒3节；雄虫触角末节长而弯曲，其长为第9、第10节之和的5~7倍，雌虫触角末节约与第9、第10节之和等长。前胸腹板在前足基节的前方垂直隆起呈刀刃状。前足第2和第5跗节约等长。

生物学特性　多生活于蜜蜂、胡蜂巢内及居民区附近的鸟巢内。1年1代，以幼虫越冬，翌年春越冬幼虫化蛹。在 22~25℃ 及相对湿度 40%~50% 的条件下，雌虫产卵 80~90 粒，卵期不多于 9 天，幼虫期长达 6~7 个月，蛹期 8~10 天。成虫羽化后即行交尾产卵，产卵持续 4~5 天。卵在高于 32.5℃ 和低于 10℃ 时均停止发育，在 17.5℃ 时部分卵可以发育，但不能孵化；在 20℃ 下部分幼虫经 4~5 个月化蛹，另一部分幼虫经 9~12 个月才化蛹。

　　经济意义　对皮张、谷物、毛及羽毛制品、中药材及动物标本均可造成较严重的危害。

　　分布　新疆、西藏、内蒙古、河南、天津、湖南、云南；苏联，阿富汗，巴基斯坦，印度，伊拉克，沙特阿拉伯，突尼斯，摩洛哥，苏丹，埃及，尼日利亚，英国，美国，墨西哥。

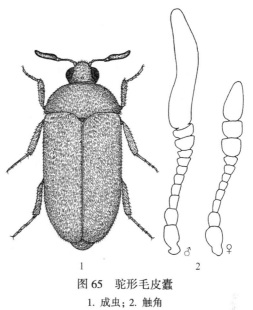

图 65　驼形毛皮蠹
1. 成虫；2. 触角
（刘永平、张生芳图）

51. 暗褐毛皮蠹 *Attagenus brunneus* Faldermann（图 66；图版 V-5）

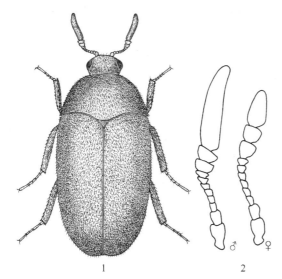

图 66　暗褐毛皮蠹
1. 成虫；2. 触角
（刘永平、张生芳图）

　　形态特征　体长 3.5~4.8mm。椭圆形，暗褐色至近黑色，无淡色斑。触角 11 节，触角棒 3 节，雄虫触角末节长约为第 9、第 10 节之和的 4 倍，雌虫触角末节略长于第 9、第 10 节之和。前胸背板表皮暗褐色至黑色，鞘翅表皮褐色至近黑色，二者颜色基本上一致或前者稍比后者色深；前胸背板及鞘翅被暗褐色毛，有时仅在鞘翅基缘着生少量黄色毛。

　　生物学特性　与短角褐毛皮蠹的生活习性相似。在新疆，两个种往往混生于同一场所，难以区分。生活于储粮、中药材及毛织品等储藏物内，但虫口密度远低于短角褐毛皮蠹。

　　经济意义　为害储粮、中药材和毛织品。

　　分布　内蒙古、新疆、河北、河南；巴基斯坦，阿富汗，苏联，地中海区，美国。

52. 黑毛皮蠹 *Attagenus unicolor japonicus* **Reitter** （图67；图版V-6）

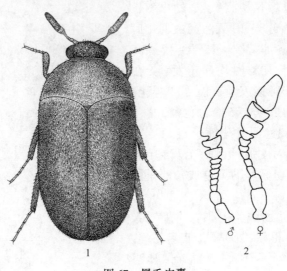

图67　黑毛皮蠹
1. 成虫；2. 触角
（刘永平、张生芳图）

形态特征　体长3~5mm。椭圆形，表皮暗褐色至黑色，多为黑色，前胸背板颜色不比鞘翅深或稍比鞘翅深。触角11节，触角棒3节，雄虫触角末节长约为第9、第10节之和的3倍，雌虫触角末节略长于第9、第10节之和。背面大部被暗褐色毛，仅鞘翅基部、前胸背板两侧及后缘着生黄褐色毛。

生物学特性　幼虫大量生活于鸟巢中，又经常侵入仓房和居室内。多为1年1代，完成1个世代至少需6个月，长者达3年。成虫发生于4月末至8月，卵见于5月末至8月。幼虫孵化发生于6~9月，蛹期在翌年4~6月。在18℃、24℃和30℃条件下卵期分别为22天、10天和6天；幼虫期在25~30℃条件下65~184天；蛹期在18℃、24℃和30℃条件下分别为18天、9天和5.5天。在29℃条件下，成虫寿命15~25天。幼虫有负趋光性，多群聚于仓内壁角、地板、砖石缝或尘芥物内越冬。幼虫蜕皮6~20次，化蛹于老熟幼虫皮内。在晴朗无风天气，成虫往往飞到室外，聚集在花上取食花粉和花蜜，进行交尾活动。雌虫产卵50~100粒，平均75粒。

经济意义　严重为害毛呢、地毯、羽毛制品及兽皮等，对谷物、豆类等农产品也造成一定危害。

分布　中国东半部大部省（直辖市、自治区）；蒙古，朝鲜，日本。

53. 世界黑毛皮蠹 *Attagenus unicolor unicolor* （**Brahm**）（图68；图版V-7）

形态特征　该种与我国的黑毛皮蠹极相似，主要区别在于该种背面着生单一的褐色或黑色毛，无黄色毛。

生物学特性　在自然界多生活于鸟巢内。在室内观察表明，发育的最适温度为25℃。雌虫产卵可多达165粒，平均83粒。产卵持续5~14天。卵期5~24天，取决于温度条件。幼虫期6个月至3年。蛹期5~25天。整个发育周期需1~3年。以幼虫越冬。

经济意义　为分布最广的储藏物害虫之一，幼虫取食多种动物性产品，包括毛皮、毛织品等。

分布　几乎世界性。无该虫分布的国家和地区包括苏联的北部、中亚、日本、朝鲜、中国和蒙古。

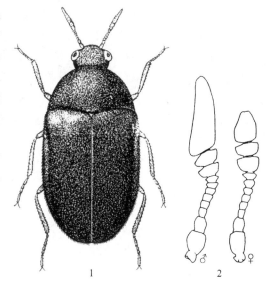

图68　世界黑毛皮蠹

1. 成虫；2. 触角

（1. 仿 Hinton；2. 仿 Halstead）

54. 东非毛皮蠹 *Attagenus insidiosus* Halstead（图69；图版Ⅴ-8）

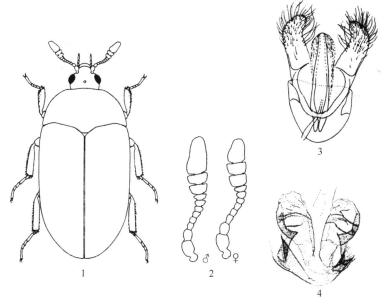

图69　东非毛皮蠹

1. 成虫；2. 触角；3. 雄性外生殖器；4. 雌虫交配囊骨化结构

（仿 Halstead）

形态特征　体长（前胸背板加鞘翅）3～4.3mm。背腹面体壁无斑纹，黑色；足的基节、下颚须的末1节及触角末几节（包括触角棒）黑色，足的其余部分暗褐色，触角基部黄褐色；背面被黑色毛，腹面被暗金黄色毛。触角11节，雄虫触角末节长为第9、第10节之和的1.6～1.8倍，雌虫触角末节约等于第9、第10节之和[10：（10～12）]。前胸背板宽与长之比为(18～21)：10，基部与鞘翅肩部等宽。前胸腹板侧区宽，在前足基节之前竖直呈刀刃状脊。鞘翅长与两翅合宽之比为（13.1～14）：10。前足第2跗节长约为第5跗节之半，前足胫节外缘着生多数小刺。雄虫阳基侧突宽，着生长刚毛，阳茎向端部渐细；雌虫交配囊骨化弱，有多数小齿。

经济意义　发现于储藏的小麦内。

分布　肯尼亚，埃塞俄比亚。

55. 缅甸毛皮蠹 *Attagenus birmanicus* Arrow（图70；图版Ⅴ-9）

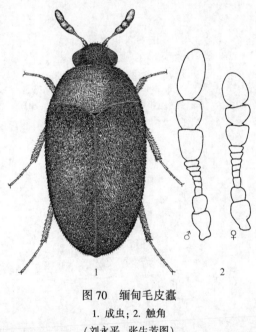

图70　缅甸毛皮蠹
1. 成虫；2. 触角
（刘永平、张生芳图）

形态特征　体长2.2～3.2mm。椭圆形，表皮暗褐色至黑色，足及触角黄褐色。触角11节，触角棒3节；雄虫的3个棒节大小差别不大，各节长均大于宽，末节长为其宽的2倍；雌虫触角第10节显著横宽，末节长为宽的1.5倍。鞘翅全部被黄色毛；或黄色毛在鞘翅上只集中在基半部，端半部被暗褐色毛；有时鞘翅上黄色毛在每翅基部形成1个黄色圆环，其余均为暗褐色毛。

生物学特性　在印度，1年1代，成虫见于3～6月。

经济意义　发现于粮库及粮食加工厂。据报道，在印度该虫为害地毯及毛织物。

分布　云南；缅甸，印度。

56. 二星毛皮蠹 *Attagenus pellio* Linnaeus（图71；图版Ⅴ-10）

形态特征　体长3.6～6.0mm，宽1.8～3.1mm。表皮暗红褐色至黑色，被暗褐色毛。触角11节，触角棒3节，雄虫触角末节长为第9、第10节总长的4～5倍，雌虫触角末节稍长于第9、第10节的总长。每鞘翅中部近翅缝处有1椭圆形大白毛斑，在肩胛后方及近侧缘处各有1个极小的白毛斑。

生物学特性　广泛发生于森林内，幼虫在树洞和鸟巢内发育，取食昆虫尸体及含角蛋白的物质。以成虫或幼虫越冬。春季或夏初成虫飞出访花，取食花粉花蜜。雌虫产卵可达50粒。通常1年1代，幼虫于春季孵化，至秋末发育进入蛹期。个别情况下完成1代需2～3年。

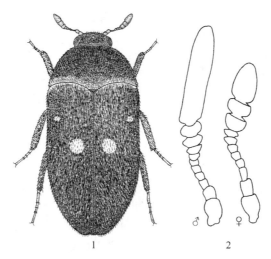

图 71　二星毛皮蠹
1. 成虫；2. 触角
（刘永平、张生芳图）

经济意义　为害多种动植物性储藏品，包括皮张、毛、羽毛制品及家庭储藏物。

分布　云南、青海、西藏；亚洲，非洲，欧洲，北美。

57. 月纹毛皮蠹 *Attagenus vagepictus* Fairmaire（图 72；图版 V-11）

形态特征　体长 4.5~7.0mm。体表暗褐色至沥青色，每鞘翅基部 1/3 处各有 1 条淡黄色月纹状毛带，毛带下的表皮红黄色。触角 11 节，触角棒 3 节，各棒节长均大于宽，末节端部渐细；雄虫触角棒长于其余 8 节之和的 2 倍，雌虫触角棒稍长于其余 8 节之和。

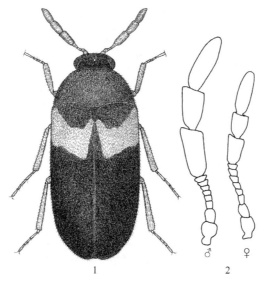

图 72　月纹毛皮蠹
1. 成虫；2. 触角
（刘永平、张生芳图）

经济意义　未详。发现于粮仓及药材库内。

分布　云南、四川、西藏。

58. 伍氏毛皮蠹 *Attagenus woodroffei* Halstead（图73，图74；图版Ⅵ-1）

形态特征　长（前胸背板加鞘翅）4.3~5.9mm。背面表皮无斑纹，鞘翅淡栗褐色至深栗褐色，前胸背板较暗，近黑色。背面密被黑色毛，鞘翅的亚基带及前胸背板上的淡色毛斑为暗金黄色毛，后种毛也散布在小盾片和头上。腹面暗栗褐色，足较淡。两性的触角外形相似，第11节长宽略等，第9、第10节明显横宽，触角棒长小于整个触角长的1/3，触角棒通常呈红褐色至黑色，其余节为黄色或红黄色。前胸背板宽与长之比为（21~26）：10，基部等于或略窄于鞘翅的肩宽，基部1/3中央有1浅纵凹陷；毛大半为黑色，金黄色毛在基部中央形成2个界限不清的毛斑。鞘翅在近端部2/5处最宽，翅长与两翅合宽之比为（12.5~13.1）：10；基半部的金黄色带宽度多变，其内侧向前弯至翅缝。雄性外生殖器的阳基侧突宽，边缘着生多数长刚毛，第10背板端部着生长毛。雌虫交配囊具2个骨化齿区域。

该种与横带毛皮蠹外形极相似，过去曾误认为是同一种。Halstead通过杂交实验及形态学研究确立为一新种。两个种的形态特征比较见图73及图74。

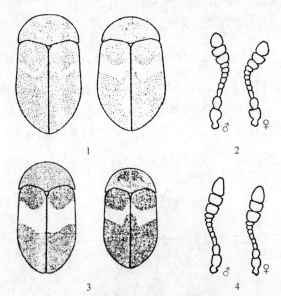

图73　伍氏毛皮蠹与横带毛皮蠹的外部形态特征

1、2. 伍氏毛皮蠹；3、4. 横带毛皮蠹；1、3. 成虫背面观；2、4. 触角

（仿 Halstead）

生物学特性　该虫畏寒，常生活于冬季有加温的场所，多栖息于地板缝隙内。

经济意义　取食干燥的动物性和植物性产品，有时也为害毛衣。

分布　丹麦，芬兰，瑞典。

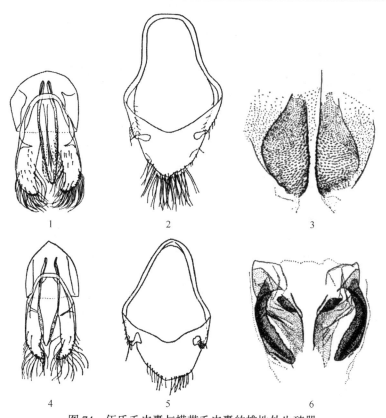

图 74　伍氏毛皮蠹与横带毛皮蠹的雄性外生殖器

1~3. 伍氏毛皮蠹；4~6. 横带毛皮蠹；1、4. 雄性外生殖器；2、5. 雄虫第9腹节及第10节背板；3、6. 雌虫交配囊骨化结构

（仿 Halstead）

59. 横带毛皮蠹 *Attagenus fasciatus*（**Thunberg**）（图 75；图版 Ⅵ-2）

　　形态特征　体长 3.6~5.8mm。椭圆形，背面表皮栗褐色至近黑色，唯鞘翅近基部淡色毛带下的表皮红褐色。触角 11 节，触角棒 3 节；雌、雄虫触角颇相似，3 个棒节的长度差别不大，末节短于第 9、第 10 节之和，只是雌虫触角第 10 节与雄虫的相比稍横宽。鞘翅大部被暗褐色毛，每鞘翅基部 1/3 处有 1 条灰黄色横毛带，起始于肩胛后，向翅缝方向近横向延伸，在接近翅缝时又向小盾片方向急剧转折。

　　生物学特性　在北非埃及，1 年 1 代。雌虫将卵产在食物上，幼虫取食多种动物性物质。在夏威夷，幼虫有 7 龄，蛹期 12~14 天，由卵孵化至成虫羽化需 150~

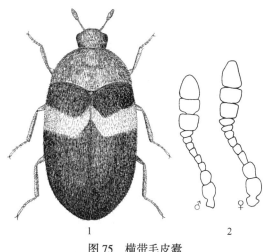

图 75　横带毛皮蠹

1. 成虫；2. 触角

（1. 刘永平、张生芳图；2. 仿 Halstead）

160天。一般认为，该虫的最低发育温度为22℃，最适温为28~32℃。

经济意义　幼虫为害皮毛、谷物、中药材、毛织物及羽毛制品。

分布　福建、云南；夏威夷，牙买加，巴巴多斯，爪哇，印度，埃及。

60. 斑胸毛皮蠹 *Attagenus suspiciosus* **Solskij**（图76；图版Ⅵ-3）

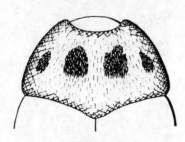

图76　斑胸毛皮蠹的前胸背板
（仿 Mroczkowski）

形态特征　体长3.3~4mm，该种的个体较小。主要特征即前胸背板上有4个圆形暗色斑排成1排，其中内部2个斑较大；鞘翅上有2条淡色横毛带，在近翅缝处中断，第1条带完整，中部沿翅缝弯向小盾片。

生物学特性　在中亚，成虫见于4月末至7月中，1年发生1代。在22~25℃及相对湿度60%的室内条件下饲养，卵期11~12天，幼虫期14个月，蛹期11天。在自然条件下，幼虫多在鸟巢内发育，也发现于干死昆虫的积聚处。以成虫越冬。

经济意义　对博物馆的收藏品及家庭储藏品有时造成轻度危害。

分布　新疆；乌兹别克斯坦，塔吉克斯坦，吉尔吉斯斯坦，哈萨克斯坦，土库曼斯坦，伊朗，阿富汗。

61. 斜带褐毛皮蠹 *Attagenus augustatus augustatus* **Ballion**（图77；图版Ⅵ-4）

形态特征　体长4.0~6.3mm。椭圆形，身体较狭长，背面着生黄色毛，每鞘翅上有1条由肩角斜伸至翅缝中央的淡色毛带，两翅上的毛带左右相交呈"U"字形。触角11节，触角棒3节，雄虫触角末节长为第9、第10节之和的6~7倍，雌虫触角末节长约为第9、第10节之和的1.5倍。

生物学特性　发生于地势较高的山区，多栖息于森林地带，在树干洞穴和树皮下取食节肢动物尸体；也经常生活于居民区附近的鸟巢内，取食角蛋白物质及寄主残留的食物。幼虫期可持续1~3年。在中亚，多为两年1代，成虫于4~5月羽化，当年以幼虫越冬，第2年以成虫越冬。在更偏南地区，1年可发生1代，以成虫越冬。雌虫产卵可达60粒，不需要补充营养。在25℃条件下，卵期11~12天，幼虫期5~6个月，蛹期13天。成虫有访花习性。

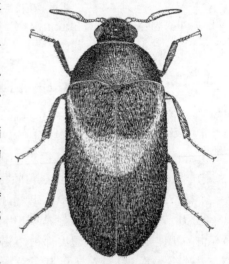

图77　斜带褐毛皮蠹
（刘永平、张生芳图）

经济意义　该虫经常侵入仓库和人的居室内，为害谷物和含角蛋白丰富的储藏品。

分布　云南、四川、西藏；蒙古，天山西部和北部，土尔克斯坦山区，泽拉夫森山区和格拉斯哥山区。

62. 三带毛皮蠹 *Attagenus sinensis* Pic (图78；图版Ⅵ-5)

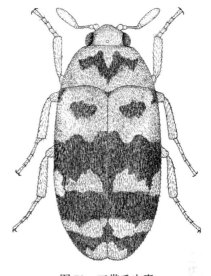

形态特征　体长4~6mm。椭圆形，两侧近平行，鞘翅两侧自端部1/3向后逐渐狭缩。头部着生褐色毛，后方的毛色较暗；触角淡红黄色，11节，触角棒3节，雄虫末节长约为第10节长的9倍，约等于前10节的总长。前胸背板表皮暗红褐色；中区着生暗褐色毛，边缘包围黄褐色毛；宽约为长的2倍，基部中叶稍后突。小盾片小，暗褐色。鞘翅表皮颜色较前胸背板稍淡，着生暗褐色毛，每鞘翅上有3条淡黄色横毛带：亚基带呈环形，亚中带呈波状，亚端带位于翅端1/4处，翅末端还有1淡色斑。腹面着生暗褐色毛。足淡红黄色。

经济意义　未详。发现于粮库、中药材库。

分布　云南。

注：过去曾用其异名 *Attagenus arrowi* Kalik，在此更正。

图78　三带毛皮蠹
（刘永平、张生芳图）

圆皮蠹属 *Anthrenus* 种检索表

63. 多斑圆皮蠹 *Anthrenus maculifer* Reitter(图 79;图版 Ⅵ-6)

形态特征　体长 2.5～2.8mm,宽 1.8～1.9mm。卵圆形,表皮黑色,背面密被暗褐色和白色鳞片,白色鳞片形成多数星状斑。复眼内缘凹。触角 10 节,末节极膨大,与第 9 节一起构成球状触角棒。触角窝长约为前胸背板侧缘的 1/3。

生物学特性　未详。生活于鸟巢、粮库和居室内。

分布　云南、广东、台湾;越南,缅甸,印度。

图 79　多斑圆皮蠹

1. 成虫;2. 触角

(刘永平、张生芳图)

64. 拟白带圆皮蠹 *Anthrenus oceanicus* Fauvel（图 80；图版Ⅵ-7）

　　形态特征　体长 2.1~3.5mm。卵圆形，背面被暗褐色、黄褐色及白色鳞片，鞘翅基半部有 1 完整的白色鳞片宽横带。复眼内缘凹。触角 11 节，第 10 节长约为第 9 节的 2 倍或 2 倍以上。

　　经济意义　为害毛织品、羽毛制品、动物性药材、肉制品和动物标本，对谷物为害较轻。

　　分布　广东；印度，马来西亚，斯里兰卡，刚果，大洋洲。

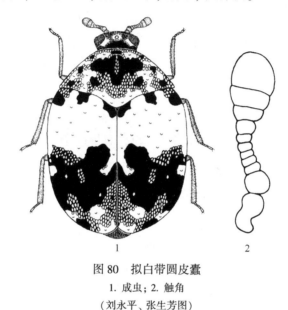

图 80　拟白带圆皮蠹
1. 成虫；2. 触角
（刘永平、张生芳图）

65. 白带圆皮蠹 *Anthrenus pimpinellae* Fabricius（图 81；图版Ⅵ-8）

　　形态特征　体长 2~4.5mm，宽 1.4~2.9mm。宽卵圆形，鞘翅侧缘明显圆形，背面显著隆起。表皮有光泽，暗赤褐色至黑色，触角及足常为淡赤褐色。背面及腹面的鳞片倒卵形至两侧近平行，长为宽的 1.5~2 倍，以中部或近端部最宽，端部显著宽圆形至近截形；有的个体的鳞片各有 1 完整而明显的中纵陷纹。背面着生白色、金黄色及极深金黄褐色鳞片，前胸背板中部两侧在淡色鳞片中通常各有 1 椭圆形或圆形暗色鳞片斑。腹面除下列部分外全部着生白色鳞片：前背折缘的隆起部分大部分鳞片为淡金黄色；各足腿节、转节的鳞片金黄色，腿节中部的鳞片暗金黄褐色；腹部第 1 腹板基部两侧、第 2~5 腹板前侧角、第 5 腹板中部各有 1 深暗褐色或近黑色鳞片斑。触角 11 节，棒 3 节，末节长与第 9、第 10 节总长近等，第 10 节的长等于或稍大于第 9 节的长。复眼内缘前部 2/5 宽深凹。前胸背板两侧显著下弯，侧缘（包括触角窝的背缘）显著膨大，在背面可见。触角窝约占前胸背板侧缘 1/3 或稍大于 1/3，呈宽倒卵形，宽等于或稍大于长的 1/2。鞘翅基部白色鳞片横带在内侧急剧狭窄，仅前方小部分与翅缝相接。

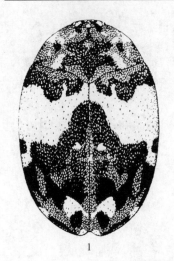

图 81　白带圆皮蠹
1. 成虫；2. 触角
（仿 Hinton）

生物学特性　成虫食花粉、花蜜，幼虫喜黑暗潮湿。成虫、幼虫均有假死习性。在日本 1 年 1 代，极少两年 1 代。以成虫静止在末龄幼虫蜕皮壳中越冬，次年春夏间活动产卵。卵期在 20～22℃ 时为 15 天，在 26℃ 时为 8 天。正常的幼虫期为 3～4 个月，共 9 龄，6～9 月化蛹，春季产卵孵化的幼虫，约 99% 在秋季化蛹而以成虫越冬，其余 1% 为幼虫越冬，次年春初化蛹。

经济意义　为害毛皮、羽毛及其制品、昆虫标本及家庭储藏品。

分布　几乎整个全北区。在欧洲分布广泛，并向东扩展到土库曼，向南扩展到阿富汗，在沙特阿拉伯也有记载，在北美也已定居。

66. 日本白带圆皮蠹 *Anthrenus nipponensis* Kalik & N. Ohbayashi
（图 82；图版 Ⅵ-9）

形态特征　体长 2.3～4.1mm。卵圆形，表皮赤褐色至黑色，背面被白色、黄色及暗褐色鳞片，鞘翅基半部有 1 条极宽的 “H” 形白色鳞片带。复眼内缘深凹；触角 11 节，触角棒 3 节，末节长约为第 9、第 10 节的总长，第 10 节长等于或稍长于第 9 节。触角窝深陷，界线分明，其长度为前胸背板侧缘的 1/4。

生物学特性　成虫出现于春季或夏季，在花上取食花粉和花蜜。幼虫多栖息于居民区附近的鸟巢内，取食角蛋白含量丰富的物质。1 年 1 代，在不利的条件下两年 1 代。在内蒙古，1 年 1 代，以幼虫越冬。越冬幼虫于次年 4 月上旬开始活动。6 月化蛹，6 月下旬为成虫羽化盛期。成虫寿命 20～40 天。雌虫产卵 4～7 粒，在室温下卵期 9～13 天，幼虫期约 10 个月，蛹期 8～13 天。幼虫喜干怕湿，初孵幼虫在饱和湿度下经数小时即死亡。末龄幼虫饥饿 29～32 天后仍可正常发育至成虫羽化并产卵。

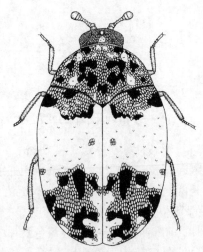

图 82　日本白带圆皮蠹
（刘永平、张生芳图）

经济意义　严重为害皮毛、皮张、蚕茧、中药材和动物标本等。

分布　黑龙江、内蒙古、新疆、山东、四川、河南、河北、辽宁、陕西、浙江；日本，朝鲜。

注：该种的学名过去在国内有关文献中均为 *A. pimpinellae latefasciatus* Reitter，俗用名为白带圆皮蠹。Kalik 与 Ohbayashi 通过进一步研究，认为在日本及我国广泛存在的这个种是一个新种。为了区别起见，作者将该种的中名改为日本白带圆皮蠹。

67. 地毯圆皮蠹 *Anthrenus scrophulariae* (Linnaeus)（图83；图版Ⅵ-10）

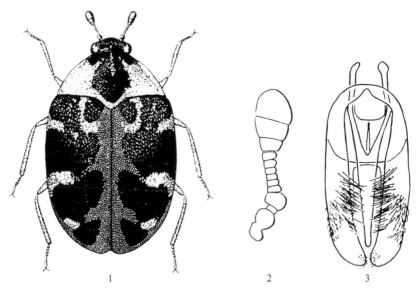

图83　地毯圆皮蠹
1. 成虫；2. 触角；3. 雄性外生殖器
（1、2. 仿 Hinton；3. 仿 Beal）

　　形态特征　体长 2~4mm，宽 1.5~2.8mm。宽倒卵圆形，鞘翅基半部两侧近平行，背面显著隆起。表皮有光泽，赤褐色至黑色，触角及胫节、跗节赤褐色。背面及腹面的鳞片倒卵形至两侧近平行，宽略大于长的 1/2，以中部或近端部最宽，表面有细条纹，末端截形、圆形或钝尖形。背面鳞片色泽多变，前胸背板两侧的淡色鳞片中绝无小型暗色鳞片斑。触角 11 节，棒 3 节，末节的长与第 9、第 10 节的总长相等，第 10 节显较第 9 节长（3∶2）。复眼内缘在中部前方宽深凹入。前胸背板两侧显著下弯，侧缘（包括触角窝背缘）显著膨大，由背面可见。触角窝约占前胸背板侧缘 1/3，宽倒卵形至两侧近平行，宽等于或稍大于长的 1/2。鞘翅具 3 条狭窄的白色横带，鞘翅上以黑色鳞片居多，沿翅缝两侧有红色鳞片形成的纵带。腹部第 1 腹板的侧中陷线向后伸达腹板后缘。

　　生物学特性　成虫于春季和初夏发现于花上，取食花粉花蜜。幼虫多栖息于鸟巢内，取食富含角蛋白的物质。1 年 1 代，在室内条件下幼虫期可长达 2~3 年。以成虫态在末龄幼虫的虫蜕内越冬。在室温下，卵期 13~20 天，平均 15.2 天。在 26℃下幼虫期平均 26.5 天，其间蜕皮 5~6 次。在不利条件下幼虫期延长，蜕皮多达 12 次。蛹期在 20℃下为 9~10 天。该虫也经常侵入仓库及住房内。

　　经济意义　严重为害毛及羽毛制品，也为害毛皮、家庭储藏品及昆虫和其他动物标本。

　　分布　欧洲，高加索，小亚细亚，北美，澳大利亚。

68. 红圆皮蠹 *Anthrenus picturatus hintoni* Mroczkowski（图84；图版Ⅵ-11）

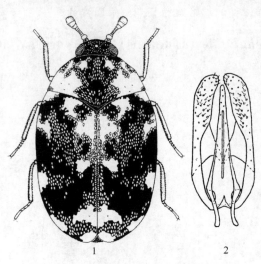

图84 红圆皮蠹

1. 成虫；2. 雄性外生殖器

（1. 刘永平、张生芳图；2. 仿 Mroczkowski）

形态特征 体长 2.9～3.5mm。卵圆形，背面着生黄色、白色及黑色鳞片。前胸背板两侧着生大量白色鳞片，鞘翅上有多数白色鳞片斑，其中鞘翅基半部沿翅缝处有 1 箭头状的淡色鳞片大斑。复眼内缘凹。触角 11 节，触角棒 3 节，末节长约等于第 9、第 10 节之和。

生物学特性 1 年 1 代，以成虫越冬。在北京，从 5 月开始，成虫在天气温暖晴朗时成群外出访花，取食花粉花蜜。幼虫在自然界多栖息于鸟巢和蜂巢内，取食富含角蛋白的食物。

经济意义 幼虫对毛织品、羽毛制品、动物性药材及动物标本造成严重危害。

分布 四川、湖南、陕西、河北、山东、福建、辽宁、青海、甘肃、宁夏、内蒙古、新疆。

69. 箭斑圆皮蠹 *Anthrenus picturatus* Solskij（图85；图版Ⅵ-12）

形态特征 体长 3.5～5mm。该种与其亚种红圆皮蠹 *Anthrenus picturatus hintoni* Mroczkowski 的外形几乎没有区别，仅雄性外生殖器稍有差别：箭斑圆皮蠹的阳基侧突基半部不显著变窄，而红圆皮蠹的阳基侧突基半部明显狭窄。

生物学特性 该虫生活于平原和山前地带。在苏联，成虫于 3～6 月出现于花上。幼虫多发现于鸟巢内，取食含角蛋白的物质。1 年 1 代。在室内条件下观察，雌虫产卵不多于 26 粒。在 25℃条件下卵期 8～10 天，幼虫期 3～4 个月，其间蜕皮 5～6 次，蛹期不超过 10～11 天。

经济意义 严重为害毛皮、毛和羽毛制品、昆虫标本及家庭储藏品。

分布 乌兹别克斯坦，塔吉克斯坦，吉尔吉斯斯坦，哈萨克斯坦，土库曼斯坦，高加索，伊朗，阿富汗。

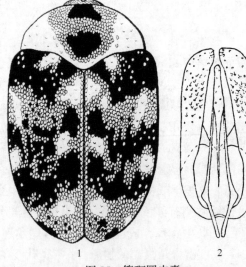

图85 箭斑圆皮蠹

1. 成虫；2. 雄性外生殖器

（仿 Mroczkowski）

70. 丽黄圆皮蠹 *Anthrenus flavipes* LeConte（图 86；图版Ⅶ-1）

形态特征　体长 2.5~3.5mm。卵圆形，背面着生白色、金黄色及暗褐色鳞片。每鞘翅近内角处有 1 圆形白斑，鞘翅基部 1/3、中部及近端部各有 1 白色鳞片带，其中基部的横带完整或在近翅缝处中断，中部及近端部的横带断裂为白色鳞片斑。复眼内缘凹入。触角 11 节，触角棒 3 节，末节长于第 9、第 10 节之和，第 10 节长约为第 9 节的 2 倍。

生物学特性　1 年 1 代，以成虫越冬。越冬成虫于 4 月至 6 月中旬活动，在花上采食花粉和花蜜。幼虫于 9 月化蛹。蛹期 12~15 天。新羽化的成虫当年不活动，躲藏在末龄幼虫的虫蜕内越冬。幼虫多生活于麻雀等鸟巢内，有时转入仓库为害。

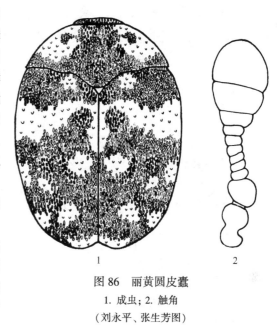

图 86　丽黄圆皮蠹
1. 成虫；2. 触角
（刘永平、张生芳图）

经济意义　为害多种毛和羽毛制品、皮张及动物性药材，也为害家庭储藏品。
分布　广东；欧洲，亚洲，北美，几乎世界性。

71. 小圆皮蠹 *Anthrenus verbasci*（**Linnaeus**）（图 87；图版Ⅶ-2）

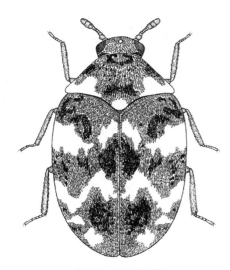

图 87　小圆皮蠹
（刘永平、张生芳图）

形态特征　体长 1.7~3.8mm，宽 1.1~2.3mm。卵圆形。前胸背板侧缘及后缘中央有白色鳞片斑，鞘翅上有 3 条由黄色及白色鳞片构成的波状横带。鳞片呈长三角形，端部钝。复眼内缘不凹入。触角 11 节，触角棒 3 节，触角窝深而界限分明，触角窝的长度约为前胸背板侧缘的 1/2。

生物学特性　多发生于居民区附近。幼虫取食干燥的节肢动物尸体，也经常转入仓内为害。通常 1 年 1 代，在北温带个别地区两年 1 代，在南部地区偶见 1 年 2 代。每代历时 7~14 个月。以幼虫越冬，翌年早春开始取食、化蛹，5~6 月成虫羽化，交尾产卵。雌虫平均产卵 50 粒，卵散产于食物上。成虫有访花习性。卵期在 30℃ 和 15℃ 条件下分别为 12 天和 54 天。幼虫期 5~6 个月，其间蜕皮 4~19 次，一般 5~7 次。幼虫往往发生滞育，滞育的产生取决于虫体的内在因素，但所持续的时间与日照长短有关。蛹期在 25℃ 条件下 9 天。成虫羽化后在末龄幼虫皮内静伏 4~8 天才开始活动。在室温下，雄虫寿命 18 天，雌虫 22 天。

经济意义　严重为害蚕丝、动物性药材、动物标本、毛及羽毛制品、谷物及种子等。

分布　黑龙江、辽宁、内蒙古、河北、河南、四川、广东、广西、云南、贵州、甘肃、陕西、宁夏、新疆、湖北、湖南、江苏、浙江、安徽、江西、山东、青海；世界性分布。

72. 黄带圆皮蠹 *Anthrenus coloratus* Reitter（图 88；图版Ⅶ-3）

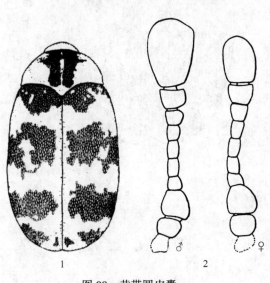

图 88　黄带圆皮蠹
1. 成虫；2. 触角
（1. 仿 Beal；2. 仿 Hinton）

形态特征　体长 1.8~2.5mm，宽 1~1.5mm。倒卵形，两侧近平行，背面显著隆起。表皮有光泽，淡赤褐色至暗赤褐色，触角及足常为黄褐色。背面及腹面的鳞片常为宽倒卵形，极少为亚三角形，长约为宽的 1.5 倍，以近中部或近端部最宽，端部宽圆形或近截形，极少为钝尖形。背面鳞片白色或金黄色。头部鳞片全部黄白色或金黄色。前胸背板基部 3/4 或两侧全部为白色鳞片，中区全部为金黄色鳞片，或暗褐色鳞片，或金黄色鳞片混杂少量白色鳞片。鞘翅基部 1/4、中部、近端部各有 1 完整或近完整、宽阔、波状的金黄色鳞片横带；鞘翅的金黄色鳞片有时被暗金黄褐色以至近黑色鳞片所代替。腹面全为白色鳞片，或腹部第 2~5 腹板前侧角各有 1 金黄色鳞片斑。触角 9节，触角棒 3 节；雄虫末节的长为第 7、第 8 节总长的 2 倍，第 8 节较第 7 节粗，但仅略较第 7 节长；雌虫末节长稍大于第 7、第 8 节总长的 1⅓ 倍。复眼内缘圆形，不凹入。前胸背板两侧显著下弯，侧缘前部（触角窝背缘）从背方不可见。触角窝约占前胸背板侧缘 1/2，倒卵形至两侧近平行，宽等于或稍小于长的 1/2，背缘不膨大。腹部第 1 腹板无侧中陷线。

生物学特性　Ali 于 1997 年对该虫的发育及耐热性进行的研究表明：用婴儿奶粉加纯毛织物作饲料，在 33~35℃ 及相对湿度 70%~80% 条件下饲养，幼虫有 7~9 龄，卵期（8.3±0.1）天，幼虫期（101.7±4.4）天，蛹期（5.4±0.1）天。幼龄幼虫及老龄幼虫忍饥分别为（40.0±5.0）天及（48.0±0.6）天。在 50℃ 条件下幼虫可忍耐 4min，6min 开始死亡，12min 全部死亡。以幼虫进行为害，成虫取食花蜜。

另有报道，该虫 1 年 1 代，以幼虫越冬。成虫出现于 5 月底至 8 月底，有访花习性。在野外，幼虫多生活于悬崖峭壁的裂缝及砖土建筑物的缝隙内，取食蜘蛛、鸟及胡蜂巢内的干死昆虫。

经济意义　据 Ali 于 1997 年报道，该虫在埃及为储藏物及博物馆动物标本的主要害虫。

分布　哈萨克斯坦，土库曼斯坦，塔吉克斯坦，乌兹别克斯坦，希腊，英国，北非，苏丹，阿富汗，印度，以色列，美国。

73. 金黄圆皮蠹 *Anthrenus flavidus* Solskij（图89；图版Ⅶ-4）

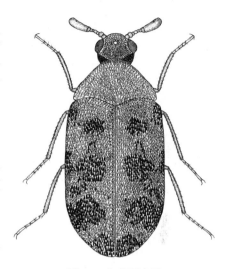

图89　金黄圆皮蠹
（刘永平、张生芳图）

形态特征　体长1.2～3.4mm。背面着生褐色及淡黄色鳞片，无白色鳞片；鞘翅上有3条较明显的淡黄色鳞片带，有的个体鞘翅全部着生淡黄色鳞片。复眼内缘不凹入。触角8节，触角棒2节，雄虫触角末节长略大于第3～7节总长的1.5倍。

生物学特性　1年1代，以幼虫越冬。幼虫多生活于胡蜂巢内及蜘蛛网附近死昆虫的堆积物中，也发现于悬崖的裂隙内，取食干燥的节肢动物尸体。幼虫于春季化蛹。成虫羽化发生于春季或夏初，有访花习性，4月中旬至6月末常发现于花上。雌虫产卵25～36粒。在25℃条件下，卵期9～10天，蛹期8～10天。

经济意义　严重为害毛织物及昆虫标本，也为害皮张、蚕丝、多种动物性产品及谷物。

分布　新疆、陕西、华北地区；哈萨克斯坦，中亚，伊朗，阿富汗，波兰。

74. 标本圆皮蠹 *Anthrenus museorum*（Linnaeus）（图90；图版Ⅶ-5）

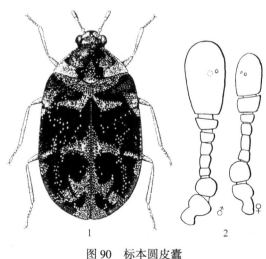

图90　标本圆皮蠹
1. 成虫；2. 触角
（1. 仿 Hinton; 2. 仿 Beal）

形态特征　体长2.7～3.1mm，宽1.5～2mm。宽倒卵形，背面显著隆起。背面及腹面的鳞片三角形，以端部最宽。背面被黑色鳞片，间杂黄褐色鳞片。前胸背板除基部中央及两侧为白色及黄褐色鳞片外，中区大部分为暗褐色或黑色鳞片。鞘翅多为暗褐色鳞片，有3条狭窄波状的白色或黄白色鳞片横带。其外形及色泽与黑圆皮蠹成虫极近似，本种的区别特征为：①背面的鳞片较狭长，长为宽的2.5倍；②触角8节，棒2节，末节长约为第7节长的2倍（♀）或6倍（♂）；③雄虫触角窝占前胸背板侧缘1/2或稍大于1/2；④雄虫外生殖器中叶较长，与黑圆皮蠹比较，其更接近阳基侧突端部。

生物学特性 在野外，幼虫多生活于胡蜂巢内及蜘蛛巢附近干死昆虫的堆积处，取食昆虫和某些其他节肢动物尸体。

成虫仅食花粉、花蜜。羽化后的成虫开始为正趋光性，白天在花间交尾。雌虫开始产卵后转为负趋光性，进入室内产卵。产卵前期3~7天。每雌虫产卵21~35粒。在平均室温18℃时，幼虫有10龄，第1~4龄各为35天、14~21天、21天、75天（越冬），幼虫期10~11个月。温度20~22℃，蛹期9~10天，羽化出的成虫静止期4~7天，成虫活动期10~18天。以幼虫越冬，大部分在次年5~7月化蛹。每代需时7~14个月。据报道，幼虫食羊毛、阿胶及不含有机酸的混合物时，不能发育为成虫；食干酪时能生存很久，但仅少数能发育为成虫。

经济意义 严重为害昆虫标本，对皮毛、毛及羽毛制品、蚕茧及家庭储藏品也造成一定的危害。

分布 欧洲，高加索，哈萨克斯坦，西伯利亚，远东，北美。

75. 高加索圆皮蠹 *Anthrenus caucasicus* Reitter（图91；图版Ⅶ-6）

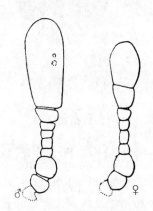

图91 高加索圆皮蠹触角
（仿 Hinton）

形态特征 体长1.8~2.5mm，宽1.1~1.5mm，狭倒卵形，背面显著隆起。色泽及斑纹与标本圆皮蠹成虫极近似，但体较小。表皮有光泽，暗赤褐色至黑色，触角及足淡褐色。背面及腹面的鳞片狭倒卵圆形至两侧近平行，极少呈三角形，长为宽的2~2.5倍，近中部最宽，端部截形。头顶中央及中单眼周围着生褐色鳞片。前胸背板除中区着生少量的小型褐色鳞片斑外，全部着生白色或黄白色鳞片。鞘翅着生暗褐色鳞片，有3条白色或黄白色鳞片宽横带：1条在基部1/4，近内缘处弯向前方，并沿内缘伸达鞘翅基部；另1条在中部后方，色白而较狭；第3条在端部1/5；鞘翅末端有1白色鳞片斑。腹面全部着生白色或黄白色鳞片，或腹部第2~5腹板前侧角各有1小型金黄色或褐色鳞片斑。触角8节，棒2节，末节长为第7节长的2倍（♀）或6倍（♂）。复眼内缘均匀圆形，不凹入。前胸背板两侧显著下弯，侧缘后部稍膨大，但前部（触角窝的前背缘）在背面不可见。触角窝约占前胸背板侧缘1/2（♀）或2/3（♂），狭倒卵形至两侧近平行，长约为宽的3倍。腹部第1腹板无侧中陷线。

生物学特性 成虫于5~6月初在野外出现，有访花习性。幼虫取食蜘蛛及胡蜂巢内的干死昆虫尸体。1年1代。以幼虫越冬。雌虫产卵18~30粒。在25℃条件下卵期8~9天，蛹期11~12天，幼虫期9~10个月，其间幼虫蜕皮7~8次。

经济意义 严重为害昆虫标本，对家庭储藏品也造成轻度危害。

分布 高加索，土库曼斯坦，伊朗，越南，奥地利。

76. 中华圆皮蠹 *Anthrenus sinensis* Arrow（图 92；图版Ⅶ-7）

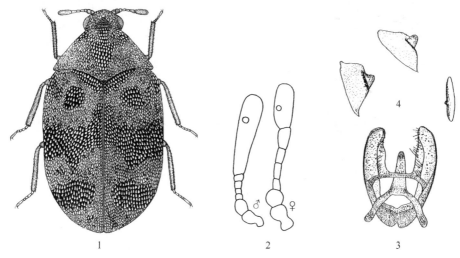

图 92　中华圆皮蠹
1. 成虫；2. 触角；3. 雄性外生殖器；4. 雌虫交配囊骨片
（刘永平、张生芳图）

　　形态特征　体长 2.0~3.5mm。卵圆形，背面着生暗褐色、褐色及灰白色鳞片。前胸背板灰白色鳞片主要集中在两侧。鞘翅中部前后各有 1 条界限不分明的灰白色鳞片带，其中近基部的带卷曲呈环状。复眼内缘不凹入。触角 7 节，触角棒 1 节，触角末节长约等于其余 6 节的总长（♂）或短于第 5、第 6 两节的总长（♀）。雌虫交配囊内有 3 个骨化板。

　　生物学特性　大量发现于居室内，仓库内也偶尔发现。据作者观察，此虫在北京 1 年 1 代，以幼虫越冬。早春，当室内温度上升至 15℃ 以上时越冬幼虫开始活动，陆续化蛹、羽化。成虫有访花习性。在居室内，该虫在一般情况下并不为害粮食和食品，多取食毛织物及节肢动物尸体。在室内用死昆虫和花生饲养，均可顺利完成生活周期。

　　经济意义　为害档案、昆虫标本及毛织品。

　　分布　黑龙江、辽宁、内蒙古、河北、天津、北京、山东、湖南。

77. 波兰圆皮蠹 *Anthrenus polonicus* Mroczkowski（图 93；图版Ⅶ-8）

　　形态特征　体长 2~3.7mm。长卵圆形。背面着生黑色、白色和黄色鳞片。体暗褐色，触角及足淡褐色。头长略大于宽；触角 5 节，第 1、第 2 节球形，第 3、第 4 节方形，显著小于前两节，第 5 节膨大形成触角棒；头部被黄色及黑色鳞片，以黄色鳞片居多。前胸背板宽为长的 2 倍，基部最宽；前缘内弯，侧缘弧形，触角窝位于侧缘之下，长达侧缘的 3/4；后角处着生白色鳞片，形成明显的白斑。小盾片小，黑色，无鳞片。鞘翅长为两翅合宽的 1.3 倍，两侧弧形；着生黑色、黄色及白色鳞片，黄色及白色鳞片形成 3 条

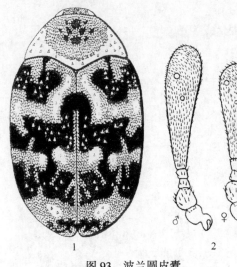

图93 波兰圆皮蠹
1. 成虫；2. 触角
（仿 Mroczkowski）

横带（第1条带位于翅的前部，在近翅缝处突然向前弯曲，终止于近小盾片处；第2条和第3条带位于鞘翅后半部，后2条带直）；此外，每鞘翅上还有2个黄色鳞片斑，1个在肩胛与小盾片间，另1个在后角处。腹面着生单一白色鳞片。腿节着生白色鳞片，胫节及跗节淡黄色，无鳞片。

雌虫触角第3、第4节长稍大于宽，雄虫的以上2节长宽相等。

生物学特性 略同于黑圆皮蠹。

经济意义 严重为害昆虫标本，也为害家庭储藏品。

分布 波兰，罗马尼亚，乌克兰，匈牙利，保加利亚，南斯拉夫，土库曼斯坦，高加索。

78. 黑圆皮蠹 *Anthrenus fuscus* Olivier（图94；图版Ⅶ-9）

形态特征 体长1.7~3.4mm，宽1~1.8mm。倒卵形，背面显著隆起。表皮有光泽，黑色，极少为暗褐色；触角全部或第1~4节、各足的跗节、胫节为暗赤褐色。背面及腹面的鳞片呈三角形，长为宽的1.5~2倍，以端部最宽，末端呈截形，极少呈弱圆形。背面着生白色、黄色及深暗褐色或黑色鳞片；鞘翅上的黄色鳞片多变化。腹面除中胸腹板中区的后部、后足基节内侧、腹部第3~5腹板前侧角、第5腹板后部中央具暗褐色或黑色鳞片外，全部为白色或黄白色鳞片。触角5节，棒1节；雄虫棒节长为前4节总长的4倍，第3、第4节

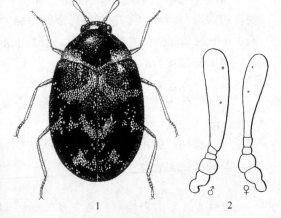

图94 黑圆皮蠹
1. 成虫；2. 触角
（1. 仿 Hinton；2. 仿 Beal）

很短；雌虫第3、第4节较长，第4节为第3节长的1⅓倍。复眼内缘均匀圆形，不凹入。前胸背板两侧显著下弯，侧缘前部1/3~1/2（部分触角窝的前缘）在背面不可见。触角窝约占前胸背板侧缘2/3（♂）或1/2（♀），狭倒卵形至两侧近平行，长约为宽的3倍。腹部第1腹板无侧中陷线。

　　生物学特性　成虫食花粉、花蜜。在英国，成虫自 5 月初至 8 月中交尾产卵。卵产于幼虫的食物上，卵外常覆盖雌虫体上脱落的鳞片。温度 30℃ 时卵期 10~11 天。在英国室外，春、夏季孵化的幼虫至次年 4~5 月化蛹。当温度 30℃ 和取食虫尸时，幼虫有 7 龄，幼虫期 112 天。幼虫老熟后在末龄幼虫的虫蜕中化蛹。在 24.5~25.5℃ 下蛹期 5~6 天。羽化出的成虫在末龄幼虫的虫蜕中静止 4~5 天。

　　经济意义　严重为害昆虫标本，对家庭储藏品也造成轻度危害。

　　分布　欧洲（由英国、法国至乌克兰和爱沙尼亚），日本，北美。

长皮蠹属 *Megatoma* 种检索表

1 体背面被红褐色、白色和黑色（或暗褐色）毛 ·· 2
　体背面无红褐色毛 ··· 3
2 雄虫触角棒 2 节，末节长为第 9、第 10 节之和的若干倍；背面以红褐色毛为主，并形成稍明显的毛斑 ·································· **红毛长皮蠹 *Megatoma conspersa* Solskij**
　雄虫触角棒 3 节，末节长为第 9、第 10 节之和的 1.4~1.9 倍；鞘翅基部 1/3 及端部 1/4 各有 1 条波状淡色横带 ································· **花斑长皮蠹 *Megatoma variegata*（Horn）**
3 鞘翅上的白色毛宽于黑色毛；鞘翅表皮单一黑色 ········ **波纹长皮蠹 *Megatoma undata*（Linnaeus）**
　鞘翅上的白色毛、灰色毛或黄色毛不宽于黑色（或暗褐色）毛 ································· 4
4 白色毛散布于整个鞘翅表面，并在淡色区集中形成 2 条狭窄的、通常在翅缝处中断的横带；雄虫触角棒 3 节 ······························· **柔毛长皮蠹 *Megatoma pubescens*（Zetterstedt）**
　鞘翅无白色毛，或白色毛仅着生在淡色区，在每鞘翅上形成 2 个斑或横带；雄虫触角棒 2 节 ······
··· **四纹长皮蠹 *Megatoma graeseri*（Reitter）**

79. 红毛长皮蠹 *Megatoma conspersa* Solskij（图 95；图版 Ⅶ-10）

　　形态特征　体长 3.0~4.5mm。鞘翅着生大量红褐色毛，并形成较明显的毛斑。触角 11 节，雄虫触角棒 2 节。

　　生物学特性　幼虫多生活于树皮裂缝和其他蛀木昆虫的蛀道内，有时也侵入膜翅类昆虫及鸟的巢内。完成 1 代需 1~2 年。1 年 1 代时，以幼虫越冬；两年 1 代时，则第 1 年以幼虫越冬，第 2 年以成虫越冬。成虫于春季和夏初羽化。该种多发生于海拔 3000m 以上的山林区内。

　　经济意义　对储藏物不造成明显的危害。

　　分布　新疆；阿富汗，哈萨克斯坦。

图 95　红毛长皮蠹雄虫触角
（仿 Mroczkowski）

80. 花斑长皮蠹 *Megatoma variegata* (**Horn**)（图 96；图版Ⅶ-11）

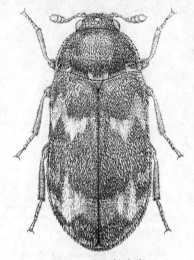

图 96　花斑长皮蠹
（仿 Bousquet）

形态特征　体长 3.8~6mm，宽 1.7~2.8mm。表皮黑色，鞘翅淡色毛带下的表皮为赤褐色或淡色。触角、跗节有时包括胫节暗赤褐色。背面被黑色、金黄褐色及白色毛，白色毛比黑色或金黄褐色毛粗。头部黑色毛间有多量褐色毛，偶尔有白色毛。前胸背板着生多量金黄褐色毛，并在端部 1/4 及中部各形成 1 横带，白色毛在后缘中央两侧常形成小毛斑，有时前胸背板大部分散生白色毛或极小的白色毛群。鞘翅基部 1/3 及端部 1/4 各有 1 波状淡色横毛带，基部横带与翅内缘的距离约与小盾片的宽相等，端部横带伸达内缘，鞘翅其余部分为黑色毛，其间散生白色及金黄褐色毛。腹面全部被暗金黄褐色毛。触角 11 节，末节长等于第 9、第 10 节总长（♀）或为第 9、第 10 节总长的1.4~1.9倍（♂），第 9、第 10 节约等长（♀）或第 9 节稍比第 10 节长（♂）。

经济意义　为害昆虫标本、毛皮、皮革及家庭储藏品。

分布　美国，加拿大。

81. 波纹长皮蠹 *Megatoma undata* (**Linnaeus**)（图 97；图版Ⅶ-12）

形态特征　体长 3.8 ~ 6mm，宽 1.6~ 2.7mm。表皮全部黑色，触角第 1~8 节及足黑褐色。背面着生黑色毛；头部散生少量白色毛，前胸背板后缘中央有 1 卵圆形白毛斑，基部每侧各有 1 近三角形白毛斑，中区大部分散生少量白色毛或毛群；鞘翅基部 1/3 及端部1/3各横列 1 狭窄的波状白毛带，端部毛带自侧缘伸达内缘，基部毛带自侧缘延伸接近内缘，翅表面散生多量白色毛，内缘两侧的白色毛常密集成 1 白色短纹。腹面着生暗褐色或黑褐色毛。触角 11 节；雄虫末节的长稍大于第 9、第 10 节的总长（14 : 12），雌虫末节的长小于第 9、第

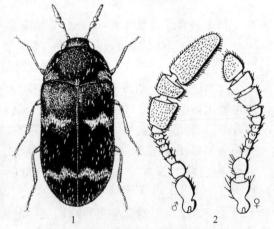

图 97　波纹长皮蠹
1. 成虫；2. 触角
（1. 仿 Hinton；2. 仿 Mroczkowski）

10 节的总长（4 : 6）；雄虫第 9 节较第 10 节长（60 : 45），雌虫第 9、第 10 节近等长。

生物学特性　幼虫多发现于树皮下及食木昆虫的蛀道内，主要取食昆虫尸体。在 18~20℃室内条件下，幼虫发育期从 5 月开始至 9 月中旬，其间蜕皮 8~9 次。蛹期11~

13 天。以成虫越冬。1 年发生 1 代。

　　经济意义　对毛皮、昆虫标本及家庭储藏品造成轻度危害。

　　分布　欧洲，西伯利亚。

82. 柔毛长皮蠹 *Megatoma pubescens*（Zetterstedt）（图 98；图版Ⅷ-1）

　　形态特征　体长 4~5mm，宽 1.7 ~
2.3mm。前胸背板基部中央及两侧有
白毛斑，鞘翅近基部和近端部各有 1 白
色横毛带，鞘翅其他部位也散布白色
毛。触角 11 节，触角棒 3 节，雄虫末
节长约为第 9、第 10 节总长的 2.5 倍，
雌虫末节长约为第 9、第 10 节总长的
1.5 倍。

　　生物学特性　幼虫主要生活于树皮
下，取食节肢动物尸体，很少侵入仓内
为害。以成虫越冬，幼虫化蛹与成虫羽
化发生于秋季。

　　分布　新疆；远东，西伯利亚，蒙
古，挪威，美国，加拿大。

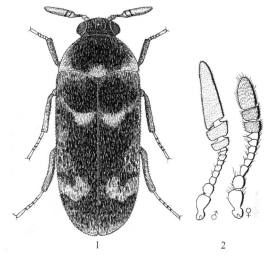

图 98　柔毛长皮蠹

1. 成虫；2. 触角

（1. 刘永平、张生芳图；2. 仿 Mroczkowski）

83. 四纹长皮蠹 *Megatoma graeseri*（Reitter）（图 99；图版Ⅷ-2）

　　形态特征　体长 2.8~4.2mm，宽 1.2~1.8mm。每一鞘翅表皮近端部和近基部有 1 条
红褐色带，鞘翅表面无白色毛，或白色毛
仅集中于鞘翅表皮的淡色带上，鞘翅着生
大量暗褐色毛。触角 11 节，雄虫触角棒 2
节，末节膨大呈长三角形（该节的长度在
种内变异较大），雌虫触角棒 3 节。

　　生物学特性　幼虫生活于树皮下，
有时也侵入仓房内为害。在仓内，幼虫
多栖息于近墙脚处的洞穴内。该虫耐
干燥和低温，在我国黑龙江冬季月平均
温低于-2℃长达 4 个月的条件下，仍可
在露天荚囤内生活。

　　经济意义　为害储藏谷物及谷物
制品、中药材，对皮毛和家庭储藏品也
造成轻度危害。

　　分布　黑龙江、吉林、辽宁、内蒙

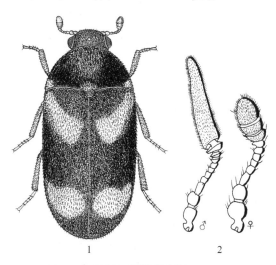

图 99　四纹长皮蠹

1. 成虫；2. 触角

（1. 刘永平、张生芳图；2. 仿 Mroczkowski）

古、新疆；蒙古，苏联（天山以北、西伯利亚东南部及远东地区）。

螵蛸皮蠹属 *Thaumaglossa* 种检索表

鞘翅被单一的暗褐色毛，无淡色花斑 ·························· 无斑螵蛸皮蠹 *Thaumaglossa hilleri* Reitter
每鞘翅上有 2 条灰白色毛构成的波状横带······ 远东螵蛸皮蠹 *Thaumaglossa rufecapillata* Redtenbacher

84. 无斑螵蛸皮蠹 *Thaumaglossa hilleri* Reitter（图 100；图版Ⅷ-3）

图 100　无斑螵蛸皮蠹雄虫
（刘永平、张生芳图）

　　形态特征　体长 2.8~4.2mm。卵圆形，表皮黑色，有强的光泽，仅足及触角褐色。背面疏被单一的暗褐色毛，不遮盖表皮结构。触角 11 节，雄虫触角末节极膨大呈长三角形，该节远长于其余 10 节长之和；复眼突出，黄褐色。前胸背板中叶显著后突，中叶两侧各有 1 光滑的凹陷区。鞘翅宽短，长约等于两翅合宽，不遮盖腹部末端。

　　生物学物性　未详，为害螳螂的卵块。

　　分布　广西（上思）、台湾；日本，菲律宾。

85. 远东螵蛸皮蠹 *Thaumaglossa rufecapillata* Redtenbacher（图 101；图版Ⅷ-4）

　　形态特征　体长 3.0~4.5mm，宽 2.5~3.5mm。宽卵圆形，表皮褐色至黑色。前胸背板着生大量黄褐色毛；鞘翅着生大量黑色毛，基部着生黄褐色毛，有两条波状的灰白色横毛带。触角 11 节，触角棒 1 节；雄虫触角末节长三角形，长于其余 10 节之和，雌虫触角末节膨大呈圆形。

　　生物学特性　此虫在我国发生情况未详。据在河南省嵩县观察，1 年 2 代，第 2 代成虫于 9 月上旬产卵于螳螂卵块内，幼虫于 10 月中旬大量孵化，取食螵蛸内的卵粒及其他填充物，以幼虫在卵块内越冬。翌年 5 月化蛹，6 月中旬羽化出越冬代成虫。

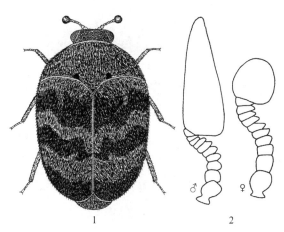

图 101　远东螵蛸皮蠹
1. 雌成虫；2. 触角
（刘永平、张生芳图）

经济意义　据作者调查，在河南嵩县一带，该虫的寄主主要有拒斧 *Hierodula patellifera* Serville、薄翅螳螂 *Mantis religiosa* Linnaeus 及大刀螂 *Paratenodera sinensis* Saussure，卵块被害率达 12.5%。螳螂为农林害虫的天敌，因此，这种皮蠹有害于农林业生产；螵蛸又广泛用作中药材，因此，该虫又属于中药材害虫。

分　布　黑龙江、辽宁、新疆、河北、山东、山西、陕西、河南、湖南、四川、江苏、广西、浙江、云南、福建、台湾；日本。

注：过去曾用其异名 *Thaumaglossa ovivora*（Matsumura & Yokoyama）。

球棒皮蠹属 Orphinus 种检索表

1　每鞘翅肩部后方有 1 橘红色斜带 ···························· 日本球棒皮蠹 *Orphinus japonicus* Arrow
　鞘翅单一黑色,无淡色花斑··· 2
2　雄虫触角棒极大,几乎与触角干（shaft of antenna）等长 ······································
　······················ 毕氏球棒皮蠹 *Orphinus beali* Herrmann,Háva & Zhang
　雄虫触角棒不如此大, 仅为触角干长的 1/2 ··
　························· 褐足球棒皮蠹 *Orphinus fulvipes*（Guérin-Méneville）

86. 日本球棒皮蠹 *Orphinus japonicus* Arrow（图 102；图版Ⅷ-5）

形态特征　体长 3~4mm。宽卵圆形，表皮黑色，每鞘翅肩部后方有 1 橘红色的斜带，上面着生黄色毛。触角 11 节，触角棒圆而扁，2 节，末节极膨大。

经济意义　该虫在仓库内极少发现,曾发现于中药材内。

分　布　北京、浙江、云南；日本,朝鲜。

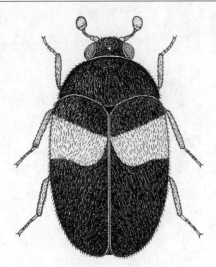

图 102　日本球棒皮蠹

（刘永平、张生芳图）

87. 毕氏球棒皮蠹 *Orphinus beali* Herrmann,Háva & Zhang（图 103；图版Ⅷ-6）

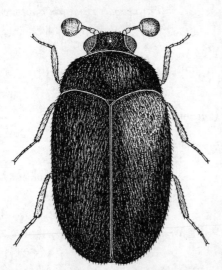

图 103　毕氏球棒皮蠹

（刘永平、张生芳图）

　　形态特征　体长 2.3 ~ 3.2mm，宽 1.5 ~ 1.8mm。长卵圆形，黑色至暗褐色，略有光泽，疏被近直立的淡褐色毛。触角 11 节，黄色，末 2 节形成明显的触角棒，其中末节大且略呈圆形；雄虫的触角棒远较雌虫的大，末节与触角干几乎等长。前胸背板有光泽，疏被倒伏的淡色毛，毛的密度向侧方增加。小盾片三角形，黑色，无明显的毛。鞘翅黑色至暗褐色，疏被倒伏的淡色细毛。

　　经济意义　为害动物性药材及昆虫标本等。

　　分布　云南、广东、广西、贵州、四川。

　　注：该种过去曾误鉴定为褐足球棒皮蠹 *Orphinus fulvipes*（Guérin-Méveville）。区别于褐足球棒皮蠹，毕氏球棒皮蠹雄虫触角棒大，几乎与触角干等长，而褐足球棒皮蠹雄虫触角棒仅为触角干长的 1/2。

88. 褐足球棒皮蠹 *Orphinus fulvipes*（Guérin-Méneville）（图 104；图版Ⅷ-7）

　　形态特征　体长 1.7~3.5mm，宽 1~1.9mm。表皮暗栗褐色至黑色，有强光泽，触角及足淡黄褐色，背面被暗褐色近直立至直立状毛；腹面被淡褐色倒伏状毛，为背面毛长的 2/3。头部刻点浅圆，约与小眼面等大，刻点间距小于至等于刻点直径，头顶疏布微小刻点；触角 10~11 节，雄虫触角棒扁圆，末节远比其前节宽，长约为其前节的 8 倍，雌虫触角棒宽卵圆形，末节长为前节的 3 倍。前胸背板整个侧缘由背方可见。鞘翅中区的刻点浅，圆至椭圆形，约与小眼面等大小，刻点间距为 3~5 个刻点直径。前胸腹板在前足基节之前扁平，约为基节宽的3/4。触角窝大而深，后缘呈刀刃状隆起，终止于侧缘 2/5 处稍前。中胸腹板有 1 完整的宽深凹槽，中区在凹槽每侧基部隆起部分呈四边形。鞘翅缘折伸达后足基节前缘。腹部第 1 腹板中区的侧线近平行，伸达腹板后缘。前足腿节窝的前腹缘远低于后缘，远不及后缘明显；中、后足腿节窝后缘远较前腹缘低，不及前腹缘明显。

　　经济意义　为害昆虫标本及毛织品。

　　分布　美国，墨西哥，西印度群岛，巴西，玻利维亚，印度尼西亚，太平洋岛屿，澳大利亚，马尔加什，德国，法国。

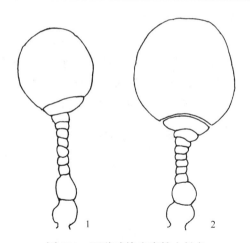

图 104　两种球棒皮蠹雄虫触角
1. 褐足球棒皮蠹；2. 毕氏球棒皮蠹
（刘永平、张生芳图）

齿胫皮蠹属 *Phradonoma* 种检索表

1　体背面表皮单一色，无白色毛或鳞片状毛 ··· **柔毛齿胫皮蠹 *Phradonoma villosulum*（Duftschmid）**
　体背面表皮两色，有白色毛或鳞片状毛 ·· 2
2　前胸背板及鞘翅上的白色毛显著扁，呈鳞片状；前胸背板每侧有白毛斑 ················
　　··· **三色齿胫皮蠹 *Phradonoma tricolor*（Arrow）**
　前胸背板及鞘翅上的白色毛比褐色毛宽，但并不扁平或呈鳞片状；鞘翅除 2~3 条红色横带之外全为黑色 ·· **斑纹齿胫皮蠹 *Phradonoma nobile* Reitter**

89. 柔毛齿胫皮蠹 *Phradonoma villosulum* (**Duftschmid**)（图 105；图版Ⅷ-8）

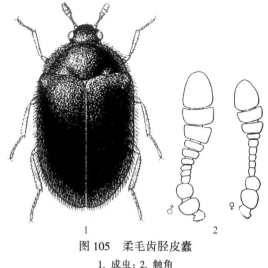

图 105　柔毛齿胫皮蠹
1. 成虫；2. 触角
（仿 Hinton）

　　形态特征　体长 2~3mm，宽 1.3~1.6mm。宽倒卵形，背面适度隆起。表皮黑色，有光泽；跗节暗褐色。背面密生暗褐色直立细毛，其长度为复眼长的一半或等长，腹面的毛较短。触角棒 3 节（♀）或 6~7 节（♂）。复眼内缘在触角基部稍凹入。前胸背板两侧显著下弯，侧缘在背面仅部分可见；前胸腹板中突无隆线。触角窝的后缘锐利，伸达前胸背板侧缘后部 1/5；触角窝狭倒卵形或两侧近平行，中部最宽，后部远比前部靠近前胸背板侧缘；触角窝底部表面及与前背折缘的连接部分有小粒突，其大小与小眼面等粗。中胸腹板中沟两侧的隆起部分近矩形。后胸腹板侧中陷线在后部显著岔向两侧，不伸越腹板前部 2/5。腹部第 1 腹板侧中陷线在后部略岔开，伸达腹板后缘。前足腿节窝前缘仅稍隆起，远比后缘低；中、后足腿节窝的前缘显著隆起，远比后缘高。

经济意义　发现于储藏的谷物内。

分布　中欧及南欧，中亚。

90. 三色齿胫皮蠹 *Phradonoma tricolor*（Arrow）（图 106；图版Ⅷ-9）

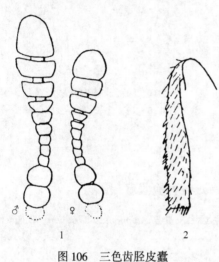

图 106　三色齿胫皮蠹
1. 触角；2. 成虫前足胫节
（仿 Hinton）

形态特征　体长 1.9～2.4mm，宽 1.2～1.6mm。倒卵形，背面显著隆起。表皮有光泽，除下列部分外为黑色：鞘翅端部 1/4～4/5 赤褐色，有时端半部红色而基部 1/3 有 1 宽阔的红色横带自侧缘近达内缘；触角及跗节（有时足的全部）淡褐色。背面密生黄褐色至暗褐色或近黑色毛，下列部分有白色鳞片状毛（毛的宽度为褐色毛的 3～4 倍）形成的毛斑：前胸背板后缘中央有白色毛斑，比小盾片宽 2～3 倍，两侧各有 1 横列白色大毛斑，自近基部伸向端部 1/3；鞘翅基部 1/3、中部、端部 1/4 各有 1 列不达内缘的白色横毛带，断裂成 2～3 个椭圆横向毛斑。触角 11 节；雌虫棒 3 节；雄虫棒不明显 6 节，第 9～11 节明显较第 6～8 节宽。复眼内缘明显圆形，不凹入。前胸背板两侧显著下弯，部分侧缘在背面不可见。

前胸腹板中突有 1 中纵隆线，与中突等长。触角窝深，宽卵圆形（♂）或近圆形（♀），向后伸达前胸背板侧缘后部 2/5，占前背折缘 2/3。中胸腹板中沟两侧的隆起部分稍呈横矩形。后胸腹板的侧中陷线向后岔开，伸达腹板后部 1/3。腹部第 1 腹板侧中陷线在后部岔开，伸达腹板后缘。前足腿节窝的前缘不明显，远比后缘低；中、后足腿节窝的前缘远比后缘高。

经济意义　发现于储藏的花生内，在榨油厂曾造成危害。

分布　欧洲，阿拉伯。

91. 斑纹齿胫皮蠹 *Phradonoma nobile* Reitter（图 107；图版Ⅷ-10）

形态特征　体长 2～3mm，卵圆形。头黑色，复眼大而突出，中单眼明显；触角黄褐色，11 节，雄虫触角棒 5 节。前胸背板表皮黑色，着生黑色毛，仅少量白色毛集中于前胸背板后缘中部；触角窝大而深，后缘隆线明显而完整。鞘翅表皮黑色，有 3 条红褐色横带；黑色表皮上着生黑色毛，红褐色表皮上着生白色及黄色毛。足红褐色，着生黄褐色毛；前、中足的胫节外缘有稀疏的齿。雄性外生殖器的阳茎桥显著弯曲呈锐角。

生物学特性　成虫于 4 月末至 8 月末常发现于花上。幼虫多生活于独居蜂的巢内，取食蜂蜜和死蜂。1 年 1 代，以老龄幼虫越冬。

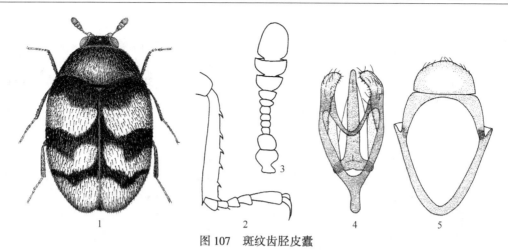

图 107　斑纹齿胫皮蠹

1. 成虫；2. 前足,示胫节外缘齿；3. 雄虫触角；4. 雄性外生殖器；5. 雄虫第 9 腹节及第 10 节背板

（刘永平、张生芳图）

　　分布　土库曼斯坦，乌兹别克斯坦，塔吉克斯坦，高加索，叙利亚，伊朗，阿富汗，塞浦路斯，巴基斯坦，葡萄牙，希腊，北非。

　　斑皮蠹属目前全世界记述有 130 多种,有经济意义的约有 20 余种。具有重要经济意义的种类多分布于美洲和欧亚大陆,在大洋洲经济意义重要的种类少,在非洲仅有谷斑皮蠹、花斑皮蠹和肾斑皮蠹。以下重点讨论美洲和欧亚大陆的种类,检索表同样可以用来检索非洲和大洋洲的有害种类。

北美的斑皮蠹属 *Trogoderma* 种检索表

1　体背面的毛色单一；雌虫的触角棒紧密,雄虫的触角节偏心,雌虫的触角节不偏心…………… ……………………………………………… 左斑皮蠹 *Trogoderma sinistrum* Fall
　　体背面的毛 2 色或 3 色 ……………………………………………………………………… 2
2　体狭长,长（前胸背板加鞘翅）大于宽（经鞘翅基部）的 2 倍；触角窝后缘脊低而不太锋利,仅存在于中部 2/3,侧方 1/3 开放；鞘翅横带上的淡色毛几乎完全为白色毛 ………………… ………………………………………………… 长斑皮蠹 *Trogoderma angustum*（Solier）
　　体较短,长不大于宽的 2 倍；触角窝后缘脊锋利,多数情况下封闭触角窝；鞘翅淡色带上的毛很少以白色毛为主 ……………………………………………………………………………… 3
3　触角窝表面除了近前胸腹板缝处光滑的小区域之外,均布粗大而相互连接的刻点,刻点为小眼面的 2~3 倍；雌虫触角棒 5~6 节 ……………………… 简斑皮蠹 *Trogoderma simplex* Jayne
　　触角窝的刻点细小,约与小眼面等大,或触角窝光亮无刻点,布细脊纹；雌虫触角棒 3~4 节 … 4
4　鞘翅表皮单一色或仅有模糊的斑纹,鞘翅上的毛斑不清晰；触角 11 节,稀 9~10 节,雄虫触角棒最多为 5 节,雌虫触角棒 3~4 节 ……………… 谷斑皮蠹 *Trogoderma granarium* Everts
　　鞘翅表皮的斑纹或鞘翅的毛斑清晰；触角 11 节,雄虫触角棒至少为 5 节,雌虫触角棒 4 节 …… 5
5　鞘翅上的淡色带仅由淡色毛显示,鞘翅表皮单一黑色或仅在肩部和端缘具模糊的褐色斑；雄虫触角棒紧密且对称,触角窝表面光亮,有模糊的斜脊纹 … 黑斑皮蠹 *Trogoderma glabrum*（Herbst）
　　鞘翅表皮 2 色,多具亚基带、亚中带和亚端带 ……………………………………………… 6

6 鞘翅的淡色斑不伸达翅基部，与鞘翅基缘的距离至少为小盾片长度的 2 倍 ················
··· **葛氏斑皮蠹** *Trogoderma grassmani* Beal
鞘翅的淡色斑伸达翅基部，或与鞘翅基缘的距离不大于小盾片长度之半 ················ 7

7 复眼内缘显著凹入 ································· **肾斑皮蠹** *Trogoderma inclusum* LeConte
复眼内缘直或稍波曲状 ··· 8

8 雄虫触角棒明显锯齿状，节间连接松散，因此中轴可见；鞘翅亚基带与亚中带间有淡色纵带相连
··· 9
雄虫触角棒非锯齿状，末几节总是紧密相接；鞘翅横带间无纵带相连 ················ 11

9 雄虫触角第 3 节小，其长和宽约为第 4 节之半，触角棒中度偏心；鞘翅淡色斑纹宽或窄，如果窄则
亚基带环不被纵带分割 ································· **胸斑皮蠹** *Trogoderma sternale* Jayne
雄虫触角第 3、第 4 节长宽近等，雄虫触角棒更显著偏心或呈栉状 ················ 10

10 鞘翅上散布少量明显的白色毛簇；亚中带短，不达翅宽之半，亚中带与亚端带间无纵带相连······
··· **墨西哥斑皮蠹** *Trogoderma anthrenoides*（Sharp）
鞘翅上无显著的白色毛簇；亚中带与亚端带间有纵带相连 ····· **饰斑皮蠹** *Trogoderma ornatum*（Say）

11 前胸背板上的淡色毛几乎全呈金黄色；雄虫触角棒 8 节，末节端部钝圆 ················
··· **花斑皮蠹** *Trogoderma variabile* Ballion
前胸背板上的淡色毛至少 1/3 为白色毛；雄虫触角棒 5~6 节，末节端部尖 ················
··· **条斑皮蠹** *Trogoderma teukton* Beal

中美和南美的斑皮蠹属 *Trogoderma* 种检索表

1 雄虫触角棒 3~5 节，雌虫 3~4 节；额的前缘中部深凹，两侧圆，最凹处额的高度小于额最大高度
的 1/2；雌虫交配囊骨片极小，长约 0.2mm；鞘翅上的花斑不清晰 ························
·· **谷斑皮蠹** *Trogoderma granarium* Everts
无上述综合特征 ··· 2

2 鞘翅表皮黑色，无淡色花斑，有时仅在鞘翅肩部和端部有小的淡色区，鞘翅上的亚基带、亚中带
和亚端带仅由淡色毛显示；雄虫触角棒 5~7 节 ············ **黑斑皮蠹** *Trogoderma glabrum*（Herbst）
鞘翅表皮的花斑不如上述 ··· 3

3 雄虫触角窝前缘近内侧有 1 向后突出的三角形小突起；鞘翅表皮在基部 1/6 有 1 黑色带，其余部
分黄褐色，基部 1/6 又有 1 暗色毛带，该毛带向后至翅中部有 1 淡色毛带，翅端半部被淡色毛杂
少量暗色毛；雄虫触角棒 8 节，末节不长于第 9、第 10 节之和
··· **玻利维亚斑皮蠹** *Trogoderma cavum* Beal
无上述综合特征 ··· 4

4 鞘翅端半部两侧各有白色毛斑 7 个，其中 6 个均分成两横列，另 1 个在翅端·····················
··· **星斑皮蠹** *Trogoderma insulare* Chevrolat
鞘翅毛斑不如上述 ··· 5

5 体较狭长，长（前胸背板加鞘翅）大于宽（经过鞘翅基部）的 2 倍；雌虫触角棒 3 节；鞘翅的淡色毛
带几乎全由白色毛组成，亚基带呈带状（不呈环形）····· **长斑皮蠹** *Trogoderma angustum*（Solier）
体较宽短，长小于宽的 2 倍；鞘翅上的淡色毛带很少以白色毛为主 ················ 6

6 前胸背板中部的刻点大于小眼面，常彼此相接，刻点间距小于刻点直径，刻点间有密网纹；触角
窝后缘线略锋利，但不显著隆起呈刀刃状；鞘翅缘折伸越腹部第 1 腹板后缘 ················
··· **杂斑皮蠹** *Trogoderma variegatum*（Solier）
前胸背板中部的刻点小于或略大于小眼面，大多数刻点间距大于刻点直径，刻点间光滑；触角窝

　　　　后缘脊锋利，隆起呈刀刃状，鞘翅缘折不超越腹部第 1 腹板中部 ················· 7

7　鞘翅亚基带与翅基缘的距离约为小盾片长的 2 倍 ········· **葛氏斑皮蠹 _Trogoderma grassmani_ Beal**
　　鞘翅亚基带与翅基缘的距离小于小盾片长的 1/2 ························· 8

8　雄虫触角第 3 节与第 4 节约等大小；鞘翅上散布少数白色毛簇；中足基间距等于或大于前足基节间距的 2 倍 ··········· **墨西哥斑皮蠹 _Trogoderma anthrenoides_（Sharp）**
　　雄虫触角第 3 节显著小于第 4 节，末节狭长；鞘翅无明显的白色毛簇；中足基节间距不大于前足基节间距的 1.5 倍 ················· **白斑皮蠹 _Trogoderma megatomoides_ Reitter**

欧亚大陆的斑皮蠹属 _Trogoderma_ 种检索表

1　体较狭长，长（前胸背板加鞘翅）为宽（经过鞘翅基部）的 2 倍以上；鞘翅的淡色毛带几乎全由白色毛组成 ················· **长斑皮蠹 _Trogoderma angustum_（Solier）**
　　体较宽短，长小于宽的 2 倍；鞘翅淡色带上的毛很少以白色毛为主 ··········· 2

2　触角 11 节，极少 9~10 节，雄虫触角棒 3~5 节；颏的前缘中部深凹，两侧圆；雌虫交配囊骨片极小，长约 0.2mm；鞘翅上的花斑多不清淅；触角窝后缘线 1/3~2/3 退化 ···········
　　··············· **谷斑皮蠹 _Trogoderma granarium_ Everts**
　　无上述综合特征 ························· 3

3　触角 11 节，雄虫触角棒 5~7 节；鞘翅上的淡色毛带清晰，显示出亚基带、亚中带和亚端带，但鞘翅表皮无花斑，或仅在肩部及翅端有模糊的红褐色斑，其余部分全为黑色 ···········
　　··············· **黑斑皮蠹 _Trogoderma glabrum_（Herbst）**
　　无上述综合特征 ························· 4

4　鞘翅淡色的横毛带之间无纵带相连 ······················· 5
　　鞘翅淡色的横毛带之间有纵带相连 ······················· 9

5　雄虫腹部第 10 节背板端缘每侧有 1 长毛束；雌虫交配囊骨片弯曲近直角 ···········
　　··············· **条斑皮蠹 _Trogoderma teukton_ Beal**
　　雄虫腹部第 10 节背板端缘每侧无长毛束，端缘的毛着生较均匀或只集中在中央 ··········· 6

6　雄虫的触角棒节连接紧密，对称，中轴不可见 ··········· 7
　　雄虫的触角棒节连接松散，偏心，中轴可见 ··········· 8

7　雄虫腹部第 9 背板内缘呈明显的波曲状，第 10 背板端缘近平直；雄虫触角末节长于其前 2 节之和，末端钝圆 ················· **花斑皮蠹 _Trogoderma variabile_ Balliom**
　　雄虫腹部第 9 背板内缘非波曲状，第 10 背板端缘强烈拱隆，整个背板呈三角形；触角棒粗，末节短 ··········· **日本斑皮蠹 _Trogoderma varium_（Matsumura & Yokoyama）**

8　雄虫触角侧突长，近栉齿状；鞘翅上的淡色毛带有亚基带环、亚中带和亚端带 ···········
　　··············· **霍氏斑皮蠹 _Trogoderma halsteadi_ Veer & Rao**
　　雄虫触角弱锯齿状，第 3 节极小；鞘翅上的白色毛在翅中部之前及端部 1/4 处形成 2 条带，或白色毛不形成明显的带 ················· **白斑皮蠹 _Trogoderma megatomoides_ Reitter**

9　雄虫腹部第 9 背板两侧角强烈突出呈角状，第 10 背板端缘凹入 ···········
　　··············· **云南斑皮蠹 _Trogoderma yunnaeunsis_ Zhang & Liu**
　　雄虫腹部第 9 背板不如上述 ························· 10

10　雄虫腹部第 10 背板端缘呈圆形拱隆，仅中央着生短毛；颏宽为长的 2.5~3 倍，前角十分圆 ·······
　　··············· **土库曼斑皮蠹 _Trogoderma bactrianum_ Zhantiev**
　　雄虫腹部第 10 背板端缘不如上述 ························· 11

11　复眼内缘显著内凹；雄虫阳茎桥直，前后缘平行 ········· **肾斑皮蠹 _Trogoderma inclusum_ LeConte**

复眼内缘直或略波曲状, 不明显凹入; 雄虫阳茎桥中部膨扩 ·····················
····························· 拟肾斑皮蠹 *Trogoderma versicolor*（Creutzer）

92. 左斑皮蠹 *Trogoderma sinistrum* Fall

形态特征　体长 2.6~3.7mm。头和前胸背板黑色, 鞘翅暗褐色, 腹面暗褐色, 触角及足褐色, 或足有时淡黄色。背面及腹面被倒伏的单一淡褐色细毛。头部刻点约为小眼面的 3 倍, 刻点在额区密接或其间距为刻点的半径, 且在唇基区和头顶刻点变稀。触角 11 节; 雄虫触角第 4~11 节偏心; 雌虫触角由第 3~7 节渐膨大, 第 8 节宽为第 7 节的 1.5 倍, 第 8~11 节形成紧密的触角棒, 触角节不偏心。雄虫触角窝深, 宽为长的 1/2 倍, 前侧壁略凹, 窝底光亮, 密布微颗瘤; 雌虫的触角窝浅, 侧半部有粗颗瘤刻点。复眼内侧不凹入。前胸背板表面光亮, 有细皱纹; 中区刻点约为小眼面的 2 倍, 刻点间距为 1~2 个刻点直径。鞘翅中区刻点约为小眼面的 2 倍, 刻点间距约为刻点直径的 2 倍; 中区的刻点间光亮, 两侧区刻点间有细皱纹。

经济意义　该虫在北美部分地区的粮仓内多见, 为次要害虫。

分布　加拿大, 美国。

93. 长斑皮蠹 *Trogoderma angustum*（Solier）（图 108; 图版Ⅷ-11）

图 108　长斑皮蠹左鞘翅
（仿 Beal）

形态特征　体长 2.2~3mm。头黑色, 前胸背板黑色至沥青色, 鞘翅淡沥青色, 有 3 条红褐色横带, 腹面黑色, 足淡褐色至暗褐色。背面的毛粗, 近直立状, 灰白色、金黄褐色及白色; 腹面的毛倒伏状, 几乎全为白色。触角 11 节, 雄虫触角伸达前胸背板基部或稍超越基部, 沥青色, 第 2、第 3 节淡褐色, 第 3 节小, 第 4~8 节稍偏心, 末节略短于第 9、第 10 节之和; 雌虫触角伸达前胸背板侧缘近中央, 触角棒 3 节。复眼内侧圆, 不凹入。前胸背板上的毛以白色毛占优势, 或中区黑色毛较多, 白色毛多着生在两侧基角处。鞘翅淡色斑上着生淡色毛, 淡色毛几乎完全由白色毛组成。雄虫触角窝宽为长的 1/2, 中度深, 伸达前胸背板基部, 触角窝后缘线低, 近锋利, 窝底刻点细密; 雌虫触角窝中度深, 宽稍大于长的 1/2。

经济意义　该虫原产于南美, 为害博物馆的标本。1921 年发现于德国, 20 世纪末传入丹麦和芬兰, 并侵入人的居室内, 转化为杂食性害虫, 为害多种纺织品。

分布　智利, 美国, 加拿大, 德国, 瑞典, 丹麦, 芬兰。

94. 简斑皮蠹 *Trogoderma simplex* Jayne（图 109; 图版Ⅷ-12）

形态特征　体长 2.2~4.4mm。头和前胸背板黑色, 鞘翅沥青黑色至黑色, 有多变的淡红色至黄褐色斑纹, 腹面黑色, 触角淡褐色至沥青色, 足淡沥青色至深沥青色。背面的毛粗, 近直立状, 由近黑色毛、金黄褐色毛和白色毛组成, 腹面被倒伏状灰色或淡黄色毛。头部被金黄褐色毛杂暗色毛, 极少情况下全部为金黄褐色毛, 或散布少量白色

毛。触角 11 节；雄虫触角第 3 节小，第
4~11 节稍偏心，第 11 节长约为第 8、
第 9 和第 10 节之和，雌虫触角棒 5~6
节。复眼内缘直，不呈波曲状也不凹
入。前胸背板光亮，被暗色、金黄褐色
及白色毛，淡色毛在两侧和基部较多，
在基部中叶上形成白色毛簇，有时整个
前胸背板都有白色毛。鞘翅斑纹在典型
的情况下具亚基带环、亚中带和亚端
带，在亚基带环与亚中带间有傍中带相
连，但不同地区的标本变异很大。雄虫
触角窝浅，其宽等于或略小于长的 1/2，
整个窝底表面密布细毛及大而浅的刻

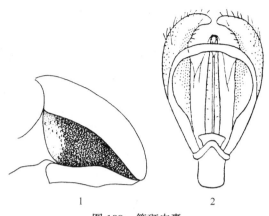

图 109　简斑皮蠹
1. 触角窝；2. 雄性外生殖器
（1. 仿 Kingsolver；2. 仿 Beal）

点，刻点为小眼面的 2~3 倍，彼此相连，有时呈颗瘤状；后缘隆线完整，呈刀刃状；雌
虫触角窝宽约为长的 1/3，后缘脊低，窝底的刻饰同雄虫。雄性外生殖器的阳基侧突较
宽，端部强烈弯曲，阳茎桥窄，强烈弓曲。

　　生物学特性　该种多生活于黄蜂及蜜蜂巢内，不生活于鸟和蜘蛛巢内。

　　经济意义　在储藏的谷物及棉籽内经常发现，也为害昆虫标本，为次要害虫。

　　分布　美国。

95. 谷斑皮蠹 *Trogoderma granarium* Everts（图 110；图版IX-1）

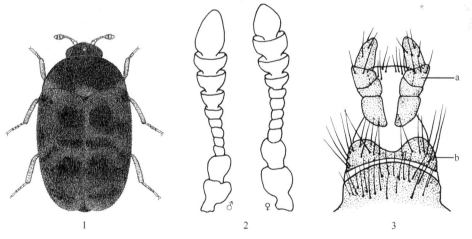

图 110　谷斑皮蠹
1. 成虫；2. 触角；3. 下唇（a. 下唇须；b. 颏）
（刘永平、张生芳图）

　　形态特征　体长 1.8~3.0mm，宽 0.9~1.7mm。头部、前胸背板表皮暗褐色至黑色，
鞘翅红褐色至暗褐色。鞘翅表皮淡色花斑及淡色毛斑均不清晰。触角 11 节，雄虫触角

棒 3~5 节，雌虫触角棒 3~4 节；雄虫触角窝后缘隆线消失全长的 1/3，雌虫消失全长的 2/3。颏的前缘具深凹，两侧钝圆，凹缘最低处颏的高度不及颏最大高度的 1/2。雌虫交配囊骨片极小，长约 0.2mm，宽 0.01mm，上面的齿稀少。

生物学特性　在东南亚，1 年发生 4~5 代或更多，从 4~10 月为繁殖为害期，11 月至翌年 3 月以幼虫在仓库缝隙内越冬。幼虫在末龄幼虫皮内化蛹。成虫羽化 2~3 日后开始交尾产卵。卵散产，在适宜条件下，每雌虫产卵 50~90 粒，平均 70 粒，也有报道个别雌虫产卵达 126 粒。卵期 6~10 天。幼虫在正常情况下有 4~6 龄，多者达 7~9 龄。在 21℃ 条件下完成 1 个发育周期需 220 天，在 30℃ 条件下需 39~45 天，在 35℃ 条件下需 26 天。成虫丧失飞翔能力。

谷斑皮蠹耐干性强，在食物含水量 2% 的情况下仍能顺利发育和繁殖，发育的湿度范围为相对湿度 1%~73%。耐冷耐热的能力也十分突出：在 10℃ 时个别成虫仍可交尾；在 -10℃ 下处理 25h，幼虫死亡率为 25%，在 -21℃ 下仍可经受 4h；一般仓虫最高发育温度为 39.5~41℃，而谷斑皮蠹为 40~45℃；一般仓虫发育最适温度为 25~30℃，而谷斑皮蠹为 33~37℃。谷斑皮蠹还有突出的耐饥力。在不适宜的温度、虫口密度太高或营养条件恶化的情况下均可导致幼虫滞育，在完全断绝食物的情况下又可导致饥饿休眠，休眠和滞育可持续 4~8 年。谷斑皮蠹还有明显的趋触性，幼虫进入 3 龄后喜欢钻入缝隙内群居。墙壁、席囤缝隙、地板缝、包装物及仓内梁柱裂隙均可成为幼虫的隐匿场所。

经济意义　该虫为国际危险性害虫，严重为害储藏的谷物及花生仁、花生饼、干果、坚果、豆类、棉籽等。

分布　台湾；越南，缅甸，斯里兰卡，印度，马来西亚，日本，朝鲜，印度尼西亚，新加坡，菲律宾，土耳其，以色列，伊拉克，叙利亚，黎巴嫩，伊朗，巴基斯坦，孟加拉国，阿富汗，哈萨克斯坦，乌兹别克斯坦，塔吉克斯坦，土库曼斯坦，塞浦路斯，索马里，塞内加尔，马里，毛里求斯，尼日利亚，尼日尔，上沃尔特，摩洛哥，阿尔及利亚，突尼斯，埃及，苏丹，肯尼亚，坦桑尼亚，津巴布韦，南非，利比亚，莫桑比克，毛里塔尼亚，安哥拉，马尔加什，乌干达，英国，德国，法国，葡萄牙，西班牙，荷兰，丹麦，芬兰，意大利，捷克，斯洛伐克，瑞典，美国，墨西哥，牙买加。

96. 黑斑皮蠹 *Trogoderma glabrum* (Herbst)（图 111；图版 IX-2）

形态特征　体长 2~4mm，宽 1.3~2.2mm。表皮黑色，鞘翅表皮无淡色花斑，仅少数个体鞘翅肩胛部及翅端稍带红褐色，鞘翅上的淡色毛形成清晰的亚基带环、亚中带及亚端带。触角 11 节，雄虫触角棒 5~7 节，末节长大于第 9、第 10 节长之和，雌虫触角棒 4 节。颏的骨化部分极不规则。雌虫交配囊骨片极小，略长于 0.2mm。

生物学特性　在自然界，该虫多生活于某些蜂类的巢中。在苏联，1 年发生 1 代，以幼虫越冬，翌年 5 月末至 6 月初化蛹。成虫出现于 6 月，无访花习性，也不需要补充营养。幼虫取食蜂巢内蜂类的食物和死蜂。在 25℃ 和相对湿度 45%~60% 的室内条件下，雌虫交尾 3~4 天后开始产卵。产卵持续 5~6 天，每雌虫产卵 60~80 粒。卵期平均 9 天，幼虫期 75~85 天，蛹期 9~10 天。幼虫蜕皮 5 次（♂）或 6 次（♀）。该虫发育的最适温度为 30℃。在江苏连云港的室内条件下，1 年发生 2 代，以幼虫越冬。第 1 代成虫出现于 5 月下旬，第 2 代成虫出现于 8 月下旬。成虫羽化 3～4 天后开始产卵，卵期 5～8 天，产卵 50～76 粒，平均 56 粒。成虫寿命 15～45 天，幼虫有 7～8 龄，幼虫期约 50 天，蛹期 8 天。

　　经济意义　为仓储谷物的重要害虫，同时也为害昆虫标本、花生饼、棉籽饼及家庭储藏品。

　　分　布　黑龙江、内蒙古、河北、山东、江苏、四川、新疆；欧洲，苏联（高加索、哈萨克斯坦、西伯利亚南部），小亚细亚，美国，墨西哥，加拿大。

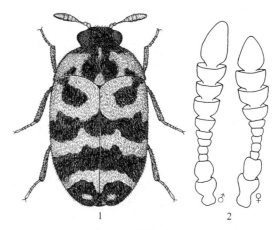

图 111　黑斑皮蠹
1. 成虫；2. 触角
（刘永平、张生芳图）

97. 葛氏斑皮蠹 *Trogoderma grassmani* **Beal**（图 112；图版Ⅸ-3）

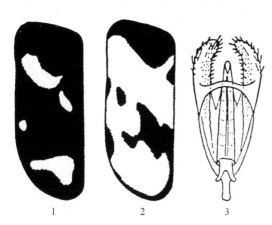

图 112　葛氏斑皮蠹
1. 具典型花斑的鞘翅；2. 花斑膨大型鞘翅；
3. 雄性外生殖器
（仿 Beal）

　　形态特征　体长 2.1～2.9mm。背腹面黑色，鞘翅上有红色斑纹，雌虫触角淡褐色，雄虫触角第 1～5 节褐色，末几节沥青黑色。背面被近黑色毛、淡黄褐色毛及白色毛，上述毛均近直立状，腹面被倒伏状淡沥青色毛。头顶被淡黄褐色毛杂少量稍黑的毛。触角 11 节；雄虫触角第 3 节小，其宽约为第 2 节或第 4 节之半，第 4～9 节显著偏心，第 10 节略偏心，第 11 节为第 9、第 10 节总长的 1⅙倍；雌虫的触角节对称，第 3～6 节大小略等，为第 2 节宽度之半，第 7 节有时较宽，第 8～11 节显著宽，为第 2 节宽的 1.5 倍，末 4 节形成触角棒。复眼内缘直，不凹入。前胸背板中区及基部主要为黑色毛，两侧及前缘着生黄褐色毛。鞘翅上的淡色毛大部集中在淡色花斑上，主要为白色毛，也散布少量的淡黄褐色毛；鞘翅上的淡色斑不伸达翅基部，与翅基缘的距离远，至少为小盾片长度的 2 倍。雄虫的触角窝几乎伸达前胸背板基部，宽约为长的 1/3，中度深，后缘脊刀刃状，窝底在中半部布细皱纹，有光泽，侧半部布细皱纹刻点。雄性外生殖器的阳基侧突较窄；阳茎桥窄，中部稍呈弧形。

　　经济意义　取食鱼粉及储藏谷物，为次要害虫。

分布　美国，墨西哥。

98. 拟肾斑皮蠹 *Trogoderma versicolor*（Creutzer）（图 113；图版Ⅸ-4）

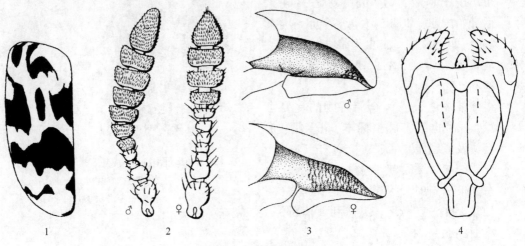

图 113　拟肾斑皮蠹

1. 鞘翅；2. 触角；3. 触角窝；4. 雄性外生殖器

（1、3. 仿 Kingsolver；2. 仿 Mroczkowski；4. 仿 Zhantiev）

　　形态特征　体长 2~5mm，平均长 3mm（♂）或 4mm（♀），宽 1.25~2.6mm。倒卵形至两侧近平行。表皮有光泽，黑色、赤褐色或栗褐色；前胸背板及鞘翅具淡色斑纹，鞘翅的亚基带环通常有伸入其内的傍中线与亚中带相连；触角及跗节淡褐色，腿节、胫节暗褐色，或触角及足全部暗褐色；有时全部淡褐色而鞘翅上的淡色斑纹极淡，前胸背板大部分色淡。背面着生暗褐色至黑色毛，前胸背板除在后缘中央有 1 圆形白色毛斑外，在淡色表皮上有淡褐色、黄褐色及白色毛；腹面着生单一黄褐色或暗黄褐色毛。颏的前缘略凹入，中部高度为最大高度的 2/3。雄虫触角第 3 节小；棒 8 节，但基部 1~2 节颇小，外观似为 6~7 节；末节长为宽的 2 倍。雌虫触角第 3、第 4 节近等长；棒 4~5 节；末节长略大于宽。复眼内缘中部不凹入。前胸背板两侧下弯，侧缘在背面全部可见。鞘翅缘折达后胸后侧片后缘。前胸腹板中突扁平，或稍隆起，或有 1 中纵隆线。触角窝底全部着生微小颗粒，暗淡无光泽。中胸腹板中沟两侧亚矩形隆起，长为宽的 1.5 倍。后胸腹板侧中陷线的后部向外斜，达腹板前部 1/3。腹部第 1 腹板无侧中陷线。中足基节的距离为前足基节距离的 2 倍。雄虫外生殖器的阳茎桥宽，中部膨扩。雌虫交配囊内的成对骨片大，有很多齿。

　　生物学特性　在温带地区 1 年 1~2 代，在发育适温 30~35℃条件下每代需要 30 天。以幼虫在仓内各种裂缝中、砖石地板下、粮食碎屑中群集越冬，6~7 月发现第 1 代成虫，10 月间发现第 2 代成虫，以其所产卵孵化的幼虫越冬。在自然界，该虫种曾发现于条蜂属 *Anthophora* 的巢内。

　　初羽化成虫静止在末龄幼虫的虫蜕中，待体色固定后再开始活动，静止时间的长短因环境而异。成虫不取食，大部分负趋光性，雌虫在产卵期终了后有数小时至 1 日转为正趋光性，雄虫则在死亡前数日转为正趋光性。具假死性，假死时间平均 1~10min。成虫开始活动后即在仓内阴暗处进行交尾，交尾后 3~7 日开始产卵，产卵期极短，产卵完毕经数日即死亡。卵单产在粮粒间或粮粒裂缝及胚部，并以一端的丝状物粘牢。据 Norris 于 1936 年报道，每雌虫产卵数与其幼虫期的食物有关，在 27℃ 条件下每雌虫平均产卵数：当幼虫饲以玉米片及酵母时为 122~129 粒；饲以燕麦粉时为 105 粒；饲以全麦粉时为 104 粒；饲以玉米时为 83 粒；饲以小麦时为 67 粒。幼虫期长短因食物的质量及温度而异，通常为 1~3 个月；共 5~8 龄，每龄 5~21 天，平均约 14 天，在 35℃ 时每龄仅 4~5 天，但温度降低或食物不适时，幼虫期可长达 3 年半，多达 32 龄，各龄日数亦因此而延长。幼虫具假死性，假死时间为数秒至 30s。喜潮湿及黑暗，常群集在粮堆底层或钻入面粉内。抗饥性极强，Wodsedalek 于 1917 年报道：初孵化幼虫能忍饥 3~4 个月，幼虫体长可因饥饿而逐渐缩短，甚至最后缩到比初孵化时还小。老熟幼虫体长 7~8mm，若饥饿 7 个月则体长仅 1mm 或近于初孵化时的体长；幼虫最长可忍饥 5 年。老熟幼虫多在接近粮食表面处化蛹。

　　经济意义　为害多种储藏的干动植物物质，包括谷物、豆类、干果、皮毛、蚕茧、昆虫标本等。

　　分布　几乎整个古北区。

99. 肾斑皮蠹 *Trogoderma inclusum* LeConte（图 114；图版Ⅸ-5）

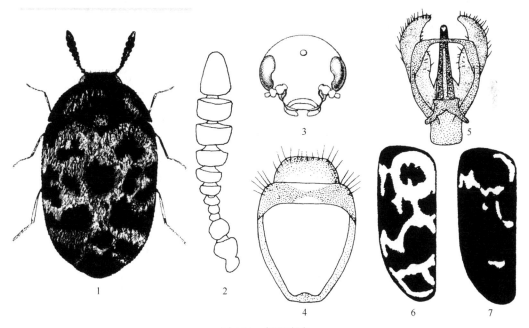

图 114　肾斑皮蠹

1. 成虫；2. 雄虫触角；3. 头部；4. 雄虫第 9 腹节及第 10 节背板；5. 雄性外生殖器；6. 鞘翅花斑正常型；

7. 鞘翅花斑退化型

（1、2、4. 刘永平、张生芳图；3. 仿 Bousquet；5~7. 仿 Beal）

形态特征 该种外形与拟肾斑皮蠹十分相似，主要区别在于肾斑皮蠹复眼内缘中部明显凹缘，雄虫外生殖器的阳茎桥中部不膨扩。

生物学特性 略同拟肾斑皮蠹。

经济意义 严重为害富含蛋白质的干物质，如奶粉等，也常见于储粮及坚果内。

分布 美国，欧洲，俄罗斯，英国，印度，埃及。

100. 胸斑皮蠹 *Trogoderma sternale* Jayne（图115，图116；图版IX-6）

形态特征 体长1.9~3.4mm。背面及腹面黑色至褐色，鞘翅具红色至淡褐色斑纹，触角及足淡褐色至沥青色。背面着生黑色、金黄褐色及白色近直立状粗毛；腹面的毛较细，灰色至金黄褐色。头部毛色多变，多着生淡色毛。触角11节；雄虫触角第3节小，其宽为第2节或第4节之半，第4~10节偏心，第11节长为第9、第10节之和的 $1\frac{1}{8}$ 倍；雌虫触角棒4节，第7节稍膨大或不膨大，触角节连接紧密或较松散，对称。复眼内侧缘直或稍波曲状，不凹入。前胸背板的淡色毛多着生在两侧基部和中叶上，并横越中区形成两条淡色横带。鞘翅的花斑变异甚大，亚基带环至少显示后半部及基部中央1/4，且不被傍中带分割，如果亚基带环被傍中带分割，则傍中带在亚基带环与亚中带之间很宽；淡色毛多着生在表皮的淡色斑纹区域。雄虫触角窝长约为宽的3倍，延伸达前胸背板侧缘的全长，中度深，后缘脊隆起呈刀刃状，窝底布细脊纹，脊纹在前半部多少呈纵向，后半部呈横向或呈条纹颗粒状；雌虫触角窝宽约为长的1/4，中度浅，后缘脊低但明显，窝底在中半部条纹状，侧半部刻点条纹状。雄性外生殖器的阳基侧突窄，近平行，阳茎桥较宽。

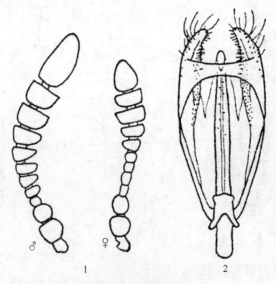

图115 胸斑皮蠹

1. 触角；2. 雄性外生殖器

（1. 仿Hinton；2. 仿Beal）

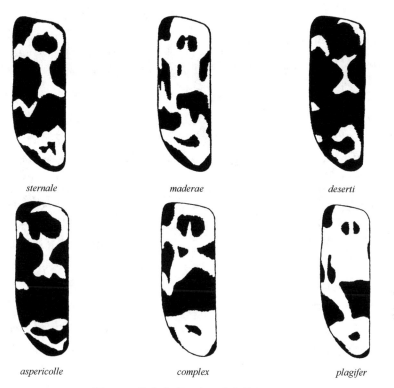

sternale　　　　　maderae　　　　　deserti

aspericolle　　　　complex　　　　plagifer

图 116　胸斑皮蠹几个亚种的鞘翅花斑

（仿 Beal）

该种有以下几个亚种：

T. sternale aspericolle Casey，1900

T. sternale complex Casey，1900

T. sternale deserti Beal，1954

T. sternale maderae Beal，1954

T. sternale plagifer Casey，1916

T. sternale sternale Jayne，1882

以上几个亚种主要靠鞘翅上的花斑加以区分。

经济意义　各亚种均为害谷物、种子及干燥的富含蛋白质的物品，有比较重要的经济意义。

分布　美国。

101. 墨西哥斑皮蠹 *Trogoderma anthrenoides*（Sharp）（图 117；图版Ⅸ-7）

形态特征　体长 1.9~3mm。背面及腹面黑色，前胸背板及鞘翅有红褐色斑纹，触角及足淡褐色至暗褐色。背面被近直立状粗毛，由黑色、金黄褐色及淡色毛组成，腹面被中等粗细的近倒伏状毛。触角 11 节；雄虫触角伸达前胸基部 1/5 处，密生直立的细短毛，第 3~10 节向一侧突出，第 3、第 4 节近等宽，触角棒偏心；雌虫触角伸达前胸基

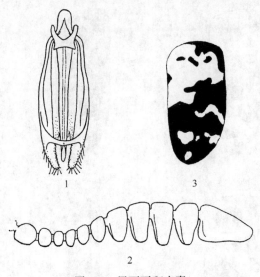

图 117　墨西哥斑皮蠹
1. 雄性外生殖器；2. 雄虫触角；3. 鞘翅
（1、2. 仿 Beal；3. 仿 Hinton）

部约 1/3 处，触角棒 4 节，第 7 节略膨扩，第 3~6 节略等宽。鞘翅上的淡色斑纹形成亚基带环、亚中带、亚端带和 1 条纵带；亚基带环向鞘翅侧缘延伸形成亚肩带；亚中带短，不超过翅中缝至翅侧缘距离之半；亚端带多呈斑点状；纵带由亚中带向前伸达亚基带环中部，有时完全分割亚基带环，亚中带与亚端带间无纵带相连。鞘翅表皮的淡色斑纹上着生淡色毛，在亚中带及亚端带侧方散布少数白色毛簇。雄虫的触角窝深，长为宽的 3 倍，占据前胸背板侧缘的全长；触角窝后缘线隆起呈刀刃状；窝底具细条纹，与触角窝的前侧壁多少垂直。雌虫触角窝的前部深，后 2/3 十分浅，触角窝后缘线呈脊状隆起，隆脊较低，延伸至前胸背板基角；由前胸腹板前侧角发出 1 条短脊伸达触角窝中部，该脊与触角窝后缘线形成 20°~30°夹角；窝底在短脊的前半部有细条纹，在后半部有相互连接的刻点。后胸腹板中区无斜陷线，腹部第 1 腹板中区具侧陷线，侧陷线由基节窝发出，通常伸达该腹板长之半。雄虫第 1 围阳茎背板（腹部第 8 节背板）端部呈均匀圆形，边缘着生 1 排刚毛，背板中部区域不骨化；阳基侧突狭窄，近平行，阳茎桥较横向，较狭窄。

生物学特性　在自然界，该虫生活于墙壁泥蜂属 *Sceliphron* 的巢内，可能取食蜂巢内的腐败物质。同时也发现于决明、罗望子荚内及偏花槐 *Sophora secundiflora* 种子内，可能取食豆象侵害种子后的残留物，也可能既取食种子，又取食昆虫。

经济意义　为害储藏谷物及草本植物和昆虫标本，有一定的经济重要性。

分布　墨西哥，美国，巴拿马，哥伦比亚，西印度群岛，马里亚纳群岛，夏威夷群岛，日本。

102. 饰斑皮蠹 *Trogoderma ornatum* (Say)（图 118；图版Ⅸ-8）

形态特征　体长 1.6~4mm，宽 0.8~2mm。体两侧近平行，背面隆起。表皮有光泽，除下列部分外为黑色：前胸背板两侧大部分、近端部的完整横带、基部 1/3 的中断横带往往呈赤褐色；鞘翅的亚基带、亚中带和亚端带红色（亚基带与亚中带间有纵带相连，亚中带与亚端带之间同样也有纵带相连）；触角及足（基节、有时腿节大部分除外）暗赤褐色。背面着生深暗褐色、黑色、金黄褐色和粗而短的白色毛；头部杂生白色及金黄褐色毛，有时白色毛在两侧及单眼后方形成稀疏毛斑；前胸背板着生暗色毛，而后缘中央、后缘两侧及端部横带有不显著的白色及金黄褐色毛斑；鞘翅表皮的红色部分着生白色及金黄褐色毛斑，黑色部分着生暗褐色或黑色毛。腹面着生栗褐色或暗黄褐色毛。雄虫触角第 3 节与第 4 节等宽，第 3~10 节向侧方突出，呈栉状；雌虫触角棒 4 节。复眼内

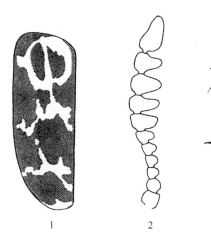
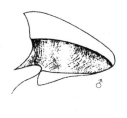
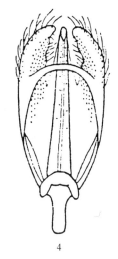

图 118　饰斑皮蠹
1. 鞘翅；2. 雄虫触角；3. 触角窝；4. 雄性外生殖器
（1~3. 仿 Kingsolver；4. 仿 Beal）

缘直形或近直形。雄虫前胸背板两侧显著下弯，近侧缘显著膨大，由背面可见；雌虫前胸背板近侧缘不膨大，背面可见部分侧缘。鞘翅缘折达后胸后侧片后缘后方。前胸腹板中突近端部中央有 1 瘤突，中突稍凹陷或有 1 不显著的中纵隆线。雄虫触角窝深而宽，达前胸背板基角；触角窝的后缘呈隆线状，在前胸背板基角附近与前胸背板侧缘相连，腹面观，触角窝后缘与前胸背板侧缘约等高或略低；触角窝底部表面全部呈细密隆线状，有时（尤其在前部）密生微小刻点。雌虫触角窝极浅；触角窝后缘（尤其在前部）略隆起，其后部 1/3~2/5 略向外弯；触角窝底部的后部 2/3 表面密生粗刻点，前部 1/3 突然深凹，表面光滑或有不明显隆线。中胸腹板中沟两侧的隆起部分近四边形。后胸腹板无侧中陷线；前部中央极宽，弱圆形，略突出于中足基节间。腹部第 1 腹板的侧中陷线极短、不明显或全缺。中足基节的距离为前足基节距离的 2.5 倍。

　　生物学特性　生活于蜘蛛巢内，取食蜘蛛卵。

　　经济意义　该虫实际上没有什么经济意义。Beal 认为，过去将该虫作为有经济重要性害虫的报道，完全是由于错误鉴定的结果，即将墨西哥斑皮蠹误当作饰斑皮蠹，认为二者是同一个种的两个型（Hinton，1945），于是将墨西哥斑皮蠹的危害特性转嫁到饰斑皮蠹这一种上。

　　分布　美国。

103. 花斑皮蠹 *Trogoderma variabile* Ballion（图 119；图版Ⅸ-9）

　　形态特征　体长 2.2~4.4mm，宽 1.1~2.3mm。头及前胸背板表皮黑色，鞘翅表皮褐色至暗褐色并有淡色花斑。鞘翅上的淡色毛着生于淡色斑上，形成清晰的亚基带环、亚中带及亚端带，但有时翅上的花斑变异很大。触角 11 节，雄虫触角棒 7~8 节，末节长于第 9、第 10 节之和，雌虫触角棒 4 节。额略呈长方形，前缘直或稍凹入。雄虫第 9

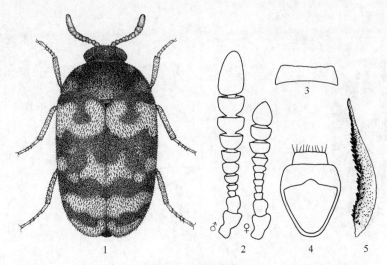

图 119　花斑皮蠹

1. 成虫；2. 触角；3. 颊；4. 雄虫第 9 腹节及第 10 节背板；5. 雌虫交配囊骨片

（刘永平、张生芳图）

腹节背板内缘呈波状，阳茎桥极狭窄；雌虫交配囊内的骨片大，长约 0.5mm，一侧着生多数小齿。

生物学特性　在自然界，花斑皮蠹多生活于某些蜂类的巢内，取食死蜂。在仓房和居室内也十分普遍，取食谷物及多种储藏物。1 年发生 1~2 代，以幼虫越冬。在最适温度 30℃ 条件下，产卵前期 1~2 天，产卵持续 2~6 天，卵期 5~6 天，幼虫期约 20 天，蛹期 3~4 天，完成 1 个发育周期约 1 个月。雌虫产卵 100~120 粒，散产于粮粒之间，幼虫常群集取食、化蛹。

一般认为，该虫发育的温度范围为 17.5~37.5℃，最适发育温度为 30℃，最适的相对湿度为 70%，成虫寿命 8~58 天。

经济意义　幼虫严重为害多种仓储谷物及其制品、蚕丝、中药材及其他动物性收藏品，在斑皮蠹属害虫中，其危害性仅次于谷斑皮蠹。

分布　黑龙江、辽宁、内蒙古、河北、河南、山西、陕西、湖南、四川、贵州、浙江、广东；几乎世界性。广泛分布于北美、欧洲、亚洲和大洋洲，在中美和南美及非洲也有局部分布。

104. 条斑皮蠹 *Trogoderma teukton* Beal（图 120；图版 IX-10）

形态特征　体长 1.8~3.2mm，宽 1.1~1.9mm。头及前胸背板表皮黑色，鞘翅暗褐色至沥青色，鞘翅表皮具红褐色斑纹，形成亚基带环、亚中带和亚端带，在上述淡色带上着生淡色毛，其余部位着生暗褐色毛。触角 11 节，雄虫触角由第 5 节至第 10 节逐渐加宽，末节窄于第 10 节且稍长于第 9、第 10 节之和，雌虫触角棒 4 节。雄虫第 10 腹节背板两后缘角各有 1 束长刚毛。雌虫交配囊骨片大，自然状态下弯曲近直角。

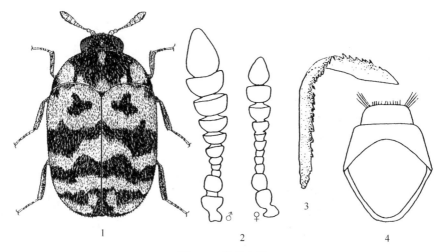

图 120　条斑皮蠹

1. 成虫；2. 触角；3. 雌虫交配囊骨片；4. 雄虫第 9 腹节及第 10 节背板

（刘永平、张生芳图）

生物学特性　在自然界，该虫多生活于蜂巢内，也经常寄生在螳螂的卵块内，取食干燥的节肢动物尸体。成虫有时在花上取食花蜜。在我国北方 1 年 1 代，以幼虫越冬。在不利的条件下，幼虫可以蜕皮 8~15 次而不化蛹。成虫于 6~7 月出现，飞翔力强，在晴朗的天气往往与花斑皮蠹等一起访花采蜜。成虫羽化后总是在末龄幼虫皮内静伏数日方开始活动。作者在室温 25~27℃条件下观察，预蛹期 2~3 天，蛹期 6~8 天。

经济意义　幼虫严重为害储藏的谷物，也为害蚕丝、蚕茧、豆饼、棉籽饼、动物标本、中药材及家庭储藏品。

分布　黑龙江、吉林、内蒙古、河北、山东；哈萨克斯坦，中亚，朝鲜，日本，美国。

105. 玻利维亚斑皮蠹 *Trogoderma cavum* Beal（图 121）

形态特征　雄虫长 2.86mm，宽 1.49mm。头及前胸背板表皮黑色；鞘翅表皮黄褐色，仅基部 1/6 有黑色带；腹面的表皮色，胸部黑色，腹部黑褐色；触角黄褐色。背面被近直立的淡黄色及暗黄褐色粗毛，腹面被中度粗的近倒伏状淡黄色毛。头部的毛全部呈淡黄色。触角 11 节，伸达前胸背板侧缘基部 1/6 处；触角棒 8 节，末节不长于第 9、第 10 节之和。复眼内缘中部不凹入，稍呈波曲状。小盾片小，其长约等于触角第 2 和第 3 节之和。鞘翅基部 1/6 有 1 暗色毛带，由此向后至翅中部有 1 淡色毛带，在翅端半部着生淡色毛及少量暗色毛。触角窝占据整个前背折缘，在前缘基半部有 1 向后突出的三角形结构；触角窝深，窝底有小刻点状纵皱，后缘脊刀刃状。后胸腹板中区无侧线。中足基节间距为前足基节间距的 1.5 倍。该种仅发现雄虫。

经济意义　为害储藏的大米。

分布　玻利维亚。

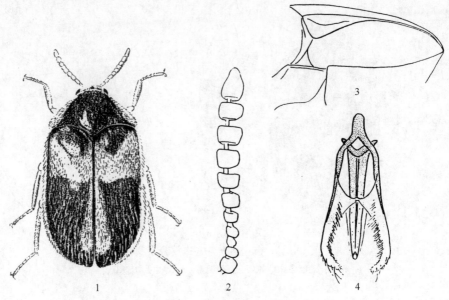

图 121　玻利维亚斑皮蠹

1. 成虫；2. 雄虫触角；3. 触角窝的构造；4. 雄性外生殖器

（仿 Beal）

106. 星斑皮蠹 *Trogoderma insulare* Chevrolat

　　形态特征　体长 5mm，宽 2.5mm。倒卵形，背面隆起。表皮除下列部分外黑色：头部红色，头顶有 1 黑色斑；前胸背板红色，有黑色斑纹；鞘翅基半部大部分红色，端半部黑色；触角、胫节、跗节红色，腿节褐色。背面密布暗褐色、淡褐色及白色毛；前胸背板两侧有白色毛斑，近基部及近端部各有 1 暗色横毛带；鞘翅基部有少量白色毛斑，端半部两侧各有白色毛斑 7 个，其中 6 个均分成 2 横列，其余 1 个横列在近端部。腹面着生暗灰色毛。

　　经济意义　为害储粮及多种动植物性干物质。

　　分布　古巴，波多黎各，巴拿马，西印度群岛。

107. 杂斑皮蠹 *Trogoderma variegatum*（Solier）（图 122；图版Ⅸ-11）

　　形态特征　体长 2.5~3.2mm，宽 1.2~1.7mm。倒卵形至两侧近平行，背面显著隆起。表皮有光泽，除下列部分外全部黑色：鞘翅的亚基带和亚端带呈红色（亚基带外侧宽，内侧狭窄，亚端带完整或近完整，波状且狭窄）；鞘翅端部 1/7~1/6 有时全部赤褐色；触角暗褐色；足暗赤褐色。背面着生黑色或深暗褐色毛；头部及前胸背板有许多白色毛；鞘翅沿亚基带和亚端带边缘杂生多量白色毛及少量金黄褐色毛，并形成明显毛带。腹面着生灰色或黄褐色毛。头部刻点浅圆，刻点间距小于刻点直径的 1/2，刻点间的表面有细网纹。雄虫触角第 3 节小，触角棒 8 节；雌虫触角第 3~5 节近等长，棒 5 节。复眼内缘圆形，不凹入。前胸背板两侧中度下弯，由背面全部可见；中区的刻点粗深。鞘翅缘折略伸越腹部第 1 腹板后缘。前胸腹板中突由基部至端部有 1 隆线。触角窝浅，

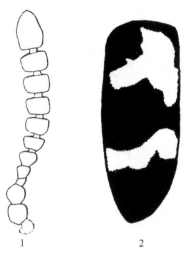

图 122　杂斑皮蠹
1. 雄虫触角；2. 鞘翅
（仿 Hinton）

其底部有粗皱状刻点，有时近粒突状。中胸腹板中沟两侧隆起部分的长约为宽的 3 倍。后胸腹板及腹部第 1 腹板无侧中陷线。中足基节间的距离仅为前足基节间距离的 1 ½ ~ 1 ⅔倍。

经济意义　为害昆虫标本。

分布　智利。

108. 白斑皮蠹 *Trogoderma megatomoides* Reitter（图 123；图版Ⅸ-12）

形态特征　体长 2.5 ~ 5mm，宽 1.4 ~ 2.8mm。倒卵圆形至两侧近平行，背面中度隆起。表皮黑色，有光泽，雄虫触角第 2、第 3 节及跗节暗褐色，雌虫触角第 3 ~ 7 节淡红褐色，少数情况下表皮全呈暗褐色。背面密被暗褐色或金黄褐色近直立状毛，另外还有 2 种较短的倒伏状毛：一种毛细，近黑色或暗金黄褐色；另一种毛为白色，比其他毛粗 3 倍，在头部无分布，在前胸背板两侧基部 3/4 形成白色大毛斑，在鞘翅上形成 2 条横带（在翅中央之前的横带宽，在翅端部 1/4 处的另一条带明显狭窄）。鞘翅上白色毛带的形状变异甚大，某些个体的前带宽，在近鞘翅缝处一分为二；某些个体鞘翅上仅有少量白色毛，不形成明显的带；还有的个体，除有明显的 2 条带之外，在翅端

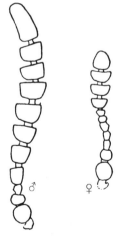

图 123　白斑皮蠹触角
（仿 Hinton）

部还有 1 大型白毛斑。腹面被倒伏状灰色至暗黄褐色毛。雄虫触角棒 8 节，第 3 触角

节小，第 4 节长显著大于宽；雌虫触角第 3~5 节略相等，触角棒 4 节。复眼内缘圆，不凹入。前胸背板两侧由背方可见；中区的刻点圆形或椭圆形，等于或略大于小眼面，刻点间距为刻点直径的 1~1.5 倍，两侧的刻点稍大而密，通常相互连接，刻点之间的表皮光滑。触角窝宽深，伸达前背折缘近基部；后缘线刀刃状；窝底密布皱纹刻点或近隆线状。后胸腹板与腹部第 1 腹板无侧中陷线。中足基节窝间距小于前足基节窝间距的 1.5 倍。

生物学特性　雌虫产卵约 30 粒，卵产于寄主的缝隙内。温度 25℃ 时，卵期 7~9 天；幼虫 1 龄 7 天，2 龄 12 天，3 龄 15~18 天，4 龄 21~28 天，5 龄及以后各龄平均 30~45 天；幼虫期 8 个月以上。1 年发生 1 代。

经济意义　为害昆虫标本。

分布　德国，匈牙利，捷克，斯洛伐克，奥地利，荷兰，瑞典，法国，英国，墨西哥，中美洲。

109. 日本斑皮蠹 *Trogoderma varium* (Matsumura & Yokoyama)
（图 124；图版 X-1）

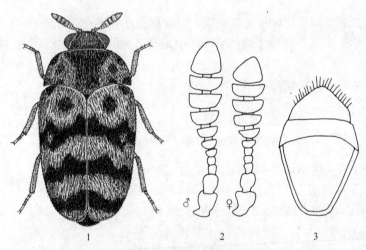

图 124　日本斑皮蠹
1. 成虫；2. 触角；3. 雄虫第 9 腹节及第 10 节背板
（刘永平、张生芳图）

形态特征　体长 2.0~3.5mm，宽 1.1~1.9mm。头及前胸背板表皮黑色，鞘翅暗褐色并有淡色花斑，鞘翅上的淡色毛形成较清晰的毛带，有时亚中带及亚端带较退化。触角 11 节，触角棒粗，雄虫触角棒 6 节，末节长为其宽的 1.2 倍，雌虫触角棒 5 节。雄虫第 10 腹节背板端缘强烈隆起，使整个背片呈三角形；雌虫交配囊骨片较小，长约 0.3mm。

又据 Hinton（1945）记述：体长 3~4mm，宽 1.5~1.9mm。两侧近平行。表皮有光泽，除以下部分外为黑色：前胸背板后缘及近后缘的斑红色；鞘翅的 3 条红色横带；鞘翅端缘及翅缝处红色；小盾片红色；腹部各腹板后缘有时红黄色；触角及足红色。背面被淡褐色毛；前胸背板两侧和基部有白毛斑；鞘翅表皮的红色区域着生白毛斑。腹面被倒伏状灰色细毛。头密布刻点。触角第3、第4节大小近等,雄虫触角棒明显5节,雌虫4节。复眼内缘在中部之前稍呈波曲状,不明显凹缘。前胸背板和鞘翅布大量小刻点。

该种鞘翅表皮的红色斑纹变化颇大。一般情况下亚基带宽,卷曲成环,包围着1个圆形或卵圆形黑斑;亚中带位于翅中部稍前,较窄,呈锯齿状;亚端带位于翅端部1/3,比亚中带宽,也呈波状。但鞘翅上的3条横带有时较窄,有时又十分宽,占据鞘翅的大部分。前胸背板有时全部黑色,或在基部有几个红色斑,或在中区近基部每侧各有1红色卵圆形大斑,雄虫的变化较雌虫更大。

生物学特性　1年发生1~3代。成虫羽化后即行交尾,交尾后1~2天开始产卵。产卵持续4~20天,每雌虫产卵34~115粒,平均62.2粒。卵期5~16天,平均9.6天。幼虫5~6个龄,多达14龄。幼虫期27~72天,平均47天。蛹期多为5~6天。

经济意义　为害蚕丝、蚕茧、中药材及昆虫标本。

分布　山东、湖南、浙江、贵州;日本,东南亚。

注:该种国内文献中曾定名为粗角斑皮蠹 *Trogoderma laticorne* Chao & Lee,现作为异名。

110. 霍氏斑皮蠹 *Trogoderma halsteadi* Veer & Rao (图125)

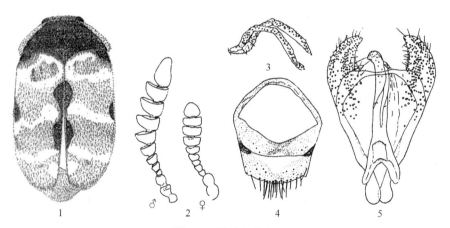

图125　霍氏斑皮蠹
1. 雄虫; 2. 触角; 3. 雌虫交配囊成对骨片; 4. 雄虫第9腹节及第10节背板; 5. 雄性外生殖器
(仿 Veer)

形态特征　体长3~4.25mm。体长卵圆形。头和前胸背板的表皮黑色;鞘翅具斑纹,红褐色至淡褐色;腹面黑色;触角及足黄褐色,仅足的基节暗褐色至黑色。背面被近直立的黑色(或黑褐色)、金黄褐色及白色粗毛;腹面的毛多为白色,较细且呈倒伏状,腹部第5腹板被白色和金黄色毛,第3、第4腹板后缘也着生少量金黄色毛。头的表皮布刻点,刻点具毛,刻点间光亮;刻点圆形至不规则形,浅而紧密相接,为小眼面直径的1.5~2倍。触角11节,雄虫触角可伸达前胸背板侧缘基部;触角棒8节,栉齿状;第3节小,其宽约为长的1.5倍;第7节至末节偏心,末节长几乎等于第

9、第10节之和。雌虫触角棒5~6节，对称，非栉齿状；末节稍短于第9、第10节的总长。复眼内缘明显凹入。前胸背板近半圆形；雄虫的前胸背板侧缘平展，雌虫的不平展；中区中央的毛黑色，两侧的毛白色，前方的毛金黄褐色，后方的毛黑色，但在后方中央有1白毛斑。触角窝深，后缘呈刀刃状隆起，伸达触角窝全长；窝底光滑，有光泽，布脊状纹，在中部脊纹呈横向，在后部脊纹呈斜向。鞘翅上的淡色毛形成亚基带环、亚中带、亚端带及近翅端的毛斑，主要由白色毛及少量金黄褐色毛组成；雄虫鞘翅表皮大部分为淡色，暗色区只存在于两侧及前缘；雌虫鞘翅的毛斑与雄虫相似，表皮的花斑比雄虫的更复杂，外形更暗，且亚基带和亚中带合成1宽带。鞘翅缘折伸达后胸后侧片后缘。后胸腹板及腹部第1腹板中区无侧陷线。中足基节间距为前足基节间距的2.5倍以上。后足第1跗节长为第2跗节的1.5~1.6倍，第2、第3跗节近等长。雄虫腹部第8背板仅中后部不骨化；阳基侧突宽，端部1/3内弯。雌虫交配囊骨片长而弯曲。

经济意义　为害家蚕茧。

分布　印度。

111. 云南斑皮蠹 *Trogoderma yunnaeunsis* Zhang & Liu（图126；图版Ⅹ-2）

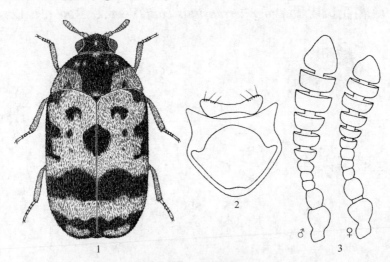

图126　云南斑皮蠹

1. 成虫；2. 雄虫第9腹节及第10节背板；3. 触角

（刘永平、张生芳图）

形态特征　体长2.6~4.0mm，宽1.3~2.2mm。鞘翅表皮及淡色毛带都显示出较清晰的亚基带环、亚中带和亚端带，亚基带环与亚中带间尚有傍中线及侧线两条纵带相连。触角11节，雄虫触角第3、第4节小，两节大小几乎相等，第5~10节逐渐增粗，末节长稍大于其宽，约为第9、第10节长的总和。雄虫第9腹节背板两后缘角强烈突出呈角状，第10背板端缘显著凹入。

经济意义　为害储藏的玉米、花生等。

分布　云南(标本采自德钦)。

112. 土库曼斑皮蠹 *Trogoderma bactrianum* Zhantiev（图127；图版Ⅹ-3）

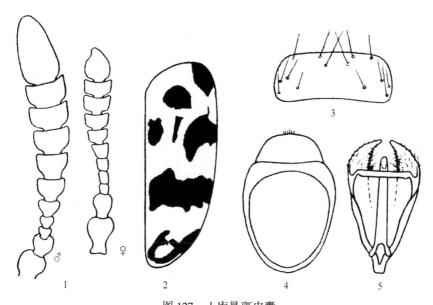

图127　土库曼斑皮蠹

1. 触角；2. 鞘翅；3. 颏；4. 雄虫第9腹节及第10节背板；5. 雄性外生殖器

（仿 Zhantiev）

形态特征　体长2.8~5.2mm。卵圆形，背面隆起。黑色或褐色，触角及足淡黄褐色，鞘翅上有红色斑和带。背面被黑色（或暗褐色）、黄色及白色倒伏状毛，腹面被白色倒伏状毛。头被黄色毛；复眼内缘不凹入；触角11节，雄虫触角棒7节，除了末节之外，各棒节均横宽，末节长为该节宽的2倍，为第10节长的3倍；雌虫触角有不明显的6节棒，第6~10节横宽，末节长为宽的1.4倍，为第10节长的2倍；颏宽为长的2.5~3倍，前缘近平直，前侧角十分圆。前胸背板有光泽，疏布刻点（刻点间距为刻点直径的数倍）；被黄色及白色毛，黄色毛在中区占优势，白色毛在后角处和基部中央居多。鞘翅有3条红色横带，翅端部有1红色斑；亚基带卷曲呈环状，与亚中带间有2条纵带相连；表皮的暗色部位着生黑色或暗褐色毛，淡色部位着生白色及黄色毛；鞘翅长约为两翅合宽的1.2倍，为前胸背板长的2.5倍。腹部第10节背板上的毛短，仅集中于后缘中部。雄性外生殖器的阳茎桥狭窄，阳茎桥前后缘骨化程度一致。

生物学特性　成虫于4月初至5月中旬发现于花上。幼虫在蜂巢内发育，取食寄主蜂类的食物及蜂的尸体。1年1代，以幼虫越冬。在室内20~22℃条件下卵期11~12天。雌虫产卵前不需要补充营养。

经济意义　为害蚕茧、动物标本及家庭储藏品。

分布　土库曼斯坦。

（五）蚁形甲科 Anthicidae

小型甲虫，体长 2~5mm。外形似蚁，身体细长，褐色或黑色，有的种类具暗色或淡色花斑。头大，基部缢缩呈颈状；复眼圆形或卵圆形；触角 11 节，丝状，着生于额的两侧，复眼之前。前胸窄于鞘翅基部，部分种类前胸延伸形成角状突。鞘翅遮盖腹末，或有时腹末 1~2 节背板外露。腹部可见腹板 5 节。前足基节圆锥形突出，基节窝后方多开放；跗节式 5-5-4，端前节通常呈双叶状。这类昆虫主要为腐食性，取食腐殖质、霉菌和死昆虫，偶尔也捕食小的节肢动物。

成虫和幼虫多生活于腐殖质中，野外发现于石块下、砂质土壤中、树木的花和叶子上、近小溪和湖泊处枯枝落叶层内。少数种类生活于储藏物内，主要在粮食下脚料内，不直接为害储藏物。

该科昆虫全世界记述约 2000 种，分隶于 40 余属（Hinton, 1945），广布于全世界。国内较常见的种为谷蚁形甲及三点独角甲。

113. 三点独角甲 *Notoxus monoceros* **Linnaeus**（图 128;图版 X -4）

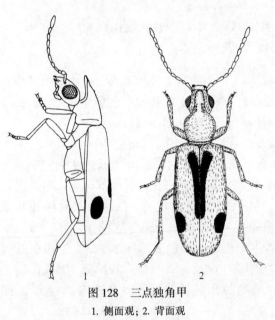

图 128　三点独角甲
1. 侧面观；2. 背面观
（刘永平、张生芳图）

形态特征　体长 4.0~5.3mm。头、前胸背板及身体腹面红黄色，鞘翅淡黄色并缀暗色斑。触角丝状。末 3 节不显著长于其他节。前胸背板明显窄于鞘翅基部，向前方延伸成 1 角状突。鞘翅遮盖腹末；暗色斑纹多变：在典型的情况下，每鞘翅在近小盾片处和肩胛后各有 1 黑斑，在鞘翅端部 1/3 处又有 1 横带，该横带内端沿翅缝向基部方向伸展，有时与近小盾片处的黑斑融为一体；还有的个体，肩胛后的暗斑缩小或消失，翅端部的横带有时中断，分裂成 1 个圆斑和 1 条沿翅缝的纵带；另有的个体仅保留上述纵带，其余的暗色斑全部消失。

分布　黑龙江、内蒙古、新疆；日本，欧洲。

114. 谷蚁形甲 *Anthicus floralis*（**Linnaeus**）（图 129;图版 X -5）

形态特征　体长 2.8~3.5mm。淡褐色至深褐色，或近黑色。头部宽，心脏形，后缘几乎直；刻点之间有细纹刻饰。前胸背板前宽后窄，最宽处位于端部 1/5 处，长略大于宽，近前缘处有 1 对瘤状突。鞘翅宽于前胸，其长为前胸背板的 3 倍；无行纹，仅在每一

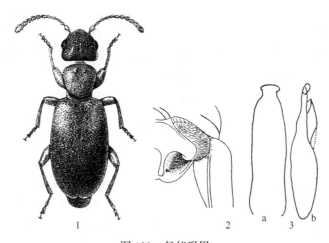

图 129　谷蚁形甲

1. 成虫；2. 中胸腹面观，示中胸腹板向侧方显著扩展；3. 雄性外生殖器背面观（a）与侧面观（b）

（1. 仿 Feller；2. 仿 Bousquet；3. 仿 Hatch）

鞘翅端有 1 条与翅缝平行的陷线。中胸腹板两侧向外方明显扩展，侧缘外突且着生缘毛。

　　生物学特性　发现于谷仓、货栈、温床、堆肥及草堆等处，并在小麦、薯类、可可、栗子、中药材等储藏物内栖息。主要取食腐烂的植物性物质，有时也取食真菌孢子和菌丝，在虫体的消化道内也曾发现螨类和小昆虫。老熟幼虫用土及腐败的植物性材料做茧，在茧内化蛹。

　　分布　广东、广西、云南、福建、湖南、陕西、河南、内蒙古；世界性分布。

（六）步甲科 Carabidae

　　步甲科是鞘翅目肉食亚目 Adephage 中陆生类群中最大的一科。它的主要特征是：成虫 3 对胸足，跗节全为 5 节，后足基节扁化，不能活动，向后伸过第 1 腹节的后缘，它的唇基宽度较额窄，幼虫一般为蛃型。成虫、幼虫爬行迅速。步甲科的种类繁多，形态各异，主要依靠以下特征进行分类：体形、色泽及毛被；头部的宽窄及口器的构造，眼内眉毛的数目，额沟的长短，触角的形状及长度等；前胸背板的形状，刻点的分布，沟纹的深浅，边毛的数目等；小盾片的形状及位置；鞘翅的形状，条沟的数目，行距的隆起程度及毛穴的有无等；腹面前、中胸基节窝开放或关闭、足的形状结构等也是分类的重要依据。

　　绝大部分步甲为捕食性，对象是小昆虫及其他小无脊椎动物。少数属系杂食性，有些成虫在某一阶段以植物为补充营养或食动物的尸体残渣。

　　《中国储藏物甲虫》一书记述了国内的 14 个种，本书中仅以斑步甲作为代表。

115. 斑步甲 *Anisodactylus signatus*（**Panzer**）（图 130；图版 Ⅹ-6）

　　形态特征　体长 11.5～13.0mm，体宽 4.5～5.5mm。体表无光。背腹面黑色，鞘翅

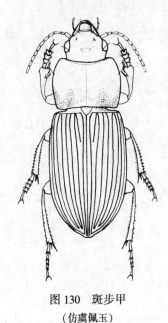

图 130　斑步甲
（仿虞佩玉）

栗色，头顶在复眼间有 1 对并列红斑，唇基前缘、上唇周缘、上颚端部及口须端部棕红。头部刻点浅稀，额沟较短，额唇基沟浅细，唇基每侧 1 毛。上唇矩形，前缘微凹，有 6 根毛，前侧角宽圆，上颚较短，端部钝，下唇颏无中齿，下唇须亚端节与端节等长，里缘有毛多根。触角长度超过前胸背板基缘，第 1 节粗且长，为第 2、第 3 节之和，第 2 节最短，第 3 节与末节近等，较其余各节稍长。前胸背板方形，宽大于长，前缘微凹，基缘较平，侧缘稍膨，在中部之后近于平直；前角宽圆，后角直角，钝圆；前、后横沟不明显，中纵沟细，基洼浅；刻点主要分布在前缘、侧缘及基部，基洼中刻点密集。小盾片三角形，端部尖。鞘翅与前胸背板接近等宽，表面微纹清晰，两侧近于平行，后端近 1/3 处收狭；鞘翅条沟深，沟底无刻点，行距较平，第 7 沟末有 3 个毛穴。前足腿节粗短，胫节端部宽扁，雄虫跗节第 2~4 节横宽，腹面黏毛密，但不排成双列。

经济意义　成虫为害谷类作物的穗，幼虫食根。成虫、幼虫均有捕食昆虫的习性。国外文献记载，成虫取食蓼科植物的种子，也是苗圃中的害虫。

分布　黑龙江、吉林、内蒙古、河北、江苏、江西；高加索到西伯利亚，欧洲。

（七）隐翅虫科 Staphylinidae

隐翅虫科隶属鞘翅目、隐翅虫总科，已知约 3 万种，几乎为世界性分布。它们常栖居森林铺垫物与土壤、腐烂的植物残渣、真菌、粪便、尸体、植物的花与叶、社会性昆虫的巢、哺乳类与鸟类的洞穴与窝中。在自然与人工培育的生境中，该虫因大多类群为多食性、广生境的缘故，其根本作用在于调节包括有害昆虫在内的数量；而由于捕食性隐翅虫总是生活隐蔽，故其调节作用还不能认为已被查明。但是，某些隐翅虫，如毒隐翅虫、大眼隐翅虫和菲隐翅虫，可捕食玉米螟、叶蝉、飞虱、蓟马、蚜虫、卷叶虫、双翅类、直翅类等多种作物及林木和医学上的几十种害虫，故已被视为这些害虫的重要生物控制因素。毒隐翅虫因其体内常有强烈的接触性毒物，可引起人的线状皮炎；亦可阻止细胞的有丝分裂，抑制癌肿瘤，在癌研究及细胞生物学上有重要意义。

隐翅虫科甲虫大都具有平行狭长的身体，缩短的鞘翅，腹部大部裸出且相当灵活等"隐翅虫"概念的综合特征。它们的头通常大而前伸，少数有时下弯，某些能向前胸背板下方缩入至眼。头壳一般完整，偶有可划分出唇基。触角 11 节，个别类群 9 节或 12 节。复眼明显，有的十分巨大。单眼仅存于少数类群，近头部后缘。上唇大多横宽，双叶状或中部凹形的最普遍。前胸形态多变。鞘翅通常很短，仅盖住腹部前 1、2 背板。具翅，有时退化或缺。腹部多平行延长，能随意收缩屈伸。雄性外生殖器由形态各异的中、侧叶构成。

《中国储藏物甲虫》一书记述了国内的 11 个种，本书中仅以大隐翅虫作为代表。

116. 大隐翅虫 *Creophilus maxillosus* (Linnaeus)（图131;图版X-7）

　　形态特征　头、前胸黑色，有光泽，鞘翅中部具横形银色（偶为黄色）毛带，腹部银色（或黄色）毛区在各背板及侧板上分布不规则，在第4~5腹板上几乎均匀密布。体长15.5~22.5mm。

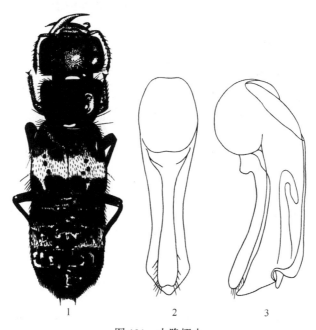

图131　大隐翅虫
1. 成虫; 2. 雄性外生殖器腹面观; 3. 雄性外生殖器侧面观
（仿郑发科）

　　头横宽[（3.10~3.25mm）:（3.8~5.0mm）]，雄稍比前胸宽[（3.8~5.0mm）:（3.75~4.25mm）]，雌略窄于前胸[（3.55~3.75mm）:（3.75~4.40mm）]。后角圆，眼斜置，椭圆，纵径比后颊长[（1.35~1.40mm）:（0.8~1.2mm）]。颅顶稀布细刻点。额区及后角刻点较密，前、后、侧缘及后角处另有少数具毛大刻点，底面刻纹不显。触角短粗，第1~3节短锥形，第4~10节渐横宽，末节略方，不对称，端缘稍凹；各节稀生长毛，端部的较短少。

　　前胸长短于宽，长3.1~3.7mm，前缘平截，后部半圆，最宽处大型个体在肩角处，小的在前1/3至肩角区。中域刻点比头部的细，前、侧缘及肩角处有较多具毛刻点。底面刻纹模糊。

　　鞘翅比前胸宽长，缝长2.20~2.75mm，最大长度4.50~5.25mm，后部最大宽度5.2~5.7mm。密布刻点和细毛，中域有由3~5个大刻点组成的纵列（有时排列不规则），其中各具1黑长毛。底面刻纹似革。

　　腹部密生细毛及少数黑长毛，侧背片隆起。雄虫第8腹板端缘中部有1"V"形凹缘。雄性外生殖器大，左右对称。侧叶略比中叶短，甚窄，约在后1/6处逐渐膨大，近端部缢缩，末端稍凹缘，端部两侧各有一些长度不等的细毛。

    分布 内蒙古、四川、云南、陕西、甘肃、宁夏、新疆、黑龙江、青海；堪察加半岛，西伯利亚，欧洲，英格兰，印度，日本，叙利亚，伊朗，高加索，俄罗斯，朝鲜，蒙古，埃及，马德拉群岛，加拉利群岛，纽芬兰，格陵兰，阿拉斯加，危地马拉，墨西哥，古巴，牙买加。

（八）锯谷盗科 Silvanidae

    体小至中等，长而扁，两侧略平行，或身体呈卵圆形，表皮多呈赤褐色。头为前口式，触角 11 节，多呈棍棒状。前胸背板通常长形，后缘比鞘翅基部窄，侧缘具齿突。前足基节窝后方关闭，前足及中足基节球形，后足基节横形。跗节 5 节，少数种的雄虫后足跗节 4 节；第 1 跗节长于或等于第 2 跗节，第 4 跗节小，第 5 跗节最长。腹部可见腹板 5 节。鞘翅遮盖腹部末端。

    锯谷盗科与扁谷盗科昆虫外形颇相似，不同之处在于锯谷盗科昆虫触角末 3 节多膨大呈棍棒状，前胸背板侧缘至少有 1 个齿突，前足基节窝关闭及第 1 跗节不短于第 2 跗节，以此区别于扁谷盗科。

    该科记述 500 余种，生活于树皮下或腐殖质中，有些种类生活于干果、药材、烟草或谷物中。多群集生活。原始的种类为捕食性，另一些种类演变为储藏物害虫，锯谷盗就是后一类群中的典型代表。

属及某些种检索表

1 鞘翅有明显的暗色斑纹 ··· 2
  鞘翅无明显的暗色斑纹 ··· 3
2 头部具额唇基沟及 2 条侧纵线；鞘翅黄褐色，上有暗褐色至黑色斑 ························
  ·· 黑斑锯谷盗 *Cryptamorpha desjardinsii*（Guérin-Méneville）
  头部无额唇基沟及 2 条侧纵线；鞘翅黄褐色，后半部有 1 "T" 形黑色斑 ····················
  ··· **T 形斑锯谷盗 *Monanus concinnulus*（Walker）**
3 前胸背板每侧有 6 个齿，中区每侧有 1 条发达的侧脊，且中纵脊也多少明显；触角棒 3 节；有后颊
  ·· 锯谷盗属 *Oryzaephilus*
  前胸背板侧缘不如上述：无齿，或仅在前角处有 1 齿，或每侧有多数微齿 ···················· 4
4 触角第 9 节横宽，约与第 10 节大小相等，两节不紧密相连，末节显著小而末端尖，与第 10 节连接紧密；体长形，光滑而有光泽·············· 方颈锯谷盗 *Cathartus quadricollis*（Guérin-Méneville）
  触角棒不如上述；体外形不如上述，若虫体为长形，则表皮不光滑且无光泽················· 5
5 腿节线开放，两线由后足基节边缘向后岔开；触角第 9 节远小于第 10 节；前胸背板前角呈瘤状突出
  ·· 米扁虫 *Ahasverus advena*（Waltl）
  腿节线关闭，构成后足基节窝的缘线 ·· 6
6 鞘翅第 7 行间隆起成脊；第 9、第 10 触角节边缘具刺 ······································
  ·································· 脊鞘锯谷盗 *Protosilvanus lateritius*（Reitter）
  鞘翅第 7 行间不隆起成脊，触角节上无刺 ·· 7
7 跗节不呈叶状扩展 ····················· 双齿锯谷盗 *Silvanus bidentatus*（Fabricius）
  第 3 跗节端部扩展呈叶状···················· 叶跗锯谷盗属 *Silvanoprus*

117. 黑斑锯谷盗 *Cryptamorpha desjardinsii* (Guérin-Méneville)（图132；图版X-8）

形态特征　体长3.4~4.4mm。体黄褐色，无光泽，鞘翅上有黑斑，触角末节之前的几节色暗。

头宽与长之比为（12.7~15.6）：10；刻点不太密，小于小眼面，每刻点内有1根金黄色细刚毛；额唇基沟明显；每侧有1条侧纵线；复眼大；触角小于体长之半，第7~10节（有时仅第8~9节或9~10节）较其余节暗，少数情况下第11节也暗，第2节短，其长不及第1节之半，第3节长为第2节的1.5倍。前胸背板长宽之比为（10.8~12.3）：10；前角圆，上有3个瘤突，每个瘤突上着生1根粗刚毛；侧缘约有7个十分小的具毛瘤突。鞘翅长为两翅合宽的1.9~2.2倍；基部近小盾片处有2个黑斑，后半部有1倒"Y"形黑斑，有时

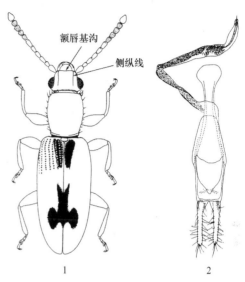

图132　黑斑锯谷盗
1. 成虫；2. 雄性外生殖器
（1. 仿 Halstead；2. 仿 Green）

后者延伸，与近小盾片处的黑斑相接；被半直立状金黄色毛。雄性外生殖器：阳茎向端部方向渐细；阳基侧突长，末端有1根较长的毛，其长度不达阳基侧突长的1/2，阳基侧突的每侧缘有10~12根毛。

生物学特性　成虫取食植物性物质，幼虫捕食螨类及缨尾目的幼虫。发生于多种生态小环境下，包括树皮下、枯枝落叶层、叶基部、真菌及鸟鼠粪便内。

经济意义　该虫在香蕉、菠萝、饲料、稻米、可可豆、生姜、甘蔗中经常发现。

分布　葡萄牙的亚速尔群岛和马德拉群岛，荷兰，马达加斯加，毛里求斯，塞舌尔，澳大利亚，新西兰，夏威夷群岛，巴西，美国的亚拉巴马及佛罗里达州。

118. T形斑锯谷盗 *Monanus concinnulus* (Walker)（图133；图版X-9）

形态特征　体长1.6~2.5mm。黄色至红褐色，头和前胸背板比鞘翅稍暗，鞘翅上有暗色斑。头密布刻点，刻点间距为刻点直径的0.5~1倍，每一刻点着生1根刚毛；后颊缺如；触角约为体长的1/3。前胸背板方形至稍横宽，每侧约有8个小齿，每一小齿发出1根前指的刚毛；前角尖，稍大于侧缘的小齿，齿端有1根指向前背方的刚毛。鞘翅长约为两翅合宽的2倍；翅中部有1条暗褐色至黑色的横带，该带中央沿翅缝向后伸延达翅端，形成"T"形斑纹（但有的个体沿翅缝的纵带大部消失，仅在端部和基部残留），刻点行深，行纹和行间各有1列半直立的刚毛。

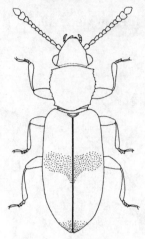

图 133　T形斑锯谷盗
（仿 Green）

生物学特性　该种多生活于枯枝落叶和干草垛内，喜潮湿，有趋光性，也往往出现于玉米、大米、糠麸、面粉、豆类、椰子等储藏物内。

经济意义　对储藏物不造成明显危害。

分布　天津、安徽、江西、浙江、福建、广东、广西、云南、台湾；塞拉利昂，象牙海岸，加纳，尼日利亚，扎伊尔，毛里求斯，塞舌尔群岛，印度，斯里兰卡，泰国，越南，马来西亚，印度尼西亚，菲律宾，巴布亚新几内亚，墨西哥，尼加拉瓜，牙买加，瓜德罗普岛，委内瑞拉，秘鲁。

119. 方颈锯谷盗 *Cathartus quadricollis*（Guérin-Méneville）（图 134；图版 X-10）

形态特征　体长2.1~3.5mm。黄褐色至暗褐色，头及前胸背板通常比鞘翅暗，有光泽；两侧平行，长形，体长与宽之比为（35~44.6）：10。头部刻点小，小于小眼面直径之半，刻点间距为刻点直径的2~4倍；刚毛长度约为2个小眼面；头表面布微网纹；后颊缺如；复眼中度突出，两复眼在背面的间距为复眼宽的5~6倍以上；触角棒

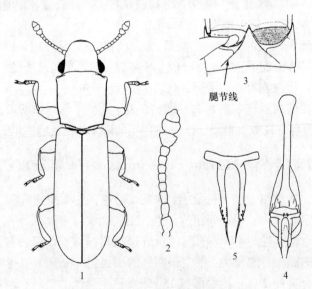

图 134　方颈锯谷盗
1. 成虫；2. 触角；3. 雄虫腹部第1可见腹板；4. 雄性外生殖器；5. 阳基侧突放大
（1~3. 仿 Green；4~5. 仿 Halstead）

明显，触角与体长之比为 10∶（35.9~45.7）。雄虫的前胸背板比雌虫的稍长，尤其是大个体雄虫更明显，雌虫前胸背板近方形［长与宽之比，雄虫为（13.6~12）∶10，雌虫为（10~11.2）∶10］；两侧近平行至向基部较狭窄；缘脊光滑，非锯齿状，在边缘之下有 1 列刚毛；前角侧方稍圆；雄虫前胸背板前缘形成明显的颈（collar），雌虫的颈狭窄而不太明显；刻点比头部的稍大而密。鞘翅伸长，长为宽的 2~2.4 倍，两侧平行。雄虫后足转节有 1 刺，胫节端部有少数小刺。雄性外生殖器的内阳茎无骨片，阳茎端部宽钝，末端略尖；阳基侧突由端部 1/4 向末端渐细，末端有 1 根长刚毛及少数细短刚毛。

生物学特性　该虫发育的最适条件为 27~28.5℃及相对湿度 75%~85%。在上述条件下，完成 1 代大约需要 24 天。

经济意义　为害大田和储藏的玉米，其次也为害可可豆、花生、椰干、稻米、大麦、小麦、面粉、烟草、油棕果实、干果等。

分布　我国无分布；世界性。

120. 米扁虫 *Ahasverus advena*（Waltl）（图 135；图版 X-11）

形态特征　体长 1.5~3.0mm。长卵圆形，黄褐色，偶尔呈黑褐色，背面着生黄褐色毛。头略呈三角形，前窄后宽，缩入前胸至眼部；后颊极小而尖，不及 1 个小眼面长；触角棒 3 节，第 1 棒节显著窄于第 2 棒节，末节呈梨形。前胸背板横宽，前缘比后缘宽；前角为大而钝圆的瘤状突，侧缘在前角之后附多数微齿。鞘翅两侧近平行，长为两翅合宽的 1.5 倍以上，端部圆；刻点行整齐，刻点浅圆，第 1 行间有刚毛 1 列，其余行间有刚毛 3 列。

生物学特性　成虫寿命 159~208 天（个别未交尾成虫寿命长达 530 天）。活泼但不善飞翔。卵单产，偶尔 2~3 粒产在一起。在 27℃及相对湿度 75% 的条件下，1

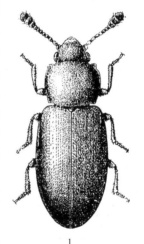
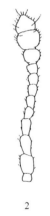

图 135　米扁虫
1. 成虫；2. 触角
（1. 仿赵养昌；2. 仿 Green）

头雌虫在 135 天内可产下 100~300 粒卵，平均每日产卵 1.46 粒。卵期 4 天。幼虫期 11~19 天。幼虫有 4~5 龄，各龄期如下：1 龄 3.6 天，2 龄 2.4 天，3 龄 2.4 天，4 龄 2.2 天，5 龄 2.2 天。前蛹期 1~2 天，蛹期 3~5 天。在 24℃及相对湿度 66%~92% 的条件下，用燕麦加啤酒酵母（质量比为 95∶5）作食物，由卵发育至成虫需要 19~24 天；在 27℃及相对湿度 85% 的条件下，用阿姆斯特丹曲霉 *Aspergillus amstelodami*、白曲霉 *A. candidus* 和柑橘青霉 *Penicillium citrinum* 饲养，完成 1 个生活周期所需的时间分别为 17~20 天、22~34 天和 16~23 天。该虫发育的最适温度为 27~30℃，最适相对湿度为 85%~92%，发育的温度下限接近 17.5℃。

经济意义 该虫为第二食性害虫，既取食真菌，又取食潮湿发霉的谷物、油料和其他储藏品。另外，由于虫口数量有时较大，对粮食和食品造成污染，使储藏品的品质受到损失。

分布 国内各省（直辖市、自治区）；世界各国。

121. 脊鞘锯谷盗 *Protosilvanus lateritius* （Reitter）（图 136；图版 X-12）

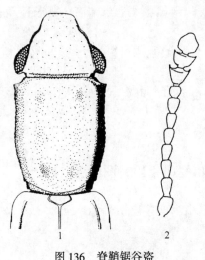

图 136 脊鞘锯谷盗
1. 头部、前胸背板及鞘翅基部；2. 触角
（仿 Halstead）

形态特征 体长 2.6~4.2mm。头部两复眼间的宽度大于头长；除唇基外，其余部位的刻点粗而深；横越两复眼的宽度稍窄于前胸背板横越两前角的宽度。触角第 9、第 10 节端缘具刺。前胸背板长大于宽，两侧近平行；前角不发达；中区具十分浅而宽的纵长凹陷，中线隆起。鞘翅长为两翅合宽的 2.4~2.8 倍；第 3 和第 5 行间的基部略隆起，第 7 行间呈脊状且延伸至翅端。雄虫后足转节内端有 1 刺，雌虫无上述构造。

生物学特性 Pal 和 Sen Gupta 于 1984 年报道，在树皮下，成虫和幼虫取食真菌孢子。成虫有群集性，有时大量聚集于树皮下真菌孳生处。交尾发生于树皮下，产卵期长，世代重叠。幼虫至少有 4 龄。在室内，由产卵至成虫出现发生于 7~9 月，完成 1 个生活周期需要 35~47 天。作者曾在花生饼内发现该虫。

经济意义 对储藏物不造成明显危害。

分布 台湾、云南；印度，斯里兰卡，尼泊尔，孟加拉国，缅甸，泰国，越南，新加坡，马来西亚，印度尼西亚，菲律宾，安达曼群岛，日本。

122. 双齿锯谷盗 *Silvanus bidentatus* （Fabricius）（图 137；图版 X-13）

形态特征 体长 2.5~3.5mm。无光泽。头部横越两复眼的宽度小于前胸背板横越两前角的宽度[10：（11.2~11.4）]；密布粗大刻点及具毛小刻点；复眼中等大小，长为宽的 2~2.5 倍，两复眼在头腹面的距离大于复眼长的 2 倍；后颊长等于或小于 2 个小眼面。前胸背板长大于其除前角之外的最大宽度[（12.9~13.3）：10]，前角较短，末端尖且明显指向侧方，向前不超越前胸背板前缘；中区具深的侧纵凹陷。鞘翅长为两翅合宽的 2.1~2.2 倍，肩宽明显大于前胸背板后缘宽 [（15.4~16.2）：10]。雄虫后足转节具 1 小刺，雌虫无此构造。

经济意义 对储藏物不造成明显危害。发现于储藏的谷物及玉米内，在自然界多栖息于树皮下。

分布 黑龙江、内蒙古；日本，印度，泰国，欧洲，美国，夏威夷，加拿大。

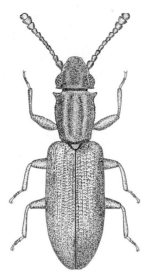

图 137　双齿锯谷盗
（刘永平、张生芳图）

锯谷盗属 *Oryzaephilus* 种检索表

复眼小，后颊大，后颊长为复眼长的 1/2~2/3 ············· **锯谷盗 *Oryzaephilus surinamensis*（Linnaeus）**

复眼大，后颊小，后颊长为复眼长的 1/4~1/3 ············ **大眼锯谷盗 *Oryzaephilus mercator*（Fauvel）**

123. 锯谷盗 *Oryzaephilus surinamensis*（Linnaeus）（图 138；图版Ⅺ-1）

　　形态特征　体长 2.5~3.5mm，宽 0.5~0.7mm。体扁平细长，暗赤褐色至黑褐色，无光泽，腹面及足颜色较淡。头近梯形；复眼小，圆而突出，长径由 30~40 个小眼面组成；眼后的后颊大而端部钝，其长度为复眼长的 1/2~2/3。前胸背板长略大于宽，上面有 3 条纵脊，其中两侧的脊明显弯向外方，不与中央脊平行。触角末 3 节膨大，其中第 9、第 10 节横宽，呈半圆形，末节呈梨形。鞘翅长，两侧略平行，每鞘翅有纵脊 4 条及 10 行刻点。

　　生物学特性　在我国不同地区，锯谷盗 1 年发生 2~5 代。成虫群集在仓库缝隙中、仓板下及仓外枯树皮下、砖石土块下、杂物及尘芥中越冬，次年早春爬回粮堆内交尾、产卵。卵散产或聚产，每头雌虫产卵多达 375 粒。成虫爬行迅速，多集聚于粮堆表层。

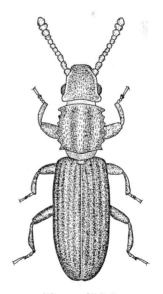

图 138　锯谷盗
（刘永平、张生芳图）

　　此虫取食第一食性害虫为害过的谷粒，一般情况下并不为害完整的粮粒，其危害程度随破碎粒的多少而变化。另外，食物含水量增加，危害程度加剧。

　　卵孵化的温度为 17.5~40℃，在 30~40℃下卵期 3~5 天。幼虫有 2~5 龄，多数为 3

龄。在 32.5℃ 及相对湿度 90% 的条件下幼虫发育最快；在 30℃、相对湿度为 30%~70% 的条件下，当取食小麦时，幼虫期为 12~15 天，蛹期为 1 周或 1 周以上。在 31~35℃、相对湿度 65%~90% 的条件下，由卵至成虫需要 20 天；在 21℃ 及相对湿度 50% 的条件下需要 80 天；在 18℃ 及相对湿度 80% 的条件下需 100 天。成虫寿命可长达 3 年。该虫发育和繁殖的温度为 18~37.5℃，最适温度为 31~34℃。对湿度的要求不严格，在相对湿度 10% 的条件下仍可繁殖。由于该虫有较强的生存适应能力，因此，既可生活于仓内，又可生活于户外；既可生活于热带，又可生活于广大温带区。

经济意义 锯谷盗几乎对所有的植物性储藏品均可造成危害。除粮食外，种子、油料、干果、中药材等被害也相当严重。该虫在粮仓内的虫口数量最大，对高温、低温、干燥及化学药剂的抵抗力很强，为第二食性害虫中最重要的一种。在以下国家，锯谷盗被认为是储藏小麦、玉米、稻谷和其他谷物的重要害虫：塞浦路斯、捷克、斯洛伐克、德国、伊拉克、以色列、意大利、英国、澳大利亚和瑞典。

分布 国内各省（直辖市、自治区）；几乎分布于世界各国。

124. 大眼锯谷盗 *Oryzaephilus mercator*（Fauvel）（图 139；图版 XI-2）

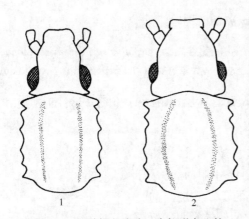

图 139 两种锯谷盗头、胸部形态比较
1. 大眼锯谷盗；2. 锯谷盗
（刘永平、张生芳图）

形态特征 该种的外形与锯谷盗十分相似，其主要区别在于：大眼锯谷盗的复眼大，向后几乎伸达头后缘，后颊小而端部尖，后颊长为复眼长的 1/4~1/3；前胸背板上的侧纵脊较直。

生物学特性 与锯谷盗相比，该种的抗寒力较差。卵期在 35℃ 或稍高的温度下最短，低于 20℃ 或高于 37.5℃ 时卵的死亡率明显增加，最适温度为 30~32.5℃。幼虫蜕皮 3 次，少数个体蜕皮 2 次或 4 次。温度在 35℃ 以上时，蛹期最短。在 30~33℃ 下产卵前期为 3~8 天，一般为 5 天，1 周后达产卵高峰。每雌虫可产卵 200 粒，卵的孵化率达 95%。

经济意义 为害多种粮食及加工品，取食范围与锯谷盗类似。然而，大眼锯谷盗更喜食含油量较高的食物，如棉籽、花生、芝麻、核桃、杏仁、大豆等。在非洲，对大豆及棕榈仁为害最重。

分布 甘肃、陕西、山东、安徽、湖北、江苏、贵州、湖南、浙江、福建、广东、广西、云南；美洲，亚洲，欧洲，非洲，几乎遍布世界各地，但在北温带冬季无加温条件下难以定居。

叶跗锯谷盗属 *Silvanoprus* 种检索表

头部横越两复眼的宽度大于前胸背板横越两前角的宽度；前胸背板前角十分小 ……… 东南亚锯谷盗 *Silvanoprus cephalotes*（Reitter）

头部横越两复眼的宽度小于前胸背板横越两前角的宽度；前胸背板略呈三角形，前角十分大而尖 ……
…………………………………………**尖胸锯谷盗 Silvanoprus scuticollis（Walker）**

125. 东南亚锯谷盗 Silvanoprus cephalotes（Reitter）（图 140;图版XI-3）

形态特征　体长 2.0~2.8mm，体长为体宽的3.2~
3.5 倍。黄褐色至赤褐色，鞘翅颜色常稍淡。头横越
两复眼的宽度大于头长；复眼大而突出，小眼面粗大；
后颊极窄，不到 1 个小眼面长。前胸背板长为其宽的
1.2~1.3 倍，略呈桶状；侧缘在中部稍膨扩，着生多数
微齿；前角极小，向前突，偶尔缺如，后角钝。鞘翅两
侧近平行，其长约为两翅合宽的 2 倍，刻点粗大，形成
刻点列。前足腿节内缘端部 1/3 处着生 1 小齿。

生物学特性　多生活于树皮下和干草垛内，有时
发现于粮仓内，在椰子仁干、稻谷内也曾发现。

经济意义　对储藏物不造成明显危害。

分布　内蒙古、河北、四川、云南、香港、台湾；
印度，斯里兰卡，尼泊尔，不丹，孟加拉国，越南，马
来西亚，印度尼西亚，日本，坦桑尼亚。

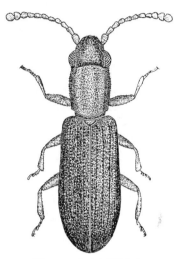

图 140　东南亚锯谷盗
（刘永平、张生芳图）

126. 尖胸锯谷盗 Silvanoprus scuticollis（Walker）（图 141;图版XI-4）

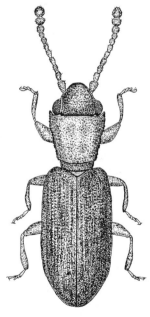

图 141　尖胸锯谷盗
（刘永平、张生芳图）

形态特征　体长 2.0~2.6mm，体长为两鞘翅合宽的3~
3.2倍。背面单一黄褐色至赤褐色，腹面较暗。头横越两复
眼的宽度大于头长；复眼大而突出，小眼面粗大；后颊十分
狭窄而后弯，端部尖，由腹面观，两复眼的间距约为复眼横
宽的 2 倍；触角末 3 节形成触角棒，第 10 节横宽，末节近
圆形。前胸背板倒梯形，两侧向基部方向显著收狭，前角十
分发达，指向前方，齿尖向前伸越后颊，横越两前角的宽度
构成前胸背板的最大宽度，约为前胸背板后缘宽的 1.5 倍。
鞘翅两侧近平行，长为两翅合宽的 1.8~1.9 倍，刻点粗大
成行。

生物学特性　该种多发现于腐烂的落叶层内和腐殖质
内，在脱落的油棕榈坚果、花生、香蕉、大米、豆类及食品
库内也曾发现。

经济意义　对储藏物不造成明显危害。

分布　四川、湖南、云南、台湾；马德拉群岛，加纳，
尼日利亚，象牙海岸，喀麦隆，扎伊尔，刚果，苏丹，乌干
达，坦桑尼亚，南非，马达加斯加，日本，越南，马来西亚，

新加坡，印度尼西亚，菲律宾，巴布亚新几内亚，美国，危地马拉，哥斯达黎加，巴拿马，委内瑞拉，圭亚那，巴西。

（九）拟坚甲科 Cerylonidae

小型甲虫，体长 1~4mm。椭圆形至卵圆形，触角末 1~2 节膨大形成触角棒。下颚须末节非常小，几乎呈锥状，或在小圆甲属 *Murmidius*，口器下方被前胸的突起遮盖。前足基节小，球形，不突出，左右基节的间距明显大于基节的宽度。前胸背板横宽，扁平，两侧向前缢缩，向后有时稍缢缩。腹部第 1~3 腹板愈合，第 1 腹板上有从后足基节窝内缘发出的腿节线或凹窝。跗节式通常为 4-4-4，爪简单。

储藏物内发现的多为小圆甲属的种类。该属在国内仓虫文献中多归入邻坚甲科 Murmidiidae，在有的著作中归入坚甲科 Colydiidae。但根据最新的研究报道，认为邻坚甲科应作为邻坚甲亚科 Murmidiinae 而归入拟坚甲科。

国内记述 2 个种。

种 检 索 表

前胸背板无侧纵沟；鞘翅上的刻点混乱，不成行；前胸腹板的 2 条中纵脊在近端部相互远离············
···························· 间隔小圆甲 *Murmidius segregatus* Waterhouse
前胸背板有明显的侧纵沟；鞘翅上的刻点排列成行；前胸腹板的 2 条中纵脊总是相互平行 ············
···························· 小圆甲 *Murmidius ovalis*（Beck）

127. 间隔小圆甲 *Murmidius segregatus* Waterhouse（图版 XI-5）

形态特征　体长 1.17~1.37mm，宽 0.73~0.95mm。宽卵圆形，背方颇隆起，被较稀疏的淡色细短毛。表皮具强光泽，暗褐色，触角及足色较淡。头部在复眼上方有细缘边；刻点小，刻点间距为 1.5~4 个刻点直径，刻点之间光滑；唇基前缘宽而稍圆，额唇基沟细浅完整。前胸背板基部最宽，宽为长的 2 倍，基部宽大于端部两触角窝之间的宽度，两触角窝间的宽度为触角窝本身宽的 6 倍；两侧缘几乎直，有细缘边；基部每侧稍呈二波状；无侧纵沟；中区的刻点等于或略大于头部刻点，刻点间距为刻点直径的 1.5~2 倍。鞘翅长为前胸背板的 3 倍，近肩部有颇宽的隆凸；刻点混乱，不成行，刻点间通常光滑。前胸腹板基部 3/4~4/5 具中脊，颇突出，两中脊在前方稍远离，在近端部突然而急剧岔开；前足基节前的脊几乎呈直线斜向外伸，接近前缘。中胸腹板端部宽而稍圆。后胸腹板中纵线完整但不明显。腹部第 1 腹板的侧脊伸达侧缘后 1/5。

经济意义　发现于大米内。

分布　四川、内蒙古；马来西亚，斯里兰卡，英国，毛里求斯。

128. 小圆甲 *Murmidius ovalis*（Beck）（图 142；图版 XI-6）

形态特征　体长 1.2~1.4mm，宽 0.7~0.9mm。卵圆形，背方隆起，暗红褐色，有强光泽。头的前缘（唇基区）着生小锯齿；触角 10 节，末节膨大成卵圆形的触角棒。前胸背板宽大于其长的2倍，前角处凹陷形成触角窝用以收纳触角棒，两侧各有1条较深的纵沟，侧缘饰缘边。鞘翅长约为前胸长的4倍，刻点排列成行。

生物学特性 以成虫越冬。成虫和幼虫多生活于霉粮内，在小麦、玉米、大米及稻草中多发现，也发现于干果内。在野外生活于落叶层内及鸟巢中。成虫受惊后有假死习性，头缩入前胸内，触角棒藏到前胸前侧角处的触角窝内。幼虫老熟后做丝茧，化蛹于其中。

卵在15℃时不能孵化。在相对湿度80%条件下，温度与卵期的关系如下：17.5℃时卵期平均45.3天，20℃时25.7天，25℃时13.3天，30℃时9.5天，35℃时9.6天，37.5℃时11.1天。

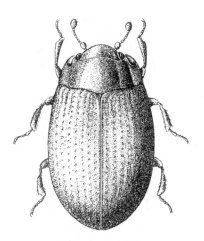

图142 小圆甲
（仿赵养昌）

幼虫共4龄。在相对湿度80%条件下，25℃时1龄10.4天，2龄9.8天，3龄12.3天，4龄11.4天；30℃时1龄7.1天，2龄6.8天，3龄8.4天，4龄9.4天。整个发育周期，在20℃时需229.4天，25℃时需73.4天，30℃时需57.1天，35℃时需54.6天。适于该虫发育的条件是：温度25℃以上，相对湿度60%以上，食碎米及适量的霉菌和酵母。

经济意义 多发现于霉粮内，对储藏物不造成明显危害。

分布 黑龙江、辽宁、内蒙古、湖北、湖南、四川、贵州、云南、广东、广西、福建、江西、山东、陕西、江苏、安徽、浙江、河南、新疆、河北；世界性分布。

（十）长小蠹科 Platypodidae

体长圆筒状。头宽短，与前胸等宽或宽于前胸。复眼圆而突出，触角短，非膝状，一般鞭节4节，球状部显著膨大。前胸长方形，侧方有沟，以收纳前足腿节。腿节及胫节宽大，跗节5节，第1跗节等于其余各跗节长度之和，前足第3跗节不扩展呈叶状，前足胫节末端斜生1端距，其下面有粗糙皱褶。

雌雄异形。雌虫大，额面凹陷，有毛束状的附属物用以搬运菌丝与孢子，鞘翅末端较圆；雄虫小，额面隆起，无毛束，鞘翅末端截断状或缀刺状附属物，用以清扫坑道内的污物。

该科主要分布于热带和亚热带，为害硬木类木质部，多寄生于阔叶树，幼虫在坑道内取食真菌。国内对该科的研究尚待深入，有些种的学名难以确定。

129. 五棘长小蠹 *Diapus quinquespinatus* Chap. (图143;图版XI-7:A ♂, B♀)

形态特征 体长2.5~2.7mm，宽0.4~0.5mm。细长，黑褐色有光泽。雄虫头部额中线隆起，穿越整个额面，中线两侧布大而深的刻点及稀疏茸毛，额面后略凹；雌

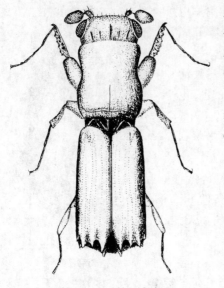

图 143 五棘长小蠹
（刘永平、张生芳图）

虫额面中部横向隆起，后部横凹，中隆线极短，仅位于中部，额面刻点疏小，有茸毛。触角锤状部膨大呈瓜子形，背面的 1 条中隆线伸达中部，鞭节 4 节，柄节粗壮。前胸背板的足窝位于前方，后角明显，前角不明显。雄虫鞘翅第 2 行间隆起，翅端斜面极短，斜面上缘第 3、5、7、9 行间各具 1 尖刺，平行后伸，第 2、4、6、8 行间也各具细小齿突，斜面下方近翅缝处有 1 小刺；雌虫鞘翅第 3 行间隆起较高，翅缝及第 1、2 行间凹陷成纵沟。前足胫节外面具 3 纵列小齿突。

分布　台湾、云南；印度，缅甸，越南，泰国，斯里兰卡，马来西亚，印度尼西亚，菲律宾，尼日利亚，塞拉利昂，喀麦隆，黄金海岸，刚果，安哥拉，津巴布韦，巴布亚新几内亚，斐济，澳大利亚。

（十一）阎虫科 Histeridae

多为小至中型昆虫，体长 0.5~18.0mm。体壁骨化强，身体卵圆形或圆柱形。触角膝状，柄节长，索节 6~7 节；触角棒坚实，不分节或由 2~3 条横缝分隔。头多缩入前胸，腹面有沟槽以收纳触角柄节。前胸腹面有触角窝以收纳触角棒。鞘翅端部截形，不遮盖腹末最后两个背板。前足基节窝后方开放，前足基节横形或圆筒形，中足基节球形或卵圆形，后足基节横三角形；前足开掘式；跗节式为 5-5-5，极少数为 5-5-4。头部、前胸背面及鞘翅上的凹线为区分属、种的重要鉴别特征（图 144）。

全世界记述约 3600 种。多生活于腐败的动植物性物质及粪便内，有的捕食其他小型昆虫，还有的生活于木材害虫的隧道中，与其共生或捕食木材害虫。过去国内文献多只记述习见的 4 个种，通过作者近几年的调查研究增加到 17 种。

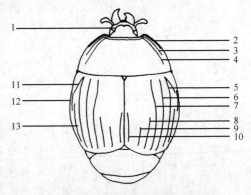

图 144 阎虫科昆虫背面陷线的名称

1. 额线；2. 缘线；3. 外侧线；4. 内侧线；5. 第 1 背线；6. 第 2 背线；7. 第 3 背线；8. 第 4 背线；9. 第 5 背线；10. 第 6 背线（傍缝线）；11. 肩线；12. 外肩下线；13. 内肩下线

（仿 Hisamatsu）

种检索表

1　前胸腹板前方无前胸腹板叶 ·· 2
　　前胸腹板具前胸腹板叶，从腹面遮盖头部 ·· 8

2 头部的额线完全消失 ··· 小钩颚阎虫 *Gnathoncus nanus*（Scriba）
　额线明显，尽管有时在中部中断；前胸背板和鞘翅散布刻点；中、后胸两侧通常无毛 ············
　腐阎虫属 *Saprinus* ··· 3

3 在每鞘翅中部之后有1黄色圆斑；前背折缘密被黄色毛······ 双斑腐阎虫 *Saprinus biguttatus*（Stev.）
　鞘翅颜色单一，无淡色斑 ··· 4

4 前胸脊的两条内线相互平行或前方稍远离；鞘翅第4背线基部消失，仅留端部一段 ·············
　·· 变色腐阎虫 *Saprinus semipunctatus*（Fabricius）
　前胸脊的两条内线前方显著远离 ··· 5

5 前胸脊的内线向前并不弯到脊的坡面上；鞘翅刻点几乎散布于整个翅面，仅内角处不大的区域无
　刻点··· 细纹腐阎虫 *Saprinus tenuistrius* Mars.
　前胸脊的两条内线向前急剧远离，弯到脊的坡面上 ··· 6

6 鞘翅第3背线十分短，为相邻背线长的1/5～1/3 ········ 平腐阎虫 *Saprinus planiusculus* Motsch.
　鞘翅第3背线不明显缩短 ··· 7

7 中胸腹板上的刻点粗而密；雄虫阳茎端部正面观扩展比较明显，侧面观弯曲较弱 ·············
　·· 半纹腐阎虫 *Saprinus semistriatus*（Scriba）
　中胸腹板上的刻点小而稀；雄虫阳茎端部正面观扩展较弱，侧面观端部近直角弯曲 ·············
　·· 光泽腐阎虫 *Saprinus subnitescens* Bickh.

8 触角窝位于前胸两侧中部，前足基节之前；前胸腹板叶具狭缝状纵缺切以收纳触角索节；前足胫
　节通常有少数大齿 ··· 9
　触角窝位于前胸前角或前角之下；前胸腹板叶无收纳触角索节的缺切 ······················· 12

9 前足胫节内缘不显著弯曲 ·························· 仓储木阎虫 *Dendrophilus xavieri* Marseul
　前足胫节内缘显著弯曲；前胸背板两侧具大小两种刻点，鞘翅仅具小刻点 ·······················
　甲阎虫属 *Carcinops* ·· 10

10 体长不大于1.5mm；鞘翅第5、第6背线间的后半部有1条短的副行列·······························
　··· 麦氏甲阎虫 *Carcinops mayeti* Marseul
　体长大于1.5mm；鞘翅第5、第6背线间无副行列 ··· 11

11 鞘翅傍缝线向前伸达翅基部（有时呈刻点列形式存在）；中胸及后胸中区两侧的刻点密而深，后
　胸中区具小刻点 ······································· 黑矮甲阎虫 *Carcinops pumilio*（Erichson）
　鞘翅傍缝线基部1/4～1/3通常消失；中胸及后胸中区两侧具小刻点，后胸中区看上去光滑 ······
　··· 穴甲阎虫 *Carcinops troglodytes*（Paykull）

12 中胸腹板前缘呈直或弧形突出；前胸背板前缘仅有1条缘线 ···
　清亮阎虫属 *Atholus* ·· 13
　中胸腹板前缘凹入 ··· 15

13 前胸背板前角有相当深的圆形窝；鞘翅第1～5背线完整，傍缝线仅保留端半部 ·············
　··· 窝胸清亮阎虫 *Atholus depistor*（Marseul）
　前胸背板前角无明显的圆形窝 ··· 14

14 鞘翅第1～5背线完整，傍缝线完整或略短 ··· 十二纹清亮阎虫 *Atholus duodecimstriatus*（Schrank）
　鞘翅仅第1～4背线完整，第5背线和傍缝线仅保留端半部 ···
　··· 远东清亮阎虫 *Atholus pirithous*（Marseul）

15 前胸背板仅有1条侧线，在近角处有浓密的刻点区，该刻点区有时向后扩展到前胸背板近基部
　··· 吉氏分阎虫 *Merohister jekeli*（Marseul）
　前胸背板通常有2条侧线，外侧线短，无浓密的刻点区·············· **阎虫属 *Hister*** ············ 16

16 每鞘翅有两个橘红色斑，第 1 个位于肩部，第 2 个多与第 1 个相接，且斜向伸达翅中部；鞘翅第 1、第 2 背线完整，第 3 背线多保留基半部，第 4、第 5 背线消失·····················
·· **四斑阎虫 Hister quadrinotatus Scriba**
鞘翅单一黑色，第 1~3 背线完整，第 4 背线偶尔略短，第 5 背线及傍缝线仅保留端部一段 ······
··· **谢氏阎虫 Hister sedakovi Marseul**

130. 小钩颚阎虫 *Gnathoncus nanus*（Scriba）（图 145；图版XI-8）

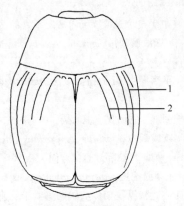

图 145　小钩颚阎虫
1. 第 1 背线；2. 第 4 背线
（刘永平、张生芳图）

　　形态特征　体长 1.5~2.8mm。卵圆形，黑色或黑褐色，有光泽，足红褐色。头部额区无额线。前胸背板刻点稀而均匀。鞘翅整个表面布刻点；第 1 背线几乎伸达翅端，后半部变得细弱，第 2~4 背线伸达翅中部，第 5 背线十分退化，仅基部残留一小段，呈钩状，傍缝线长不大于翅长的 1/4。臀板密布椭圆形横宽的刻点。前足胫节外缘有强齿 5~6 个。

　　生物学特性　该种有较突出的生物学可塑性。多发现于动物尸体，尤其是鸟类尸体和鸟巢内，有时也发现于住房和粮仓内、狷鼠和野兔窝内及蚁巢内，幼虫多栖息于鸡舍内。

　　分布　新疆、内蒙古、台湾；整个古北区（北至挪威和芬兰），苏联，南非，北美。

131. 双斑腐阎虫 *Saprinus biguttatus*（Stev.）（图 146；图版XI-9）

　　形态特征　体长 4.4~6.5mm。卵圆形，表皮黑色，触角棒红褐色，每鞘翅中部之后有 1 淡黄褐色圆斑。前胸背板上的眼后窝明显；表面大部分光滑，两侧有不宽的刻点区；前背折缘上密生黄色毛。鞘翅背线向后伸达翅中部；肩线靠近第 1 背线，不与肩下线相连。前足胫节着生 4~6 个大齿，其中端齿发达。

　　分布　内蒙古、新疆；苏联，伊朗，蒙古。

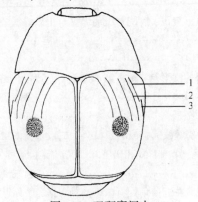

图 146　双斑腐阎虫
1. 肩线；2. 第 1 背线；3. 肩下线
（刘永平、张生芳图）

132. 变色腐阎虫 *Saprinus semipunctatus*（Fabricius）（图 147；图版 XI-10）

形态特征　体长 5~8mm。卵圆形，略显四角形。表皮暗蓝色或暗绿色，有时呈黑青铜色或黑色。前胸背板两侧散布刻点；眼后窝宽。鞘翅背线内具刻点；背线通常短于鞘翅长之半；第 4 背线退化，仅保留端部一段；傍缝线约为翅长的 3/4；第 1 行间散布多数不规则的斜线，前足胫节有齿 7~9 个。

生物学特性　该种大量发生于大型动物的尸体和粪便中，也发现于皮革厂及粮食加工厂的下脚料内。

分布　内蒙古、新疆；苏联，欧洲西南部（向北至法国、奥地利和捷克、斯洛伐克），北非，中亚，伊朗，阿富汗。

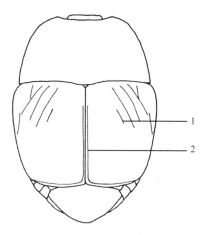

图 147　变色腐阎虫
1. 第 4 背线；2. 傍缝线
（刘永平、张生芳图）

133. 细纹腐阎虫 *Saprinus tenuistrius* Mars.（图 148；图版 XI-11）

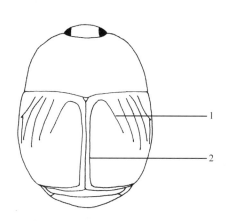

图 148　细纹腐阎虫
1. 第 4 背线；2. 傍缝线
（刘永平、张生芳图）

形态特征　体长 2.5~4.6mm。卵圆形，黑褐色，触角及足栗褐色，触角棒红褐色。前胸背板眼后窝较明显，两侧散布大刻点并扩展至后角，中区刻点小而稀。鞘翅背线细而明显，向后伸达翅中部稍后，背线内无刻点；第 3、第 4 背线稍短，第 4 背线前端呈弧形与傍缝线相接；肩线与第 1 背线略平行并与肩下线相连。前足胫节有弱齿 6~8 个。

分布　新疆、内蒙古、甘肃、福建；苏联，南欧及中欧，北非及东非，叙利亚，伊拉克，伊朗，阿富汗。

134. 平腐阎虫 *Saprinus planiusculus* Motsch.（图 149；图版 XII-1）

形态特征　体长 3.6~5.5mm。卵圆形，暗青铜色，有强光泽。前胸背板上的眼后窝较浅；两侧的大刻点不扩展到基部。鞘翅第 3 背线通常很短，傍缝线十分退化。

分布　新疆、内蒙古、黑龙江、吉林、辽宁、河北、甘肃、山东；苏联，西欧（由挪威、瑞典至西班牙、意大利和希腊），西非，土耳其，叙利亚，伊朗，蒙古，日本，朝鲜，越南。

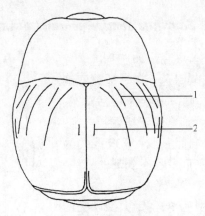

图 149　平腐阎虫

1. 第 3 背线；2. 傍缝线

（刘永平、张生芳图）

135. 半纹腐阎虫 *Saprinus semistriatus*（**Scriba**）（图 150；图版 XII-2）

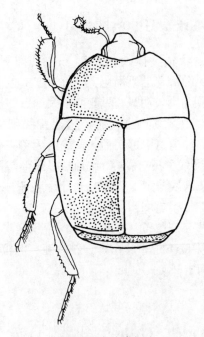

图 150　半纹腐阎虫

（仿 Крыжановский）

形态特征　体长 3.4～5.5mm。卵圆形，暗青铜色，有光泽，触角及足黑褐色。前胸背板两侧散布粗大刻点，刻点不扩散到后角处；眼后窝大而深。鞘翅背线内有刻点，背线向后伸达鞘翅中部稍后；第 3 背线不缩短，第 4 背线基部弯向翅缝，但不与傍缝线相接；肩线与第 1 背线平行，并与肩下线相接。前足胫节有小齿 10～13 个。

生物学特性　通常发现于兽尸中，也曾发现于某些鼠类的窝内，有时也栖息于住房内的腐败物品中。在田间曾发现于天南星科植物的花上。Lindner 于 1976 年报道，在德国，成虫交尾在春末至夏初，交尾 3 日后雌虫开始产卵。卵期 4～5 天。幼虫活跃捕食，主要取食蝇类幼虫。1 龄幼虫历时 5～6 天，2 龄 12～13 天。蛹茧如豌豆粒大小，十分坚固。蛹期 12～13 天。在最适条件下整个发育周期为 33～37 天。羽化的成虫离开蛹茧，但如果羽化发生于晚秋，成虫有可能不离开茧而在其内越冬，到次年春天才离开蛹茧。

分布　新疆、黑龙江、吉林、辽宁；蒙古，苏联，中亚，欧洲（由瑞典、芬兰至西班牙、意大利和南斯拉夫），埃及，伊朗。

136. 光泽腐阎虫 *Saprinus subnitescens* **Bickh.**（图 151；图版 XII-3）

形态特征　体长 3.5～6.0mm。青铜色或黑青铜色。鞘翅背线深，第 3 背线不缩短，傍缝线通常为翅长的 2/3 并与端线相连；刻点向前最远扩展到第 1 行间基部和第 2 行间中部，刚好接近第 3 行间。

光泽腐阎虫与半纹腐阎虫外形极其相似，但前者稍狭而扁，主要区别在于两个种雄性外生殖器构造不同（见检索表及图 151）。

分布　新疆；苏联，西欧（北至法国、德国、波兰，南至西班牙、意大利和希腊），北非（摩洛哥至埃及），土耳其，叙利亚，巴勒斯坦，伊拉克，伊朗，阿富汗，美国。

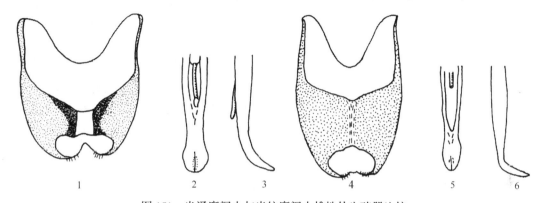

图 151　光泽腐阎虫与半纹腐阎虫雄性外生殖器比较
1~3. 半纹腐阎虫；4~6. 光泽腐阎虫；1、4. 雄虫第 8 腹节腹板；2、5. 阳茎背面观；3、6. 阳茎侧面观
（仿 Крыжановский）

137. 仓储木阎虫 *Dendrophilus xavieri* Marseul（图 152；图版 XII-4）

形态特征　体长 2.7~3.7mm，宽 2.0~2.3mm。宽卵圆形，背面颇隆起。表皮黑褐色至黑色，稍有光泽；跗节及触角索节黑褐色，触角棒褐色。前胸背板显著横宽，宽约为长的 2 倍。鞘翅背线相互近平行，第 1~5 背线发达，第 1、第 2 背线通常伸达翅端，第 3、第 4 背线向后伸达翅中部之后，傍缝线明显，有时以刻点列的形式存在。前臀板的前部光滑，端部刻点明显；臀板上的刻点大，刻点间距小于刻点直径，刻点间有网状微刻饰。前足胫节内缘不显著弯曲。

生物学特性　发生世代不详，多以成虫越冬。该种多生活于潮湿处，发现于仓库地板下、墙壁缝隙内及垫席下。在养鸡场则大量生活于鸡粪内，成虫和幼虫捕食其他昆虫和螨类。

分布　国内绝大多数省（直辖市、自治区）；苏联，日本，英国，加拿大，美国。

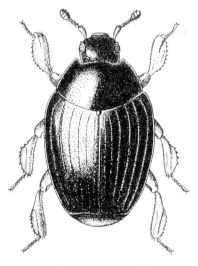

图 152　仓储木阎虫
（仿 Hinton）

138. 麦氏甲阎虫 *Carcinops mayeti* Marseul（图版Ⅻ-5）

形态特征 体长约1.4mm。宽卵圆形,表皮暗红至近黑色,有光泽,触角棒红褐色。前胸背板侧缘线完整,有大小两种刻点。鞘翅背线由近基部延伸至端部,第5、第6背线间的后部有1条短的副线。腹部第1腹板中区每侧各有1条陷线,极侧方有近平行的陷线两条。

分布 中国长江以南;沙特阿拉伯,埃及。

139. 黑矮甲阎虫 *Carcinops pumilio*（Erichson）（图153;图版Ⅻ-6）

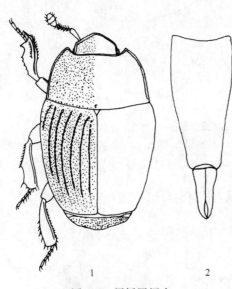

图153 黑矮甲阎虫
1. 成虫; 2. 雄性外生殖器
（仿 Крыжановский）

形态特征 体长2.1~2.6mm。卵圆形,背方稍隆起,沥青褐色至黑色,有光泽,触角及足暗褐色,触角棒红黄色。前胸背板宽为长的1.8倍,两侧及前缘饰细缘边;中区刻点小,两侧（尤其前角处）杂有大刻点。鞘翅陷线内有大刻点,第1~5背线完整,傍缝线与第5背线相连或在基部变短,内肩下线完整,外肩下线缺如或仅以几个刻点显示。前臀板及臀板上密布大小两种刻点。中胸及后胸侧区的刻点明显,后胸中区密布小刻点。前足胫节内缘显著弯曲,外缘端部有2个大齿,中足胫节有2个大刺,后足胫节外缘有1个大刺。

生物学特性 该虫发现于多种动植物性物质内,如动物尸体、骨骼、鸡窝、鸽窝、动植物产品仓库（尤其多见于粮食仓库及面粉库）,也经常进入住房内。在仓库,多栖息于潮湿阴暗处,如粮堆的下层、地下室及车间死角处。该虫又大量生活于养鸡场的鸡粪池内,虫口密度极高,成虫和幼虫捕食家蝇幼虫,成为抑制家蝇虫口有效的生物防除剂。

分布 国内大部分省（直辖市、自治区）;世界性分布。

140. 穴甲阎虫 *Carcinops troglodytes*（Paykull）（图154;图版Ⅻ-7）

形态特征 该种的外部形态及大小酷似黑矮甲阎虫,不同之处在于:穴甲阎虫的傍缝线通常在基部1/3或1/4缺如,而黑矮甲阎虫的傍缝线延伸到近基部,尽管有时以刻点列的形式存在;穴甲阎虫的外肩下线短,而黑矮甲阎虫的外肩下线缺如或仅以少数刻点表示其存在;穴甲阎虫中胸及后胸两侧的刻点很小,中区看上去基本光滑,而黑矮甲阎虫中胸及后胸两侧的刻点明显,粗而深,后胸中区有小刻点。

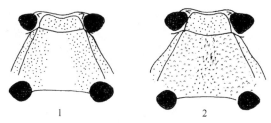

图 154　穴甲阎虫与黑矮甲阎虫的中胸腹板

1. 穴甲阎虫；2. 黑矮甲阎虫

（仿 Крыжановский）

分布　云南；广泛发生于世界热带区。

对于穴甲阎虫的国内分布情况有待进一步调查。国内文献过去将该种与黑矮甲阎虫混淆。作者检查了由云南瑞丽、畹町、耿马仓内采得的标本，并未发现黑矮甲阎虫，全部是穴甲阎虫。估计该种还有可能发生于我国南方其他省（直辖市、自治区）。

141. 窝胸清亮阎虫 *Atholus depistor* (**Marseul**)（图 155；图版Ⅻ-8）

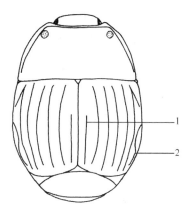

图 155　窝胸清亮阎虫

1. 傍缝线；2. 肩下线

（刘永平、张生芳图）

形态特征　体长 4.2~4.8mm。鞘翅黑色，触角及足的胫节通常红褐色。前胸背板近前角处的眼后窝深而圆，窝内有粗大刻点。鞘翅背线明显，线内布刻点；第 1~5 背线完整，傍缝线短，向前约伸达翅中部；肩下线发达，显著弯曲，约为翅长之半。前臀板上的刻点粗而密，刻点间距为刻点直径的 0.8~2 倍；臀板上的刻点较小而密。前足胫节外缘有 3 个齿，以端齿最大。

分布　辽宁、内蒙古、中国北部及中部；苏联，朝鲜，日本。

142. 十二纹清亮阎虫 *Atholus duodecimstriatus*（Schrank）（图 156；图版 XII-9）

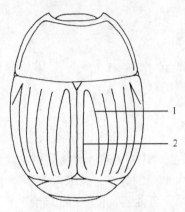

图156　十二纹清亮阎虫
1. 第5背线；2. 傍缝线
（刘永平、张生芳图）

形态特征　体长 3.0～4.2mm。卵圆形，黑色，有光泽，触角棒红褐色。前胸背板侧线向后几乎伸达基缘，侧线的前部内方有 1 刻点区。鞘翅背线深，线内具刻点；第 1～4 背线完整，第 5 背线与傍缝线通常完整，后二者在前方相连；肩下线缺如，或在近中部保留一段。前臀板上的大刻点间散布小刻点，臀板上散布小刻点。前足胫节外缘有 3 个齿。

分布　黑龙江、吉林、内蒙古、新疆；蒙古，日本，苏联，挪威，芬兰，瑞典，伊朗，阿富汗，北非。

143. 远东清亮阎虫 *Atholus pirithous*（Marseul）（图 157；图版 XII-10）

形态特征　体长 3.2～3.8mm。短卵圆形，背面相当隆起，黑色有光泽。触角棒红褐色。前胸背板散布稀疏的小刻点，前角处凹陷区内刻点较大；侧线内有刻点，缘线完整。鞘翅表面散布小刻点，背线内的刻点粗大；第 1～4 背线完整，第 5 背线前方不达翅中部，傍缝线通常向前伸越翅中部。前臀板上散布大刻点，刻点间密布小刻点；臀板基部也有大小两种刻点，端部仅有小刻点。前足胫节有 5 个小齿。

分布　辽宁、黑龙江、福建；苏联，日本，朝鲜。

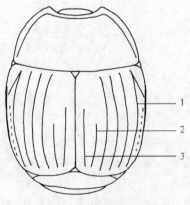

图157　远东清亮阎虫
1. 第1背线；2. 第5背线；3. 傍缝线
（刘永平、张生芳图）

144. 吉氏分阎虫 *Merohister jekeli* (Marseul)（图 158；图版Ⅻ-11）

形态特征　体长 7.0~9.5mm。短卵圆形，背方中度隆起，黑色，有光泽。触角棒色暗。前胸背板前角之后近侧线处有宽的凹陷区，其内散布粗大刻点；侧线明显而完整。鞘翅背线深，第 1~4 背线完整，第 5 背线及傍缝线为翅长的 1/3~1/2，后 2 条线有时断裂成刻点状。前臀板散布中等密的刻点；臀板隆起，刻点较小较密。前足胫节有齿 3~4 个，端齿由 2 个刺组成。

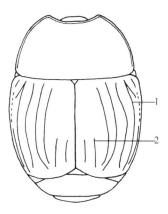

图 158　吉氏分阎虫
1. 第 1 背线；2. 第 5 背线
（刘永平、张生芳图）

分布　辽宁、内蒙古、河北；苏联，日本，朝鲜，印度，亚洲东部及东南亚。

145. 四斑阎虫 *Hister quadrinotatus* Scriba（图 159；图版Ⅻ-12）

形态特征　体长 5.4~7.8mm。短卵圆形，背方隆起，黑色，有光泽。每鞘翅上有 2 个界限不明显的暗红褐斑：第 1 个斑位于肩角，在翅的侧缘与第 1 背线之间；第 2 个斑与第 1 个相连，较大，斜向伸至翅中部。前胸背板内侧线和外侧线完整或稍短，缘线伸达后角。鞘翅的背线相互平行，第 1、第 2 背线完整，第 3 背线向后仅伸达翅中部，有时较长，第 4、第 5 背线缺如，傍缝线有时仅保留一小段，内肩下线及外肩下线缺如。前臀板上的刻点小而稀，在后部刻点消失；臀板上的刻点更小。前足胫节有 3 个突出的小齿，端齿有刺 2 个。

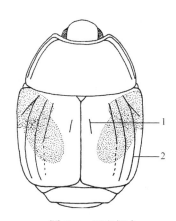

图 159　四斑阎虫
1. 傍缝线；2. 第 1 背线
（刘永平、张生芳图）

分布　新疆；苏联的欧洲部分，中亚，土耳其，法国，德国，瑞士，波兰，意大利，巴尔干半岛。

146. 谢氏阎虫 *Hister sedakovi* **Marseul**（图 160；图版Ⅻ-13）

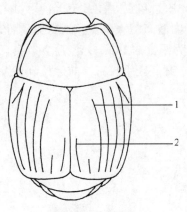

图 160　谢氏阎虫
1. 第 4 背线；2. 傍缝线
（刘永平、张生芳图）

形态特征　体长 3.6~4.8mm。卵圆形，黑色，有光泽，触角棒红褐色。前胸背板内侧线向后逐渐与前胸背板侧缘靠近，末端内弯；外侧线通常伸达侧缘中央之后，有时完整。鞘翅背线内无刻点；第 1~3 背线完整，第 4 背线前方略短，第 5 背线及傍缝线仅保留端部一小段。前臀板散布大刻点，其间杂有小刻点，中部的刻点稀；臀板刻点大部集中于基部，端区几乎光滑。

分布　中国西部至东北部，南至甘肃、山西及河北；苏联，朝鲜，蒙古。

（十二）小蠹科 Scolytidae

小型甲虫，体长 0.8~10mm，绝大多数的种不大于 4mm。体圆筒状或长卵形，稀有半球形。体色多暗淡，黄褐色至黑色。全身被刚毛或鳞片状毛。头狭于前胸；触角膝状，分为柄节、索节及锤状部 3 部分：柄节变化不大，索节 2~7 节（多为 5 节），锤状部 3~4 节。前胸背板呈梯形、盾形或方形，侧缘的缘边有或无。每鞘翅有 10 个刻点行；鞘翅后方的斜面有或无，有的种类鞘翅斜面构成翅盘，盘缘缀生齿或瘤突。足粗短，胫节扁平，外缘附齿列或端距，跗节式 5-5-5。

据新近报道，该科全世界记述达 6000 种以上。多数蛀食树木，在树内修筑坑道；少数蛀食果实、木材及木制器具，转化成储藏物害虫。以下介绍咖啡果小蠹及棕榈核小蠹。除此以外，还可能发现其他种类，如北方材小蠹 *Xyleborus dispar* (Fabricius)、家条木小蠹 *Trypodendron domesticum* (Linnaeus)、黑条木小蠹 *Trypodendron lineatum* (Olivier) 等。

147. 咖啡果小蠹 *Hypothenemus hampei* (**Ferrari**)（图 161；图版Ⅻ-14）

形态特征　以下主要引自殷惠芬先生的记述。雌虫体长 1.4~1.7mm，体宽 0.6~0.7mm，长为宽的 2.3 倍。椭圆形，黑褐色，体表光亮，鞘翅着生排列整齐的狭长鳞片。眼基本椭圆，近触角着生点有小缺刻；触角索节 5 节，锤状部 3 节，呈椭圆形，上面有小毛构成的横向毛列 3 列，但无节缝，近锤基有与毛列平行的横向黑色几丁质嵌隔 1 条，从一侧边缘开始，延伸至锤中部终止。额部底面细网状，被粗浅刻点和小颗粒，额心在中隆线上方两眼之间有 1 小浅凹陷；额毛较短，匀布于额面上。前胸背板长小于宽，长宽之比为 0.9：1.0；背面观近正三角形，而各边均向外侧弓曲，构成匀曲的弧线形轮廓；侧面观背中部强烈突起，呈风帽状，背顶部位于背板长度的中部；前胸前半部的瘤

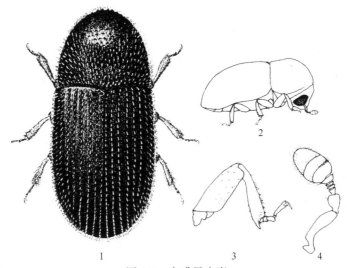

图 161　咖啡果小蠹
1. 成虫背面观；2. 成虫侧面观；3. 前足；4. 触角
（1. 仿 Kingsolver；2~4. 仿 Green）

区背顶夹角约 120°，背板前缘当中有 5~6 粒小瘤，瘤区中部的鳞状瘤圆阔不锐，分层分布，瘤区中的毛短而粗壮，呈鬃状；前胸后半部的刻点区生狭长鳞片，略竖立，其形状大小与鞘翅鳞片相同。鞘翅长宽之比为 1.5∶1.0，鞘翅长度为前胸背板长度的 1.7 倍；行纹内的刻点圆大、深陷，茸毛微小不显；行间光平，各有 1 列竖立狭窄的鳞片，其形状长短从翅基至翅端基本一致，排成齐直纵列；第 6 行间在翅基处有凸起的尖角，两翅肩角左右对称，极其显著；鞘翅斜面均匀弓曲，无特殊结构。

　　本种雌虫的主要特征是体表平坦光亮；鞘翅行纹刻点圆大而深陷，行间鳞片狭窄而竖立，相距稀疏；在翅基两侧有明显的肩角。

　　雄虫较雌虫体小细弱，体长 1~1.2mm，宽 0.55~0.6mm。颜色浅淡，数量很少，只发生在原生长发育的咖啡果实中，短命，不能入侵新果。

　　生物学特性　本属昆虫雄性均为单倍体（细胞染色体的数量是雌虫的一半）。本属昆虫的繁殖方式有两种：一是近亲交配，即同胞兄妹之间或母子之间相互交配；二是孤雌生殖，即未经交配的雌虫直接产生后代。受精卵孵化出的个体是雌性，未受精卵孵化出的个体是雄性。未受精卵的来源与其繁殖方式是直接相关的，有两种：其一是雌虫已经与雄虫交配过，但某些卵子没有精子进入其中而产出体外，其二是雌虫根本未曾与雄虫交配直接产卵；在前者情况下产出的第 2 代大多是雌虫，只有极少数是雄虫，雌雄数量比一定，因种类不同而有差异，但在同种中性比数基本恒定；在后者情况下产出的第 2 代全是雄虫。根据上述本属昆虫的繁殖方式和雌雄比数可以知道该虫的繁殖力是相当强大的。

　　交尾过的雌虫在咖啡果实的端部蛀孔，钻入青果内产卵。每雌虫产卵 30~60 粒，最多每头可产 120 粒。卵期 8~9 天，幼虫孵化后在咖啡豆内取食。幼虫期 10~26 天，蛹期 4~9 天，由卵发育至成虫需 25~35 天。成虫性比以雌虫占绝对优势，雌虫一般为雄虫的 10 倍以上。雌虫善飞，飞翔活动多集中于下午 16~18 时，雄虫不飞翔，一般不离开寄主。在条件允许时，1 年可发生多代，世代重叠。在乌干达，年发生 8 代，在巴西，年发生 7 代。

经济意义　该虫为我国规定的对外检疫性害虫，主要为害咖啡属植物的果实，为咖啡种植业最重要的害虫之一。幼果被害后造成腐烂变黑，果实脱落；成熟果实和种子被害后直接造成质量损失及品质的恶化。在马来西亚，咖啡青果被害率有时高达 90%，成熟果实被害率达 50%，田间减产达 26%；在象牙海岸受害率达 50% ~ 80%；在扎伊尔，青果被害率达 84%，在乌干达为 80%。

分布　此虫原产非洲，最早记载于 1867 年，由 Ferrari 在贸易的咖啡豆中采到，现已广泛分布于以下咖啡种植国家：越南，老挝，柬埔寨，泰国，马来西亚，菲律宾，印度尼西亚，印度，斯里兰卡，沙特阿拉伯，利比亚，塞内加尔，巴布亚新几内亚，塞拉利昂，科特迪瓦，加纳，多哥，尼日利亚，喀麦隆，乍得，中非，苏丹，埃塞俄比亚，肯尼亚，乌干达，坦桑尼亚，卢旺达，布隆迪，扎伊尔，刚果，加那利群岛，圣多美和普林西亚，安哥拉，莫桑比克，加蓬，费尔南多波岛，新喀里多尼亚，密克罗西亚，马里亚纳群岛，加罗林群岛，社会群岛，塔希提岛，伊里安岛，危地马拉，萨尔瓦多，洪都拉斯，哥斯达黎加，古巴，牙买加，海地，多米尼加，波多黎各，哥伦比亚，苏里南，秘鲁，巴西，美国。

148. 棕榈核小蠹 *Coccotrypes dactyliperda* (Fabricius) （图 162；图版XII-15）

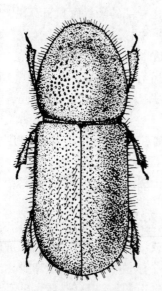

图 162　棕榈核小蠹
（仿殷惠芬）

形态特征　雌虫显著大于雄虫，雌虫体长 2 ~ 2.5mm，雄虫 1.5 ~ 2mm。体圆筒状，赤褐色，有光泽，被覆细而短的茸毛。复眼肾形，前缘中部的角形凹刻甚浅；触角柄节正常，索节 5 节，锤状部 3 节，锤状部侧扁，正面观圆形，其中基部 1 节长为锤状部的 1/2，中节甚短，端节较长。前胸背板宽略大于长，后 1/3 处最宽；表面隆起较高，散布小颗瘤，无刻点及背中线。鞘翅行纹不凹陷，由 1 列刻点组成，行间与行纹的刻点在大小、形状及疏密程度上无异。前足胫节外缘有 4 个齿。

生物学特性　该虫为蛀食性害虫。幼虫早期侵入海枣（即伊拉克蜜枣）的绿色果实内，在果皮上留有许多蛀食圆孔。幼虫入侵后即在果核内修筑坑道，生长发育，造成危害。

经济意义　该种具有突出的检疫重要性，为海枣种植业重要的害虫之一。被蛀的青果往往提前脱落，影响产量；成熟果实又往往继续受害，严重影响海枣的品质。此外，该虫也为害槟榔。

分布　北非，美国南部及夏威夷，以色列，小亚细亚，印度。

（十三）木覃甲科 Ciidae

小型甲虫，体长由不足 1mm 至 7mm，多数为 1 ~ 2mm。圆筒状，长形至卵圆形。表皮褐色至沥青色，被粗短而直立的鳞片状毛。头卵圆形，部分或全部隐于前胸背板之下；额脊明显，额面布粗大刻点；触角 8~10 节，稀 11 节，末 3 节形成松散的触角棒，触角着生于复眼与上颚基部之间。前胸背板大，约与鞘翅基部等宽，方形，有缘边，表面布皱纹刻点，雄虫的头部和前胸背板前缘有时有叶状、齿状、角状或瘤状突。足较短；前足基节横卵圆形，中足基节亚圆锥形，后足基节横形，各足基节均左右分离；转节小，横三角形；腿节膨大；胫节细而具刺，无端距；跗节式 4-4-4（稀 3-3-3），第 1~3 节短，末节长。小盾片小，不明显。鞘翅覆盖腹末，行间布皱纹刻点。腹部可见腹板 5 节。

成虫和幼虫群集生活于蕈类及腐木中，也往往栖息于小蠹虫的坑道内，为典型的食菌性甲虫。

全世界迄今记述约 550 种，分隶于约 40 个属。日本记述 20 属 62 种。有许多近缘种，种的鉴定存在较大的难度。作者在《中国储藏物甲虫》一书中记述了中华木蕈甲 *Cis chinensis* Lawrence 1 种，黄建国等在《郑州粮食学院学报》1993 年第 1 期报道了铲状木蕈甲 *Cis seriatopilosus* Motschulsky 及阔角木蕈甲 *Octotemnus laminifrons* Motschulsky。该科的某些种类严重为害食用蕈类，经济意义显著，有深入研究之必要。

149. 中华木蕈甲 *Cis chinensis* Lawrence（图 163；图版Ⅻ-16：A ♂，B ♀）

　　形态特征　体长 1.68~2.17mm，长约为宽的 2 倍。头、前胸背板、鞘翅及身体腹面红褐色至暗褐色，前胸背板通常比鞘翅暗，触角、口器和足淡黄色至红褐色，触角棒通常稍暗。背面显著隆起，着生淡红黄色半直立的短毛。雄虫头部的额唇基区突出成 4 个齿：外侧的 2 个较宽而钝，生于额区，位于触角着生点之上；中部的 2 个较狭而尖，位于唇基区，后

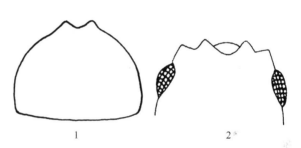

图 163　中华木蕈甲雄虫
1. 前胸背板；2. 头部背面观，示前缘的 4 个齿
（刘永平、张生芳图）

两齿的间距约等于 1 个齿基部的宽度。雌虫头部的额唇基区不明显突出而呈三波状。触角 10 节，末 3 节形成松散的触角棒；10 个触角节的长度之比为 5.33：3.33：3.33：2.67：2.00：1.33：1.00：4.00：4.00：5.33；其各节长/宽比为 1.33：1.25：2.50：1.82：1.36：0.67：0.43：0.86：0.86：1.14。前胸背板长约为宽的 3/4，最宽处位于中央稍后；雄虫前胸背板前缘强烈突出，中央凹入，形成 2 个靠近的齿突，雌虫前缘圆形，无明显的齿突；侧缘呈弧形，缘边发达，由背方容易看到其全长，边缘具小齿；中区强烈隆起，表面光滑而有光泽；刻点中度细而稠密，刻点间距为 0.5~1 个刻点直径。鞘翅长约为其宽的 1.3 倍，约为前胸背板长的 1.85 倍（1.7~2 倍），末端宽圆；肩胛不发达；刻点多少呈均匀分布，每一刻点着生 1 根近直立的黄红色短毛。前胸腹板显著隆起，形成弱的中央脊；基节间突宽约为基节宽的 1/4 倍。前足胫节外端角突出成锐齿。雄虫第 1 腹板中央有 1 圆形毛窝。

中华木蕈甲与同属的胸角木蕈甲 *Cis mikagensis* Nobuchi（分布于日本）、印度木蕈甲 *Cis indicus* Pic（分布于印度）及中条氏木蕈甲 *Cis chujoi* Miyatake（分布于我国台湾）十

分相似。区别于后3个近缘种在于:中华木蕈甲前胸背板的侧缘缘边发达,由背方容易看到其全长,而后3个种前胸背板侧缘缘边窄,由背面难以看到其全长。

经济意义 严重为害储藏的干灵芝 *Ganoderma lucidum*(Leysser ex Fries)Karsten。该寄主作药用,常大量出口。

分布 国内大部省(直辖市、自治区)。

(十四)大蕈甲科 Erotylidae

小至中型甲虫,体长2~36mm。多为黑色,具红黄色花斑。多数背面光裸无毛,有光泽。头缩入前胸至眼部。触角着生于额两侧,复眼之前,11节,触角棒多为3节(少数4~5节),第3触角节长,约等于第4节、第5节之和或第4~6节的总长。上唇与额愈合。复眼着生于头部两侧,小至中等大小,通常呈圆形。

前胸背板比头部宽,近方形。前足基节窝后方关闭;前足及中足基节球形,后足基节三角形,3对足的左右基节均分离;跗节式5-5-5,第4节通常小,前3节宽而下面着生毛;爪简单。鞘翅完全遮盖腹部,末端圆,行间通常疏布刻点。腹部可见腹板5节,第1、第5腹板通常较大。

幼虫多生活于土壤内及植物组织或肉质的菌体内,或腐败的木屑内,或发生于大量菌丝孳生的储藏物内。成虫将卵产于真菌上,幼虫取食肉质的真菌汁液,成虫多栖息于树皮下或原木下。

全世界记述约30属3000种。广泛分布于热带和亚热带,国内储藏物中多发现的有凹黄大蕈甲及二纹大蕈甲2种。

种 检 索 表

前胸背板四周橘黄色,中央有1黑褐色大斑;两鞘翅基部的淡色带不在翅中央相遇 ····················· 二纹大蕈甲 *Dacne picta* Crotch
前胸背板均一橘黄色;鞘翅上的淡色带宽,由肩部斜向内后方,两翅的淡色带在中央相遇 ··········· 凹黄大蕈甲 *Dacne japonica* Crotch

150. 二纹大蕈甲 *Dacne picta* Crotch(图164;图版XIII-1)

形态特征 体长2.8~3.3mm。前胸背板四周、足、触角及鞘翅近肩部橘黄色,前胸背板中部及鞘翅大部黑色。触角11节,末3节膨大形成触角棒,3个棒节均明显横宽,末节宽为末节长的2.5倍(♂)或2.2倍(♀)。小盾片半圆形。鞘翅黑色,每鞘翅近基部有1斜形橘黄色带,自肩角向后向内延伸,两翅上的淡色带在翅中部不相接,形成倒"八"字形,翅端赤褐色。头及前胸背板疏布刻点,鞘翅的刻点行间又有成行的细刻点。

生物学特性 自然条件下1年发生2代,室内可发生3~4代。成虫喜黑暗,常隐蔽于蛀食孔道内。有假死习性。卵多产于菌盖内,产卵前用口器凿1卵窝,在窝内产1粒卵。初孵幼虫爬出卵窝,爬行一段时间,然后从菌盖蛀孔侵入,也可从菌褶或菌柄蛀入。幼虫在子实体内纵横取食,形成弯曲的孔道。老熟幼虫在孔道内或爬出孔道化蛹。成虫和幼虫均可对香菇造成危害,尤其喜食潮湿的香菇。

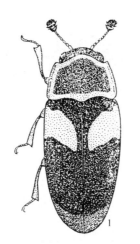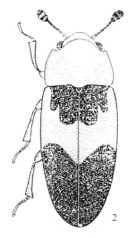

图 164 二纹大蕈甲与凹黄大蕈甲

1. 二纹大蕈甲；2. 凹黄大蕈甲

（仿 Тудзо）

经济意义 对香菇为害严重。另有报道该虫还为害皮毛等。

分布 浙江、广东等省（直辖市、自治区）；日本。

151. 凹黄大蕈甲 *Dacne japonica* Crotch （图 164；图版XIII-2）

形态特征 体长 3.0~4.5mm。椭圆形，有光泽。头、足及前胸背板橘黄色，鞘翅黑色，每鞘翅的前半部有 1 条橘黄色宽带，起始于肩角，向后向内倾斜，两条带在翅中部相接。触角 11 节，橘黄色，末节半圆形，第 9、第 10 两节宽约为长的 4 倍。

经济意义 为害储藏的蘑菇、木耳等。

分布 湖北、云南、上海、贵州、广西等省（直辖市、自治区）；日本，俄罗斯的远东地区。

（十五）豆象科 Bruchidae

该科昆虫多小型，体长 1~10mm，多数呈卵圆形，少数长椭圆形或近方形，身体各部密接。体壁黑色或暗褐色，有时呈赭黄色、淡红色或黄色，颜色单一或具花斑，被倒伏状细毛。头延伸呈短鼻状，在静止状态下紧贴于前胸及中胸腹板；复眼前方凹缘，在多数种类凹缘极深，使复眼变成马蹄形，少数种类有浅凹；触角 11 节，侧扁，除基部几节外其余各节多扩展成锯齿状或栉齿状，少数种类触角近丝状，着生于复眼凹缘的开口处。前胸背板圆锥形、梯形或半圆形。每鞘翅有纵行纹 9~10 条，行间和行纹内散布刻点。臀板大而外露，在某些类群，除臀板之外还有 1~2 节背板外露。腹部可见腹板 5 节，第 1 和第 5 腹板较长。前足及中足腿节细；后足腿节粗而扁，在腹面形成 1~2 条纵隆脊，隆脊上通常着生齿或齿列。雄虫外生殖器的阳基侧突发达，多呈双叶状，左右对称；阳茎发达，内阳茎上着生骨化刺，阳茎端部呈瓣状。

　　豆象科昆虫当前全世界记述约 1600 种, 分隶于 58 个属, 广布于除南极之外的世界各大陆, 尤其以亚洲的热带区及中美和南美的数量最多。该科昆虫大约 84% 的种取食豆科植物种子, 成为栽培豆科植物的一类重要的害虫; 另一些种类为害椰子、棕榈核仁、榛子及旋花科、梧桐科等植物的种子; 还有一类为害木本绿化树的种子。据 Southgate (1979) 报道, 豆象科昆虫的寄主植物涉及 33 个科。

属及某些种检索表

1　后足胫节端有 2 根可活动的距 ·· 2
　　后足胫节端无距, 通常有锐突和刺 ······································ 3

2　鞘翅第 10 行纹几乎伸达翅端; 后足胫节距黑色; 体表皮均一黑色, 被灰白色毛; 为害旋花属植物的种子 ····················· 牵牛豆象 *Spermophagus sericeus*（Geoffrey）
　　鞘翅第 10 行纹仅伸达翅中部; 后足胫节距红褐色; 雌虫鞘翅中部有 1 条白色宽横毛带 ·········
　　·· 巴西豆象 *Zabrotes subfasciatus*（Boheman）

3　臀板及 1~2 个背板不被鞘翅覆盖; 雄虫触角强锯齿状或栉齿状; 足细长, 后足胫节无端刺 ·······
　　··· 细足豆象属 *Kytorhinus*
　　腹部仅臀板不被鞘翅覆盖; 足较粗壮 ································ 4

4　中胸后侧片宽, 几乎与前侧片同样大; 前胸背板侧缘前半部无侧脊; 后足腿节极粗壮, 腹面有 1 列齿; 复眼浅凹, 凹缘不超过复眼长的 1/4 ·············· 短颊粗腿豆象属 *Caryedon*
　　中胸后侧片极狭窄; 复眼深凹 ······································ 5

5　前胸背板每侧近中部通常有 1 齿; 后足腿节外缘端部有 1 齿; 雄虫中足胫节具端刺或片状突起 ····
　　··· 豆象属 *Bruchus*
　　前胸背板侧缘无齿 ·· 6

6　后足腿节腹面内缘脊和外缘脊上各有 1 齿 ················· 瘤背豆象属 *Callosobruchus*
　　后足腿节内缘脊和外缘脊上均无齿, 或仅内缘脊上有齿 ··················· 7

7　后足腿节内缘脊和外缘脊上均无齿 ·············· 腹镜沟股豆象 *Sulcobruchus discus* Zhang & Liu
　　后足腿节仅内缘脊上有齿 ··· 8

8　雌虫臀板有 1 对大凹窝, 雄虫臀板凹凸不平; 雄虫腹部第 1 腹板中央有 1 茸毛斑; 体长 4.5~6.5mm; 为害皂荚种子 ··················· 皂荚豆象 *Megabruchidius dorsalis*（Fåhraeus）
　　雌虫臀板及雄虫腹板无上述构造; 体长通常小于 4mm ····················· 9

9　后足腿节腹面内缘脊上有 1 齿 ························· 多型豆象属 *Bruchidius*
　　后足腿节腹面内缘脊上有 1 大齿及 2~3 个小齿 ··························· 10

10　前胸背板基部有侧纵脊 1 对 ············· 曼氏脊背豆象 *Specularius maindroni*（Pic）
　　前胸背板无侧脊 ·························· 三齿豆象属 *Acanthoscelides*

152. 牵牛豆象 *Spermophagus sericeus*（Geoffrey）（图 165; 图版 XIII-3）

　　形态特征　体长 1.8~2.8mm。卵圆形, 表皮单一黑色, 疏被灰白色毛。前胸背板近半圆形, 宽为长的 1.5 倍以上。鞘翅侧缘近圆弧形, 末端圆, 无淡色毛斑或毛带; 第 10 行纹向后伸达近翅的末端。后足胫节近端部有 2 个黑色距。雄性外生殖器的阳基侧突着生大量末端弯曲的长毛, 内阳茎无明显的骨化刺。

　　生物学特性　成虫有访花习性, 取食多种植物的花粉或花的其他部位。据作者观

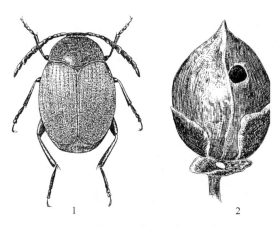

图 165　牵牛豆象

1. 成虫；2. 被害的田旋花种子，示成虫羽化孔及花萼上的卵

（仿 Lukjanovitsh）

察，在新疆及北京，成虫访花多在晴朗的天气，于日出后至 10 时左右进行。除了旋花属的植物之外，成虫也大量集聚在菊科、蔷薇科、大戟科和十字花科等植物的花上，同时也为害某些栽培作物的花。幼虫可在田旋花、直立旋花等旋花属植物的种子内发育。成虫将卵产在花的萼片内表面，幼虫孵化后蛀入果实内，取食种子的胚部。当幼虫将种子的内容物食尽之后，化蛹于其中。

牵牛豆象的寄主种子往往随谷物混入谷仓，因此，成虫有时可在谷仓内发现，尤其在小麦仓内多见。

经济意义　为害旋花属 *Convolvulus* 及一种蚤缀 *Arenaria pungens* 的种子。

分布　河北、内蒙古、甘肃、新疆；法国，意大利，西班牙，葡萄牙，希腊，瑞典，阿尔及利亚，突尼斯，塞浦路斯，伊朗，以色列，叙利亚，土耳其，日本，蒙古，苏联，澳大利亚。

153. 巴西豆象 *Zabrotes subfasciatus*（Boheman）（图 166；图版ⅩⅢ-4：A ♂，B ♀）

形态特征　体长 2.0~3.6mm。卵圆形，表皮黑色，仅触角基部两节、前足及中足胫节端和后足胫节端距红褐色。触角弱锯齿状，触角节细长。前胸背板近半圆形，宽约为长的 1.5 倍。雄虫前胸背板着生黄褐色毛，后缘中央有 1 淡黄色毛斑；雌虫前胸背板散布白毛斑，并显示白色中纵纹。鞘翅长约等于两翅合宽；第 10 行纹向后伸达翅中部；雌虫鞘翅中部有 1 条白色宽横毛带。后足胫节端有 2 根等长的红褐色距。雄性外生殖器两阳基侧突大部愈合，仅端部分离，呈双叶状；外阳茎腹瓣卵圆形；内阳茎有 1 个倒"U"形大骨片。

生物学特性　巴西豆象主要在仓内为害。在其原产地巴西 1 年发生 6~8 代。在我国云南省中缅边境地区 1 年也可发生 8 代。

成虫羽化后即达性成熟。雌虫和雄虫均有多次交尾现象。产卵前期 1~7 天，雌虫直接将卵散产于豆粒表面，卵带有大量的黏性物质，可牢固地黏附在种皮上。雌虫产卵

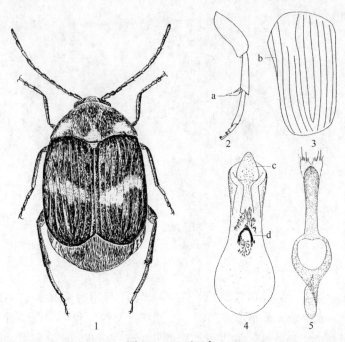

图 166　巴西豆象
1. 雌成虫；2. 后足；3. 左鞘翅；4. 雄虫阳茎；5. 阳基侧突；a. 胫节距；b. 鞘翅第 10 行纹；
c. 外阳茎瓣；d. 内阳茎倒"U"形骨片
（刘永平、张生芳图）

一般 20~50 粒，产卵持续 0.5~1 个月，但大部分卵集中产在前 5 天内。产卵的最适温度为 25~30℃，若以水或蜜糖液饲喂雌虫，可显著提高产卵量。

幼虫发育最快的温度为 32.5℃，在此温度和相对湿度为 70% 的条件下，发育期平均为 24.5 天；在 35℃ 下发育速度稍减。发育的最低温度接近 20℃。幼虫共有 4 龄。

经济意义　此虫为我国规定的进境植物检疫危险性害虫。以幼虫蛀食豆类种子进行为害，对储藏的菜豆和豇豆为害尤其严重。在拉丁美洲，此虫对菜豆造成的损失约为 15% 左右。在缅甸和印度，可全年在仓内繁殖，主要为害金甲豆 *Phaseolus lunatus* L.。在巴西，对 11 个栽培品种进行观察表明，储藏 9 个月的菜豆种子被害率为 50%，储藏 12 个月被害率达 100%。

分布　云南；美洲（从美国到智利，各国均有分布），越南，印度，缅甸，印度尼西亚，巴布亚新几内亚，尼日利亚，前扎伊尔，布隆迪，肯尼亚，埃塞俄比亚，坦桑尼亚，安哥拉，莫桑比克，马达加斯加，乌干达，波兰，匈牙利，德国，奥地利，英国，法国，意大利，葡萄牙。

154. 腹镜沟股豆象 *Sulcobruchus discus* Zhang & Liu（图 167）

形态特征　体长 3.1~4.5mm。表皮单一黑色。触角长约为体长之半，基部 3 节圆筒状，从第 4 节开始显著加宽，第 4~10 节锯齿状，末节端部尖。鞘翅长约等于两翅合宽；疏生淡灰色短毛，不遮盖体表结构；每鞘翅第 3、第 4 行间基部有 1 小瘤突。臀板与

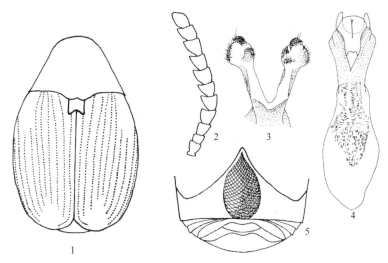

图 167　腹镜沟股豆象

1. 成虫；2. 触角；3. 雄虫阳基侧突；4. 阳茎；5. 雄虫腹部腹面观

（刘永平、张生芳图）

体轴近垂直，被淡色毛。后足腿节腹面内外缘脊上均无齿。雄虫腹部第1腹板远长于其余4节腹板的总长，第1腹板中部平坦，由多数光亮的鳞片嵌合成圆盘镜状；雌虫第1腹板稍长于其余4节腹板的总长，无上述鳞片组成的圆盘镜。

经济意义　发现于中药材内。

分布　浙江。

155. 皂荚豆象 *Megabruchidius dorsalis*（Fåhraeus）（图 168；图版ⅩⅢ-5）

　　形态特征　体长 4.5~6.5mm。表皮大部黑色，仅触角基部4节、各足腿节及腹部末端红褐色。触角短，向后不超越前胸背板后缘；第 1~4 节长大于宽，由第 5 节起变宽且呈锯齿状。前胸背板圆锥形，近后缘中央明显深凹，其上的毛构成三角形的白毛斑。鞘翅在小盾片后方有 1 纵长的白毛斑，在近翅基部、中部和端部各有 1 横带状黑毛斑，其中杂白色毛；第 3~5 行纹基部有瘤突。臀板被灰白色和黄褐色毛；雄虫臀板凹凸不平，雌虫臀板稍平坦，每侧有 1 凹陷的无毛黑斑。后足腿节腹面内缘有 1 小齿；胫节有 3 条纵脊，在端部腹面延伸成 1 长刺。

　　生物学特性　王洪魁等于 1991 年报道，皂荚豆象在辽宁省 1 年 1 代，多以成虫越冬，少数以幼虫或蛹在皂荚的荚果种子内越冬。7 月下旬至 8 月上旬出现成虫。卵散产于荚果表面及种子附近的凹陷处，每荚果上平均

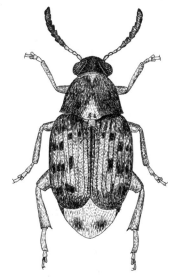

图 168　皂荚豆象

（刘永平、张生芳图）

着卵20~50粒，最多达107粒。卵期约10天。1头幼虫只为害1粒种子，可食掉整粒种子质量的1/3~1/2，在种子内形成长椭圆形凹坑。凹坑的长径约9mm，短径约4mm。10月上、中旬成虫在羽化后离开荚果，留下孔径为2~2.5mm的羽化孔。1个荚果最多有14~15个羽化孔。

　　经济意义　幼虫为害皂荚种子。据在沈阳、丹东、盖县及北镇县调查，皂荚果荚平均被害率为63%，株被害率达100%，种子被害率平均33.5%。

　　分布　辽宁、河北、北京、山东、河南、江苏、福建、台湾、广西、贵州、四川、云南、青海、新疆、甘肃、陕西、湖南、安徽等省(直辖市、自治区)；日本，印度，缅甸，孟加拉国。

156. 曼氏脊背豆象 *Specularius maindroni*（Pic）（图169；图版ⅩⅢ-6）

　　形态特征　体长3~4mm。头部黑色，后部稍缢缩。额部具有弱纵脊，着生苍白色毛。雄性触角栉齿状，雌虫锯齿状。前胸背板暗褐至黑色，表面有小凹陷，着生灰色及白色毛，基部在小盾片之前有1白毛斑及1对侧纵脊。小盾片方形，稍纵长，被白色毛。鞘翅暗褐色，基部黑色，中部有1黑色带；翅长宽略等；第3~5行纹基部显著隆起。前足及中足黄色，后足黄褐色，后足腿节腹面内缘脊上有1大齿，后跟2个小齿，胫节腹面有1短端刺。臀板暗褐色，散生灰白色毛，白色毛集中在前角处，并形成白色的中纵纹。雄性外生殖器：两阳基侧突在基半部愈合；内阳茎无骨化板，除囊区之外有多数小齿突，外阳茎瓣短圆锥形。

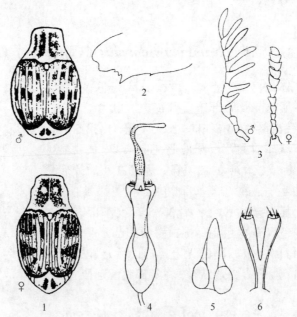

图169　曼氏脊背豆象

1. 成虫；2. 后足腿节，示腹面内缘齿；3. 触角；4. 雄性外生殖器（内阳茎外翻状态）；5. 外阳茎瓣；6. 阳基侧突

（仿 Arora）

经济意义　为害野豇豆 *Vigna vexillata* Benth.。

分布　南亚，非洲。

细足豆象属 *Kytorhinus* 种检索表

鞘翅黄褐色；复眼大，两复眼几乎相接；为害柠条种子 ⋯ 柠条豆象 *Kytorhinus immixtus* Motschulsky

鞘翅黑色；为害苦参种子 ⋯⋯⋯⋯⋯⋯⋯⋯⋯⋯⋯⋯⋯⋯⋯ 苦参豆象 *Kytorhinus senilis* Solsky

157. 柠条豆象 *Kytorhinus immixtus* Motschulsky（图 170；图版 XIII-7：A ♂,B ♀）

形态特征　体长 3.5～5.5mm，宽 1.8～2.7mm。头及前胸背板黑色，鞘翅及足黄褐色，被灰白色毛。雄虫触角异常发达，约与体等长，栉齿状，第 3～10 触角节各发出 1 长侧突；雌虫触角锯齿状，其长约为体长之半。雄虫复眼大而突出，两眼几乎相接，两眼间的额区呈三角形；雌虫复眼较小。前胸背板两侧缘直，向前方显著缢缩；后缘中叶宽，近截形。鞘翅长为两翅合宽的 1.3 倍以上，两侧近平行，侧缘中部稍内凹，末端圆形。腹末 2 节背板不被鞘翅遮盖。各足细长。

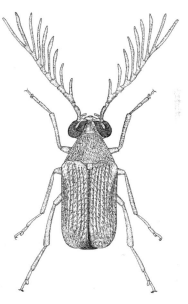

图 170　柠条豆象雄虫
（刘永平、张生芳图）

生物学特性　据李宽胜等报道，该虫 1 年发生 1 代，以老熟幼虫在种子内越冬。翌年春化蛹，4 月底至 5 月上、中旬羽化、产卵，5 月下旬孵出幼虫，8 月中旬幼虫进入越夏过冬期。老熟幼虫有滞育现象，有时滞育长达 2 年之久。

成虫出现与柠条开花、结荚相吻合。成虫飞翔力强，行动迅速，遇惊即飞；白天栖息于阴暗处，傍晚外出活动，取食花蜜、萼片或嫩叶进行营养补充。成虫羽化 2～3 天后交尾产卵。雄虫寿命 7～8 天，雌虫 8～12 天。卵散产于果荚外侧靠近萼冠处，每果荚有卵 3～5 粒，最多达 13 粒。卵期 11～17 天。初孵幼虫多由卵壳下部蛀入果荚，个别幼虫在蛀入果荚前需要爬行一段时间。幼虫多由种脐附近蛀入种子。幼虫共 5 龄，每头幼虫只为害 1 粒种子。被害种子的种皮变成黑褐色，表面出现小突起，常有胶液状物溢出，与健康种子容易区别。柠条种子采收后在阳光下曝晒时，常见带虫种子向上跳动。

经济意义　为害栽培的柠条锦鸡儿 *Caragana korshinskii* Kom. 和中间锦鸡儿 *C. intermedia* Kuany & H. C. Fu 的种子。柠条含丰富的蛋白质等营养物质，抗旱耐寒，产量高，为草原及荒漠地带的主要饲用灌木，也是防风固沙的优良树种。由于柠条豆象侵害，使柠条种子严重受害。能乃扎布和白文辉于 1980 年报道，1978 年，内蒙古伊克昭盟全盟种子受害率一般为 60% 左右，严重时达 90%，每年损失种子近 50 万 kg，对柠条大面积推广种植和牧区草原建设造成了严重影响。

分布　内蒙古、宁夏、甘肃、新疆、青海、陕西；蒙古，苏联。

158. 苦参豆象 *Kytorhinus senilis* Solsky（图 171；图版XIII-8）

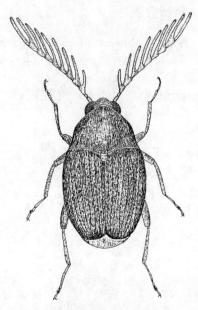

图 171　苦参豆象雄虫
（仿 Chûjô）

形态特征　体长 3.5~4.5mm。宽卵圆形，黑色，被褐色或污黄褐色毛。雄虫触角强栉齿状，长于体长之半；雌虫触角锯齿状，约为体长之半。前胸背板亚圆锥形，两侧缘向前显著收狭，最大宽度约为其长的 1.5 倍。鞘翅基部不宽于前胸，长为肩宽的 1.25 倍。腹末两背板不被鞘翅遮盖。各足细长。

生物学特性　Shimada 于 1991 年在日本东京等地对该虫在苦参种子内的发育情况进行的观察表明，该虫每年基本上发生 2 代，以第 2 代老熟幼虫或第 3 代低龄幼虫越冬。成虫最初于 4 月末出现于苦参植物上，6 月中旬在新荚上产卵。第 1 代成虫见于 8 月初至 8 月末，成虫产卵至 8 月末。9 月中旬至 10 月中旬出现少数第 2 代成虫。雌虫不取食，产卵至 10 月末。然而，多数第 2 代幼虫在秋季不发育至成虫而以老熟幼虫越冬，于翌年 4 月初化蛹，4 月末羽化出成虫。在 10 月孵化的第 3 代幼虫以 1 龄幼虫越冬，次年 3 月末发育至 2 龄，4 月初发育至 3 龄。在室内条件下，老熟幼虫在 24℃及 12h 光照、12h 黑暗的条件下发生滞育，但在 24℃及 16h 光照、8h 黑暗的条件下可发育为成虫。

经济意义　幼虫专门为害苦参种子。在大连，苦参种子在田间的被害率有时高达 90% 以上。

分布　内蒙古、辽宁、河北；俄罗斯的东部沿海边区，日本，土耳其。

短颊粗腿豆象属 *Caryedon* 种检索表

前胸背板具暗色纵纹；外阳茎腹瓣端部二分裂；为害望江南决明种子 ……………………………………………………………………………… 胸纹粗腿豆象 *Caryedon lineatonota* Arora
前胸背板无暗色纵纹；外阳茎腹瓣端部不分裂；内阳茎骨片 4 对，其中有 1 对细长弯曲呈拐杖形；为害花生、罗望子和决明 ……………………… 花生豆象 *Caryedon serratus*（Olivier）

159. 胸纹粗腿豆象 *Caryedon lineatonota* Arora（图 172；图版XIV-1）

形态特征　体长 4.0~4.8mm，宽 2.2~2.5mm。表皮褐色，被黄褐色毛，前胸背板中区有暗色纵纹。触角黑色，仅第 3、第 4 节端部黄褐色，第 5~10 节向侧方延伸成锯齿状。复眼大而突出，在触角着生处有浅凹。后足腿节极发达，在腹面近中部有 1 大齿，向端部方向跟随 9~12 个小齿。雄性外生殖器的两阳基侧突短，大部分愈合；外阳茎腹瓣二分裂；内阳茎有 4 对大的骨化刺。

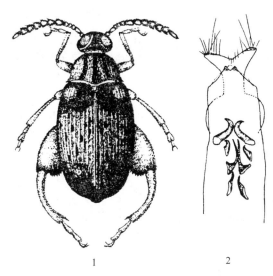

图172　胸纹粗腿豆象

1. 成虫；2. 雄性外生殖器

（刘永平、张生芳图）

生物学特性　未详。幼虫老熟后由寄主种子内爬出，然后在出口处做白色薄茧化蛹于其中。茧长椭圆形，长约5mm，宽3mm。

经济意义　幼虫蛀食望江南决明 Cassia occidentalis 种子。

分布　广西、云南；印度。

160. 花生豆象 *Caryedon serratus*（Olivier）（图173；图版XIV-2）

形态特征　体长3.5~6.8mm，宽1.8~3.0mm。表皮褐色，被黄褐色毛，前胸背板中区无暗色纵纹。触角第5~10节向一侧扩展呈锯齿状。复眼大而突出，具浅凹。后足腿节极发达，腹面中央有1大齿，向端部方向跟随8~12个小齿。雄性外生殖器的外阳茎腹瓣端部不分裂，内阳茎有大的骨化刺4对，其中1对呈牛角状，另1对强烈弯曲。

生物学特性　在不同的国家和地区，花生豆象1年发生2~6代，以成虫、预蛹或幼虫越冬。成虫喜夜间活动，羽化后几小时即可交尾，但交尾多发生于羽化后1~2天。交尾多在花生垛的表面进行，然后爬到垛内产卵。卵散产于花生壳表面的凹刻内或花生仁的种皮上。成虫多在仓内产卵，但也偶尔发现卵产于田间。卵若产在花生壳上，当幼虫孵化后随即在卵的附着处做蛀孔，穿透花生果荚而蛀入花生仁。幼虫老熟后，在花生荚上咬成直径2~3mm的圆孔，在壳内做蛹茧，堵塞孔口；或幼虫爬出壳外做茧，将茧附着在花生果或其他物体上。幼虫在茧内潜伏，不食不动，化蛹于其中，在不利条件下可在茧内停留数月至2年之久。成虫寿命2~3周。

产卵最适温度为27℃，最适相对湿度为50%~70%；成虫产卵持续6~15天。当相对湿度过低（<20%）或过高（>90%），卵很少能孵化。在27℃、相对湿度50%的条件

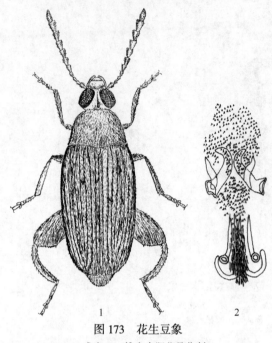

图 173 花生豆象

1. 成虫；2. 雄虫内阳茎骨化刺

（1. 仿 Hinton；2. 仿 Prevett）

下，卵的孵化率为 54.1%~57.3%；在 35℃、相对湿度 70% 的条件下，孵化率为 61.1%~69.4%。在 25℃ 下卵期 9~10 天，27℃ 下为 7 天。

经济意义　幼虫蛀食花生仁，对储藏花生造成较严重危害。此外，还为害罗望子、决明、金合欢等多种豆科植物种子。

值得注意的是，该虫在西非对储藏花生为害严重，但在东非又不为害花生，其原因不明。

分布　云南、台湾；日本，印度，斯里兰卡，缅甸，印度尼西亚，巴基斯坦，塞内加尔，尼日利亚，马里，喀麦隆，乌干达，冈比亚，马达加斯加，新西兰，墨西哥，哥伦比亚，圭亚那，西印度群岛，太平洋及印度洋诸岛。

豆象属 Bruchus 种检索表

1　后足胫节端的内侧齿不长于或不显著长于其他端齿 ·· 2
　　后足胫节端的内侧齿显著长于其他端齿 ··· 10
2　前胸背板腹面侧缘具光亮的狭窄深沟（图 174.3） ··· 3
　　前胸背板腹面侧缘无上述沟 ·· 4
3　体背面略隆起，几乎扁平；背面、腹面及臀板几乎光裸，疏生近单一的淡褐色毛；臀板基部中央有 1 长形白毛斑 ······································ 草香豌豆象 *Bruchus tristis* Boheman
　　体背面较明显隆起，疏生淡褐色及白色短毛，形成不明显的小毛斑；臀板着生颇密而均匀的灰色毛 ·································· 山黧豆象 *Bruchus tristiculus* Fåhraeus
4　雄虫前足胫节膨扩且稍弯曲，明显宽于中足胫节；臀板上的暗色斑不清晰 ················· 5
　　雄虫前足胫节不膨扩且直，不宽于中足胫节；臀板上的暗色斑多清晰；雄虫中足胫节端内侧有 1 内指向的锐齿 ··· 7
5　体背面密生灰黄色毛，沿鞘翅缝前半部有白色毛带，鞘翅后半部有白色斜带；雄虫中足胫节端内侧有 1 内指的细长锐齿，末端之前还有 1 垂直的片状突（图 176.2） ············
　　··· 兵豆象 *Bruchus signaticornis* Gyllenhal
　　体背面着生灰色及淡褐色毛，形成不明显的毛斑；鞘翅无淡色斜带；雄虫中足胫节端部内侧有 1 个两侧近平行的狭片状突 ·· 6
6　体背面的毛密，几乎遮盖体表，形成不明显的斑纹；鞘翅两侧缘近平行，背面近平坦；触角基部 3~4 节黄褐色，其余节黑色；臀板有 2 个不清晰的褐色大斑；鞘翅上有稍明显的暗色大斑 ·········
　　··· 四点扁豆象 *Bruchus ulicis* Mulsant & Rey
　　体背面的毛稀短；鞘翅两侧明显圆形，背面显著隆起；前胸背板两侧近平行，仅前 1/4 明显狭缩，侧突钝小, 侧缘在侧突与后角之间稍凹入 (图 178.2); 雄虫触角红褐色, 雌虫触角基部和端部红褐色 ·················· **野豌豆象 Bruchus brachialis Fåhraeus**

7 前胸背板侧突不发达, 位于侧缘中央, 侧缘在侧突之后稍凹入; 臀板上的 2 个淡褐色斑不清晰 ······ 8
  前胸背板侧突发达, 位于侧缘中央稍前, 侧缘在侧突之后明显凹入; 臀板上的 2 个黑斑清晰 ······ 9

8 前足及中足几乎全部红褐色, 仅中足腿节基部色暗; 体背面密被灰褐色毛, 鞘翅后半部有在翅缝处中断的白色横带, 在翅缝前半部两侧、小盾片及前胸背板基部中央均着生白色毛; 后足腿节的端前齿大而尖 ·················· **地中海兵豆象 Bruchus ervi Fröelich**
  前足及中足胫节红褐色, 中足腿节黑色; 鞘翅密被灰褐或灰褐色毛, 有多数不清晰的淡色长形斑, 这些斑有时在翅中部形成 2 条不清晰的横带; 后足腿节的端前齿钝, 呈直角 ··················
  ·················· **欧洲兵豆象 Bruchus lentis Fröelich**

9 鞘翅基半部行间有大刻点列, 两侧缘明显圆形; 鞘翅后半部的白色斜带通常碎裂成单个的毛斑, 翅端常有 2~3 个淡色斑; 臀板上有 2 个清晰的暗色斑 ······ **豌豆象 Bruchus pisorum (Linnaeus)**
  鞘翅行间无大刻点列, 两侧缘稍圆, 近平行; 鞘翅后半部的白色斜带几乎完整, 不碎裂成单个的毛斑, 翅端通常无淡色斑 (图 182.1) ·················· **凹缘豆象 Bruchus emarginatus Allard**

10 前胸背板宽为长的 1.6~1.7 倍, 侧突小, 侧缘在侧突后不明显凹入 (图 183.4); 中足通常部分呈红褐色; 鞘翅两侧圆; 体长不大于 4mm ·················· **阔胸豆象 Bruchus rufipes Herbst**
  前胸背板宽不大于其长的 1.5 倍 ·················· 11

11 前胸背板侧突短, 位于侧缘中央, 侧突与后角之间凹入浅; 雄虫中足腿节十分粗, 显著粗于前足腿节 ·················· 12
  前胸背板侧突通常发达, 位于侧缘中央之前, 侧突与后角之间凹入深; 雄虫中足腿节不十分粗 ·················· 13

12 雄虫中足胫节端部内侧有 1 片状突, 向下延伸成短齿; 中足胫节明显弯曲, 具 3 条侧纵脊 ··················
  ·················· **蚕豆象 Bruchus rufimanus Boheman**
  雄虫中足胫节端部内侧有 1 大齿, 齿的下缘与胫节近垂直, 另外还有 1 小端齿; 雄虫中足胫节稍弯, 有纵脊 1 条 ·················· **黑斑豆象 Bruchus dentipes (Baudi)**

13 各足均黑色, 触角全为黑色或第 1~4 节部分红褐色; 前胸背板宽为长的 1.5 倍, 侧突位于侧缘中央稍前 (图 186.2); 臀板上的 2 个大黑斑相互靠近, 几乎相接; 鞘翅有 4 条弯曲的窄横带, 基部及端前各 1 条, 中部 2 条 ·················· **四带野豌豆象 Bruchus viciae Olivier**
  前足及触角第 1~5 或第 1~4 节通常黄褐色; 前胸背板宽为长的 1.2~1.3 倍, 侧突位于侧缘前 1/3 处 (图 187.5); 鞘翅上有淡色大斑, 中部后的横带多少明显; 臀板上的 2 黑斑彼此较远离 ··················
  ·················· **扁豆象 Bruchus affinis Fröelich**

161. 草香豌豆象 Bruchus tristis Boheman (图 174)

形态特征 体长 3.5~4.2mm。宽卵圆形, 黑色; 触角基半部、前足、中足胫节及跗节暗红褐色。背面稍隆起, 几乎平坦, 有光泽。全身被单一褐色毛, 臀板及身体腹面的毛十分稀。臀板基部中央有 1 长形白毛斑。后胸前侧片的后外角及后足基节外缘有 1 白毛斑。头部在复眼之后明显缢缩; 额宽, 向后显著加宽。复眼不十分突出, 缺切深。头密布小刻点, 中纵线细弱。触角伸达前胸背板之后, 从第 5 节开始扩展, 但并不明显呈锯齿状。前胸背板宽, 近四角形, 显著横宽, 由基部至前 1/4 稍加宽, 然后至端部呈圆形缢缩。前胸背板侧齿明显, 背板腹面侧缘有光亮的细深沟。前胸背板背方隆起, 有 2 种刻点, 中部的大刻点密, 其间分布较小刻点。前胸背板基部略突出呈半圆形的叶状

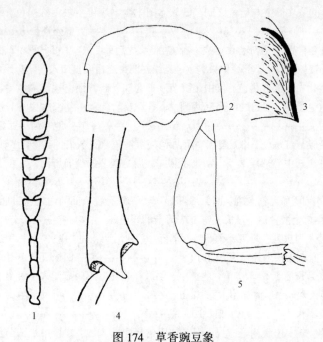

图 174 草香豌豆象

1. 触角；2. 前胸背板；3. 前胸背板侧缘腹面观；4. 雄虫中足胫节端部；5. 后足

（1、2、5. 仿 Borowiec；3. 仿 Kingsolver；4. 仿 Lukjanovitsh）

体，其上有白色毛斑。小盾片横宽，密被毛。鞘翅长为肩宽的 1.5 倍，由肩部向后稍扩展，端部 1/3 处最宽；行纹深，行间宽而平坦，刻点粗大。臀板三角形，密布刻点。前足及中足细，后足腿节明显粗，有 1 大齿。雄虫中足胫节几乎直，端部稍扩展，有 2 根黑色刺，1 根位于胫节端部之前，端部的刺稍钝，在端刺与胫节端部之间凹陷处着生毛。

经济意义　为害蚕豆、野豌豆、香豌豆及草香豌豆等。有记录的寄主有：*Lathyrus annus*、叶轴香豌豆 *L. aphaca*、*L. cicera*、宽叶山黧豆 *L. latifolius*、*L. ochrus*、香豌豆 *L. odoratus*、牧地香豌豆 *L. pratensis*、家山黧豆 *L. sativus*、*L. tingitanus*、*Lens esculenta*、*Lupinus termis*、饲料豌豆 *Pisum arvense*、豌豆 *P. sativum*、*Vicia ervilia*、蚕豆 *V. faba*。

分布　阿尔及利亚，埃及，法国，匈牙利，意大利，伊朗，以色列，叙利亚，土耳其。

162. 山黧豆象 *Bruchus tristiculus* Fåhraeus（图 175；图版ⅩⅣ-3）

形态特征　体长 2~4mm。体背方稍隆起，较草香豌豆象隆起明显，卵圆形，黑色；触角基部及前足红黄色，来自中亚的标本，中足胫节端也偶呈红色；中足跗节黑色。体被黄褐色及白色毛，前胸背板基部中央有白毛斑；小盾片被白色毛；鞘翅上有多数不清晰的小毛斑。头部在复眼之后缢缩；额稍隆起，向后略加宽，密布小刻点；复眼不十分突出，具深缺切；触角稍伸越前胸背板，第 1 节长为第 2 节的 2 倍，由第 5 节开始扩展。前胸背板明显横宽，侧突之后两侧平行，由侧突至端部呈圆形缢缩；刻点有大小 2 种，大刻点稀，小刻点密。小盾片四角形。鞘翅长为肩宽的 1.5 倍，由肩部向后渐扩展；具规则的刻点行，行间狭窄，明显比草香豌豆象的行间窄，密布小刻

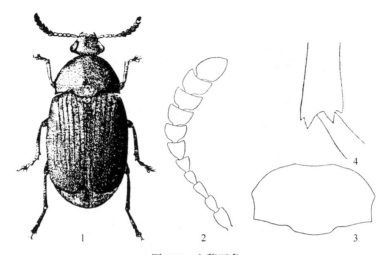

图 175　山黧豆象

1. 成虫；2. 触角；3. 前胸背板；4. 后足胫节端部

（1. 仿 Hoffmann；2~4. 仿 Lukjanovitsh）

点。臀板宽，宽大于其长；密布刻点，被灰色毛。前足及中足细，后足腿节稍粗。雄虫中足胫节向端部方向不扩展，端部内侧有 2 根短锐齿，1 根位于端部，另 1 根在端前。

经济意义　为害野豌豆、香豌豆、山黧豆等。有记录的寄主有：*Lathyrus angulatus*、*L. angustifolius*、*L. annus*、叶轴香豌豆 *L. aphaca*、*L. articulatus*、*L. cicera*、*L. clymenum*、*L. hirsutus*、宽叶山黧豆 *L. latifolius*、*L. macrocarpa*、*L. ochrus*、香豌豆 *L. odoratus*、*L. ononis*、*L. quadrimarginatus*、家山黧豆 *L. sativum*、*L. tingitanus*、鹰嘴豆 *Cicer arietinum*、*Lens esculenta*、白羽扇豆 *Lupinus albus*、*L. termis*、饲料豌豆 *Pisum arvense*、豌豆 *P. sativum*、*Trigonella corniculatus*、*Vicia ervilia*、蚕豆 *V. faba*、硬毛果野豌豆 *V. hirsuta*、*V. macrocarpa*、*V. narbonensis*、救荒野豌豆 *V. sativa*、*Voandzeia subterranea*。

分布　阿尔及利亚，亚速尔群岛，法国，匈牙利，伊朗，以色列，意大利，叙利亚，土耳其，苏联。

163. 兵豆象 *Bruchus signaticornis* Gyllenhal（图 176；图版XIV-4）

形态特征　体长 3~3.7mm。体黑色；雄虫触角全部黄色，或中部的节色暗，雌虫触角第 1~5 节及末节黄色，其余节黑色。前足及部分中足胫节红黄色。背面密布灰黄色毛，沿鞘翅缝的前半部有白色毛带，鞘翅后半部有白色斜毛带。头部复眼后具宽横沟，密布刻点。触角第 1 节长大于第 2 节的 2 倍，第 2 节球形，小，第 3 节和第 4 节长形，由第 5 节开始变得横宽。前胸背板明显横宽，由基部向前稍加宽；侧突小而钝；后缘直，在中叶附近不凹。前胸背板密布大小 2 种刻点。鞘翅长小于肩宽的 1.5 倍，两侧平行，刻点行深密且规则，行间不隆起，密布刻点。臀板隆起，密布刻点，有 2 个不清晰的暗色大斑，其间有 1 狭窄的淡色纵带，有时 2 个斑几乎相连；臀板基部密被淡色毛。后足

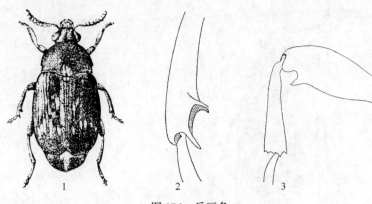

图 176　兵豆象

1. 成虫；2. 雄虫中足胫节端部；3. 后足

（1. 仿 Hoffmann；2、3. 仿 Lukjanovitsh）

胫节由基部至端部逐渐放宽，端缘宽为胫节中部宽的 1.5 倍，后足腿节的端前齿大而尖。

雄虫的前足全部呈红黄色；中足胫节端部内侧有 1 细长锐齿，齿尖指向下方，该齿前方明显凹入，凹陷前方有 1 宽的片状突，该片状突与胫节表面几乎垂直。雌虫前足腿节基部黑色；中足胫节端部内侧无齿。

经济意义　为害兵豆等。有记录的寄主有：长角豆 *Ceratonia siliqua*、*Lathyrus* sp.、*Lens esculenta*、*Vicia atropurpurea*、广布野豌豆 *V. cracca*、*V. ervilia*、*V. monanthos*。

分布　阿尔及利亚，埃及，法国，德国，希腊，意大利，西班牙，叙利亚，南斯拉夫，加那利群岛。

164. 四点扁豆象 *Bruchus ulicis* Mulsant & Rey（图 177）

形态特征　体长 2.7~3.5mm。触角基部 3~4 节、前足及中足跗节黄红色；虫体被黄白色倒伏状毛，在鞘翅上形成毛斑。背面密生淡灰色毛，几乎遮盖体表，并形成不鲜明的斑纹。额显著隆起，密布小刻点。复眼明显突出，具深缺切。触角不达或刚伸达前胸背板后角，由第 5 节开始明显横宽。前胸背板宽为长的 1.5 倍；后缘中央后突的每侧有明显的短凹陷；由后角至中央侧突，两侧近平行，然后向前呈圆形缢缩；前胸背板上有大小 2 种刻点；中叶上有白毛斑，中区的大黑斑往往被分成两个。小盾片四角形。鞘翅两侧近平行，几乎扁平，其长不大于肩宽的 1.25 倍，由肩部向后稍放宽；刻点行狭窄而规则，行间扁平宽阔，行间的刻饰被毛遮盖；每鞘翅有 3~4 个暗色大斑。臀板隆起，有 2 个暗色大斑或 2~4 个较小的斑；基部被淡色毛。后足腿节具齿。前足胫节稍扩展，明显窄于前足腿节。雄虫的中足胫节宽，向端部扩展特别明显；雌虫的中足胫节窄，向端部方向不扩展。

经济意义　严重为害兵豆。有记载的寄主有：*Calycotome spinosa*、*Lens esculenta*、豌豆 *Pisum sativum*、荆豆 *Ulex europaeus*、*U. parviflorus*、*Vicia ervilia*、救荒野豌豆 *Vicia sativa*。

分布　阿尔及利亚，加那利群岛，希腊，法国，意大利，西班牙，马耳他，叙利亚，

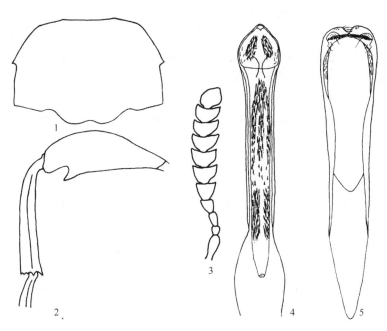

图 177　四点扁豆象

1. 前胸背板；2. 后足；3. 触角；4. 阳茎；5. 阳基侧突

（1、2、4、5. 仿 Borowiec；3. 仿 Lukjanovitsh）

塞浦路斯，土耳其，苏联。

165. 野豌豆象 *Bruchus brachialis* Fåhraeus（图 178；图版 XIV-5）

　　形态特征　体长 3~3.5mm。黑色，触角及前足黄褐色；前胸背板基部中央有 1 大白毛斑，后角处也散布白色毛。鞘翅上有大小不等的白毛斑，但不形成横带。体腹面及足着生灰褐色毛。额宽，显著隆起，向后明显放宽。复眼突出，缺切深；头密布小刻点；雄虫触角刚伸越前胸背板后缘，触角前 4 节长形，第 1 节长为第 2 节的 2 倍，从第 5 节开始显著横宽，雌虫的触角节不显著横宽。前胸背板隆起，宽约为长的 2 倍，侧缘中央具齿突，侧突与后角之间稍凹入；基部中叶宽。小盾片四角形，密布小刻点。鞘翅长几乎为肩宽的 1.5 倍，两侧略平行；刻点行直，行内刻点相接，行间宽阔平坦，布小刻点及皱纹。臀板三角形，稍隆起，刻点密，密生灰白色毛，每侧有 1 个模糊的黑斑。后足腿节稍

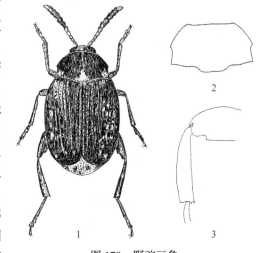

图 178　野豌豆象

1. 成虫；2. 前胸背板；3. 后足

（1. 刘永平、张生芳图；2、3. 仿 Lukjanovitsh）

粗，端前齿弱。腹面着生倒伏状白色毛，密布小刻点。

生物学特性　1年1代，以成虫在田间越冬。在美国加利福尼亚州，4月中旬，当野豌豆开花前7~10天越冬成虫开始活动。卵散产于豆荚表面的各部位。卵长而扁，长0.7~0.8mm，宽为长的1/3；初产的卵淡黄绿色，很快变成淡黄褐色；卵的两端圆形，前端稍宽，卵壳外布细的皱纹。5月末为产卵高峰，产卵持续约1个月。卵期平均8天。孵出的幼虫下行潜入荚内。1粒种子内一般发育1个幼虫，若1个以上幼虫同时蛀入1粒种子，则会发生自相残杀，最后只留强者。幼虫4龄，幼虫期持续约两周。当野豌豆收获时，种子内含有各龄期幼虫。6月中旬化蛹，蛹外罩以纤维质茧。6月末至8月初成虫羽化，由卵至成虫羽化平均30天。在1粒豆内可以完成整个幼虫期的发育，故幼虫（特别是后两龄）、蛹及成虫个体大小取决于所取食种子的大小。只有等豆荚开裂后成虫才逸出。

经济意义　该虫主要为害野豌豆属的植物，对长柔毛野豌豆 Vicia villosa 为害最甚。在欧洲、东南亚及美国，由于该虫危害使种子发芽率丧失80%~90%，质量损失达50%。有记载的寄主还有：Lathyrus sp.、Lens esculenta、豌豆 Pisum sativum、Vicia atropur-purea、V. caroliniana、广布野豌豆 V. cracca、苕子 V. dasycarpa、多毛野豌豆 V. pannonica、救荒野豌豆 V. sativa、细叶野豌豆 V. tenuifolia。

分布　阿尔及利亚，亚速尔群岛，奥地利，希腊，法国，意大利，匈牙利，苏联，土耳其，美国。

166. 地中海兵豆象 *Bruchus ervi* Fröelich（图179；图版XIV-6）

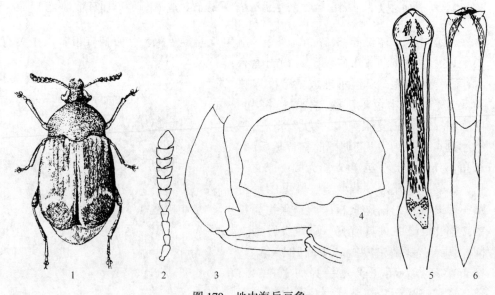

图179　地中海兵豆象

1. 成虫；2. 触角；3. 后足；4. 前胸背板；5. 阳茎；6. 阳基侧突

（1. 仿 Hoffmann；2~6. 仿 Borowiec）

形态特征　体长 3~3.5mm。黑色，触角基部 4~5 节、前足及中足红褐色。背面密被灰褐色毛，鞘翅中央之后有在翅缝处中断的白色毛带，由分离的毛斑组成，白色毛也分布于近鞘翅缝的前半部、小盾片及前胸背板基部中央，臀板具不清晰的淡褐色斑。头在复眼之后强烈缢缩，密布小刻点，着生倒伏状淡黄色毛。前胸背板侧突小而钝；两侧缘在侧突前呈圆形缢缩，在侧突后两侧近平行，后缘在中叶两侧明显凹入；前胸背板中区不甚隆起，密布大小 2 种刻点。鞘翅长约为肩宽的 1.5 倍，两侧近平行，刻点行深，行间宽，密布刻点。后足腿节的端前齿大而尖。雄虫的中足胫节宽；雌虫的狭窄，不膨扩。

经济意义　为害兵豆。已知的寄主有：宽叶山黧豆 *Lathyrus latifolius*、*Lens esculenta*、荆豆 *Ulex europaeus*、*Vicia ervilia*、救荒野豌豆 *V. sativa*。

分布　阿尔及利亚，埃及，留尼汪岛，法国，德国，匈牙利，意大利，塞浦路斯，叙利亚，以色列，土耳其，马提尼克岛。

167. 欧洲兵豆象 *Bruchus lentis* Fröelich（图 180；图版XIV-7）

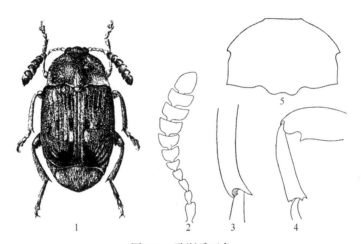

图 180　欧洲兵豆象
1. 成虫；2. 触角；3. 雄虫中足胫节；4. 后足；5. 前胸背板
（1~4. 仿 Lukjanovitsh；5. 仿 Borowiec）

形态特征　体长 3~3.5mm。黑色，仅触角基部 4~5 节、前足及中足胫节红黄色，中足腿节黑色。鞘翅密被灰色或灰褐色毛，有多数不清晰的长圆形淡色毛斑，淡色斑有时在翅中部形成 2 条不明显的横带。臀板被灰白色毛，有 2 个不清晰的褐色大毛斑。头密布小刻点；额不隆起，密被毛；复眼突出；触角短，仅伸达前胸背板后缘，由第 6 节开始明显横宽且变暗。前胸背板显著横宽，宽大于长的 1.5 倍；侧缘中央之前有 1 小侧突，侧缘在侧突之后凹入；后缘中叶两侧明显凹入；中区稍隆起，密布大小 2 种刻点；后缘中央及后角处有白毛斑。小盾片方形，被淡色毛。鞘翅长稍小于鞘翅总宽的 1.5 倍，基部不宽于前胸背板，肩胛不十分突出，两侧平行，刻点行规则而深，行内刻点相接，行间宽而平坦，密布刻点。后足腿节的端前齿大而尖。雄虫中足胫节较宽短，有端齿；

雌虫中足胫节较细长。

生物学特性　1 年 1 代，以成虫越冬。当扁豆开花盛期，越冬成虫开始活动于田间（在意大利的西西里岛，从 3 月末或 4 月初至 6 月中旬）。成虫需要补充营养，当取食花粉花蜜时，1 周后达性成熟。田间第 1 批豆荚出现不久成虫产卵迅速达高峰，产卵集中在 4 月至 5 月初。卵散产于嫩荚上，每荚上产卵可达 6 粒。卵期 7~15 天，因气候条件而异。幼虫孵化后即钻入籽粒为害，蛀空豆粒。1 粒种子内若多于 1 个幼虫则发生自相残杀现象。幼虫期约 40 天，蛹期 6~10 天，完成 1 个世代约 2 个月。新羽化的成虫在荚内停留可达半月之久，荚若不开裂成虫不能自行离荚，有的成虫便随荚入仓。成虫一般不在干粒上产卵，因此不能在仓内繁殖。成虫越冬处不详，至翌年春进行交尾产卵。

该虫大发生的有利条件包括春季温暖、夏季干燥、光线充足和无风等。

经济意义　该虫主要为害兵豆属的 *Lens esculenta*。在伊朗，对兵豆的侵染率达 80% 以上，被害种子丧失发芽力，营养价值大大降低。在欧洲，尤其东欧、南欧和中欧，为害也相当严重。有记录的寄主还有：家山黧豆 *Lathyrus sativus*、*Vicia ervilia*、*V. lens*。

分布　阿尔及利亚，埃及，奥地利，捷克，斯洛伐克，法国，德国，匈牙利，意大利，苏联，叙利亚，土耳其，印度。

168. 豌豆象 *Bruchus pisorum*（Linnaeus）（图 181；图版 XIV-8）

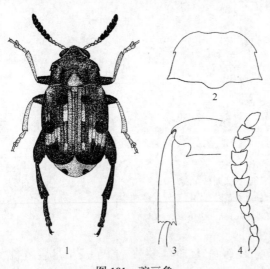

图 181　豌豆象
1. 成虫；2. 前胸背板；3. 后足；4. 触角
（1. 刘永平、张生芳图；2~4. 仿 Lukjanovitsh）

形态特征　体长 4.0~5.5mm。表皮黑色，仅触角基部 4~5 节及前足与中足胫节红褐色。前胸背板宽约为长的 1.5 倍；侧齿着生于侧缘中央稍前处，齿尖指向后方；侧缘在齿后凹入且外斜。鞘翅两侧缘近平行，长约为肩宽的 1.25 倍，肩胛突出；每鞘翅基半部有 2~3 个小白毛斑，端半部常有 1 条白色斜毛带，两翅端半部的斜毛带构成"八"字形。臀板有明显的 1 对黑色斑。后足腿节腹面的端前齿大而尖。

生物学特性　1 年发生 1 代，以成虫在仓房缝隙、包装物内、豆粒内、树皮下和杂物内越冬。次年 4 月下旬至 5 月上旬，当豌豆开花结荚时，成虫飞往田间取食花粉花蜜，交尾产卵。产卵盛期约在 5 月中旬。卵散产于豆荚表面，每雌虫平均产卵 150 粒。卵期 5~18 天，平均 8~9 天。幼虫孵化后直接穿透荚壁蛀入豆粒。幼虫期 35~40 天，有 4 龄，蛹期 14~21 天，到 7 月成虫羽化后由籽粒钻出，但仍有部分成虫留在豆粒内越冬。

经济意义　严重为害豌豆属的作物，对豌豆种子的侵染率可达 40% 以上，为我国豌豆种植业的一大害虫。此外，还为害以下各属的某些植物：决明属 *Cassia*、金雀儿属 *Cytisus*、山黧豆属 Lathyrus、菜豆属 Phaseolus、野豌豆属 Vicia。

　　分布　内蒙古、辽宁、河北、山西、河南、陕西、宁夏、甘肃、湖北、四川、江苏、浙江、安徽、广东、江西、湖南、福建、广西、云南；几乎整个欧洲，中亚，北非，苏联，印度，日本,北美,中美。

169. 凹缘豆象 *Bruchus emarginatus* **Allard**（图 182;图版XIV-9）

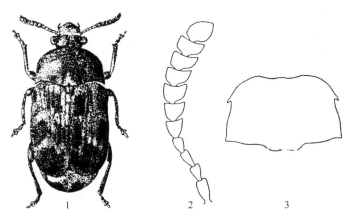

图 182　凹缘豆象
1. 成虫；2. 触角；3. 前胸背板
（1. 仿 Hoffmann；2、3. 仿 Lukjanovitsh）

　　形态特征　体长 3~3.8mm。黑色，雄虫触角全部黄色，雌虫触角基部 5 节及末节黄色；前足全部或部分、中足胫节及跗节全部黄红色。虫体被黄色及白色毛，白色毛在前胸背板基部中央形成白毛斑，在鞘翅的后半部形成几乎完整的斜带，鞘翅端部着生暗色毛，通常无淡色毛斑。额不甚隆起，刻点不十分密。雌雄虫触角刚伸达前胸背板后角；第 1 节长为第 2 节的 1.5 倍，第 3 节长圆形，略长于第 2 节，第 4 节与第 3 节等长，但明显较第 3 节宽，其余节显著横宽。前胸背板显著横宽，宽为长的 1.5 倍以上，中区呈驼背状强烈拱隆，后角处有明显的斜压迹；密布刻点，大刻点间的间隙不大，其间密布小刻点；侧突稍钝，位于侧缘中央之前；后缘中叶宽，在中叶与后角之间有宽凹陷。鞘翅基部不宽于前胸背板基部，两侧略圆，几乎平行；刻点行深，行间无大刻点列。后足腿节的端前齿十分突出，齿的后部深凹。臀板上的黑斑分明。

　　两性成虫区分如下：雄虫触角全部黄色，中足胫节弯曲稍明显，前足腿节及中足胫节黄色；雌虫触角仅基部 5 节及第 11 节黄色，前足腿节黑色，中足胫节黑色，仅端部红色，中足胫节不弯曲。

　　经济意义　为害豌豆、野豌豆及鹰嘴豆等。有记录的寄主有：鹰嘴豆 *Cicer arietinum*、*Lathyrus angulatus*、*L. angustifolius*、*L. hirsutus*、*L. ochrous*、饲料豌豆 *Pisum arvense*、豌豆 *P. sativum*、*Vicia peregrina*、救荒野豌豆 *V. sativa*。

　　分布　阿尔及利亚，突尼斯，法国，德国，南斯拉夫，意大利，苏联，以色列，黎巴嫩，叙利亚，土耳其，印度。

170. 阔胸豆象 *Bruchus rufipes* Herbst（图 183；图版XIV-10）

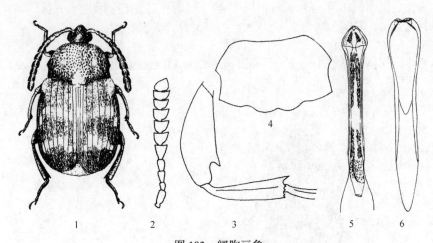

图 183　阔胸豆象

1. 成虫；2. 触角；3. 后足；4. 前胸背板；5. 阳茎；6. 阳基侧突

（仿 Borowiec）

形态特征　体长 3~3.5mm。体宽，黑色；鞘翅主要着生暗色细毛，其长大于前胸背板长的 1⅔倍；鞘翅缝的前半部有 1 纵长的淡色大斑，后半部通常有 1 条明显的淡色横毛带。触角第 1~5 节、前足、中足腿节的局部及中足胫、跗节红黄色。头部在复眼之后显著缩狭，密布小刻点。触角第 2 节长几乎为第 1 节之半，第 1~4 节狭窄，长圆形，第 5 节也呈长圆形，但明显放宽，其余节显著横宽。前胸背板宽为长的 1.6~1.7 倍；侧突不大，位于近中央；中区明显隆起，密布大小 2 种刻点；后缘中叶两侧有深凹。小盾片不大，四角形。鞘翅由肩部向后显著加宽，刻点行深而略弯曲，行间密布小刻点。后足腿节端前齿不大。

经济意义　主要为害野豌豆属的多种豆类，有记录的寄主有：*Calycotome spinosa*、蝎子莪那 *Coronilla emerus*、*Cytisus sessilifolius*、*C. triforus*、*Lathyrus angulatus*、*L. angustifolius*、叶轴香豌豆 *L. aphaca*、*L. ciceria*、*L. hirsutus*、宽叶山黧豆 *L. latifolius*、香豌豆 *L. odoratus*、牧地香豌豆 *L. pratensis*、家山黧豆 *L. sativus*、*Lens eseulenta*、饲料豌豆 *Pisum arvense*、豌豆 *P. sativum*、窄叶野豌豆 *Vicia angustifolia*、广布野豌豆 *V. cracca*、*V. ervilia*、蚕豆 *V. faba*、硬毛果野豌豆 *V. hirsuta*、*V. lutea*、*V. macrocarpa*、*V. peregrina*、救荒野豌豆 *V. sativa*、野豌豆 *V. sepium*、*V. sicula*、细叶野豌豆 *V. tenuifolia*、柔毛野豌豆 *V. villosa*。

分布　阿尔及利亚，加那利群岛，法国，希腊，意大利，南斯拉夫，苏联，土耳其，以色列。

171. 蚕豆象 *Bruchus rufimanus* **Boheman**（图 184；图版ⅩⅣ-11）

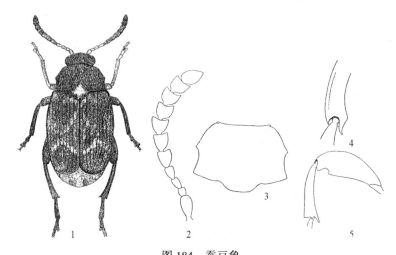

图 184　蚕豆象

1. 成虫；2. 触角；3. 前胸背板；4. 雄虫中足胫节；5. 后足

（1. 刘永平、张生芳图；2~5. 仿 Lukjanovitsh）

　　形态特征　体长 4.0~4.5mm。表皮黑色，仅触角基部 4~5 节及前足淡黄褐色。触角向后伸达前胸背板后缘，第 1 节长为第 2 节的 2 倍以上，第 3、第 4 节几乎等长，短于第 1 节，第 4 节稍宽于第 3 节，第 5 节长大于宽，其余节稍横宽。前胸背板显著横宽，侧齿位于侧缘中央，短而钝，水平外指向；侧缘在齿后的部分稍凹。鞘翅两侧缘近平行，长约为肩宽的 1.5 倍，淡色毛形成明显的小毛斑，在近小盾片处形成 1 个大斑，在翅的端半部形成不明显的弧形横带。臀板不横宽，上面的暗色斑不明显。后足腿节腹面的端前齿钝，近直角；雄虫中足腿节远比前足腿节粗，中足胫节明显弯曲，具 3 条纵脊。

　　生物学特性　1 年发生 1 代，以成虫在豆粒内、仓内角落、包装物缝隙及在田间、晒场、作物遗株内及杂草或砖石下越冬，春季大量飞往豆田活动，交尾产卵。成虫需要补充营养，取食蚕豆的花瓣和花粉。卵产于蚕豆嫩荚上，散产，每头雌虫产卵 35~40 粒，最多可产 96 粒。幼虫孵化后直接穿透荚壁蛀入豆粒内食害。当蚕豆收获时，豆粒内的幼虫随豆入仓继续为害。幼虫共 4 龄，蚕豆收获时幼虫多发育至 2 龄。豆粒被蛀后，表面留有 1 个小黑点，即 1 龄幼虫的蛀入点。幼虫在豆粒内蛀成弧形虫道，接近老熟时又移动到种皮下，做 1 圆形蛹室，并在豆粒上咬出 1 个圆形的羽化孔盖，然后开始化蛹。成虫羽化后经过 1~2 天的静止期，然后冲开羽化孔盖离开豆粒。卵期 7~12 天，平均 9 天；幼虫期 70~100 天；蛹期 6~20 天，平均 14 天。

　　经济意义　为蚕豆种植业的大害虫。该虫主要为害蚕豆，在许多国家对蚕豆造成的质量损失达 20%~30%。新中国成立前华东地区蚕豆种子最高被害率达 96%，一般约 45%。

　　除为害蚕豆外，蚕豆象还为害野豌豆属的多种栽培豆类及以下属的个别种：山黧豆属 *Lathyrus*、兵豆属 *Lens*、鹰嘴豆属 *Cicer*、羽扇豆属 *Lupinus*、豌豆属 *Pisum* 等。

分布　内蒙古、河北、河南、陕西、湖南、湖北、云南、贵州、广东、广西、江苏、浙江、福建、安徽、江西、四川；日本，苏联（欧洲南部、乌克兰和高加索），中欧和南欧，地中海地区，北非，古巴，美国。

172. 黑斑豆象 *Bruchus dentipes*（Baudi）（图 185；图版ⅩⅣ-12）

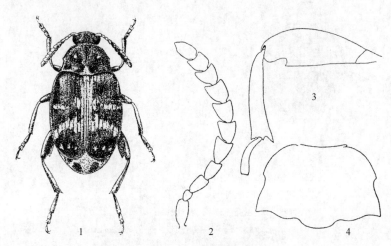

图 185　黑斑豆象
1. 成虫；2. 触角；3. 后足；4. 前胸背板
（仿 Lukjanovitsh）

形态特征　个体较大，体长 4.5~5.7mm。表皮黑色，仅触角基部 4 节及前足胫节、跗节红褐色。触角第 2 节极短，为第 1 节长的 1/3，第 3 节稍短于第 1 节，第 5~7 节纵长，其余节的长不大于宽。前胸背板横宽；侧齿大而尖，位于侧缘近中央；近后角处有明显的斜凹痕。鞘翅由肩部向后逐渐加宽；淡色毛形成 3 条横带，有时在小盾片之后有 1 红褐色毛斑。臀板有 2 个颇明显的黑斑。后足腿节的端前齿大；雄虫中足胫节稍弯，在端部之前的内侧方有 1 十分发达的齿，该齿的下缘与胫节表面呈直角，胫节端部还有 1 小齿。

经济意义　为害蚕豆、救荒野豌豆 *Vicia sativa* 及 *V. hyrcana*、*V. lutea*、*V. narbonensis* 等野豌豆属植物。

分布　据国内文献记载发现于新疆；苏联（外高加索东部及中亚），伊拉克，伊朗，叙利亚，以色列，黎巴嫩，土耳其，地中海东部，塞浦路斯，埃及。

173. 四带野豌豆象 *Bruchus viciae* Olivier（图 186；图版ⅩⅤ-1）

形态特征　体长 2.8~3.5mm。黑色，仅触角基部 3~4 节红黄色。鞘翅具 4 条狭窄弯曲的、局部中断的淡色横带，其中翅中部 2 条，翅基部和近端部各 1 条。臀板疏生灰色毛，有 2 个十分靠近的黑色大斑。额密布大刻点。触角第 1~6 节长圆形，以后诸节稍横宽。前胸背板基部宽为长的 1.5 倍，由基部向端部显著缢缩；侧突不大，位于侧缘中央之前；后缘的中叶中央凹入；中区近中央处每侧有 1 斜压迹；密布大小 2 种刻点。小

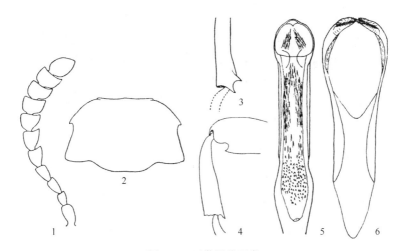

图 186　四带野豌豆象

1. 触角；2. 前胸背板；3. 雄虫中足胫节；4. 后足；5. 阳茎；6. 阳基侧突

（1~4. 仿 Lukjanovitsh；5、6. 仿 Borowiec）

盾片大，四角形。鞘翅长为肩宽的 1⅓倍，刻点行深，行间宽，第 1 行间的基部宽，至端部逐渐变窄，行间均匀密布刻点。

雄虫的中足胫节较宽，稍弯曲；雌虫的中足胫节直而狭窄。

经济意义　主要为害野豌豆属的豆类，已报道的寄主有：*Bohnen* sp.、*Lathyrus articulatus*、*L. miniatus*、黑香豌豆 *L. niger*、牧地香豌豆 *L. pratensis*、*L. sphoericus*、林地香豌豆 *L. sylvestris*、窄叶野豌豆 *Vicia angustifolia*、野豌豆 *V. sepium*、白花细叶野豌豆 *V. tenuifolia*、柔毛野豌豆 *V. villosa*。

分布　奥地利，法国，意大利，匈牙利，苏联，土耳其，叙利亚，黎巴嫩。

174. 扁豆象 *Bruchus affinis* Fröelich（图 187；图版 XV-2）

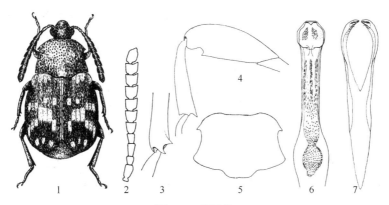

图 187　扁豆象

1. 成虫；2. 触角；3. 雄虫中足胫节；4. 后足；5. 前胸背板；6. 阳茎；7. 阳基侧突

（1、2、6、7. 仿 Borowiec；3~5. 仿 Lukjanovitsh）

形态特征　体长 3.2~5mm。体黑色，触角及足部分黄红色，其色泽变化颇大。背面着生颇密的黑色及灰色毛；鞘翅上有零星的淡色毛斑，在鞘翅后半部的淡色斑通常构成弯曲的、中断的横带。头在复眼之后稍隆起，有光泽，刻点不十分密。触角第 1~4 节狭窄，长圆形，以后诸节明显横宽。前胸背板宽为长的 1.2~1.3 倍，侧突位于侧缘前 1/3 处，十分发达，显著后弯；侧缘在侧突与后角之间明显凹入。前胸背板中区显著隆起，中央有 1 条细沟；刻点粗密。鞘翅基部略宽于前胸背板基部，肩胛突出，行间不平坦（尤其在基半部更显著）。臀板密生淡色毛，2 个黑斑远离。后足腿节的端前齿尖锐。

雄虫中足胫节端部内侧不膨扩，端部有 1 个双齿状的短骨片；雌虫中足胫节端无上述骨片。

经济意义　为害扁豆、菜豆、木豆等。有记录的寄主如下：扁豆 *Dolichos lablab*、*Lathyrus angustifolius*、叶轴香豌豆 *L. aphaca*、*L. grandiflora*、*L. latiflorus*、宽叶山黧豆 *L. latifolius*、海边山黧豆 *L. maritimus*、*L. ochrus*、香豌豆 *L. odoratus*、牧地香豌豆 *L. pratensis*、家山黧豆 *L. sativus*、林地香豌豆 *L. sylvestris*、玫红山黧豆 *L. tuberosus*、百脉根 *Lotus corniculatus*、*L. decumbens*、饲料豌豆 *Pisum ayvense*、豌豆 *P. sativum*、荆豆 *Ulex europaeus*、*U. parviflora*、蚕豆 *Vicia faba*、野豌豆 *V. sepium*、*V. sicula*、*V. variabilis*。

分布　阿尔及利亚，埃及，奥地利，法国，匈牙利，英国，苏联（白俄罗斯、乌克兰），土耳其，叙利亚，印度。

瘤背豆象属 *Callosobruchus* 种检索表

1　前胸背板后半部及鞘翅基半部密被灰白色毛，鞘翅基半部的淡色毛也沿内侧深入到后半部的黑色毛之间 ················ **白背豆象 *Callosobruchus albobasalis* Chûjô**
　　背面的毛被不如上述 ··· 2
2　鞘翅第 3、第 4 行纹基部有 1 对小瘤突，翅面散布多数长形的无毛小黑斑，无大型黑斑；雄虫阳茎中部有 1 对骨化板，外阳茎瓣呈矛形；为害木豆 ··········· **木豆象 *Callosobruchus cajanis* Arora**
　　无上述综合特征 ··· 3
3　后足腿节内缘齿显著长于外缘齿；体表皮黑色，前足、中足及腹部末端黄褐色，背面有灰色、黑色及铜黄色毛形成的斑纹；为害野葛种子 ·············· **野葛豆象 *Callosobruchus ademptus*（Sharp）**
　　后足腿节内缘齿与外缘齿等长或短于外缘齿；如果内缘齿长于外缘齿，则表皮色及毛被色不如上述；如果表皮黑色，则背面的毛斑不清晰，内缘齿稍长于外缘齿，且体长大于 4mm ···········4
4　表皮均一深暗褐色至黑色，偶尔足及触角显暗红色；鞘翅被灰色或褐色毛，无清晰的斑纹，或仅雌虫有模糊的灰白色斑纹；体长 4~5.5mm；主要为害 *Vigna subterranea* ····················
　　·· **西非豆象 *Callosobruchus subinnotatus*（Pic）**
　　表皮通常具红色、红黄色或褐色花斑，鞘翅上的毛斑明显；多数种的体长不足 4mm ············5
5　后足腿节内缘脊基部 2/3 有多数不规则的微齿，内缘脊近端部的齿短于外缘齿，或偶尔缺如，或极少数个体的内缘齿与外缘齿近等长；前胸背板表皮均一红褐色；雄性外生殖器的阳基侧突端部仅着生刚毛 10 余根，内阳茎囊区有 1 对骨化板 ········· **鹰嘴豆象 *Callosobruchus analis*（Fabricius）**
　　无上述综合特征 ··· 6
6　腹部第 2~5 腹板两侧有浓密的白毛斑 ··· 7
　　腹部第 2~5 腹板两侧无浓密的白毛斑 ··· 9
7　雄虫触角栉齿状，第 4~10 节向前侧方强烈延伸，雌虫触角锯齿状，触角第 4~11 节通常暗褐色；雄

性外生殖器细长，外阳茎瓣呈矛状，内阳茎基部有 1 对骨化板 ·······················
·························· **绿豆象 Callosobruchus chinensis（Linnaeus）**
雄虫及雌虫触角均为锯齿状；雄性外生殖器的外阳茎瓣呈三角形，内阳茎基部有 3 对骨化板 ······ 8
8　后足腿节的内缘齿齿尖向后弯；触角端部几节色较暗 ·······························
·························· **罗得西亚豆象 Callosobruchus rhodesianus（Pic）**
后足腿节的内缘齿齿尖不向后弯；触角均一黄色 ······ **可可豆象 Callosobruchus theobromae（Linnaeus）**
9　前胸背板暗红色至黑色；雄性外生殖器的阳茎中部有 2 个由大量强骨化刺组成的穗状体，囊区无骨
化板或有 1 对骨化板 ······························ **四纹豆象 Callosobruchus maculatus（Fabricius）**
前胸背板灰黄色至褐色，中央两侧各有 1 暗色纵纹；雄性外生殖器的阳茎中部无上述骨化强的穗状
体，囊区有 3 对骨化板 ····························
·························· **灰豆象 Callosobruchus phaseoli（Gyllenhal）**

175. 白背豆象 *Callosobruchus albobasalis* Chûjô（图 188）

　　形态特征　体长 3~3.5mm。卵圆形，黑
色，触角、各足的跗节褐色。头密布小刻点，被
灰白色毛；复眼大而突出；触角锯齿状，粗壮，
第 2 节短；额中脊明显。前胸背板被灰白色及
褐色毛，前半部多黑色斑纹，基半部多为灰白色
毛；两侧缘向前强烈收狭，中区隆起，后缘中央
有 1 对瘤突。小盾片方形，后缘凹，密被灰白色
毛。鞘翅基部低凹，被灰白色毛，后半部有多数
黑色毛斑。腹部被灰白色毛。后足胫节弯曲，
有端齿 3~4 个。

　　分布　台湾、贵州。

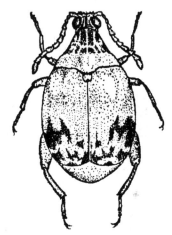

图 188　白背豆象
（仿 Chûjô）

176. 木豆象 *Callosobruchus cajanis* Arora（图 189）

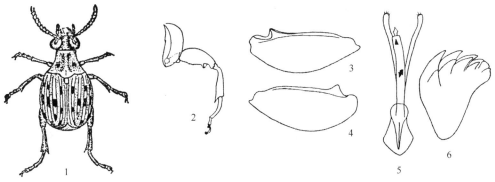

图 189　木豆象
1. 雄成虫；2.后足；3. 后足腿节，示内缘齿；4. 后足腿节，示外缘齿；5. 雄性外生殖器；6. 内阳茎骨化板放大
（仿 Arora）

形态特征 体长约 3.6mm。头部褐色，后部较宽；额区的中隆脊弱；着生苍白色毛；复眼深凹；触角黄褐色，近锯齿状，第 1~4 节圆筒状。前胸背板暗褐色，宽大于长，着生黄褐色毛，中区每侧有 1 无毛黑斑。小盾片矩形，长略大于宽，着生白色毛。鞘翅暗褐色，着生白色及灰白色毛，白色毛更多集中在第 2 行间中部及翅后区不连续的横带上，黑色区域则光裸无毛；第 3、第 4 行纹基部有 1 对瘤突；肩胛极发达。前、中足黄褐色，后足暗褐色。后足腿节腹面内缘齿尖，外缘齿钝；胫节腹面延伸成 1 刺突。臀板暗褐色，长宽略等，与体轴垂直，着生白色毛。雄性外生殖器的阳基侧突端着生少量短毛，内阳茎中部有大型骨化板 1 对，外阳茎瓣呈矛形。

经济意义 为害木豆 *Cajanus cajan*。

分布 印度。

177. 野葛豆象 *Callosobruchus ademptus*（Sharp）（图 190；图版 XV -3）

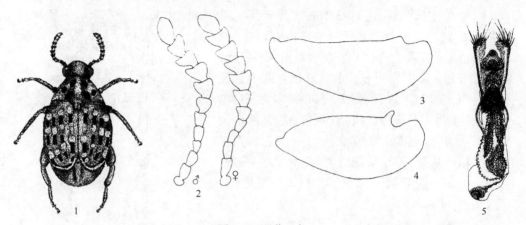

图 190 野葛豆象
1. 成虫；2. 触角；3. 后足腿节，示外缘齿；4. 后足腿节，示内缘齿；5. 雄性外生殖器
（仿刘瑞祥）

形态特征 体长 2.3~3mm。卵形。体黑色，触角、下颚须、臀板、腹部腹板末 3~4 节、足（后足腿节、胫节除外）黄褐色至赤褐色。头部密生黄色毛；触角短，约为体长之半，弱锯齿状。前胸背板密布灰白色毛及少量黄褐色毛。小盾片近四角形，被灰白色毛。鞘翅大部被灰白色毛，散布黑色及褐色毛斑。臀板密生淡色毛，无暗色斑。后足腿节腹面的外缘齿呈钝角状，内缘齿长而尖，内缘齿显著长于外缘齿；胫节端刺粗壮，另附 2~3 个小齿；第 1 跗节极长，略弯曲，有 1 齿状端突。

经济意义 为害野葛种子。有记录的寄主有 *Pueraria hirsuta* 及野葛 *P. lobata*。

分布 日本，朝鲜，美国。

注：国内外绝大部分有关文献中均采用上述学名。该种后足腿节腹面的齿突形态虽符合瘤背豆象属的特征，但其背部的花斑与多型豆象属 *Bruchidius* 的某些种相似，且雄性外生殖器的形态有别于瘤背豆象属。为此，Anton 于 1994 年为该种另立一新属，即博氏豆象属 *Boroviecius*，将种名更改为 *Boroviecius ademptus*（Sharp）。

178. 西非豆象 *Callosobruchus subinnotatus*（Pic）（图191;图版XV-4）

形态特征 体长4~5.5mm。表皮暗褐色至黑色，着生灰白色及褐色毛。复眼大，呈球形突出，具深凹。触角锯齿状，基部3节稍淡，其余节黑色。鞘翅长为宽的1.2倍，肩胛隆起；行纹不达翅端，第4、第5、第10行纹较短，第7~9行纹不达肩部；鞘翅上有模糊的灰白色斑纹。雄性外生殖器的阳基侧突直，端部近匙状，顶端斜截，着生大量刚毛；外阳茎瓣三角形；内阳茎端骨化部分呈矩形，前缘深凹，囊区有1对骨化板。

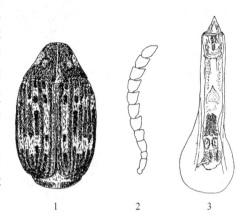

图191 西非豆象
1. 成虫; 2. 触角; 3. 雄虫阳茎
（仿 Kingsolver）

生物学特性 雌虫羽化并由豆粒内爬出后，当天即行交尾产卵。在最适条件下，每雌虫平均产卵136粒。卵产在豆荚上或种子表面。幼虫孵化后蛀入种子内，取食子叶。在田间，该虫的侵染发生于豆子收获之前，雌虫将卵产在近地面的干荚上。在尼日利亚的观察表明，在室温及相对湿度40%的条件下，以1种豇豆 *Vigna subterranea* 饲养，完成1代需要6~7周。相对湿度大于70%、温度为30℃最适于该虫产卵和发育。

经济意义 主要为害豇豆属的 *Vigna subterranea*，也为害花生。

分布 主要分布于西非，包括喀麦隆，加蓬，尼日利亚，塞内加尔，也发现于南美及加勒比群岛。

179. 鹰嘴豆象 *Callosobruchus analis*（Fabricius）（图192;图版XV-5）

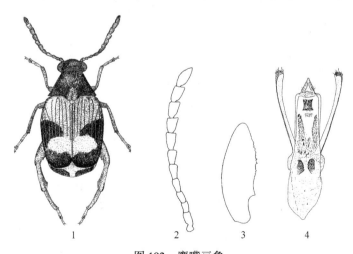

图192 鹰嘴豆象
1. 成虫; 2. 雄虫触角; 3. 后足腿节，示内缘齿; 4. 雄性外生殖器
（刘永平、张生芳图）

形态特征　体长 2.5~3.5mm。身体背方表皮大部红褐色,触角弱锯齿状,红褐色。鞘翅中部及端部各有 1 大黑斑,两黑斑在外侧相连,其间有 1 椭圆形白毛斑。腹部第 2~5 腹板两侧无浓密的白毛斑。臀板有 2 个黑色大斑,被中部淡色纵带分开。后足腿节腹面内缘脊上近端部的齿小(有时缺如),显著小于外缘齿,内缘脊基部 3/5 还有多数微齿。雄性外生殖器的阳基侧突弯,顶端有刚毛 10 余根;内阳茎端部的骨化部分呈矩形,端缘不凹入,囊区有两个骨化板。

生物学特性　成虫交尾多发生在离开豆粒后 1h 内,交尾持续 3~6min,并有多次交尾现象。当幼虫以绿豆为食时,每雌虫产卵 57~127 粒,平均 96 粒,前 6 天产下 95% 的卵。在 30℃ 及相对湿度 70% 的条件下,卵期 5 天,卵的孵化率为 94%~99%。幼虫有 4 龄。幼虫期加上蛹期共 23.5 天,由卵到成虫需 28~31 天,平均 28.5 天。雄虫寿命 4~8 天,平均 6.8 天;雌虫寿命 6~10 天,平均 8 天。

一般认为,最适于该虫发育的温度为 30℃、相对湿度为 70%。在上述温湿度条件下,以豇豆为食物,平均发育周期约 27 天;在 20℃ 及相对湿度 70% 条件下,发育周期长达 94 天。

经济意义　严重为害豇豆、绿豆、鹰嘴豆、菜豆和豌豆等。在热带地区,对豇豆及绿豆为害最甚。该虫为我国规定的进境植物检疫危险性害虫。

分布　云南;日本,印度,印度尼西亚,缅甸,斯里兰卡,塞浦路斯,沙特阿拉伯,苏丹,埃塞俄比亚,埃及,阿尔及利亚,坦桑尼亚,南非,马达加斯加,毛里求斯,南欧,苏联,澳大利亚,巴西,美国。

180. 可可豆象 *Callosobruchus theobromae* (**Linnaeus**) (图 193;图版ⅩⅤ-6)

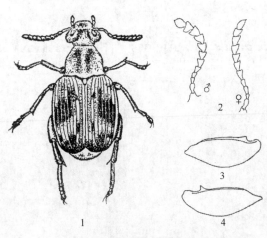

图 193　可可豆象
1. 成虫; 2. 触角; 3. 后足腿节,示外缘齿; 4. 后足腿节,
示内缘齿
(仿 Arora)

形态特征　体长 4~5mm。头部暗褐色,后部略收狭,额具纵脊,着生苍白色毛。复眼大而突出,前缘深凹;触角黄色,第 1~4 节圆筒状,雄虫触角第 5~10 节更显著加宽,锯齿更明显,末节长形。前胸背板亚圆锥形,暗褐色,两侧波曲状,表面不平坦,近后缘中央有 1 对瘤突,瘤突上着生白色毛,前胸背板两侧着生大量淡色毛。小盾片四角形,长大于宽,后端二裂,着生淡色毛。鞘翅暗褐色,端部和近中区有黑斑,雌虫的黑斑更明显;每鞘翅长为宽的 2~2.5 倍,肩胛十分发达;每鞘翅表面着生污白色毛,中部有 1 黑色区域,黑色区的内侧及后方有白色毛带。足黄褐色;后足腿节腹面的内缘齿狭而尖,外缘齿短而钝。臀板褐色,端部有时暗褐色,雄虫臀板垂直,雌虫臀板近垂直,着生苍白色毛,有时形成明显的中纵线。

经济意义　为害 *Cajanus indicus*、扁豆、大豆、*Phaseolus mungo*、豌豆及可可豆 *Theobromae feminibus*。

分布　台湾；印度，斯里兰卡。

181. 绿豆象 *Callosobruchus chinensis*（**Linnaeus**）（图 194；图版 XV-7：A ♂，B ♀）

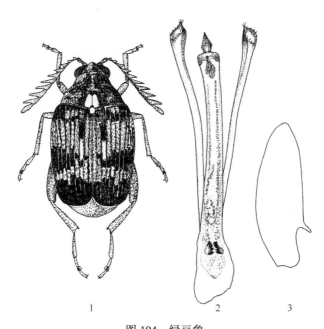

图 194　绿豆象

1. 雄成虫；2. 雄性外生殖器；3. 后足腿节内侧，示内缘齿

（1. 仿 Lukjanovitsh；2、3. 刘永平、张生芳图）

形态特征　体长 2.0~3.5mm。体形粗短，近卵形。表皮红褐色或暗褐色至黑色，足大部分红褐色。雄虫触角栉齿状，雌虫锯齿状。前胸背板后缘中央有 2 个明显的瘤突，每个瘤突上有 1 个椭圆形白毛斑，两个白毛斑多数情况下不融合。鞘翅表皮颜色及毛色在"明色型"和"暗色型"个体中有很大区别：在"明色型"个体，鞘翅的基部及中部近外缘各有 1 个黑斑，其余皆为褐色；在"暗色型"个体，鞘翅基部和端半部暗褐色至黑色，二者之间为褐色，常着生黄色毛，端半部暗色区中间和其前端各有 1 条灰白色横毛带。臀板上主要着生灰白色毛。腹部第 3~5 腹板两侧有浓密的白毛斑。后足腿节腹面内缘脊近端部的齿略呈棒状，两侧缘略平行，末端钝圆。雄性外生殖器的阳茎细长；外阳茎瓣枪头状，基部缢缩；内阳茎的囊区有 1 对肾形骨化板。

生物学特性　在我国中部地区 1 年发生 5~7 代，在广东发生 10~11 代。以幼虫或成虫越冬，幼虫于次年春化蛹和羽化。成虫寿命短，在最适条件下一般不多于 12 天。雌虫喜欢将卵产在光滑的种子表面，平均产卵约 70 粒。产出的卵带有大量的黏性物质，可牢固地黏附在种皮上。幼虫孵化后直接穿透卵壳和种皮，垂直蛀入种子内，然后改成与种皮平行的方向蛀食前进。幼虫共经历 4 龄。最适于幼虫发育的温度为 32℃、相对湿度为

90%。在不同条件下，每完成1代一般需要20~67天，其中卵期4~15天，幼虫期13~34天，蛹期3~18天。最初几代一般都在仓内繁殖，当田间绿豆快要成熟时，成虫可从仓内飞往田间，将卵产于豆荚缝隙内。在田间繁殖数代后，又随收获的豆子入仓继续繁殖。

当温度下降到10℃以下或高于37℃时，发育不能进行。

经济意义　严重为害绿豆、赤豆、豇豆、鹰嘴豆、兵豆等多种豆类，田间被害率有时高达43%~69%。在中东，扁豆被害率高达70%。

分布　国内绝大多数省（直辖市、自治区）；全世界。

182. 罗得西亚豆象 *Callosobruchus rhodesianus* (Pic)（图195；图版XV-8）

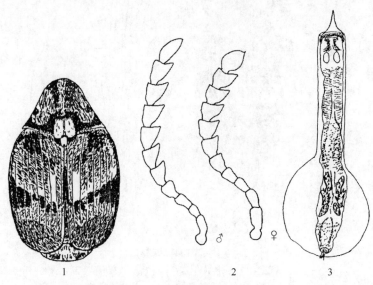

图195　罗得西亚豆象
1. 成虫；2. 触角；3. 雄虫阳茎
（仿 Kingsolver）

形态特征　体长2~3mm。卵圆形，褐色。头布刻点密，被淡褐色毛；复眼突出，有深凹；触角锯齿状，淡黄色，端部几节稍暗。前胸背板圆锥形，密布刻点，被淡褐色毛，基部中央的1对瘤突着生白色毛。小盾片被灰白色毛。鞘翅肩胛隆起；雄虫鞘翅全部黄褐色或基部、中部、端部自侧缘至内缘呈宽阔黑褐色至黑色，在深色部位着生金黄色毛及黑色毛；雌虫鞘翅基部有宽阔的深色区，其余部位黄褐色，或中部及端部由侧向内也有宽阔深色区，黄褐色部分密布金黄色毛，近端部1/3处有1白色横毛带。臀板被灰白色毛（♂）或灰白色与黄褐色毛（♀），雌虫臀板有1白色中纵纹，近端部每侧有1黑斑。雄性外生殖器的阳基侧突顶端斜截扁平，外阳茎瓣三角形，内阳茎端部骨化部分呈长矩形，前缘深凹，内阳茎囊区有3对卵圆形骨化板。

罗得西亚豆象与绿豆象在虫体大小、体色和花斑等方面十分相似，主要区别如下：①绿豆象雄虫触角为栉齿状，而罗得西亚豆象雄虫触角为锯齿状；②绿豆象的臀板被灰白色毛，而罗得西亚豆象雌虫臀板被黄褐色毛；③绿豆象前胸背板基部的1对瘤突极明显，而罗得西亚豆象较不明显；④绿豆象后足腿节内缘齿钝而直，不向后弯，而罗得西亚豆象的该齿尖而后弯；⑤绿豆象的外阳茎瓣呈矛状，内阳茎基部有 1 对骨化板，而罗得西亚豆象外阳茎瓣三角形，内阳茎基部有 3 对骨化板。

　　生物学特性　成虫寿命短。产卵开始 2~3 日即达产卵盛期，温度 30℃、相对湿度 70% ~100% 利于产卵。35℃时发育极慢，37.5℃时各虫态均不能发育。Giga 等于 1993 年用津巴布韦不同地理宗的罗得西亚豆象进行比较实验证明，该虫用豇豆 *Vigna unguiculata*（L.）、大豆、绿豆和鹰嘴豆进行培养时，产卵量分别为 84 粒、80 粒、68 粒和 23 粒；由卵发育到成虫分别需要 28.7~33.9 天、44~56.3 天、29.8~38.3 天和 32.5~39.8 天，可见豇豆最适于该虫的产卵和发育。

　　经济意义　为害豇豆、豌豆、木豆、绿豆等。

　　分布　主要发生于非洲南部，在东非某些地区也很普遍，偶尔也发现于西非。

183. 四纹豆象 *Callosobruchus maculatus*（Fabricius）（图 196;图版XV-9）

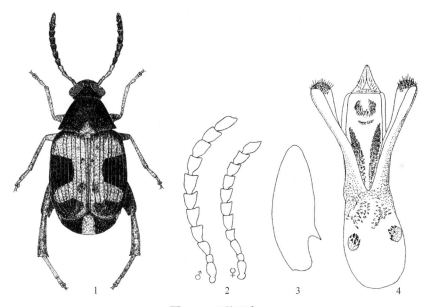

图 196　四纹豆象
1. 成虫；2. 触角；3. 后足腿节，示内缘齿；4. 雄性外生殖器
（刘永平、张生芳图）

　　形态特征　体长 2.5~3.5mm。表皮暗红褐色至黑色，足红褐色，后足腿节基半部色暗，全身被灰白色及暗褐色毛。触角弱锯齿状，基部几节或全部黄褐色。每鞘翅有 3 个黑斑，肩部的黑斑小，中部及端部的黑斑大，两鞘翅的淡色区多构成“X”形图案。由于不同性别和不同的“型”，鞘翅斑纹在种内变异甚大。腹部第 2~5 腹板两侧无浓密的白毛斑。后足腿节内缘齿大而尖，呈三角形。雄性外生殖器的阳基侧突较直，顶端着生刚毛 40 根左右；内阳茎端部骨化部分呈“U”形，大量的骨化刺在中部构成 2 个直立的穗状体，囊区无骨化板或有 1 对骨化板。

　　生物学特性　在美国加利福尼亚州，1 年发生 6~7 代；在北非及我国广东，1 年可达 11~12 代。成虫寿命短，在最适条件下一般不多于 12 天。雌虫产卵可达 123 粒，平均 90 粒，产卵最适温度为 25℃。雌虫喜欢在光滑的豆粒表面产卵，卵牢固地黏附在寄主种子表面。幼虫的发育在种子内进行，共经历 4 龄。发育的最适温度为 32℃，最适相对湿度为 90%，在上述条件下，幼虫期为 21 天。在 25℃ 及相对湿度 70% 的条件下，在豇豆种子内发育，整个生活周期为 36 天。

　　四纹豆象以成虫或幼虫在豆粒中越冬。越冬幼虫于次年春化蛹。成虫活泼善飞，新羽化的成虫与越冬成虫离开豆粒，飞到田间产卵，或继续在仓内产卵繁殖。

　　经济意义　严重为害菜豆、豇豆、兵豆、大豆、木豆、豌豆、野豌豆及扁豆等。在非洲的一般储藏条件下，经 3~5 个月之后豇豆种子被害率可达 100%。在埃及，豇豆经 3 个月储存质量损失可达 50%。在尼日利亚，豇豆储藏 9 个月后质量损失可达 87%。

　　分布　广东、广西、福建、云南、湖南、江西、湖北、山东、河南等省（直辖市、自治区）；广布于世界热带及亚热带区。

184. 灰豆象 *Callosobruchus phaseoli*（Gyllenhal）（图 197；图版 XV-10）

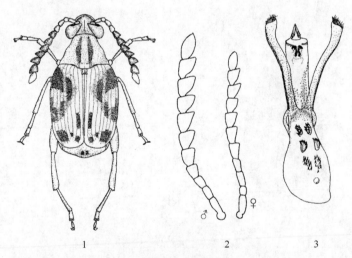

图 197　灰豆象
1. 成虫；2. 触角；3. 雄性外生殖器
（刘永平、张生芳图）

　　形态特征　体长 2.5~4mm。体壁黄褐色至暗红色，被灰黄色及暗褐色毛。触角基部 4~5 节及末节黄褐色，其余节色暗；雄虫触角强锯齿状，雌虫触角锯齿状。前胸背板赤褐色，中区有 2 条暗褐色纵纹；近后缘中央有 2 个并列的瘤突，上面着生白色毛。鞘翅表皮赤褐色，每鞘翅中部外侧有 1 个半圆形的暗色大斑，斑内又有淡色纵条纹；鞘翅密被大量淡黄色毛，沿翅缝形成 1 条纵宽带，并在翅的后半部形成 1 条不清晰的横带。臀板红褐色，几乎着生单一的淡黄白色毛，暗色斑不清晰或全缺。后足腿节腹面近端部的内缘齿大而尖。雄性外生殖器内阳茎的囊区有 3 对骨化板。

　　生物学特性　灰豆象在我国云南与缅甸交界地区年发生 8 代，以幼虫在豆粒内越冬。越冬幼虫于翌年 2 月上、中旬开始化蛹，3 月上、中旬羽化出越冬代成虫。

　　成虫羽化后，在蛹室内静止 1~2 天，以头部和前足顶开羽化盖爬出。昼夜均可羽化，自然条件下羽化率平均 88.9%。

　　成虫由豆粒钻出后不久即行交尾。交尾持续 7~8min，最长 25min，有多次交尾现象。产卵前期少则几小时，多则 1~2 天。雌虫选择在完整和光滑的豆粒上产卵。卵黏附在豆粒表面，不易脱落。卵散产，有时几粒卵堆在一起。雌虫产卵 18~73 粒，平均44.1 粒。卵的孵化率为 62%~95%，平均 88.4%；卵期 5~12 天，平均 7 天。幼虫孵化时同时咬破卵壳和与其接触的种皮垂直蛀入豆粒内，然后再改成与种皮平行的方向蛀食前进，近老熟时又向种皮方向前进，做成弧形隧道，经历 4 龄。幼虫期平均21.8 天。蛹期 7~23 天，平均 13.5 天。成虫寿命 5~26 天，平均 12.7 天。

　　用白扁豆、白茶豆、蚕豆、豌豆和绿豆作饲料进行对比观察，证明白扁豆、茶豆和绿豆最适于该虫发育，豌豆不太适于发育。

　　经济意义　通常发现其为害白扁豆，也为害鹰嘴豆、绿豆、菜豆、金甲豆等。有记载的寄主有：*Cajanus indicus*、鹰嘴豆 *Cicer arietinum*、扁豆 *Dolichos lablab*、*Lablab niger*、白羽扇豆 *Lupinus albus*、赤豆 *Phaseolus angularis*、*P. aureus*、赤小豆 *P. calcaratus*、金甲豆*P. lunatus*、*P. mungo*、菜豆 *P. vulgaris*、饲料碗豆 *Pisum arvense*、豌豆 *P. sativun*、*Vigna catjang*、长豇豆 *V. sinensis*、豇豆 *V. unguiculata*、*V. (Voandzeia) subterranea*。

　　分布　日本，缅甸，印度，斯里兰卡，巴基斯坦，苏联，意大利，法国，尼日利亚，肯尼亚，坦桑尼亚，卢旺达，安哥拉，马达加斯加，南非，美国，古巴，巴西。

多型豆象属 *Bruchidius* 种检索表

1　雄虫触角栉齿状，由第 6 节开始至端部呈黑色；前胸背板中线每侧有 1 黑色纵纹；鞘翅被苍白色至金黄色毛，暗色毛主要集中于鞘翅后半部，着生于相间行间的暗色斑上，第 4 行间基部有 1 大齿突；雄虫阳茎近端部有 1 三角形的骨化区，内阳茎前半部的多数骨化刺排成两纵列；体长 2.2~3.5mm；主要为害豇豆 ……………………………… 暗条豆象 *Bruchidius atrolineatus* (Pic)
　　雄虫触角强锯齿状或锯齿状 ………………………………………………………………………… 2

2　鞘翅沿翅缝有 1 条狭长的淡色毛带，另有 4 个白毛斑，其中 2 个近鞘翅侧缘中部，另 2 个位于第 3行间端部；雄虫触角强锯齿状；前胸背板两侧圆形；体长 2.9~4.5mm；为害蚕豆、豌豆等 ………
　　…………………………………………………… 五斑豆象 *Bruchidius quinqueguttatus* (Olivier)
　　鞘翅无明显斑纹或斑纹不如上述 ……………………………………………………………………… 3

3　雌虫臀板中央有纵隆起，并在端部膨扩呈瘤突状；触角黄褐色，向后伸达鞘翅基部，第 2~4 节细且等宽；体长 2.1~2.8mm；为害洋甘草种子 ····· 臀瘤豆象 *Bruchidius tuberculicauda* Luk. & T.-M.
　　雌虫臀板无上述结构 ……………………………………………………………………………………… 4

4　前胸背板顶区有 2 个淡色圆斑；鞘翅被灰白色及淡褐色毛，淡褐色毛形成不规则的斑纹；臀板大而倾斜，末端宽圆；体长 2.7~5mm；为害合欢种子 ············ 合欢豆象 *Bruchidius terrenus* (Sharp)
　　无上述综合特征 …………………………………………………………………………………………… 5

5　体长不大于 2.3mm；足及触角（第 2、第 3 节除外）黑色（黑角型）或全部呈黄褐色（褐角型）；雄性外生殖器的阳基侧突粗壮，末端平截，内阳茎在近外阳茎瓣基部有 1 对长形骨化板，囊区有多数骨化刺，其中端部 3~4 个钉状大刺骨化弱；为害三叶草种子……………………………………………
　　…………………………………………………… 三叶草豆象 *Bruchidius trifolii* Motschulsky

体长大于 2.3mm；雄性外生殖器不如上述 ·· **6**

6 后足腿节内缘齿不明显；鞘翅着生白色及淡黄色毛，无明显的毛斑；第 2~4 行纹基部各有 1 小齿；臀板无暗色斑；雄性外生殖器内阳茎有多数骨化刺，中部有 1 对强骨化齿，囊区有 3 个长形大骨化板；体长 2.6~ 3.8mm；为害田菁种子 ····················· **角额豆象 Bruchidius angustifrons Schilsky**
后足腿节内缘齿明显；体背面有时单一色，有时在鞘翅端及两侧有暗色斑；臀板有 1 对暗色斑；体长 2.5~3.5mm；为害豌豆、蚕豆、兵豆等 ···
·· **埃及豌豆象 Bruchidius incarnatus（Boheman）**

185. 暗条豆象 *Bruchidius atrolineatus*（Pic）（图 198；图版 XV -11）

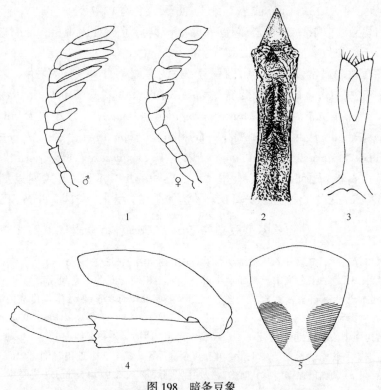

图 198 暗条豆象
1. 触角；2. 雄虫阳茎；3. 阳基侧突；4. 后足；5. 臀板
（刘永平、张生芳图）

形态特征 体长 2.2~3.5mm。头、触角端半部、前胸背板两侧的纵纹、鞘翅上的黑斑及足的腿节基半部黑色，背面其余部位红褐色，被苍白色、黄褐色及黑色毛，黑色毛着生于黑色斑上。触角由第 6 节开始向端部变黑色；雌虫触角锯齿状，雄虫触角强栉齿状；触角第 2 节显著短于第 1 节或第 3 节；雄虫触角由第 4 节开始，雌虫触角由第 5 节开始明显向一侧突出。前胸背板中部强烈隆起，中线两侧各有 1 条黑色纵纹。鞘翅上散布多数黑色斑，许多黑斑位于相间的行间，黑斑多集中于鞘翅后半部；在第 4 行间基部有 1 大型齿突。臀板长大于宽，在臀板端半部每侧有 1 半圆形黑斑。后足腿节腹面内缘近端部有 1 小齿，十分明显。雄性外生殖器：两阳基侧突在基部 1/2 愈合，然后彼此分离，阳基侧突端部膨大，显著呈斜截形，末端着生少数刚毛；阳茎较细长，外阳茎瓣三角形，阳茎端部近外阳茎瓣处有 1 三角形的骨化区，内阳茎有大量骨化刺，但无大型骨化板，端半部的骨化刺似乎排成左右 2 纵列。

生物学特性　在田间，当寄主豇豆的果荚形成后成虫即出现于植株上。雌虫产卵于绿荚上，也可产卵于成熟的干荚上。在豇豆收获时，卵或幼虫可能被带入仓内继续为害。

该虫最喜食豇豆 *Vigna unguiculata*。Ofuya 等于 1996 年通过实验表明，该虫在取食大豆 *Glycine max*、兵豆 *Lens culinaris*、菜豆 *Phaseolus vulgaris* 及 *Voandzeia subterranea* 时不能顺利地完成生活周期，而取食豇豆、赤豆 *Vigna angularis*、绿豆 *Vigna radiata* 和鹰嘴豆 *Cicer arietinum* 时可以完成生活周期。

经济意义　在西非、中非和东非，该虫为豇豆的重要害虫之一。另有资料记载该虫还为害扁豆 *Dolichos lablab*、紫苜蓿 *Medicago sativa* 和长豇豆 *Vigna sinensis*。

分布　安哥拉，喀麦隆，埃及，加纳，肯尼亚，马里，莫桑比克，尼日尔，尼日利亚，塞内加尔，坦桑尼亚，乌干达，扎伊尔，埃塞俄比亚，牙买加，巴西。

186. 五斑豆象 *Bruchidius quinqueguttatus*（Olivier）（图 199；图版ⅩⅥ-1）

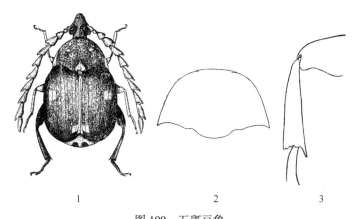

图 199　五斑豆象
1. 雄成虫；2. 前胸背板；3. 后足
（1. 仿 Borowiec；2、3. 仿 Lukjanovitsh）

形态特征　体长 2.9~4.5mm。体黑色。背面被暗色毛，腹面、足及触角被淡色毛；前胸背板基部中央及小盾片被淡色毛；沿鞘翅缝处形成白色或黄色毛带，另外还有 4 个白色毛斑，其中 2 个位于近鞘翅侧缘中部，其余 2 个位于鞘翅第 3 行间端部；臀板被淡色和暗色毛，淡色毛形成 2 个毛斑及中纵带。足除后足腿节基部之外呈黄褐色，胫节及跗节黑色。触角黑色，仅基部 3~4 节色淡。雄虫触角强锯齿状，末节不对称，呈三角形，长为宽的 1.5 倍。前胸背板横宽，两侧圆形。鞘翅长为总宽的 1.4 倍，行纹深。臀板强烈隆起，与体轴近垂直，由背方不可见。后足腿节在端前凹入颇深，近端部的齿较大。后足胫节直，由基部至端部逐渐加宽，端部宽为基部的 2.6 倍，有 1 大的端齿及 6 个小齿。后足第 1 跗节长为第 2 节的 2 倍，外侧有 1 条完整的脊，末端有 1 大锐齿。

雄虫触角稍长于体长，第 3 节宽为第 2 节的 2 倍；雌虫触角锯齿的程度较弱，短于体长，第3节与第2节约等宽。

生物学特性　在近东，该虫1年发生1代。

经济意义　为害蚕豆、小扁豆、鹰嘴豆等。有记载的寄主还有：南苜蓿 *Medicago hispida*、*M. scutellata*、*M. truncatula*、*M. tuberculata*、救荒野豌豆 *Vicia sativa*。

分布　阿尔及利亚，埃及，希腊，伊朗，以色列，黎巴嫩，叙利亚，意大利，土耳其，南斯拉夫，苏联。

187. 臀瘤豆象 *Bruchidius tuberculicauda* Luk. & T. -M.（图200；图版XVI-2）

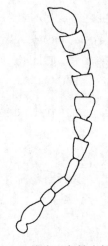

图200　臀瘤豆象雄虫触角
（刘永平、张生芳图）

形态特征　体长2.1~2.8mm，卵圆形。头顶、鞘翅、触角及足黄褐色；背面着生较稀疏的淡灰色毛，在鞘翅的奇数行间有不明显的淡色长形小斑。额区具中隆脊。触角短，向后伸达鞘翅基部；第2~4触角节细，等宽，由第5节或第6节开始逐渐加粗。前胸背板两侧向前呈圆锥形狭缩，背面微隆，长不小于基部之宽；上面的刻饰被毛所遮盖。鞘翅几乎完全呈黄褐色，仅翅基部、肩角及翅缝前部黑色；由肩部向后明显加宽；第5行间基部有1个双峰齿；第3行间基部明显宽于第2和第4行间。雌虫臀板中部通常具稍明显的纵隆起，并在端部膨大成瘤状突；雄虫的臀板长明显大于其宽。后足胫节狭窄，内缘有1锐齿。

经济意义　为害洋甘草 *Glycyrrhiza glabra* 种子。

分布　内蒙古、新疆；哈萨克斯坦和中亚，蒙古。

188. 合欢豆象 *Bruchidius terrenus*（Sharp）（图201；图版XVI-3）

形态特征　体长3~5mm。全身灰黑色，头顶、触角和足红褐色。触角短，由第5节开始变暗变宽。前胸背板被褐色毛，中区有2个不太明显的淡色圆斑。鞘翅宽而端部圆，密被灰白色及褐色毛，散布不规则的褐色毛斑。臀板大而倾斜，末端圆，其上着生灰白色毛。后足腿节内缘有1小的端前齿。

生物学特性　以成虫在合欢种子内越冬。

经济意义　为害合欢 *Albizzia julibrissia* 种子。

分布　台湾、江苏、陕西、河北；日本。

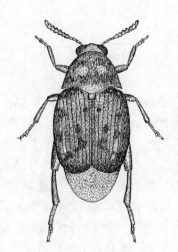

图201　合欢豆象
（刘永平、张生芳图）

189. 三叶草豆象 *Bruchidius trifolii* Motschulsky（图 202；图版 XVI-4）

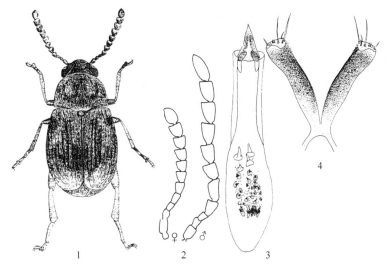

图 202　三叶草豆象
1. 成虫；2. 触角；4. 雄虫阳茎；4. 阳基侧突
（刘永平、张生芳图）

　　形态特征　体长 1.3~2.3mm，宽 0.8~1.2mm。倒卵圆形。头、胸和腹部黑色；在黑角型个体，足黑色，触角除第 2、第 3 节红褐色之外全为黑色；在褐角型个体，触角及足全为红褐色。触角锯齿状，雄虫触角显著比雌虫的长，更显著呈锯齿状；雄虫触角由第 4 节开始显著加粗，雌虫触角由第 5 节开始显著加粗。前胸背板圆锥形，两侧呈弧形向外弓曲，由基部向端部狭缩；上面密被灰白色及锈赤色毛。小盾片方形，被灰白色毛。鞘翅上的毛色个体变异颇大，有的个体以锈赤色毛为主，此时白色毛多集中于鞘翅的基半部和端部，形成模糊的淡色斑纹；在以灰白色毛为主的个体，锈赤色毛往往在鞘翅的基部、中部和端部形成不清晰的暗色斑；更有的个体鞘翅上几乎全为灰白色毛。臀板略与体轴垂直，被灰白色毛，有的个体臀板上有暗色斑 1 对。

　　雄性外生殖器的阳基侧突粗壮，骨化较强，两侧突由基部分离，端部呈截形，着生长短不等的刚毛；外阳茎瓣三角形，端部尖锐；在外阳茎瓣的基部处有 1 对长形骨化板，在囊区有多数大小不等的骨化刺，其中近端部的 3~4 个钉状骨化刺大而骨化弱，其余骨化刺明显骨化强，远离外阳茎端的几个骨化刺较大，稍呈菱形。

　　根据足和触角颜色的不同，分类学家曾将该种定为 2 个种：将触角大部为黑色的个体定名为 *B. trifolii* Motschulsky，将足和触角全为红褐色的个体定名为 *B. alfierii* Pic。

　　Abou-Rays 于 1943~1945 年、1952~1953 年在埃及对上述两类型进行了研究，确定二者为同一个种的 2 个型（或宗）。用上述 2 个型中的任何一个单独进行繁殖，其后代均产生 2 个型及中间型的个体，2 个型个体又可以进行杂交而产生后代。因此，*B. alfierii*（Pic）已经作为 *B. trifolii* Motschulsky 的异名。

生物学特性　在埃及，该虫以黑角型成虫越冬。越冬既可以发生在仓内，又可发生在田间的落叶下或其他隐蔽物下。翌年春越冬成虫飞往田间，在补充营养之后方达到性成熟。在3月三叶草正值开花始期，黑角型成虫开始出现。到5~6月，当三叶草种子趋于成熟时，田间扫网可获得黑角型和褐角型成虫。褐角型的生活周期约1个月，每年田间可发生4~5代，仓内可达7~8代。成虫5~6月在田间大量发生，6~9月在仓内大量出现。黑角型个体随着秋天的来临比例渐增，到10月只有黑角型成虫产生。

对褐角型进行室内观察表明，在32℃及相对湿度50%的条件下，卵期5.1天，幼虫期及蛹期15.5天；雄虫寿命8.7天，雌虫寿命3.7天，产卵前期3~4h，雌虫产卵约50粒。

经济意义　主要为害亚历山大三叶草 *Trifolium alexandrinum* 和红三叶草 *T. pratense* 种子。在埃及南部，亚历山大三叶草种子的被害率高达64%，在埃及北部被害较轻。

除以上两种寄主外，有记录的寄主还有：紫苜蓿 *Medicago sativa*、绛车轴草 *Trifolium incarnatum*、*T. maritimum*、*T. ochraceum*、*T. ochroleucum*。

分布　阿尔及利亚，埃及，利比亚，以色列，法国。

190. 角额豆象 *Bruchidius angustifrons* Schilsky（图203；图版XVI-5）

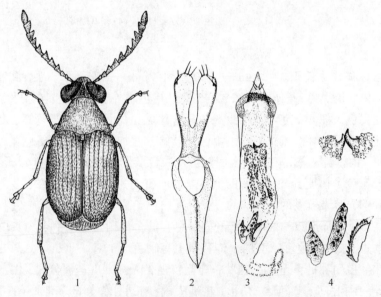

图 203　角额豆象
1. 成虫；2. 雄虫阳基侧突；3. 阳茎；4. 内阳茎骨化结构放大
（刘永平、张生芳图）

形态特征　体长2.6~3.8mm。头部黑色，额区极窄，额纵脊突出，表面覆盖灰白色毛；复眼极其突出，缺切狭窄；触角黄褐色，向后伸越前胸背板，第4~10节呈锯齿状，雄虫触角比雌虫更明显锯齿状。前胸背板亚圆锥形，褐色至暗褐色，被单一的淡黄色毛；后缘中叶显著后突，中叶上的毛淡黄色。小盾片四角形，长大于宽，被淡黄色毛。鞘翅长约为总宽的1.2倍，淡褐色至暗褐色，被白色及淡黄色毛，不形成明显的毛斑；

在鞘翅的第2、第3、第4行纹基部各有1瘤突。足黄褐色，后足腿节基半部近黑色，腿节腹面有2条弱纵脊，内缘脊近端部有1短齿。雄虫臀板与体轴垂直，雌虫臀板与体轴近垂直，被淡黄白色毛。虫体腹面暗褐色至黑色，被淡黄白色毛。

雄性外生殖器的两阳基侧突在基部1/3愈合，端部扁平；内阳茎有多数骨化刺，在近外阳茎瓣有1对骨化强的齿状突，囊区有3个大的长形骨化板，骨化板上附明显的齿；外阳茎瓣三角形，端部尖细。

经济意义　为害田菁属的种子。已报道的寄主有 Sesbania formosa、S. aegyptiaca、元江田菁 S. sesban var. bicolor。

分布　印度，埃及。

191. 埃及豌豆象 Bruchidius incarnatus（Boheman）（图204；图版ⅩⅥ-6）

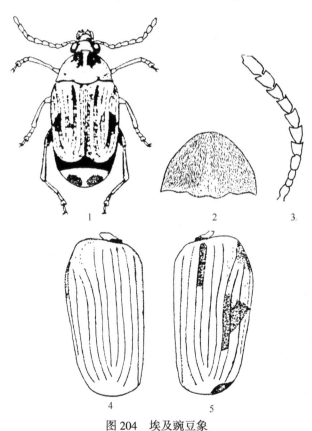

图204　埃及豌豆象
1. 成虫；2. 前胸背板；3. 触角；4. 雄虫鞘翅；5. 雌虫鞘翅
（1、4、5. 仿 Shomar；2、3. 仿 Herford）

形态特征　体长2.5~3.5mm，长卵圆形。触角向后超越身体中部，黄褐色至红褐色；第4节或第5节至末节各节长大于宽，末节长卵圆形，末端尖。前胸背板隆起，横宽，两侧近圆形，后缘二波状，后角尖；背面有1狭窄的白毛中纵带与近后缘中央的白色毛斑相连。鞘翅肩胛颇隆起；两侧圆形；被淡黄褐色毛，雄虫翅上的暗色毛斑不明显，雌虫翅上的斑往往明显，通常在小盾片周围、近翅缝处有褐色斑纹，在侧缘还有3个褐色斑。臀板被灰白色毛，有2个暗色斑。足黄褐色，后足腿节稍宽且基部呈烟褐色，腹面内缘有1明显的端前齿。

生物学特性 在26℃及相对湿度70%的条件下，由卵发育至成虫需要大约45天。在取食蚕豆、豌豆和小扁豆时，该虫在北非1年可繁殖7~9代。

经济意义 在埃及，对储藏的蚕豆造成严重危害。除蚕豆、豌豆和小扁豆之外，有记录的寄主还有鹰嘴豆、扁豆、*Lens esculentum*、*Vicia narbonensts*、救荒野豌豆 *V. sativa*。

分布 阿尔及利亚，埃及，突尼斯，法国，葡萄牙，西班牙。

三齿豆象属 Acanthoscelides 种检索表

1 鞘翅表皮大部红褐色，仅在侧缘、基部及翅缝处黑色；雄虫内阳茎内有1楔形大骨化刺；为害紫穗槐种子 ·············· **紫穗槐豆象 Acanthoscelides pallidipennis（Motschulsky）**
  鞘翅颜色、雄虫阳茎及寄主均不如上述 ··· 2
2 触角基部4节及末节红褐色，其余节黑色；鞘翅大部黑色；为害储藏的食用豆类 ··············
  ··· **菜豆象 Acanthoscelides obtectus（Say）**
  触角全部红褐色；鞘翅多为红褐色；为害银合欢种子 ··············
  ····································· **银合欢豆象 Acanthoscelides macrophthalmus（Schaeffer）**

192. 紫穗槐豆象 Acanthoscelides pallidipennis（Motschulsky）（图205；图版 XVI-7）

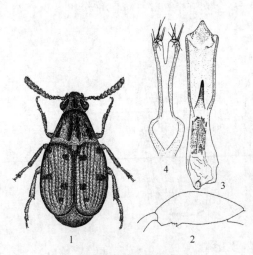

图205 紫穗槐豆象
1. 成虫；2. 后足腿节；3. 雄虫阳茎；4. 阳基侧突
（刘永平、张生芳图）

形态特征 体长2.1~2.8mm，椭圆形。表皮大部黑色，仅触角基部4~5节、鞘翅中区及足红褐色。腹部腹板及臀板部分个体为红褐色。触角11节，向后几乎伸达翅肩；其基部3~4节丝状，末节端部尖，其余节锯齿状。前胸背板圆锥形，被白色或淡黄色毛，白色中纵纹明显，有时具暗色纵带。鞘翅长约等于两翅合宽，鞘翅表皮基部、侧缘及翅缝处色暗，在近基部、近中部及近端部有黄褐色毛斑。后足腿节腹面近端部有3个齿；胫节端通常有3个小齿及1个大齿。雄性外生殖器两阳基侧突约在基部2/3愈合；内阳茎有1大的楔形骨片，其余细刺组成两条带状物。

生物学特性 该种豆象只为害紫穗槐种子。高明臣于1991年报道，紫穗槐豆象在黑龙江省牡丹江市1年发生2代，以2~4龄幼虫在野外紫穗槐宿存的荚果种子内或仓储的种子内越冬。翌年5月下旬至6月上旬在种子内化蛹，蛹期8~10天。新羽化的成虫在种子内停留3~5天后飞出。羽化孔圆形，边缘不整齐，直径为0.8~1.0mm。6月中旬始见第1代成虫，6月下旬达成虫羽化盛期。成虫寿命 17~34 天。成虫取食紫穗槐花蜜、花瓣及幼嫩荚皮。成虫由羽化孔钻出后即可交尾，交尾多在上午 10 时左右进行，交尾 3 天后开始产卵。卵产于前 1 年宿存荚果的花萼与种荚间缝隙内，有时也产在种荚表面的旧羽化孔中。卵单产，一般情况下每个种荚上产卵 2~5 粒。7 月上旬始见幼虫，7 月下旬至 8 月上旬幼虫老熟化蛹。8 月上、中旬第 2 代成虫羽化，8 月中旬始见第 2 代成虫在当年成熟的种荚上产卵。9 月中旬幼虫发育至 2~4 龄并以此虫态越冬。

经济意义　幼虫在紫穗槐种子内蛀食为害，被害严重的种子内部全成为粉末状。据 1978 年在辽宁阜新地区调查，种子被害率一般为 15%~20%，受害严重地段被害率高达 60%~85%。

分布　黑龙江、辽宁、内蒙古、河北、河南、山东、陕西、新疆、宁夏；美国，欧洲东南部，苏联南部，朝鲜。

注：该虫的学名过去国内文献中多数用的是 *Acanthoscelides plagiatus* Reiche & Saulcy，属于定名有误。*A. plagiatus* 这个种仅为害一种黄芪 *Astragalus caraganae*，不为害紫穗槐。

193. 菜豆象 *Acanthoscelides obtectus* (Say)（图 206；图版 XVI-8）

形态特征　体长 2.0~4.5mm。头、前胸背板及鞘翅表皮黑色，仅鞘翅端部红褐色；触角第 1~4 节（有时也包括第 5 节基半部）及末节红褐色，其余节黑色；腹板、臀板及足大部红褐色，仅局部黑色。触角 11 节，向后伸达肩部；第 1~4 节丝状，第 5~10 节锯齿状，末节端部尖。鞘翅被黄褐色毛，在翅的近基部、近中部及近端部散布褐色毛斑。后足腿节腹面近端部有 3 个齿，其中大齿长约为两小齿长的 2 倍（有时第 3 个齿后还跟 1 个小齿）。雄性外生殖器的阳基侧突端部膨大，两侧突在基部 1/5 愈合；外阳茎瓣端部稍尖，两侧缘稍凹；内阳茎有多数细的毛状骨化刺，向囊区方向骨化刺变大变稀，囊区有 2 个骨化刺团。

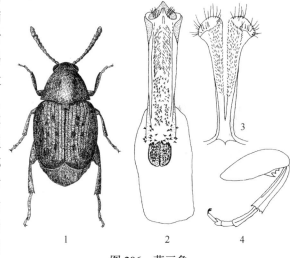

图 206　菜豆象
1. 成虫；2. 雄虫阳茎；3. 阳基侧突；4. 后足
（1. 刘永平、张生芳图；2~4. 仿 Johnson）

生物学特性　以幼虫或成虫在仓内越冬，在冬季温暖地区，部分成虫可在田间越冬。在仓内越冬的情况下，次年春播时随被害种子带到田间，或成虫在仓内羽化后飞往菜豆地为害繁殖。另外，该虫也可以在仓内连续繁殖。

越冬成虫在春季温度升至 15~16℃ 时开始出蛰，达 18℃ 以上开始交尾产卵。成虫不需补充营养。产卵可持续 10~18 天。雌虫产出的卵不带黏性物质，不能牢固黏附在豆粒上，而是分散于豆粒间，或雌虫偶尔将卵产在仓内地板、墙壁或包装物上。在田间，卵多产在即将成熟豆荚的裂隙内。每雌虫产卵平均50粒。卵期6~11天，随温湿度的变化而异。最适于该虫发育的温度为30℃，相对湿度为70%左右。幼虫共4龄。初孵幼虫胸足发达，在豆粒表面四处爬行寻找蛀入点。在最适条件下，幼虫期约1个月。卵、幼虫和蛹的发育起始温度分别是14.27℃、9.42℃和14.4℃。

经济意义　菜豆象对储藏的菜豆和豇豆造成严重危害，此外也为害兵豆、鹰嘴豆、蚕豆、豌豆等。在拉丁美洲，菜豆象与巴西豆象的分布及危害情况相似，两种豆象共同对储藏菜豆造成的损失可达35%。菜豆象在巴西对菜豆造成的损失为13.3%；在哥伦比亚，由于储藏期短，造成的损失为7.4%。该虫为我国规定的进境植物检疫危险性害虫。

分布　吉林；美国，墨西哥，巴西，智利，哥伦比亚，洪都拉斯，古巴，尼加拉瓜，阿根廷，委内瑞拉，秘鲁，乌干达，刚果，安哥拉，布隆迪，尼日利亚，肯尼亚，埃塞俄比亚，加纳，马拉维，卢旺达，埃及，土耳其，日本，缅甸，朝鲜，塞浦路斯，希腊，阿富汗，英国，奥地利，比利时，匈牙利，德国，荷兰，西班牙，意大利，葡萄牙，法国，瑞士，南斯拉夫，罗马尼亚，保加利亚，波兰，苏联，澳大利亚，新西兰，斐济。

194. 银合欢豆象 *Acanthoscelides macrophthalmus*（Schaeffer）（图207；图版 XVI-9）

形态特征　体长2.3~3.6mm。全身多红褐色；头部额中纵脊强烈隆起；复眼大而凸。鞘翅密生黄色毛，在第3、第4、第6、第8行间散布白色毛，在鞘翅基部1/5、中部及端部1/5处分散淡褐色毛斑。后足腿节近端部有1大齿，后跟2个（偶尔3个）小齿，大齿长度为后足胫节基部宽的1.5倍。臀板被白色至黄色毛，雌虫臀板上有2个褐色大毛斑。雄性外生殖器的两阳基侧突基部2/5愈合，内阳茎囊区有弓曲的长形骨片。

经济意义　为害银合欢种子。

分布　海南、云南、广西；美国，墨西哥，南美洲，澳大利亚。

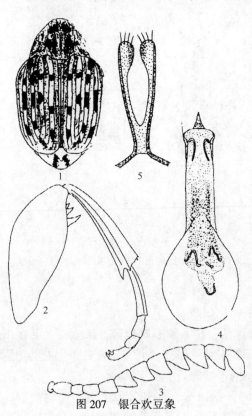

图 207　银合欢豆象
1. 成虫；2. 后足；3. 触角；4. 雄虫阳茎；5. 阳基侧突
（仿 Johnson）

（十六）长角象科 Anthribidae

小至中型甲虫，体长1~30mm。体长而扁平至卵圆形背方隆起。通常呈褐色，多数种类被毛或鳞片状毛。头大，常缩入前胸。喙宽短而扁，有时不明显。触角长，多11节（仅非洲产的部分种类为10节），末3节多形成触角棒（在少数触角十分长的种类，触角棒小或无，某些热带的种类触角棒2~8节）。前胸背板后方较宽，两侧有缘边，基部往往与鞘翅等宽。前足基节球形，基节窝后方关闭；中足基节球形；后足基节长，呈横形。跗节式5-5-5，显4节，第3节双叶状，第4节极小，第5节长。鞘翅一般不达腹末，臀板端部外露。腹部可见腹板5节。

幼虫新月形或亚圆筒状，长4~12mm，在腹部中央处最宽。足短或无足。栖息于木质部或蛀食种子，有的食花粉或真菌。

该科昆虫外形与象虫科相似，与象虫科的区别在于：长角象科昆虫的触角长且非膝状，喙宽短，鞘翅具有短的小盾片行纹。该科多分布于热带区。储藏物内常见的为咖啡长角象。

195. 咖啡长角象（咖啡豆象）*Araecerus fasciculatus*（Degeer）（图208；图版 XVI-10）

形态特征　体长2.5~4.5mm。卵圆形，背方隆起，暗褐色或灰黑色。触角11节，红褐色，向后伸越前胸基部；第3~8节细长，末3节膨大呈片状，黑色，松散排列。鞘翅行间交替镶嵌着特征性的褐色及黄色方形毛斑；由虫体后方观察鞘翅不完全遮盖腹末，腹末外露部分呈三角形。

生物学特性　成虫活泼善飞。雄虫羽化后3天达性成熟，雌虫羽化后6天性成熟，成虫羽化6天后开始交尾。产卵时，雌虫以产卵器在粮粒的胚乳部凿1个孔，然后产1粒卵于其中。每头雌虫产卵多至130~140粒。在27℃及相对湿度50%~100%下卵期5~8天。在27℃及相对湿度60%的条件下完成1个生活周期需57天；若相对湿度提高到100%则生活周期缩短为29天。幼虫蜕皮3次。该虫发育的最低温度为22℃，最适发育温度为28~32℃；最适相对湿度为80%，在相对湿度为50%~100%的条件下咖啡豆象皆可发育。

经济意义　在仓内外皆可为害。在田间可为害可可、咖啡、肉豆蔻等，其中以可可受害最重，咖啡次之。在仓内为害咖啡豆、玉米、薯干、干果及中药材等，以上物品受害严重。

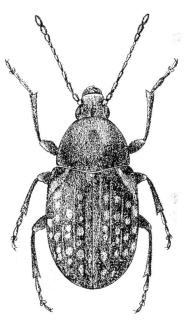

图208　咖啡长角象（咖啡豆象）
（仿 Lepesme）

分布　内蒙古、辽宁、河北、陕西、甘肃、河南、湖南、湖北、安徽、山东、江苏、浙江、江西、福建、四川、广东、广西、云南、贵州、青海；世界性分布，遍及热带及亚热带区。

（十七）天牛科 Cerambycidae

成虫多为中至大型。长椭圆形，少数种类卵圆形。复眼多呈肾形。上颚粗壮。触角着生于额的突起上，细长，呈鞭状，多由 11 节组成。前胸背板两侧的缘边有或无。鞘翅坚硬，端缘圆形、平截或斜凹切。各足的胫节均有 2 个端距；跗节 5 节，显 4 节，第 4 节微小。

幼虫身体粗壮，长圆筒形，略扁。头常缩入前胸，前胸节最大，足发达或退化。幼虫在树干内蛀食，形成隧道。极少数种类，如家茸天牛，有时将卵产于粮食、面粉和食品中，并可在其中顺利地完成发育。

该科全世界已知种类达 25 000 种以上，我国已知种超过 2000 种。极少数种类可为害储藏的农产品及中药材，多数种类为害木建筑材料、木制器具及木包装等。

种 检 索 表

1　触角短，向后不伸越鞘翅中部；前胸背板横宽，两侧圆形，密生灰白色直立长毛，中区有 1 对光亮的圆形瘤状突起；鞘翅上灰白色的毛斑通常构成 2 条不规则的横纹；前足基节间距至少等于两基节宽之和；体长 7~21mm ·················· **家希天牛 _Hylotrupes bajulus_ (Linnaeus)**
　　无上述综合特征 ··· 2
2　中足基节窝对后侧片开放；复眼小眼面较大；前胸背板窄于鞘翅，两侧无侧刺突；棕褐色至黑色，密被褐灰色短毛 ·················· **家茸天牛 _Trichoferus campestris_ (Faldermann)**
　　中足基节窝对后侧片关闭；前胸背板暗赤褐色；鞘翅赤褐色，中部 1/3 黑色或棕黑色，该深色区内有 4 个椭圆形黄斑，鞘翅端锐圆 ·················· **拟蜡天牛 _Stenygrinum quadrinotatum_ Bates**

196. 家希天牛 _Hylotrupes bajulus_ (Linnaeus)（图 209；图版 XVI-11）

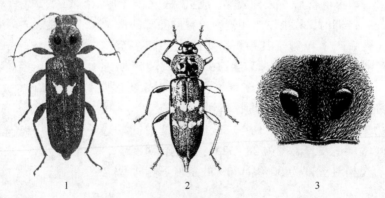

图 209　家希天牛
1、2. 成虫，示鞘翅花斑变异；3. 前胸背板
(1、3. 仿 Hickin; 2. 仿 Anonymous)

形态特征　体长 7~21mm。体壁黑色至淡褐色，触角红褐色。被灰白色毛，胸部及腿节上的毛长而密，直立状，鞘翅上的毛短。头部密布中等大刻点；触角几乎伸达鞘翅中部（♂）或达鞘翅基部 1/3 处（♀），第 3~5 节着生纤毛。前胸背板横宽，侧缘圆形，两侧刻点粗密，中区刻点较细而稀，有 2 个光亮的圆形瘤突。鞘翅两侧平行或近平行，基部刻点稀小，端部 2/3 有皱纹；鞘翅上的白色毛斑形状多变，通常构成 2 条横纹。足的腿节强烈棍棒状，雌虫的腿节较细。腹部有光泽，刻点稀小，被细毛；前足左右基节远

离，其间距约为两基节宽之和；雄虫腹部第 5 腹板短于第 4 腹板，端部浅凹，雌虫第 5
腹板长形，向端部狭窄，末端近截形。雌虫产卵器通常伸出。

生物学特性 家希天牛卵产于 0.2~9.6mm 宽的树木裂缝中，优先选择粗糙的表
面，每雌虫产卵 30~400 粒。孵化期通常 1~3 周。Steiner 于 1937 年报道，温度为
31.5℃、湿度为 90%~95% 时，卵期最短为 5.9 天，在温度为 16.6℃、湿度为 18% 时，卵
期最长为 48 天。湿度提高会加速发育，但湿度达到 100% 时，许多卵会被霉菌杀死。最
适宜的湿度是 90%~95%。温度在 31.5℃ 和 26.3℃ 可加速发育，同时可阻止霉菌生长来
降低卵的死亡率。

幼虫通常栖息在边材中，较少栖息于已风干的针叶林木材的心材中，如电线杆、建
筑物的围栏和作框架用的木材等，尤其是屋顶和阁楼用的木材。幼虫侵害通常是从阁楼
开始（特别是在烟筒周围），逐渐向下扩展，也有仅危害房屋下层的情况。近年来，这种
害虫已经适应了室内环境，但其最初的栖息地在许多地方仍然是林地和森林。

1 龄幼虫孵化后，通常短时间爬行，然后进入木材中。幼虫的虫道与木材的纹理平
行，虫道内充满被侵害木材的细粉末和虫粪。虫粪呈短圆柱状，以后会碎成球形的两部
分（可能是因干燥所致）。在严重侵染时，木材几乎完全充满粉末，外壁仅有一薄层木
材完好，有时心材的中心部分也保持完好。通常在虫粪的压力下，外面好的薄层会崩
裂，这时虫粪会掉出树外，成虫逸出也会将虫粪推出树外。由于木材外部没有可观察到
的危害痕迹，使得害虫的侵染难以察觉，但是木材表面产生包状隆起表明已经被害虫侵
染了。幼虫主要取食边材，一旦到达心材，侵染开始放慢。幼虫在边材进食比在心材部
分进食体重增加得更快。

因为该虫的生活环境受大气环境变化的支配，所以化蛹的时间差异较大。在欧洲，
化蛹通常在春季，大约在 5 月，但有时也发生在秋季甚至冬季。蛹期 2~3 周。成虫通常
在 6 月或 7 月羽化，成虫在飞离木材前，在蛹室中仍会停留 5~7 个月。有的学者认为有
的成虫不试图飞离木材，而在其蛀蚀的虫道内进行交尾产卵。

该虫的生活周期差异很大，通常为 3~4 年，还有的记载为 6~11 年。

成虫在炎热、阳光灿烂的天气特别活跃，经常在被感染的房子周围作短距离的快速
旋转飞行。欧洲大陆某些地区的电线杆已受到严重侵害，最近还发现进口的木质包装箱
也受到侵染。

经济意义 虽然该虫最初是一种森林昆虫，但现在已成为真正的室内害虫，在许多
国家对建筑用木材，尤其是屋顶和椽子的损害严重。在过去 20 年里，危害大幅度增加。
欧洲国家对该虫采取了许多措施，付出了很高的代价。在 1935 年，仅在汉堡就花费了
100 多万马克采取控制措施。在二战时期，德国某些地区的保险公司收更高的保险费来
承保该虫的侵扰险。在瑞典，成百上千的住房受到严重侵害；在丹麦，已经对楼房设立
了免受害虫危害的保险。英国也受该虫害侵扰，在许多建筑物中已有繁殖迹象。据估
计，如果对该害虫的繁衍不加干扰，一所被侵染的房子在 25~30 年便会倒塌。该虫的扩
散蔓延和可能造成的损失不容忽视，为国外危险性害虫。

分布 欧洲：阿尔巴尼亚，奥地利，比利时，英国，捷克，斯洛伐克，丹麦，芬兰，
法国，德国，希腊，匈牙利，意大利，卢森堡，马耳他，瑞典，瑞士，挪威，波兰，西班

牙，葡萄牙，南斯拉夫，苏联。

非洲：阿尔及利亚，埃及，利比亚，马达加斯加，摩洛哥，津巴布韦，南非，突尼斯。

美洲：加拿大，美国，阿根廷，危地马拉。

大洋洲：澳大利亚，新西兰。

亚洲：塞浦路斯，伊朗，伊拉克，以色列，黎巴嫩，叙利亚，土耳其。

197. 家茸天牛 *Trichoferus campestris*（Faldermann）（图 210；图版XⅥ-12）

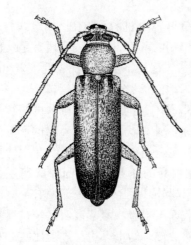

图 210　家茸天牛
（刘永平、张生芳图）

形态特征　体长 9~22mm，宽 2.8~7.0mm。扁平，棕褐色至黑褐色，密被褐灰色茸毛；小盾片和肩部密生淡黄色毛。头较短，触角基瘤微突；雄虫触角长达鞘翅末端，雌虫稍短，第 3 节和柄节约等长。前胸背板宽大于长，前端略宽于后端，两侧缘弧形，无侧刺突。鞘翅两侧近平行，后端稍窄，缘角弧形，缝角垂直；翅面布中等刻点，端部刻点较细。

生物学特性　在河南 1 年 1 代，以幼虫在被害枝干内越冬。次年 3 月开始活动，在皮层下木质部钻蛀成扁宽的坑道。4 月下旬至 5 月上旬开始化蛹，5 月下旬至 6 月上旬成虫羽化。雌虫喜产卵于直径3cm 以上的橡材皮缝内。卵散产，卵期约 10 天，孵出的幼虫钻入木质部与韧皮部之间，蛀成不规则的坑道。11 月开始越冬。该虫在湖北省多 1 年 1 代，极个别地区两年 1 代，在新疆两年 1 代。

值得注意的是，该虫有时将卵产在仓内的面粉、大米和挂面等储藏物中，且幼虫的生长发育正常。在全国中药材害虫调查中，曾在以下药材内发现该虫：黄芪、白芍、常山、葛根、人参、山药、鸡血藤、黄柏、秦皮、桑白皮、厚朴、甘草、菊花、桑椹、覆盆子。

经济意义　为刺槐产区的重要害虫，尤其当用新采伐的刺槐作椽木时，最易遭受该虫的危害。除为害刺槐外，还为害杨、柳、榆、香椿、白蜡、桦、柚木、云南松、云杉、枣、桑、丁香、黄芪、苹果和梨树等，对中药材及农产品的危害还是次要的。

分布　云南、贵州、四川、青海、新疆、甘肃、陕西、山东、河南、山西、河北、内蒙古、辽宁、吉林、黑龙江；日本，朝鲜，蒙古，苏联。

198. 拟蜡天牛 *Stenygrinum quadrinotatum* Bates（图 211；图版XⅦ-1）

形态特征　体长 8~13mm，宽 2~3mm。深红色或赤褐色。背面疏被淡黄色毛。雄虫触角等于或稍大于体长，雌虫触角较体短，下面具缨毛；触角第 3 节与柄节等长，较第 4 节约长 1/3，第 5~7 节略等长，略等于第 3 节。前胸背板颜色较鞘翅暗，圆筒形，中部稍宽。每鞘翅中部 1/3 黑色或棕黑色，在该暗区内有前后 2 个椭圆形黄斑；鞘翅末端呈锐圆形，翅面密布刻点，端部刻点小而不甚明显。

生物学特性　1 年发生 1 代，以幼虫越冬。次年 5 月化蛹，6 月出现成虫。幼虫常蛀入较细的枝条内为害。

经济意义　为害栎、枹树、油松和栗属。该虫偶尔也发现于仓内，幼虫在杂木内蛀孔，损坏木制器具，并在某些中药材（桑枝、甘草）内发现。

分布　云南、贵州、广西、四川、台湾、江西、浙江、安徽、江苏、陕西、河北、内蒙古、黑龙江；印度，缅甸，老挝，日本，朝鲜。

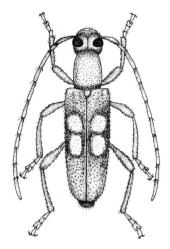

图 211　拟蜡天牛
（刘永平、张生芳图）

（十八）郭公虫科 Cleridae

小型或中型甲虫，体长 3~24mm。触角 8~11 节，多数 11 节，丝状、锯齿状、栉齿状或棍棒状等，着生于额的两侧。身体长形，背方隆起；色泽各异，通常具金属光泽，有的种类缀红色或黄色花纹；被直立的长毛。前足基节突出，前基节窝关闭或开放。鞘翅完全遮盖腹部，腹部可见腹板 5~6 节。足细长，跗节 5 节，有时第 1 跗节被第 2 跗节所遮盖，或有时第 4 跗节微小，嵌入第 3 跗节端的叶状体内。

该科昆虫全世界记述 4000 种以上，分隶于 150 多个属，多生活在热带区。部分成虫营捕食性生活，部分种类以花粉为食，少数种类生活于动物尸体和干燥的植物性物质中，包括仓储的谷物、动物性储藏品、食品和中药材等。

种 检 索 表

1　前胸背板侧缘无缘边；前足基节窝关闭，第 1 跗节明显；鞘翅具斑纹 ………………………………
………………………………………… 二带赤颈郭公虫 *Tilloidea notata*（Klug）
前胸背板侧缘有缘边 ……………………………………………………………………… 2

2　腹部可见腹板 6 节；鞘翅有 1 条白色中横带 ………… 玉带郭公虫 *Tarsostenus univittatus*（Rossi）
腹部可见腹板 5 节 …………………………………………………………………………… 3

3　前胸背板侧缘由背方不可见；前足跗节膨扩，第 2~4 节宽短；前胸背板后半部两侧显著收狭；全身赤褐色 ………………………………… 暗褐郭公虫 *Thaneroclerus buqueti*（Lefebvre）
前胸背板侧缘由背方明显可见；前足跗节不膨扩，第 4 跗节小，隐于第 3 跗节端的叶状体中 …… 4

4　复眼小，稍凹缘；前胸背板暗红褐色，鞘翅蓝黑色 …………………………………………
………………………………… 赤胸郭公虫 *Opetiopalpus sabulosus* Motschulsky
复眼大，显著凹缘；身体色泽不如上述 ……………………………………………………… 5

5　身体单一蓝绿色 ……………………………… 青蓝郭公虫 *Necrobia violacea*（Linnaeus）
体色不如上述 ………………………………………………………………………………… 6

6　触角及足赤褐色，身体其余部分蓝绿色 ……………………… 赤足郭公虫 *Necrobia rufipes*（Degeer）
鞘翅端部 3/4 蓝绿色，基部 1/4 及前胸背板赤褐色 … 赤颈郭公虫 *Necrobia ruficollis*（Fabricius）

199. 二带赤颈郭公虫 *Tilloidea notata*（**Klug**）（图 212;图版 XVII-2）

图 212　二带赤颈郭公虫
（刘永平、张生芳图）

形态特征　体长 4~7mm。身体细长，略扁平。触角 11 节，基部 3 节褐色，其余节黑色，第 4~10 节近三角形，末节椭圆形。前胸背板大部或全部黑色。鞘翅基部 1/3（有时也包括前胸后半部）红褐色，鞘翅端部 2/3 黑色，在该区内有 2 条黄色宽横带；鞘翅向后渐加宽，最宽处位于鞘翅中央之后；刻点行整齐，刻点在翅的前半部明显，在后半部逐渐变弱。

生物学特性　在湖北沔阳，1 年发生 1 代。在田间，以幼虫在寄主的虫道内越冬，次年 3 月中旬，当气温回升到 13℃时开始活动，5 月中旬幼虫老熟，陆续化蛹。蛹期 8~16 天，平均 14 天。从 5 月下旬至 7 月为成虫期。卵期约 9 天。6 月上旬幼虫开始孵化，11 月初幼虫进入越冬状态。雌虫含卵量平均 182 粒。幼虫孵出后即钻入寄主的虫道，以捕食其他害虫为主。

经济意义　该虫在仓库内发生的情况很少有报道，可能作为一种捕食性天敌存在。在田间为林业害虫的天敌之一，又称异色郭公虫，捕食小蠹、长蠹、天牛等蛀干害虫，在北京西山地区为双条杉天牛 *Semanotus bifasciatus*（Motschulsky）的重要捕食性天敌。

分布　台湾、广东、广西、河南、河北、内蒙古、湖南、浙江、湖北；日本，菲律宾，缅甸，印度。

200. 玉带郭公虫 *Tarsostenus univittatus*（**Rossi**）（图 213;图版 XVII-3）

形态特征　体长 3.5~5.0mm。身体细长，两侧近平行。暗褐色至黑色，鞘翅中部稍后有 1 条白色横带。头蓝色，向下倾斜；复眼大而扁，显著凹缘；触角 11 节，3 个棒节黑色，其余节黄褐色。前胸背板长大于宽，两侧近平行，仅基部 1/4 狭缩；中区有 1 个 "Y" 形浅纵沟，沟的两侧光滑发亮。腹部有 6 节可见腹板。

经济意义　成虫和幼虫捕食其他昆虫，为仓库内的天敌昆虫。

分布　河北、陕西、四川、贵州、广东、广西、云南；世界性分布。

图 213　玉带郭公虫
（刘永平、张生芳图）

201. 暗褐郭公虫 *Thaneroclerus buqueti* (**Lefebvre**)（图 214；图版 XVII-4）

形态特征　体长 4.5~6.5mm。长椭圆形，全身赤褐色，被直立的黄色长毛。头向下倾斜，复眼凹缘不明显，触角 11 节，末 3 节形成松散的触角棒，末节卵圆形。前胸背板两侧圆弧形，基部缢缩呈狭窄的短颈状，中区有 1 个长椭圆形凹窝。鞘翅两侧缘近平行，长约为两翅合宽的 2 倍；刻点长形而密，不形成刻点行。

经济意义　为仓库害虫的捕食性天敌，成虫和幼虫主要靠猎取其他昆虫为生。

分布　广东、广西、云南、福建、四川、上海、甘肃、辽宁、河南、河北、内蒙古、山西、陕西、湖南、浙江；世界性分布。

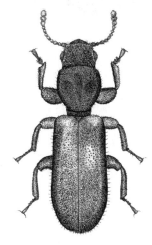

图 214　暗褐郭公虫
（刘永平、张生芳图）

202. 赤胸郭公虫 *Opetiopalpus sabulosus* **Motschulsky**（图 215；图版 XVII-5）

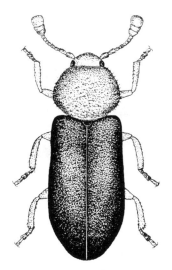

图 215　赤胸郭公虫
（刘永平、张生芳图）

形态特征　体长 2~3mm。前胸赤褐色，鞘翅蓝黑色有光泽，全身着生近直立的褐色毛。触角 11 节，末 3 节形成宽短的触角棒，棒节排列较紧密。复眼小，内侧稍凹，两眼间有 2 个浅凹陷。前胸背板两侧及后缘圆弧形，背面隆起，侧缘着生数个小齿突。鞘翅刻点行密，刻点大，缘折明显。足黄褐色，腿节稍暗，第 4 跗节小，隐于第 3 跗节端的双叶体之间。

经济意义　在仓库内捕食其他昆虫。

分布　新疆、广东、云南、河南、上海；日本，蒙古，苏联，中亚，西欧，北非。

203. 青蓝郭公虫 *Necrobia violacea*（**Linnaeus**）（图216；图版XVII-6）

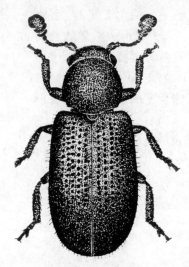

图216　青蓝郭公虫
（刘永平、张生芳图）

形态特征　体长4.0~4.5mm。与该属上述其他种类的区别在于身体呈单一的蓝绿色或青蓝色。

经济意义　为害多种动物性储藏品，如火腿、熏肉、干鱼及中药材和食品，也捕食仓库内其他昆虫。

分布　广东、广西、青海、新疆、内蒙古；世界性分布。

204. 赤足郭公虫 *Necrobia rufipes*（**Degeer**）（图217；图版XVII-7）

形态特征　体长3.5~5.0mm。长卵圆形，金属蓝色，有光泽。体被黑色近直立的毛，触角和足赤褐色。触角11节，基部3~5节赤褐色，其余节色暗；触角棒3节，第9、第10节漏斗状，末节大而略呈方形。前胸宽大于长，两侧弧形，以中部最宽。鞘翅基部宽于前胸，两侧近平行，在中部之后最宽；刻点行明显，行纹内的刻点小而浅，间距大，行间的刻点微小。足的第4跗节小，隐于第3跗节端的双叶体中；爪的基部有附齿。

生物学特性　在我国华北地区1年不多于2代，在华中1年2~4代，在华南1年4~6代。在30℃及相对湿度64%~70%的条件下，分别以脊胸露尾甲、椰干加鱼粉及单纯以椰干为食，幼虫期分别为32天、46天和61天。幼虫蜕皮2~3次。在30℃及相对湿度70%~81%的条件下，蛹期6天。在25℃及30℃下，卵期分别为8天和4天。该虫发育的最低温度为22℃，最适温度为30~34℃。卵成块产下，每块最多含卵30粒，卵产于干燥的缝隙深处。每头雌虫可产卵54~3412粒，平均1476粒。成虫善飞。成虫及幼虫均有相互残杀的习性。

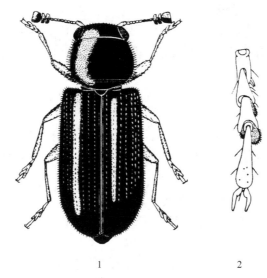

图 217　赤足郭公虫
1. 成虫；2. 跗节
（1. 仿 Knull；2. 仿 Green）

　　经济意义　该虫严重为害干制的肉类及皮毛、鱼粉、椰干、棕榈仁、花生、蚕茧及多种动物性中药材，幼虫最喜食油及蛋白质含量丰富的食物。此外，该种也营捕食生活，猎取其他昆虫和卵。

　　分布　云南、广东、广西、贵州、四川、福建、浙江、湖北、湖南、安徽、陕西、内蒙古；世界性分布。

205. 赤颈郭公虫 *Necrobia ruficollis*（Fabricius）（图218；图版XⅦ-8）

　　形态特征　体长4~6mm。长卵圆形，全身被褐色长毛。前胸背板、鞘翅基部1/4、胸部腹板及足赤褐色，头的背面大部分及鞘翅端部3/4蓝绿色。触角11节，末3节形成触角棒，末节宽而近方形，其长略等于第9、第10节的总长。前胸背板宽大于长，中部最宽，侧缘外突，侧缘及后缘具缘边。鞘翅基部宽于前胸，行纹明显，行间散布刻点。足的第4跗节极小，隐于第3跗节端的叶状体之间；爪具附齿。

　　生物学特性　以幼虫越冬，次年4~5月化蛹，蛹期约2周。幼虫腐食性，有时也捕食昆虫幼虫。成虫取食死昆虫及发霉的干酪。幼虫化蛹前或做蛹室，或在其他昆虫（如蝇类）的蛹壳内化蛹。

　　经济意义　为害多种肉的干制品、动物性药材、皮毛、干鱼及蚕蛹等。由于该虫的虫口密度较低，因

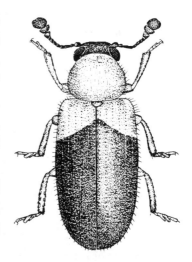

图 218　赤颈郭公虫
（刘永平、张生芳图）

此经济重要性远不及赤足郭公虫。

分布　广东、广西、福建、四川、云南、贵州、江西、浙江、湖南、湖北、安徽、陕西、山西、山东、河南、辽宁、黑龙江；世界性分布。

（十九）长蠹科 Bostrichidae

小至大型昆虫，一般呈长圆筒状，赤褐色、暗褐色至黑褐色。头下口式，隐于前胸背板之下，由背方不可见。触角 9~11 节，短而直，着生于复眼之前，末 3~4 节膨大成触角棒。前胸背板光滑或粗糙，在后一种情况下前半部往往具多数锉状齿列。足短，前足基节窝开放，前基节球形或圆锥形突出，左右基节相接；胫节着生距；跗节 5 节，第 1 节多数短小，第 2、第 5 节长。鞘翅光滑或布刻点，后端圆隆或斜削而形成截形的斜面，有的种类斜面上着生齿突。

该科全世界记述 500 余种，多发生于热带或亚热带，为害木材、竹器、谷物、薯干和其他一些植物的储藏根茎。

属及某些种检索表

1　后足跗节短于胫节；前胸背板前方圆形或尖，稀少呈截形 …………………………… 2
　　后足跗节长于或等于胫节；前胸背板前方截形或凹缘 …………………………………… 4
2　唇基的两侧等于或长于上唇；前胸背板两侧后半部有 1 列小颗瘤；触角索节细，着生长毛，触角棒的末节与其前 1 节等宽或宽于后者；前胸背板前方尖；鞘翅后方有明显的斜面及缘脊 ………
　　……………………………………… 大谷蠹 *Prostephanus truncatus*（Horn）
　　唇基的两侧明显短于上唇；前胸背板两侧后半部有脊 …………………………………… 3
3　触角第 2 节短于第 1 节；前胸背板侧缘后部光滑，中区后半部布刻点，部分种类在近基部中央有 1 对并列的凹窝；小盾片横宽；鞘翅上的刚毛直 ………………… 竹长蠹属 *Dinoderus*
　　触角第 1、第 2 节近等长；前胸背板侧缘具齿，中区后半部具扁平颗瘤，近基部中央无凹窝；小盾片方形；鞘翅上的刚毛弓曲 …………………… 谷蠹 *Rhyzopertha dominica*（Fabricius）
4　腹部的基节间突呈"T"形或三角形 ……………………………………………………… 5
　　腹部的基节间突呈竖直窄片状 …………………………………………………………… 9
5　后足基节窝在腹部第 1 可见腹板上无完整的缘线；前胸背板前缘截形，前角无钩形角状突；鞘翅红色 ……………………………… 槲长蠹 *Bostrichus capucinus*（Linnaeus）
　　后足基节窝在腹部第 1 可见腹板上有完整的缘线 ……………………………………… 6
6　上颚十分宽短，端部截形；触角棒扇形或棒节极横宽呈强栉齿形 ………… 双棘长蠹属 *Sinoxylon*
　　上颚向端部方向多少变细；触角棒节不十分横宽，触角棒非扇形或强栉齿形 …………… 7
7　口腔（buccal cavity）的边缘在复眼下方显著呈齿状 … 大角胸长蠹 *Bostrychoplites megaceros* Lesne
　　口腔的边缘在复眼下方不呈齿状 ………………………………………………………… 8
8　前胸背板前缘之后有横凹陷 …………………………………… 异翅长蠹属 *Heterobostrychus*
　　前胸背板前缘之后无横凹陷 …………………………………… 大竹蠹 *Bostrychopsis parallela*（Lesne）
9　触角棒前 2 节长形；雌虫额区着生直立状毛 …………………………… 长棒长蠹属 *Xylothrips*
　　触角棒前 2 节横宽；雌虫额区无直立状毛 …… 电缆斜坡长蠹 *Xylopsocus capucinus*（Fabricius）

206. 大谷蠹 *Prostephanus truncatus* （Horn）（图 219；图版 XVII-9）

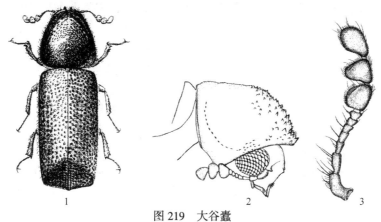

图 219　大谷蠹
1. 成虫；2. 头胸部侧面观；3. 触角
（1. 仿 Feller；2、3. 刘永平、张生芳图）

　　形态特征　体长 3～4mm。圆筒状，红褐色至黑褐色，略有光泽。体表密布刻点，疏被短而直的刚毛。头下垂，与前胸近垂直，由背方不可见；触角 10 节，触角棒 3 节，末节约与第 8、第 9 节等宽；索节细，上面着生长毛；唇基侧缘不短于上唇。前胸背板长宽略相等，两侧缘由基部向端部方向呈弧形狭缩，边缘具细齿；中区的前部有多数小齿列，后部为颗粒区；每侧后半部各有 1 条弧形的齿列，无完整的侧脊。鞘翅刻点粗而密，排成较整齐的刻点行，仅在小盾片附近刻点散乱；行间不明显隆起；鞘翅后部陡斜，形成平坦的斜面，斜面周缘的缘脊明显。腹面无光泽，刻点不明显。后足跗节短于胫节。

　　生物学特性　大谷蠹主要为害储藏的玉米，但对田间生长的玉米也能为害。在田间，当玉米的含水量降至 40%～50% 时该虫即开始为害。

　　不同玉米品种对大谷蠹的抗虫性不同，硬粒玉米被害较轻。另外，在玉米棒上的籽粒被害重，脱粒后被害减轻。成虫钻入玉米粒后，留下 1 整齐的圆形蛀孔。在玉米粒间穿行时，则形成大量的粉屑。交尾后，雌虫在与主虫道垂直的盲端室内产卵。卵成批产下，一批可达 20 粒左右，上面覆盖碎屑，产卵高峰约在开始产卵后的第 20 天。在 32℃ 和相对湿度 80% 的条件下，产卵前期 5～10 天，产卵持续 95～100 天，产卵量平均约 50 粒。

　　大谷蠹幼虫在温度 22～35℃、相对湿度 50%～80% 的条件下均能发育。最不适合其发育的组合为 22℃ 和相对湿度 50%，在此条件下，幼虫期长达 78 天；温度 32℃、相对湿度 80% 的条件最适于发育，此时幼虫期仅 27 天。Shires 于 1980 年在上述最适条件下（32℃，相对湿度 80%）进一步对大谷蠹各虫态的历期进行了观察，其结果是：卵期 4.86 天，幼虫期 25.40 天，蛹期 5.16 天，完成 1 个发育周期平均 35 天。雌虫产卵前期 5～10 天，多数卵产于雌虫羽化之后 15～20 天，虽然某些雌虫可继续产卵 70～80 天。68% 的卵产于被害玉米粒内。雄虫寿命平均 44.7 天，雌虫 61.1 天。

　　成虫羽化后，寻找玉米粒或玉米棒产卵。1 粒玉米可以有几头成虫产卵。玉米脱粒后不太适于大谷蠹发育，因为玉米粒不固定，使大谷蠹钻蛀有困难。在玉米棒上产卵量比散粒上显著提高。

在32℃下，当相对湿度由80%降到50%时，玉米含水量达10.5%，发育期平均延长6天，死亡率增长13.3%。大谷蠹特别耐干，在玉米含水量低于9%时为害仍比较重，在这种条件下其他害虫多无法繁殖。在中美洲，其他仓虫，特别是米象属Sitophilus的种类（玉米象、米象、谷象）的竞争无疑限制了大谷蠹虫口的增长；在东非，由于过分干燥，对米象属害虫的生存不利，来自于这些仓虫的竞争不太明显。另外，在非洲，玉米多以玉米棒的形式大量在农家储存，这些因素可能是大谷蠹在当地猖獗的主要原因。

经济意义 该虫为我国规定的对外检疫危险性害虫。主要为害储藏的玉米和木薯干，对红薯干也为害严重，还为害软质小麦、花生、豇豆、可可豆、扁豆和糙米，对木制器具及仓内木质结构也可为害。

大谷蠹为农家储藏玉米的重要害虫，很少发生于大仓库内。成虫穿透玉米棒的包叶蛀入籽粒，并由一个籽粒转入另一籽粒，产生大量的玉米碎屑。该虫为害既可发生于玉米收获之前，又可发生于储藏期。在尼加拉瓜，玉米经6个月储存后可使质量损失达40%；在坦桑尼亚，玉米经3~6个月储存，质量损失达34%，籽粒被害率达70%。此外，大谷蠹对木薯干和红薯干可将其破坏成粉屑，特别是发酵过的木薯干，由于质地松软，更适于大谷蠹钻蛀为害。在非洲。经4个月的储存后，木薯干质量损失有时可达70%。

分布 此虫原产于美国南部，后扩展到美洲其他地区。20世纪80年代初在非洲立足。当前分布于以下国家：泰国，印度，多哥，肯尼亚，坦桑尼亚，布隆迪，赞比亚，马拉维，尼日尔，美国（加利福尼亚、康涅狄格、得克萨斯、哥伦比亚特区），墨西哥，危地马拉，萨尔瓦多，洪都拉斯，尼加拉瓜，哥斯达黎加，巴拿马，哥伦比亚，秘鲁，巴西。

207. 谷蠹 *Rhyzopertha dominica*（Fabricius）（图220；图版ⅩⅦ-10）

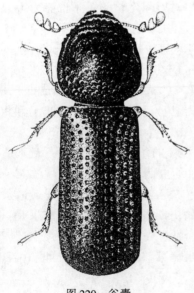

图220 谷蠹
（仿 Bengston）

形态特征 体长2~3mm。长圆筒状，赤褐至暗褐色，略有光泽。触角10节，第1、第2节几等长，触角棒短，3节，棒节近三角形。前胸背板遮盖头部，前半部有成排的鱼鳞状短齿作同心圆排列，后半部具扁平小颗瘤。小盾片方形。鞘翅颇长，两侧平行且包围腹侧；刻点成行，着生半直立的黄色弯曲的短毛。

生物学特性 在华中地区1年2代，以成虫蛀入仓库木板或竹器内越冬，或在发热的粮堆内越冬，少数以幼虫越冬。翌年，当气温升至13℃左右成虫开始活动，交尾产卵。卵单产，或2~3粒连产在粮粒蛀孔或粮粒缝隙内、碎屑中、谷颖间，或产在包装物上。每雌虫产卵52~412粒，平均204粒，产卵期长达1~2个月。幼虫孵出后，先在粮粒间爬行，然后由胚部或粮粒的破损处蛀入。幼虫在粮粒内蛀食，直至发育为成虫才从羽化孔爬出。第1代成虫约在 7 月中旬发生,第 2 代成虫于 8 月中旬或 9 月上旬发生。从卵发育到成虫需 43～91 天。

成虫飞翔力强。该虫发育的温度为 18～39℃,最适发育温度为 32～34℃;发育的相对湿度为 25%～70%,最适的相对湿度为 50%～60%。在最适条件下发育 1 代需要 25 天。成虫寿命 120～240 天。在最适条件下每 4 周的虫口增长率可达 20 倍。此虫有较强的耐热、耐干能力,能在小麦中发育的最低含水量为 9%。该虫抗寒力差,在 0.6℃ 以下存活 7 天,在 0.6～2.2℃ 下存活不多于 11 天。幼虫有 4 龄。

经济意义　为热带和亚热带地区的重要储粮害虫,主要取食谷物,还为害豆类、块茎、块根、中药材及图书档案等。

分布　黑龙江、内蒙古、河北、河南、山东、安徽、山西、陕西、甘肃、青海、四川、湖北、湖南、江苏、浙江、云南、贵州、广东、广西、江西、福建、台湾;世界广大的温暖地区。

208. 槲长蠹 *Bostrichus capucinus* (**Linnaeus**)（图 221;图版XVII-11）

形态特征　体长 9～14mm,宽 3.5～4.6mm。圆筒状,两侧近平行。表皮黑色,通常鞘翅及腹部末 4 个腹板红色或红褐色。头部由背方不可见;触角 10 节,触角棒 3 节,扁平。前胸背板前缘近截形,前缘角的齿突不呈钩状,前半部两侧的齿突大而稀,中央凹陷部及后半部的齿突小而密。鞘翅刻点圆形,翅端无斜面,无胝。

经济意义　幼虫多在栎属的木质部内发育,为害木材。在中药材甘草和鸡血藤内也曾发现。

分布　内蒙古、天津、新疆、四川、浙江、湖南;古北区。

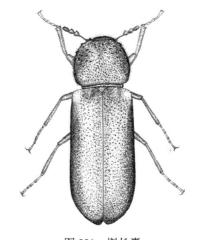

图 221　槲长蠹
（刘永平、张生芳图）

209. 大角胸长蠹 *Bostrychoplites megaceros* **Lesne**（图 222;图版XVII-12）

形态特征　雄虫体长 14～18mm。长筒形,黑褐色,被黄褐色毛。头前额扁平,表面密被黄褐色柔毛;中线凹入,中部具横沟,与中线沟构成"+"字形,额后窄缩呈颈状,表面密布颗粒,后头具很密的纵向脊线;触角 10 节,末 3 节扩大成棒,第 1 棒节明显比第 2 节大,末节椭圆形。前胸背板两前侧角向前强烈伸出呈"U"形,"U"形口边缘密被黄褐色直立毛,两侧外缘各具 7～8 个锯齿;后半部粗糙,表面密布颗粒,中线浅凹,后缘角呈直角。小盾片近长方形,表面具颗粒。鞘翅两侧缘自基缘向后略扩展延伸,至翅前 1/5 处开始平行延伸,在翅后 1/5 处逐渐收狭,端缘圆;翅背面粗糙,具颗粒,每翅

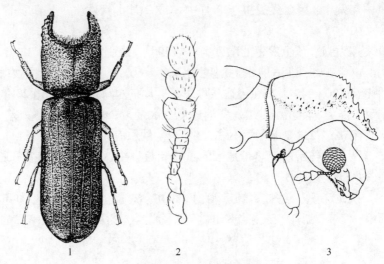

图 222 大角胸长蠹

1. 成虫; 2. 触角; 3. 头胸部侧面观

（刘永平、张生芳图）

具 2 条纵脊线, 在斜面处明显隆起。

雌虫体长 8.5~9.5mm, 长筒形, 黑褐色, 被黄褐色毛。前胸背板前缘角伸出 1 钩状齿, 前缘呈较浅的 "U" 形凹入, 前缘之后有 1 横向凹陷, 凹面刻点大而深, 被直立黄褐色短毛。头前额隆起呈堤形, 表面密被黄褐色毛, 额后窄缩呈颈状, 表面有长条凹线。每翅具 2 条隐约脊线。

分布 东非。

210. 大竹蠹 *Bostrychopsis parallela*（Lesne）（图 223; 图版 XVIII-1）

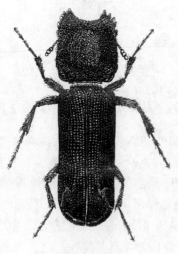

图 223 大竹蠹

（仿 Hickin）

形态特征 体长 12~14mm, 宽 3.2~3.5mm。长圆筒形, 黑褐色, 具光泽。头的额区有 1 中横沟, 背面密布纵隆线; 触角 10 节, 棒 3 节, 第 1、第 2 棒节呈三角形, 末节长形, 向端部缢缩, 末端近截形。前胸背板前缘中部凹入, 前缘角前伸且上弯呈钩状, 两侧缘各有等距离的 4 个齿; 背面前半部瘤区的齿突微弱, 两侧倒生鱼鳞状齿突呈同心圆排列, 后半部密布小颗瘤。鞘翅肩角明显, 两侧缘近平行; 鞘翅斜面由翅后 1/3 处开始急剧下斜, 斜面宽阔, 其上方两侧缘各有两个明显的脊突。

经济意义 为害竹制品及其原材料, 在被害物内蛀道穿孔。此外还为害某些中药材。

分布 四川、云南、浙江、湖南、湖北等省

（直辖市、自治区）；东洋区。

211. 电缆斜坡长蠹 *Xylopsocus capucinus* （Fabricius）（图 224;图版ⅩⅧ-2）

图 224　电缆斜坡长蠹
（仿 Woodruff）

　　形态特征　体长 3 ~ 5.5mm。黑褐色至黑色，鞘翅、触角发红，身体呈圆筒状。触角 9 节，棒 3 节、第 1、第 2 棒节宽稍大于长，三角形，末节卵圆形。前胸背板两侧基半部有 1 条弧形脊；背面观，其前缘角具 1 齿状突，两侧缘各有 4 个齿，前半部密布小齿突，后半部分布小颗瘤。鞘翅前缘波状，肩角隆起，刻点粗大，刻点在近斜面周围变成小颗瘤状；斜面陡斜而平坦，无瘤突，侧脊明显且完全包围斜面。

　　生物学特性　在印度，成虫出现于 5 ~ 11 月，没有明显的羽化高峰。生活周期多为 1 年，个别长达 2 ~ 3 年。幼虫若取食鱼藤根时，生活周期可缩短为 8 周。

　　经济意义　为害木材、竹、荔枝树、葡萄枝条等多种木质结构及木薯。

　　分布　云南、海南、广西、福建、四川、台湾、广东；主要分布于世界热带区，包括马达加斯加，科摩罗群岛，留尼汪岛，毛里求斯，斯里兰卡，缅甸，越南，马来西亚，菲律宾，爪哇，日本，苏门答腊，老挝，柬埔寨，美国，巴西，圭亚那。

竹长蠹属 *Dinoderus* 种检索表

1 触角 11 节 ··· 2
　触角 10 节 ··· 3
2 前胸背板长宽约相等，近基部中央的 1 对凹窝不明显；分布于中国、日本、东南亚 ···············
　 ·· **日本竹长蠹 *Dinoderus japonicus* Lesne**
　前胸背板长大于宽，近基部中央的 1 对凹窝明显；世界性分布 ··· **小竹长蠹 *Dinoderus brevis* Horn**
3 鞘翅斜面上的刻点简单，刻点底部较平坦；鞘翅前部分光裸；前胸背板稍狭长 ·····················
　 ······························· **双窝竹长蠹 *Dinoderus bifoveolatus* （Wollaston）**
　鞘翅斜面上的刻点底部中央隆起，形似眼睛瞳点；鞘翅前部着生毛；前胸背板稍宽短 ·············
　 ································ **竹长蠹 *Dinoderus minutus* （Fabricius）**

212. 日本竹长蠹 *Dinoderus japonicus* Lesne（图 225;图版ⅩⅧ-3）

　　形态特征　体长 2.8 ~ 3.8mm。外形与竹长蠹十分相似，两个种的主要区别在于：日本竹长蠹触角 11 节，而竹长蠹为 10 节；日本竹长蠹前胸背板近后缘中央没有明显的 1 对凹窝，而竹长蠹的 1 对凹窝明显；日本竹长蠹第 1 跗节明显长于第 2 节，而竹长蠹第 1、第 2 跗节约等长或第 1 节短于第 2 节。

　　生物学特性　在江西南昌等地多为 1 年 1 代，少数产生不完全的第 2 代。以成虫和少数幼虫在被害竹材或竹制品隧道内越冬。翌年 4 月成虫开始转移到新伐竹材上，蛀孔

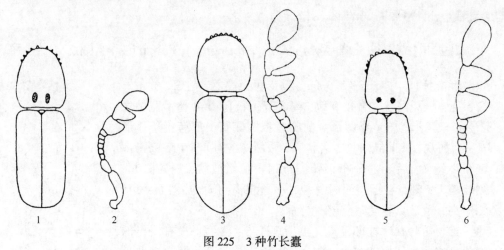

图 225　3 种竹长蠹

1、2. 小竹长蠹；3、4. 日本竹长蠹；5、6. 双窝竹长蠹；1、3、5. 成虫背面观；2、4、6. 触角
（仿陈志舞）

侵入。5 月上旬雌虫开始在新材内产卵，产卵期长达 60 天，幼虫于 5 月中旬开始孵化，孵化盛期从 5 月下旬至 6 月中旬，幼虫出现期长达 100 天左右。7 月上旬开始化蛹，延续到 8 月下旬。7 月下旬至 8 月中旬为成虫羽化盛期。

成虫有负趋光性，仅能作短距离迁飞。成虫多从砍去枝条的伤痕处蛀入，少数由节间破皮处蛀入，并喜欢蛀食当年砍伐的新竹。每蛀孔内多有 1 雌 1 雄成虫。成虫蛀入后，首先开凿斜形虫道，然后在竹黄部位蛀 1 较大的椭圆形空室，再围绕竹壁周围，在竹黄部分蛀 1 与空室相通的环形隧道，雌虫产卵于环形隧道竹黄部分的纤维间隙中。卵散产，每雌虫产卵 32~142 粒。幼虫顺竹材纵行方向在竹黄部分蛀食前行。老熟幼虫在化蛹前逐渐靠近竹青表皮，然后做 1 椭圆形蛹室化蛹。成虫羽化后，咬破青竹皮爬出。

经济意义　成虫和幼虫蛀食刚竹、毛竹和苦竹的竹材及竹器制品，对刚竹为害最重。此外，也偶尔发现于中药材库。

分布　江西、湖南、江苏、浙江、广东、广西、福建、台湾、四川、云南、贵州；日本，澳大利亚，印度及热带、亚热带和温带地区产竹国家。

213. 小竹长蠹 *Dinoderus brevis* Horn（图 225；图版 XVIII-4）

形态特征　体长 2.3~3.4mm。触角 11 节。前胸背板长大于宽，近基部中央有 1 对并列的明显凹窝；前缘齿突约 10 个排成 1 列，雌虫中央的 2 齿突较大且相距较远。

与日本竹长蠹的明显区别在于该种前胸背板上的 1 对凹窝十分明显。

经济意义　为害竹制品等。

分布　国内未见记载；世界性。

214. 双窝竹长蠹 *Dinoderus bifoveolatus*（Wollaston）（图 225；图版 XVIII-5）

形态特征　体长 2~3.4mm。触角 10 节，棒 3 节，第 1、第 2 棒节呈三角形，端节呈长梨形。前胸背板长大于宽，最大宽度在后部，前缘及两侧缘具1列等距的钝齿（约12个），背面观，前半部瘤区具4~5列倒生鱼鳞状短齿，呈同心半圆排列，后半部为刻点区，近后缘中央有1对凹窝。小盾片横宽，表面刻点大而密。鞘翅两侧缘自基部向后平行延伸，至翅端1/4向后收狭，端缘呈圆形；翅表面刻点不明显；斜面在翅后1/3处开始，向后弓曲下斜，斜面的刻点呈网眼状，翅面茸毛稀少，斜面毛较粗而密。

生物学特性 以幼虫和蛹越冬。在印度，1年发生3代。成虫羽化后3~7天仍待在蛹室内，初羽化时色泽淡，表皮不变硬，然后脱离蛹室开始活动，体壁变硬变深，在光的诱发下进行飞翔。在交尾4~16天后，雌虫在营养基质上产卵30~50粒。在30℃条件下卵期3~4天。此虫可随被害物的调运进行传播，也可通过飞翔及爬行进行扩散。

经济意义 该虫的寄主广泛，为害谷物、面粉、多种木材及木制品、竹制品。被害木材孔道纵横，变为碎屑。俄罗斯曾将其作为禁止输入的危险性害虫。我国口岸检疫局多次截获。

分布 世界性。涉及的国家有印度，斯里兰卡，缅甸，日本，马来西亚，菲律宾，坦桑尼亚，莫桑比克，巴布亚新几内亚，美国，牙买加，巴拿马，瑞典，德国，法国，西班牙。

215. 竹长蠹 *Dinoderus minutus* (Fabricius)（图226；图版XVIII-6）

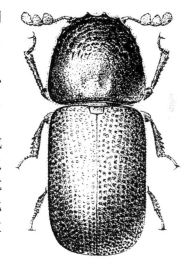

图226 竹长蠹
（仿Feller）

形态特征 体长2.5~3.5mm，宽1~1.5mm。短圆筒状，红褐色至黑褐色。头弯向下方，由背方不可见；触角10节，末3节宽短，三角形。前胸背板显著隆起，前缘有8~10个小齿突，端半部有数列倒生的鱼鳞状小齿作同心圆排列，基半部密布小刻点，近后缘中央有1对较深的卵形凹窝。小盾片横宽。鞘翅刻点成行。

生物学特性 在湖南长沙1年3代，且世代重叠，成虫羽化盛期分别在2月、6月和10月，主要以幼虫或成虫越冬，少数以蛹越冬。幼虫蛀食竹材，被害严重的竹材坑道密布，有大量粉屑排出。幼虫老熟后在蛀道末端做茧化蛹。成虫羽化后咬1圆形羽化孔飞出。雌虫产卵于寄主导管孔口或边缘缝隙中。卵期3~7天，幼虫期平均41天，蛹期约4天。幼虫共4龄。

经济意义 幼虫严重为害多种竹材、竹制品及竹建筑物。成虫为害木材及多种植物性储藏品，如薯干、稻谷、中药材等。器材受害严重时内部往往大部分变成粉末，仅外观仍然完好。

分布 河北、内蒙古、河南、山东、陕西、云南、贵州、海南、福建、湖北、湖南、浙江、江苏、江西、广东、广西、四川、台湾；世界广大的热带及温带区。

双棘长蠹属 *Sinoxylon* 种检索表

1 鞘翅前半部暗褐色，后半部近黑褐色；亚缘隆线由鞘翅端延伸，并在翅斜面处上弯形成斜面的亚侧

隆线 ·· **双棘长蠹** *Sinoxylon anale* Lesne

体黑褐色；亚缘隆线不在斜面处上弯，而是沿鞘翅两侧向前延伸至翅中部，斜面边缘无侧隆线 ··· 2

2 触角末 3 节强栉齿状；鞘翅斜面上的 1 对棘端部尖，相距近 ··································

·· **黑双棘长蠹** *Sinoxylon conigerum* Gerstacker

触角末 3 节栉齿较短；鞘翅斜面上的 1 对棘端部钝，两棘内侧相互平行 ··················

·· **日本双棘长蠹** *Sinoxylon japonicum* Lesne

216. 双棘长蠹 *Sinoxylon anale* Lesne（图 227；图版 XVIII-7）

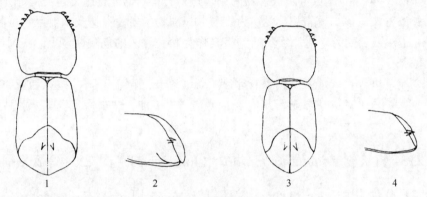

图 227　双棘长蠹与黑双棘长蠹
1、2. 双棘长蠹；3、4. 黑双棘长蠹；1、3. 成虫；2、4. 鞘翅后部
（仿陈志粦）

形态特征 体长 4~5mm。短圆柱状，赤褐色至暗褐色，仅鞘翅前半部色稍淡。触角 10 节，末 3 节向侧方强烈伸展呈扇形或鳃叶状，末节近端部较膨扩，基部收狭，呈棒状。前胸背板帽状，遮盖头部，其背面显著隆起；两侧各有较大的齿突 1 列；前半部着生鱼鳞状齿突，后半部较光滑，但有粗大刻点，并有 1 条光滑的中纵线。鞘翅散布粗大刻点，后方急剧倾斜成斜面，斜面上方在近翅缝处每侧有 1 个粗壮的刺突；亚端脊由鞘翅端部向前延伸，在斜面两侧向上弯，构成斜面的亚侧缘脊。

生物学特性 在我国海南省，1 年发生 4 代，完成 1 代需 68~98 天。1 年中成虫发生期约有 4 次高峰，即 3~4 月、6~7 月、9~10 月及 12 月至次年 1 月，以 3 月下旬至 4 月上旬发生最盛。成虫在伐倒木、新剥皮原木和湿板材上钻孔产卵。侵入孔呈圆形，直径 2.5mm，纵向蛀入，然后顺年轮方向开凿长 15~20cm 的母坑道。雌虫在母坑道壁的小室中产卵，产卵后一直守护在母坑道内。幼虫坑道甚密，深约 1.5cm，有时可达 3cm，纵向排列，全长 10~15cm，坑道的横截面圆形。

经济意义 主要为害新锯的板材及新剥皮原木。在印度，被害树种达 70 余种。严重被害的木材有时千疮百孔，仅保留外壳，一触即破。该虫也为害木质的中药材。

分布 四川、广东、广西、湖南、福建、台湾、海南、云南；泰国，马来西亚，菲律宾，缅甸，印度，巴基斯坦。

217. 黑双棘长蠹 *Sinoxylon conigerum* Gerstacker（图 227；图版 XVIII-8）

形态特征 体长 3.5~5.5mm。圆筒形，黑色。触角与双棘长蠹相似。头的前额区有 1 横脊，隆起不明显，脊上具 4 个微突。前胸背板前半部具齿状或颗粒突起，两侧缘具锯齿 4 个，前 3 个大而尖，后 1 个小而钝，后半部具刻点。鞘翅斜面合缝两侧各具 1 刺状突起，刺端向外伸。鞘翅斜面边缘无侧隆线，亚缘线不在斜面处向上弯曲，而是沿鞘翅两侧向前延伸至鞘翅中部。

生物学特性 该虫多发生于热带区。发育不间断，各个发育期的虫态经常同时发现。1 年发生 2~3 代，因温度条件而异。在缺少抑制因素的情况下可发生猖獗，许多蛀干害虫的天敌及多种细菌和病毒均可调节该虫的虫口密度。现场检验时应注意木包装、木材及木制品表面有无成虫的羽化孔。羽化孔呈圆形，直径 2.1~2.6mm，在木板边缘处的羽化孔可能呈长椭圆形。

经济意义 为害活的树或木材及木材加工品。对木制家具、博物馆收藏品、建筑物的木顶板有时造成严重危害。俄罗斯曾将该虫作为国内尚未分布的危险性害虫。我国口岸检疫局多次截获。

分布 东非，马达加斯加，马斯克林群岛，印度，斯里兰卡，泰国，菲律宾，印度尼西亚，南美。

218. 日本双棘长蠹 *Sinoxylon japonicum* Lesne（图 228；图版 XVIII-9）

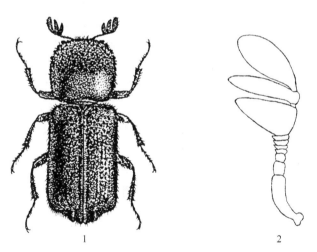

图 228 日本双棘长蠹
1. 成虫；2. 触角
（仿 Chûjô）

形态特征 体长 5.2~5.6mm，宽 1.8~2.0mm。圆筒状，黑褐色，被淡黄色短毛。头顶至唇基具纵隆线，额区中间有 1 不明显的凹陷；触角 10 节，末 3 节特化为短鳃叶状。前胸背板长宽约相等，最大宽度在近中部；背面观，前半部瘤区密布倒生的鱼鳞状小齿，两侧缘各具 4 个较大而后弯的齿突，后半部密布纵脊。鞘翅表面粗糙，刻点大而深，不规则排列；鞘翅斜面由翅后 1/4 处开始急剧下斜，其中部在翅缝两侧各有 1 个齿突，两齿突距离宽，内侧相互平行，末端钝。

分布　河北、山东、陕西、甘肃、江苏、云南、广东、广西、福建；日本。

异翅长蠹属 *Heterobostrychus* 种检索表

1　雄虫鞘翅斜面无明显的钩状突；头部额区无瘤突；前胸背板两前角强烈突出成钩状，使前缘呈"V"形 ··· 棕异翅长蠹 *Heterobostrychus brunneus*（Murray）

　雄虫鞘翅斜面有明显的钩状突 ··· 2

2　雄虫鞘翅斜面仅有 1 对突起，雄虫的突起强大内弯，雌虫的呈短突状 ····································· 二突异翅长蠹 *Heterobostrychus hamatipennis*（Lesne）

　雄虫鞘翅斜面有 2 对突起，上部的 1 对突起强大，向上向内弯，下 1 对突起较小，雌虫的 2 对突起稍隆起 ······················· 双钩异翅长蠹 *Heterobostrychus aequalis*（Waterhouse）

219. 棕异翅长蠹 *Heterobostrychus brunneus*（Murray）（图 229；图版 XVIII-10）

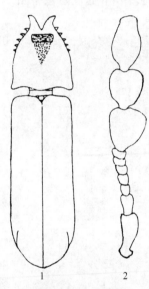

图 229　棕异翅长蠹
1. 雄成虫；2. 触角
（仿陈志粦）

形态特征　体长 5~11mm。圆柱形，棕至棕褐色，体密被浅黄色短毛。头的前额扁平，被浅黄色短毛，雄虫额面中部隆起，前缘中央明显凹陷，雌虫前缘中央略凹陷；头背方前部密布颗粒，中后部具很密的纵脊线；触角 10 节，棒 3 节，末节端部窄缩且明显延长。前胸背板长大于宽，最大宽度在后部；雄虫背面观前缘明显狭窄，两前缘角向前强烈延伸成钩状角突，使前缘呈"V"字形，两侧缘各具 5~6 个后弯的齿，前缘后面横向深凹陷，并向后逐渐变浅，后缘角明显伸出；雌虫背面观前胸背板前缘比雄虫宽，但比本属其他种窄，前缘角呈钩状突起，使前缘呈"U"形，两侧缘各具 3~4 个后弯的齿，前缘后面横向凹陷。小盾片近方形，表面具短毛，略有光泽。鞘翅肩胛明显，两侧缘自基部向后平行，至翅后 2/5 处略扩展，然后急剧收狭，端缘尖；翅面刻点规则排列，刻点大而深，表面密被向后倒伏的浅黄色短毛；斜面开始于翅后 1/3 处，然后急剧下斜，翅缝隆起，亚缘隆线自翅端向前延伸，并在鞘翅斜面处向上弯曲形成斜面的亚侧隆脊。

经济意义　为害木材。

分布　非洲，南至撒哈拉区，马达加斯加，佛得角及塞舌尔群岛。

220. 二突异翅长蠹 *Heterobostrychus hamatipennis*（Lesne）（图 230；图版 XVIII-11；A ♂，B♀）

形态特征　体长 8~15mm。外形与双钩异翅长蠹相似，区别于后者在于二突异翅长蠹鞘翅斜面上仅有 1 对钩形突，雄虫的钩形突较长而内弯，雌虫的钩形突较短而仅稍内弯。

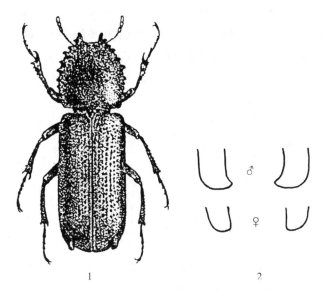

图 230　二突异翅长蠹

1. 成虫；2. 鞘翅斜面上的钩形突

（1. 仿 Chûjô；2. 仿 Kingsolver）

经济意义　为害木材、竹材及其制品。

分布　浙江、江西、福建、台湾、广东、广西、云南、四川、湖北、辽宁、河南、山东；日本，菲律宾，印度，马达加斯加。

221. 双钩异翅长蠹 *Heterobostrychus aequalis*（Waterhouse）（图 231；图版 XIX-1：A ♂, B ♀)

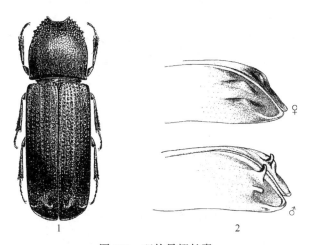

图 231　双钩异翅长蠹

1. 雄成虫；2. 两性成虫鞘翅后部

（1. 仿 Woodruff；2. 刘永平、张生芳图）

形态特征 体长 6~15mm，宽 2.1~3.0mm。赤褐色，圆筒形。头部黑色，具细粒状突起；触角 10 节，锤状部 3 节，其长度超过触角全长的一半，端节椭圆形。前胸背板前缘呈弧状凹入；前缘角有 1 个较大的齿状突，与之相连的还有 5~6 个锯齿状突起；前半部密布粒状突起。鞘翅刻点清晰，排列成行，有光泽，刻点行间光滑无毛；两侧缘自基缘向后几乎平行延伸，至翅后 1/4 处急剧收缩。雄虫的鞘翅斜面有两对钩状突起，上面的 1 对较大，呈尖钩状，向上向内弯曲，下面的 1 对较小，位于鞘翅边缘，无尖钩，仅稍隆起；雌虫鞘翅斜面仅有稍微隆起的瘤突，无尖钩。

生物学特性 据施振华报道，在海南 1 年发生 2~3 代。越冬代幼虫 3 月中、下旬化蛹，蛹期 9~12 天；3 月下旬至 4 月下旬大量羽化。当年第 1 代成虫最早在 6 月下旬至 7 月上旬出现，这一代只需 100 天左右。第 2 代成虫羽化期最早在 10 月上、中旬，第 2 代历期 90~107 天，和第 1 代相似。但第 2 代中有部分幼虫期延长，以老熟幼虫越冬；最后一批成虫延迟到 3 月中、下旬，和第 3 代（越冬代）成虫期重叠。这样，1 年只完成 2 代。第 3 代自 10 月上旬开始，以幼虫越冬，至第 2 年 3 月中旬开始化蛹，3 月下旬羽化，但部分幼虫延迟到 4~5 月化蛹，成虫期和当年第 1 代重叠。

初羽化的成虫乳白色，1 天后变褐色，2~3 天后开始蛀木。羽化孔圆形，直径 4mm 左右。成虫傍晚至夜间活动，稍有趋光性，且必须取食木材补充营养。成虫寿命 2 个月左右，越冬代寿命长达 5 个月。雌虫在母坑道中或木材裂缝内产卵，卵散产。每对成虫可繁殖子代虫数 25~37 个。

初孵幼虫在导管内取食，逐渐向外扩展，形成与导管平行的幼虫坑道。坑道直径 6mm 左右，长 30mm 左右，蛀入木材深度达 5~7cm，常数条坑道并列，相互交错。幼虫的排泄物及蛀屑紧密地堆积于坑道后面，不排出坑道外，故被害状不易被发现。幼虫只消化木材内的淀粉，将大量的纤维素、半纤维素和木质素排出体外。

经济意义 该虫是热带和亚热带地区常见的重要钻蛀性害虫，食性极杂。被害木材轻则蛀成许多洞，重则蛀成蜂窝状，极易折断。为害藤料，可降低藤料的韧性，重则使藤料拉断，严重影响藤料的经济价值。据报道，该虫是马来西亚橡胶木的重要害虫。

该虫为害的寄主如下：白格、黑格、华楸、黄桐、橡胶树、木棉、琼楠、橄榄、苹婆、柳安、乳香、合欢、翅果麻、厚皮树、银合欢、洋椿、黄檀、龙竹、龙脑香、嘉榄、芒果、桑、紫檀、柚木、榆绿木、榄仁树、翻白叶、利藤、温武汝、楠榜、巴丹、道以治等木材、竹材和藤材。

分布 台湾、香港、广东、广西、海南、云南；日本，越南，缅甸，泰国，马来西亚，印度尼西亚，菲律宾，印度，斯里兰卡，以色列，马达加斯加，巴巴多斯，古巴，美国的佛罗里达和迈阿密曾零星发生。

长棒长蠹属 *Xylothrips* 种检索表

鞘翅端缘呈波状，斜面的侧缘脊与鞘翅的侧缘脊相连 ······ 黄足长棒长蠹 *Xylothrips flavipes*（Illiger）

鞘翅端缘不呈波状，斜面的侧缘脊不与鞘翅的侧缘脊相连 ··

·· 红艳长蠹 *Xylothrips religiosus*（Boisduval）

222. 黄足长棒长蠹 *Xylothrips flavipes*（Illiger）（图232；图版XIX-2）

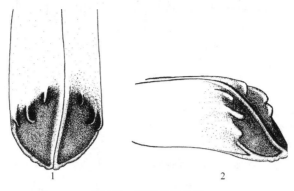

图232　黄足长棒长蠹
1. 鞘翅后部正面观；2. 鞘翅后部侧面观
（刘永平、张生芳图）

形态特征　体长6.0~8.5mm。栗褐色，有强光泽，足及触角黄褐色。触角10节，触角棒3节，第1~2棒节长大于宽，末节狭长。前胸背板基半部每侧有1条弧形脊；前方两侧在复眼之上各有1强的钩状齿，齿端弯向上方；前半部有几排粗齿，后半部中区有数排鱼鳞状小突起，近后缘及近侧缘平滑而光亮。鞘翅斜面上的刻点明显大于翅基部的刻点，斜面两侧各有3条近平行的粗隆脊，脊的下面有短的侧缘脊位于斜面外缘，上述侧缘脊向下与鞘翅的侧脊相接；鞘翅端缘呈波状弯曲。

经济意义　为害木材及板材。

分布　台湾、广东、海南、云南、陕西；日本，菲律宾，马来西亚，印度尼西亚，越南，印度，马达加斯加。

223. 红艳长蠹 *Xylothrips religiosus*（Boisduval）（图233；图版XIX-3）

形态特征　体长6.5~7.5mm。暗赤褐色。其主要鉴别特征在于：鞘翅斜面两侧缘各具3个瘤突，其中中间的瘤突呈齿状，显著内弯；斜面侧隆线不与鞘翅侧隆线相连。

经济意义　为害日杂用材及树木根部。

分布　四川、北京；日本，泰国，太平洋赤道附近岛屿。

（二十）窃蠹科 Anobiidae

小至中型昆虫，体长小于10mm。身体呈圆筒形、卵圆形或椭圆形。触角8~11节，锯齿状、栉齿状或棒状，着生于头的两侧。头下口式，前

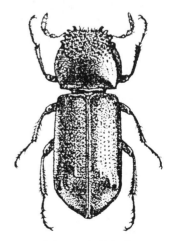

图233　红艳长蠹
（仿 Chûjô）

胸背板呈风帽状遮盖头部，前胸腹板短。腹部可见腹板 5 节，约等长。前足基节球形，后足基节斜形，各足跗节均为 5 节。

全世界记述 2000 余种，分隶于 8 亚科 160 余属。从食性上大致可分为食木材及食菌两大类。一些食木材的种类又演化为取食植物的种子、干燥的动物性物质及书籍等，成为经济意义更重要的一个类群。

种 检 索 表

1 雄虫触角栉齿状，除基部 2~3 节及端节之外，每节向同一侧延伸出 1 极长的侧突 ················· 2
　雄虫触角非栉齿状 ··· 3
2 每鞘翅基部有 3 个高而宽的脊 ·················· **大理窃蠹 *Ptilineurus marmoratus*（Reitter）**
　鞘翅基部无上述脊；鞘翅长不大于两翅合宽的 2 倍，翅上有不明显的隆线 ·····················
　　··· **脊翅栉角窃蠹 *Ptilinus fuscus* Geoffrey**
3 触角 9 节，末 3 节膨大，第 7、第 8 节略呈三角形 ·············· **档案窃蠹 *Falsogastrallus sauteri* Pic**
　触角 11 节 ··· 4
4 头在静止状态下强烈向后弯，口器多少贴近中胸；触角锯齿状；鞘翅刻点稀弱，排列无序，无行纹
　··· **烟草甲 *Lasioderma serricorne*（Fabricius）**
　头下口式，口器远离中胸 ·· 5
5 鞘翅中区的刻点小而浅，排列无序，有时仅翅两侧的刻点排列成行；跗节宽；鞘翅上有颗瘤；雌虫
　肛上板端缘深凹 ································· **报死窃蠹 *Xestobium rufovillosum*（Degeer）**
　鞘翅刻点大，形成深的行纹或多少规则的刻点行 ··· 6
6 体背面着生倒伏状短毛，无直立状毛，有的背面几乎光裸；前胸背板强烈隆起，向后呈 1 角度；中
　胸腹面有 1 深纵凹陷，向后达后胸中部·················· **家具窃蠹 *Anobium punctatum*（Degeer）**
　体背面着生密的倒伏状毛和较稀的直立状毛 ·· 7
7 前胸背板呈驼背状隆起；鞘翅的行纹刻点相互不连接 ··· **浓毛窃蠹 *Nicobium castaneum*（Olivier）**
　前胸背板均匀隆起；鞘翅的行纹刻点相互连接；触角末 3 节扁平膨大，该 3 节总长等于其余 8 节总
　长 ·· **药材甲 *Stegobium paniceum*（Linnaeus）**

224. 大理窃蠹 *Ptilineurus marmoratus*（Reitter）（图 234；图版 XIX-4）

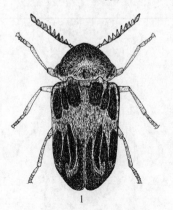

图 234　大理窃蠹
1. 雌成虫；2. 雄虫触角
（刘永平、张生芳图）

　　形态特征　体长 2.2~5.0mm。椭圆形，两侧近平行。背面密被暗褐色毛和灰黄色至灰白色毛，腹面密被灰白色毛。头小，由背方不可见；触角基部两节及末节的前半部褐色，其余节较暗，雄虫触角第 3~10 节侧突发达，呈栉齿状，雌虫触角锯齿状。前胸背板短，略呈三角形，两侧稍圆，向前方显著缢缩，后缘两侧深凹，背面显著隆起，中区着生暗褐色毛，周缘多为灰黄色至灰白色毛。小盾片宽大于长，被灰黄色毛。鞘翅稍宽于前胸，略呈圆筒状，近小盾片处有前伸的瘤状突，每鞘翅有 5 条纵隆脊，翅上大部被暗褐色毛，灰黄色

或灰白色毛主要集中于翅基部、中部和端部，形成不规则的淡色毛斑。

生物学特性　在重庆地区年发生 2 代，1~3 月和 10~11 月为为害盛期。以幼虫、结茧的前蛹和蛹期越冬。4 月上旬至 6 月上旬为越冬代幼虫化蛹和第 1 代成虫羽化盛期，6 月下旬少见。第 2 代成虫羽化盛期在 7 月上旬，9 月下旬还有成虫出现。由于越冬虫态不同，全年可见蛹、前蛹及不同龄期的幼虫。成虫于 14：00~16：00 时将茧咬 1 小洞外出。雄虫喜飞翔，并追逐雌虫交尾。雌虫交尾后不再飞翔。春季 4 月羽化率为 72%，雌雄比为 8.7：5。成虫多在中午或傍晚交尾，有 1 雌与多雄交尾现象。雄虫交尾后 3~4 天死亡，雌虫产完卵 2~3 天后死亡。每雌虫产卵 20~50 粒，最多达 103 粒。5 月观察，卵期 5~13 天，一般为 11 天。卵的平均孵化率为 73.7%。幼虫化蛹时先吐丝结茧，新结的茧白色发亮，后渐变黄色。

经济意义　该虫为害多种储藏物，包括中药材、木薯、硬纸壳、麻绳、布匹、木器、书籍、档案等。1984 年重庆市大量苎麻被害，蛀损率为 20%~30%，虫口密度 20 头/kg。

分布　黑龙江、吉林、辽宁、内蒙古、河北、河南、山东、山西、陕西、湖南、湖北、江苏、安徽、江西、四川、贵州、云南、广东、广西、台湾；日本，北美。

225. 脊翅梳角窃蠹 *Ptilinus fuscus* Geoffrey（图 235；图版 XIX-5）

形态特征　体长 3.1~5.4mm。触角鲜橙黄色，身体黑色或红黑色，腿节黑褐色，胫节及跗节暗褐色。雄虫触角梳齿状，侧突十分发达，雌虫触角强锯齿状。前胸背板基部中央有 1 不明显的瘤突，两侧无光滑区。鞘翅长不大于两翅合宽的 2 倍，有弱纵脊，刻点排列混乱。雄虫外生殖器阳基侧突上的附骨片小，附骨片上无毛或疏生细毛。

生物学特性　两年 1 代。成虫羽化后，凿 1 羽化孔或由旧蛀孔内爬出，在木材表面活动，或作近距离飞翔。在出孔后成虫即行交尾，交尾历时 10~15min。交尾结束后，雌虫蛀入干材，留下孔径为 2~3mm 的圆形蛀入孔。每头雌虫孕卵 40~50 粒。雌虫产卵后即死于蛀道内。成虫外出活动，每日 8：00~

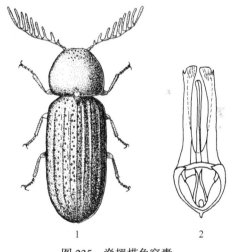

图 235　脊翅梳角窃蠹

1. 雄成虫；2. 雄性外生殖器

（仿 Логвиновский）

20：00 的脱孔率为 95.4%，并以 14：00~18：00 最集中。雌虫平均寿命 16~27 天，雄虫 7~16 天。在西宁北郊，成虫每年 5 月底 6 月初始见，6 月中旬至 7 月初盛发，7 月中、下旬至 8 月初终见。

经济意义　为害杨、柳和山杨木材，也发现于某些植物性中药材内。

分布　内蒙古、辽宁、青海、新疆、甘肃；苏联（高加索、哈萨克斯坦、中亚及沿海边区），欧洲（北至荷兰、挪威、瑞典、芬兰，南至法国、意大利、罗马尼亚），北非。

226. 档案窃蠹 *Falsogastrallus sauteri* **Pic**（图 236；图版 XIX-6）

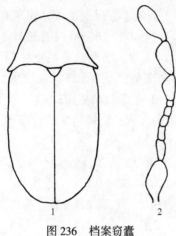

图 236　档案窃蠹
1. 成虫；2. 触角
（刘永平、张生芳图）

形态特征　体长 1.8~2.5mm。长椭圆形，栗褐色。头部略呈球形，下方具深凹；触角 9 节，端部 3 节膨大，末节略呈纺锤形，第 7、第 8 节略呈三角形。前胸背板宽大于长，基部与鞘翅等宽，后方具横隆脊，正前方呈半月形凹入。腹部可见腹板 5 节，第 4 节短，前缘凹下，隐于第 3 腹板之下。

生物学特性　在我国广东省年发生 1 代，以幼虫在隧道中越冬。翌年 3 月中旬老熟幼虫化蛹，4 月上旬出现成虫。有的年份当春季气温偏低时，成虫出现可能推迟到 4 月中、下旬。成虫羽化后 1~2 天才爬出隧道活动，以上午 8~9 时出现最多。成虫出现后的第 3 天即可交尾，交尾多发生于上午 8~9 时。交尾 3~5 天后开始产卵，卵散产于寄主的裂缝内。成虫活动以爬行为主，很少飞翔，有假死及喜黑暗的习性。

每雌虫产卵 50~60 粒。卵期 10~12 天。幼虫孵化后钻入裂缝中为害，在寄主内做隧道。隧道长 1~1.5cm，宽 0.2cm 左右，老熟幼虫在隧道末端化蛹。

经济意义　为害图书、档案、纸张、硬纸板、胶合板及皮革等。

分布　广东、广西、台湾、江苏、福建、江西、四川等省（直辖市、自治区）；日本，北美。

227. 烟草甲 *Lasioderma serricorne*（**Fabricius**）（图 237；图版 XIX-7）

形态特征　体长 2~3mm。卵圆形，红褐色，密被倒伏状淡色茸毛。头隐于前胸背板之下；触角淡黄色，短，第 4~10 节锯齿状。前胸背板半圆形，后缘与鞘翅等宽。鞘翅上散布小刻点，刻点不成行。前足胫节在端部之前强烈扩展；后足跗节短，第 1 跗节长为第 2 跗节的 2~3 倍。

生物学特性　该虫在温度高于 19℃、相对湿度高于 20%~30% 的条件下即可生存繁殖，但最适宜的条件为 30~35℃ 及相对湿度 60%~80%。

成虫交尾后不久即开始产卵。卵期 6~10 天。刚孵出的幼虫十分活泼，具有负趋光性，能穿孔寻觅食物。老龄幼虫不太活泼，进而停止取食，在某些较坚固的物体上开凿蛹室，化蛹于其中。

该虫在我国上海年发生 2 代，在南昌、武昌多发生 3 代。以老熟幼虫在烟草、中药材碎屑或包装物上

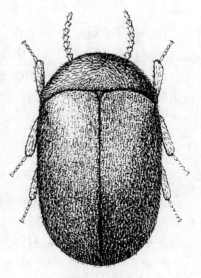

图 237　烟草甲
（仿 Feller）

做半透明的薄茧越冬。翌年当气温升到20℃以上时开始活动取食，老熟后再结茧化蛹。5月上、中旬为化蛹盛期。羽化的成虫在茧内静止数日，再出茧交尾。产卵前期1~2天。卵散产于烟草皱褶及中肋处，也可产于纸烟或雪茄烟的两端，或产于中药材碎屑、缝隙及容器壁等处。成虫不取食，有假死习性，畏光善飞。在温度25℃、相对湿度70%条件下，雌虫寿命31天，一生产卵103~126粒。卵期7.3天，幼虫期45天，5龄。幼虫孵化不久即蛀入烟叶中肋及成品烟或中药材等寄主内。幼虫喜黑暗，有群集性。在温度30℃及相对湿度70%的条件下，卵期6.1天，幼虫期19.2天，蛹期3.8天，完成1代共需29.1天。

　　经济意义　严重为害储藏的烟叶及其加工品，也为害可可豆、豆类、谷物、面粉、食品、中药材、干果、丝织品、动物性储藏品、动植物标本及图书档案等。

　　分布　国内绝大多数省（直辖市、自治区）；世界性分布。

228. 报死窃蠹 *Xestobium rufovillosum*（Degeer）（图238；图版XIX-8）

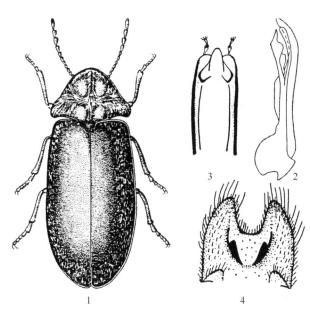

图238　报死窃蠹
1. 成虫；2. 雄性外生殖器；3. 雌虫产卵器；4. 雌虫肛上板
（仿 Логвиновский）

　　形态特征　体长5~9mm。背面暗褐色，无金属光泽，密生小颗瘤，并散布稀疏的小刻点；毛倒伏状，局部变密形成毛斑。前胸背板与鞘翅等宽。腹部第5节可见腹板无毛束。跗节宽短。雄虫的肛上板端部不凹入，雌虫的肛上板端部深凹。

　　生物学特性　成虫羽化后，经1~2周开始产卵。卵产于粗糙的表面，4~6周后孵出幼虫。雌虫产卵可达200粒。幼虫孵化后在寄主表面四处爬行，然后蛀入木材内。在户外，7、8月化蛹，蛹期3~4周。成虫羽化后仍停留在木材内，到翌年春（即5~6月）才离开寄主。生活周期的长短主要取决于木材腐烂的程度，在中度腐烂的木材内要比轻度腐烂的木材内发育快，但正常情况下在建筑物内需要 5 年，当条件不太有利时甚至更长。

经济意义　为害多种硬木，如山毛榉、栗木、胡桃木、栎。尤其是栎，因为被广泛用作建筑材料。

分布　广泛发生于欧洲，非洲的北部沿海地区，北美，中亚。

229. 家具窃蠹 *Anobium punctatum*（Degeer）（图 239；图版 XIX-9）

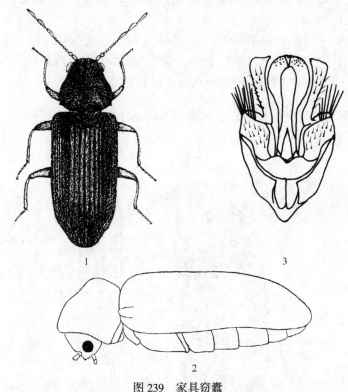

图 239　家具窃蠹
1. 成虫；2. 成虫侧面观；3. 雄性外生殖器
（1、2. 仿 Hickin；3. 仿 Логвиновский）

形态特征　体长 2.4~5mm。长圆筒形，褐色，背面有光泽，被倒伏状细毛。头下垂，隐于风帽状的前胸背板之下；额区有 1 小瘤突；触角 11 节，末 3 节显著延长，雄虫触角末 3 节长于其余 8 节之和，雌虫触角末 3 节较雄虫短。前胸背板稍窄于鞘翅，基半部有 1 纵隆脊；侧缘平展，光滑无齿；后侧角尖而突出。鞘翅肩胛突出，刻点行明显，行间平坦。腹面观，中胸有 1 深纵凹陷，向后伸达后胸中部。虫体上的毛不发达，呈粉尘状。

生物学特性　在苏联的欧洲部分，成虫羽化开始于 3 月，羽化盛期发生于 5~6 月或 6~7 月，在深秋仍可见到个别成虫羽化。羽化期长为该虫典型的生物学特性之一。

成虫飞翔范围十分有限，飞翔活动多发生于温暖的夏季。在飞翔过程中进行交尾，交尾后不久即行产卵。雌虫将卵产在木质楼板的缝隙内、旧的羽化孔道内及在未涂漆的木器粗糙表面，更喜欢产卵于该虫危害过的木质材料上，后一个特性可能是雌虫较少活动的原因。

卵长形，长约0.5mm，宽约0.2mm。产出的卵可牢固黏附在木材表面。雌虫平均产卵20粒，但在最适的条件下产卵量可达70~80粒。

成虫寿命6~28天。卵期12~15天。幼虫孵化时，先将卵壳接触木材的一端咬破，然后垂直蛀入木材内，构筑纵向隧道。成熟幼虫体长达4mm，此时隧道的宽度达2~2.3mm。

在化蛹之前，幼虫移近木材表面。当距离表面约1mm时，又退回到离虫道末端4~5mm处，然后做椭圆形蛹室化蛹于其中。蛹期约2周。成虫羽化后，咬开1个圆形羽化孔逸出。整个发育周期需要1~3年。

木材含水量18%~22%最适于该虫发育，在木质含水量12%~60%时该虫皆可以生活。空气中相对湿度低于45%时卵不能孵化；相对湿度为60%时卵可以顺利孵化，幼虫发育正常。

温度对家具窃蠹生存的限制相对严格：在40~42℃条件下该虫仅能忍受1~2min，卵在30℃条件下不能成活。发育的最适温度为22~23℃。在-14~-13℃的低温下，放在锯末中或裸露的幼虫在1~2天死亡率达80%~100%，在木材内1.5cm深处的幼虫仅死亡50%；在-17~-16℃条件下木材内的幼虫死亡率达80%~100%。在14℃及相对湿度为75%~85%的条件下卵的孵化率最高，死亡率最低。最适于成虫生活的温度为14~16℃、木材含水量为15%~18%、空气的相对湿度为70%~80%。

经济意义　该虫多生活于居室内，对多种木制器具造成严重危害，为典型的住室害虫。

分布　欧洲（北欧、中欧和东欧相当普遍），苏联（外高加索、西伯利亚、哈萨克斯坦），澳大利亚，新西兰，南非，北美。

230. 浓毛窃蠹 *Nicobium castaneum*（Olivier）（图240；图版XIX-10）

形态特征　体长3.3~6.5mm。短圆筒状，背面无光泽。被两种毛：一种短，密而倒伏；另一种长，稀而直立。头下垂，背面均匀隆起，无凹陷；触角11节，末3节膨大形成触角棒，3个棒节总长大于其余8节之和；复眼在触角基部一侧无缺切。前胸背板约与鞘翅等宽，隆起，密生粗大颗瘤；前缘简单无齿，侧缘略平展，有小齿，前角尖。鞘翅长为两翅合宽的1.6~1.8倍，具褐色毛斑，有规则的刻点行。

生物学特性　据酒井雅介绍，该虫在日本为木质建筑物重要害虫。成虫于6~8月出现，夜间进行交尾，深夜产卵。卵产于3mm以下深度的小切口及羽化孔和幼虫孔道等处；产卵量30粒左右。卵呈椭圆形，长径约0.5mm，长径：短径约为4:3；产下的卵牢固地附着在寄主表面。产卵持续15~23天，最适温度为25℃。幼虫孵化后即开始取食，并蛀入寄主。若寄主富含营养，2~3日后幼虫蜕皮变为

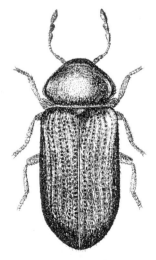

图240　浓毛窃蠹
（刘永平、张生芳图）

2龄，幼虫龄数未详。若条件适合，1年可发生1代；若条件不适，幼虫期可长达2年以上。幼虫近老熟时，做直的孔道向寄主表面运行，然后在接近表面处建造坚固的蛹室。

蛹室呈长椭圆形，长径为 5~9mm。

经济意义　严重为害古木材、古房屋、木雕家具及佛像、书籍、纸张等。寄主树种有松、扁柏、柳、杉、樟、光叶榉、赤杨、山毛榉、橡树、枣等。

分布　福建、江苏、贵州、台湾；日本，苏联欧洲部分南部及高加索，中亚，中东，埃及，法国，奥地利，北美。

231. 药材甲 *Stegobium paniceum*（**Linnaeus**）（图 241；图版 XIX-11）

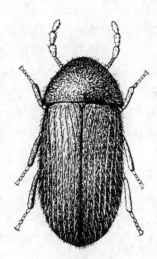

图 241　药材甲
（仿 Feller）

形态特征　体长 1.7~3.4mm。长椭圆形，黄褐色至深栗色，密生倒伏状毛和稀的直立状毛。头下口式，被前胸背板遮盖；触角 11 节，末 3 节扁平膨大形成触角棒，3 个棒节长之和等于其余 8 节的总长。前胸背板隆起，正面观近三角形，与鞘翅等宽，最宽处位于前胸背板基部。鞘翅肩胛突出，有明显的刻点行。

生物学特性　一般情况下 1 年发生 2~3 代，在温暖地区多达 4 代或 4 代以上，在温度低的地区，1 年 1 代或完不成 1 代。以幼虫越冬。在 22~25℃ 条件下，卵期、幼虫期及蛹期分别为 10~15 天、50 天及 10 天。幼虫有 4 龄，在 22℃ 及相对湿度 70% 的条件下，1~4 龄幼虫的历期分别为 7 天、10 天、14 天和 20 天。在 26~27℃ 条件下，完成 1 代约 70 天，在 17℃ 下需 200 天。成虫有趋光性。成虫羽化后在蛹室内停留数天，然后做蛀孔外出，羽化孔的直径为 1.0~1.5mm。成虫交尾不久即开始产卵，每头雌虫产卵 20~120 粒。该虫发育的温度为 15~35℃，最适温度为 25~28℃；发育的相对湿度为 30%~100%，最适相对湿度为 95%。在最适条件下完成 1 代需要 40 天。成虫寿命 13~85 天。

经济意义　为害谷物、食品、中药材，也是图书、档案的重要害虫。

分布　国内绝大多数省（直辖市、自治区）；世界性分布。

（二十一）蛛甲科 Ptinidae

小型昆虫，体长 2~5mm，长卵圆形或卵圆形，背方隆起。头下弯，大部分隐于前胸背板之下；触角丝状，多数 11 节，极少数种类少至 2~3 节。前胸背板宽大于或等于头宽，有的种类在近基部缢缩。小盾片明显或十分退化。鞘翅远较前胸宽，端部圆，遮盖腹部。腹部有 5 节可见腹板，少数种类减少到 3~4 节。足细长，前足基节窝开放；腿节细长，端部膨大；跗节式 5-5-5。

该科昆虫迄今已记述约 570 种，世界广泛分布。成虫、幼虫取食多种动物和植物性物质，部分种类生活于家庭居室和仓库内，也有的生活于鸟、兽的巢穴中。

属及某些种检索表

1　鞘翅包围腹部的部分极宽，两翅合宽约为腹部腹板宽的3倍；腹部可见腹板4~5节，若有5节可见
　　腹板，则第3腹板仅稍长于第4腹板 ·· **2**
　　鞘翅包围腹部的部分不宽，两翅合宽小于腹部腹板宽的2倍；腹部可见腹板5节，第3腹板长为第
　　4腹板的2倍 ·· **3**
2　头、前胸背板及鞘翅基部密被毛；腹部有5节可见腹板；后足转节长小于腿节的1/3 ···············
　　··· 茸毛裸蛛甲属 *Mezium*
　　头、前胸背板及鞘翅无毛或几乎无毛；腹部仅有4节可见腹板，第1腹板被后胸腹板遮盖；后足转
　　节长大于腿节的1/2 ·· 裸蛛甲属 *Gibbium*
3　鞘翅光滑或刻点混乱，从不形成平行的刻点行 ··· **4**
　　鞘翅总是具刻点，且形成平行的刻点行 ·· **5**
4　前胸背板基部不缢缩，两侧近平行；鞘翅着生倒伏状鳞片，无直立状毛 ····································
　　··· 凸蛛甲 *Sphaericus gibboides*（Boieldieu）
　　前胸背板基部缢缩；鞘翅着生倒伏状鳞片及直立状毛 ····· 西北蛛甲 *Mezioniptus impressicollis* Pic
5　两触角基部之间头部隆起部分的宽度等于或大于第1触角节长度之半 ·· **6**
　　两触角基部之间头部隆起部分的宽度等于或小于第1触角节长度的1/4 ····································· **8**
6　鞘翅行纹深，行纹刻点粗大明显，不被毛遮盖 ··
　　··· 仓储蛛甲 *Tipnus unicolor*（Piller & Mitterpacher）
　　鞘翅行纹十分浅或缺如，行纹刻点小且完全被鞘翅上的毛遮盖 ·· **7**
7　背面被单一金黄色毛；小盾片大，由背方可见 ············ 黄蛛甲 *Niptus hololeucus*（Faldermann）
　　背面通常被黑色或暗褐色毛；小盾片十分退化，由背方不可见 ··
　　·· 球蛛甲 *Trigonogenius globulum*（Solier）
8　小盾片小，不明显，近竖直状；后足转节伸达鞘翅边缘 ····· 褐蛛甲 *Pseudeurostus hilleri*（Reitter）
　　小盾片大，十分明显，与鞘翅位于同一平面；后足转节不伸达鞘翅边缘 ·············· 蛛甲属 *Ptinus*

232. 凸蛛甲 *Sphaericus gibboides*（Boieldieu）（图242；图版XX-1）

　　形态特征　体长1.6~2.8mm。宽卵圆形。表皮暗红色
至沥青色，鞘翅、触角及足稍淡。头密布金黄褐色倒伏状
短毛，表面密生低的小颗瘤，颗瘤稍小于小眼面。复眼强
烈隆起，卵圆形，其宽约为第1触角节的2/3。前胸背板均
匀隆起；两侧稍呈弧形，几乎平行，近基部不缢缩；表面密
生小颗瘤，颗瘤1.5~2个小眼面大；密布倒卵形、短而扁
的倒伏状灰褐色鳞片及稍长而粗的两侧近平行的毛。鞘翅
上的鳞片比前胸背板上的狭窄；表面密布小刻点及小颗
瘤，小颗瘤稍小于小眼面，其间距多为2~4个小颗瘤直
径。小盾片退化，不外露。后胸腹板无中纵线；中区平坦，
布粗深近圆形刻点，刻点间距约为1/3个刻点直径。腹部
腹板布圆形至卵圆形深刻点，刻点约为1.5个小眼面大，
刻点间距为刻点直径的0.5~1倍，越向端部刻点变得越细

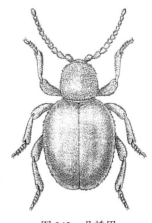

图242　凸蛛甲
（仿 Bousquet）

越稀，在第 4、第 5 腹板上，刻点十分浅稀，不明显。

经济意义 为草本植物的害虫，发现于红辣椒内及欧莳萝种子、干缬草根及干草本植物内。

分布 欧洲，北非及北美的西海岸。

233. 西北蛛甲 *Mezioniptus impressicollis* **Pic**（图 243；图版 XX-2）

形态特征 体长 2.4～2.7mm。宽卵形，两性同形。表皮红棕色发亮，全身着生倒伏的黄色鳞片及近直立的长毛。前胸背板基半部中央两侧各有 1 纵长的黄色毛垫，两毛垫之间有 1 深的中纵沟；两侧缘向后缢缩。小盾片小，不明显。鞘翅表皮光亮无刻点，疏生黄色半直立的长毛及倒伏的鳞片状毛，不遮盖表皮结构。

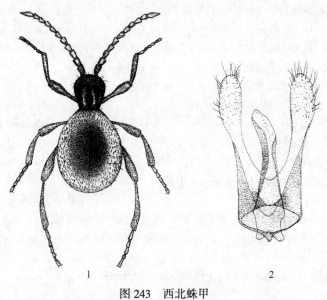

图 243 西北蛛甲
1. 成虫；2. 雄性外生殖器
（刘永平、张生芳图）

经济意义 在粮仓内偶有发现，对储藏品造成轻度危害。

分布 内蒙古、宁夏、甘肃、青海、新疆；国外分布未详。

234. 仓储蛛甲 *Tipnus unicolor*（**Piller & Mitterpacher**）（图 244；图版 XX-3）

形态特征 体长 1.8～3mm。体宽卵圆形，两性同形。表皮暗褐色，有光泽。头部被黄褐色倒伏状至近直立状细毛；表面密布小颗瘤，颗瘤低，略小于小眼面。触角为体长的 2/3，中部的触角节长约为宽的 1.25 倍。复眼卵圆形，颇突出，约与第 1 触角节等宽。前胸背板有光泽，密布刻点和颗瘤，由小颗瘤上发出倒伏状或近直立状毛。鞘翅行间各有 1 列直立状金黄色毛，另有多数较短的倒伏状毛，中区中央的行纹刻点深圆。小盾片退化，近竖直状，由背方几乎不可见。后胸腹板无中纵线；中区平坦至稍凹，布圆形至卵圆形刻点，刻点间距小于刻点直径。

生物学特性　在10℃及相对湿度70%时卵即可孵化，在17.5℃时孵化率约70%，25℃时约60%，27.5℃时不孵化。在15℃时幼虫期为141.5天，17.5℃时63.5天，20℃时64天，22.5℃时77天。幼虫发育的最适温度为17.5~20℃，25℃时不发育。成虫产卵最适温度为17.5~20℃；在25℃时大部分成虫死亡，少数成虫产卵，但孵化率极低；在20℃，每雌虫产卵28~196粒、平均（100±19）粒，孵化率45%；在17.5℃，每雌虫产卵平均（129±22）粒，孵化率50%；孵化率低是由于蛛甲类的成活率低和早孵化幼虫常破坏未孵化卵造成；在17.5~20℃时，产卵期约40周，最长可达50~65周，以最初25周产卵最多，以后产卵逐渐减少。发育最适温度为17.5~20℃，在25℃下卵虽能孵化，但不适于成虫产卵和幼虫发育。

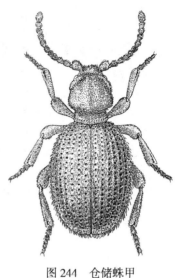

图244　仓储蛛甲
（仿Bousquet）

经济意义　发生于居室、面粉厂、粮仓、面包房等场所。

分布　欧洲，北美，俄罗斯（欧洲部分、高加索和外高加索）。

235. 黄蛛甲 *Niptus hololeucus* (**Faldermann**)（图245；图版XX-4）

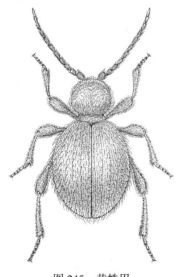

图245　黄蛛甲
（仿Bousquet）

形态特征　体长3~4.5mm。体宽卵圆形，两性同形。红褐色，有光泽，背方显著隆起。触角、足、前胸背板及鞘翅密布黄褐色毛，遮盖体表。头部额中央有1宽浅凹陷；表面刻点密至相互连接，刻点略小于小眼面，刻点间有多数微小刻点。前胸背板中区均匀隆起，表面的刻点和皱纹与头部额区的相同；基部1/5处表面的皱纹显著变粗，上面的颗瘤约2倍于小眼面。鞘翅上的行纹凹陷极不明显，鞘翅中区中央的行纹刻点深至十分浅，圆形，其宽为行间的1/5~1/3，刻点纵向间距为1~4个刻点直径，每个刻点内着生1根直立状毛，其长度约为行间直立毛长的1/2。小盾片颇大，由背方可见，与相邻鞘翅部分在同一平面上。后胸腹板无中纵线；中区扁平，刻点浅圆，略小于小眼面，刻点间距为刻点直径的2~5倍，刻点间有微刻点。腿节棒状，后足腿节基部细，端部1/3显著加粗。

生物学特性　在25℃、相对湿度70%的室内条件下，雌虫寿命16.3天，雄虫11.4天。雌虫产卵平均46.2粒。在20℃、相对湿度70%时，卵期15.3天，幼虫期109.8天，蛹期14.9天，由卵发育至成虫需145天。1年发生2代。一般认为，适于该虫发育的温度为19~23℃，最低发育温度为10℃，发育的最低相对湿度为50%，成虫寿命180~730天。

经济意义　发生于居室、库房、储藏室及粮仓内。为害多种干燥的动植物材料，如毛、皮、谷物及加工品、可可、干酪、种子、昆虫标本等。

分布　国内无分布；除了热带地区之外，几乎世界性。

236. 球蛛甲 *Trigonogenius globulum*（Solier）（图246；图版XX-5）

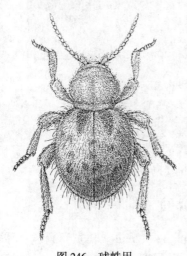

图246　球蛛甲
（仿 Bousquet）

形态特征　体长2~3.9mm，宽1.2~2.3mm。宽卵圆形，表皮暗红褐色，有光泽，背面的毛颇密，遮盖体表。头部密生灰褐色倒伏状粗毛及近直立状褐色毛；触角约为体长之半；复眼卵圆形，强烈隆起，约与第1触角节等宽。前胸背板被十分密的倒伏状毛，也有直立的褐色长毛，后者长度为触角的前2节或前3节之和；表面具颗瘤，颗瘤低至颇突出，大而密，其宽约为复眼之半；中区两侧前1/5有少数卵圆形大刻点。鞘翅行间着生的直立状毛，其长为中区行纹刻点长的5~10倍，褐色，长度不等，奇数行间的毛长通常为偶数行间的2倍；行间着生的倒伏状毛密，类似于头上的毛，但通常呈暗褐色或黑色，构成大理石状斑纹；在鞘翅基部翅缝两侧及肩部总有黑色斑；行纹凹入不明显，中区中央的行纹刻点圆形至卵圆形，颇深，其宽约为行间的1/7，刻点纵向间距为1~3个刻点直径。小盾片由背方不可见。后胸腹板无中纵线；雄虫在该腹板中区后1/5中央有1凹刻，由此发出1直立的毛刷，雌虫无上述构造。腿节宽，但不突然加粗呈棒状。

经济意义　发生于小麦、玉米、燕麦、面粉、大麦、豆类、干果、棉花等多种植物性材料中。

分布　非洲，欧洲，北美洲和南美洲，澳大利亚。

237. 褐蛛甲 *Pseudeurostus hilleri*（Reitter）（图247；图版XX-6）

形态特征　体长1.9~2.8mm，宽1.0~1.6mm。卵圆形。表皮暗红褐色，有光泽，被黄褐色毛。前胸背板无毛垫，两侧圆弧形，在后半部缢缩。小盾片小，不明显，几乎呈竖直状。鞘翅肩胛不明显，毛稀疏，每行间及行纹内各有1列近直立的刚毛。后足转节可伸达鞘翅外缘。

生物学特性　1 年发生 2~3 代，通常以老熟幼虫或成虫在仓库缝隙内或粮食碎屑中做茧越冬。幼虫多为 3 龄，在食物不足或干燥的条件下龄数可增多。在温度为 25℃、相对湿度 70% 和取食全麦粉的条件下，幼虫期为 33 天。

幼虫活泼，多聚集在粮食碎屑中或谷粉表层 3~6cm 深处，以分泌物缀寄主碎屑和排泄物做成团状或管状巢，虫体潜伏其中。该虫喜食小麦，其次为全麦粉。老熟幼虫在粮食碎屑或尘芥中或仓壁、地板、包装物等缝隙内化蛹，蛹外包围以白色球形薄茧。成虫寿命可达 180~730 天，产卵期可长达 8 个月，每头雌虫平均产卵 420 粒。成虫行动迟缓，有假死习性，多在粮食表层及包装物缝隙中活动。

该虫发育的最适温度为 23~25℃，相对湿度 70%~90%。温度升至 30℃或相对湿度降至 30% 时则幼虫不能完成发育。

经济意义　为害储藏的谷物、食品等。

分布　黑龙江、吉林、辽宁、内蒙古、青海、河南、河北、山东、浙江、湖南、湖北、安徽、甘肃、宁夏、陕西、山西、四川、贵州、广东、福建；日本，加拿大，英国，德国。

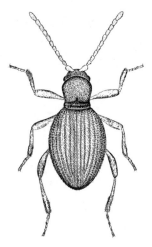

图 247　褐蛛甲
（刘永平、张生芳图）

茸毛蛛甲属 *Mezium* 种检索表

鞘翅基部的茸毛环基本完整······················· 谷蛛甲 *Mezium affine* Boieldieu

鞘翅基部的茸毛环在中部及侧方中断··············· 美洲蛛甲 *Mezium americanum*（Laporte）

238. 谷蛛甲 *Mezium affine* Boieldieu（图 248；图版 XX-7）

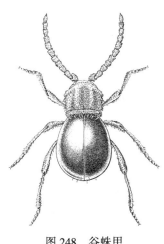

图 248　谷蛛甲
（仿 Bousquet）

形态特征　体长 2.3~3.5mm，宽 1.3~1.9mm。宽卵圆形，鞘翅强烈拱隆，后部扁平。表皮暗红褐色至近黑色，有光泽。头及触角密生倒伏至近直立状黄褐色鳞片和毛。复眼强烈突出，近圆形，约为第 2 触角节宽的 1/2；额的表皮密生颗瘤及皱纹，颗瘤约为小眼面的 2 倍。前胸背板上的毛较头部的长，很少呈鳞片状。鞘翅基部狭窄的毛环基本完整，仅在中部部分中断；近毛环处，在翅缝两侧有少数粗的直立状毛，约与第 2 触角节等长；在极端部区域有多数十分粗的直立状短毛；鞘翅表面的其余部分光亮，几乎无刻点。足和腹板的毛被与触角上的相似，但有许多颇长的直立状粗毛。后胸腹板及腹部腹板密布颇粗糙的皱纹刻点。

经济意义　为害多种动植物性产品，发现于居室、仓库及粮仓的种子、腐败的动植物性物质及昆虫标本。

分布　欧洲，北非，北美。

239. 美洲蛛甲 *Mezium americanum*（Laporte）（图 249；图版 XX-8）

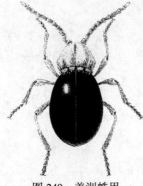

图 249 美洲蛛甲
（仿 Spilman）

形态特征 体长 1.5~3.5mm，宽 0.98~1.8mm。与谷蛛甲外形相似，区别于谷蛛甲在于：①前胸背板中纵沟较深，向后加宽而非两侧平行；②前胸背板由毛形成的亚侧隆起明显得多；③鞘翅基部的毛环在中央及每侧中断。鞘翅上的毛易被摩擦掉，往往仅在基部翅缝两侧留有少量粗的直立状长毛，如果鞘翅上的毛未被擦掉，上述毛可能稀疏着生于除两侧之外的翅面上，且越向后毛变得越短。

经济意义 为害多种动植物性产品，发生于谷物、混合饲料、辣椒、瓜类种子、烟草种子、鸦片、毛毯、干动物制品内。

分布 西欧和南欧，北非，北美和南美。

裸蛛甲属 *Gibbium* 种检索表

两触角窝后缘在中央构成锐角，触角窝后缘外侧 1/3 倾斜；阳茎背方的骨化脊狭长 ························· 裸蛛甲 *Gibbium psylloides*（Czenpinski）
两触角窝后缘在中央构成直角，触角窝后缘外侧 1/3 近横向；阳茎背方的骨化脊粗短 ·················· 拟裸蛛甲 *Gibbium aequinoctiale* Boieldieu

240. 拟裸蛛甲 *Gibbium aequinoctiale* Boieldieu（图 250；图版 XX-9）

形态特征 体长 2~3mm。棕红色，有强光泽，背面强烈隆起呈球形。头小，下垂；额区有 1 纵凹纹；在复眼上、下方和后方有许多条近平行的脊纹，伸达前胸背板前缘；两触角窝后缘在中央构成直角。前胸背板小，光滑、少毛、无刻点。鞘翅无毛，无刻点；两鞘翅愈合，并向两侧扩展包围腹部，翅宽约为腹部腹板宽的 3 倍。腹部狭窄，有 4 节可见腹板。

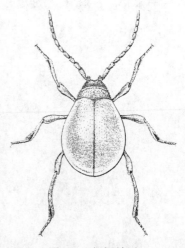

图 250 拟裸蛛甲
（仿 Bousquet）

生物学特性 据姚康报道，在我国武汉地区每年发生 2 代，以成虫在粮食碎屑内、地板下及包装物缝隙中越冬。越冬成虫于次年 4 月中旬开始活动，第 1 代幼虫于 5 月上旬孵化，6 月中、下旬结茧化蛹，7 月上旬出现第 1 代成虫。第 1 代卵期 20.8 天，幼虫期 54.8 天，蛹期 12.6 天，共计 88.2 天。第 1 代成虫于 7 月中旬开始产卵，卵期 6.4 天，幼虫期 36.6 天，8 月下旬开始结茧化蛹，蛹期 9.4 天，9 月上旬出现第 2 代成虫。第 2 代发育共需 52.4 天。

成虫行动迟缓，畏光，有假死习性。交尾、产卵和取食多在夜间进行。

经济意义 除为害储粮和面粉外，还为害某些动物性物质。

分布　国内遍及各省（直辖市、自治区）；墨西哥，危地马拉，新喀里多尼亚，哥伦比亚，委内瑞拉，巴西，圣文森岛，多米尼加，古巴，澳大利亚，马来西亚，泰国，菲律宾，日本，朝鲜，巴基斯坦，印度，斯里兰卡，土耳其，伊朗，叙利亚，苏联，波兰，希腊，法国，英国，阿尔及利亚，利比亚，突尼斯，埃及，也门，埃塞俄比亚，索马里，马达加斯加，毛里求斯，卢旺达，乌干达，前扎伊尔，安哥拉，圣海伦纳岛，圣多美，上沃尔特，塞内加尔。

注：拟裸蛛甲这个种在过去的某些国内仓虫文献中都误定为其近缘种裸蛛甲 *Gibbium psylloides*（Czenpinski）。

241. 裸蛛甲 *Gibbium psylloides*（**Czenpinski**）（图 251；图版 XX-10）

形态特征　该种的外部形态酷似拟裸蛛甲。Hisamatsu 于 1970 年及 Bellés 于 1980 年对以上两个种触角窝和雄虫阳茎形态的比较提供了可靠的区分特征（见检索表）。

经济意义　发生于居室、粮仓、粮食加工厂，为害多种干动植物产品。

分布　西班牙，法国，英国，比利时，瑞士，波兰，捷克，斯洛伐克，匈牙利，意大利，苏联，马耳他，希腊，阿尔及利亚，摩洛哥。主要集中在地中海地区。

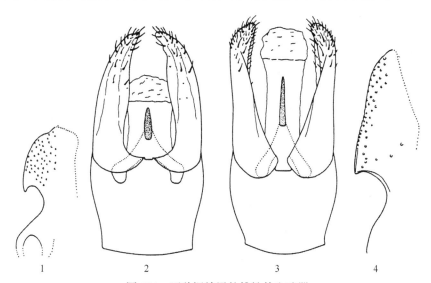

图 251　两种裸蛛甲的雄性外生殖器
1、2. 拟裸蛛甲；3、4. 裸蛛甲；1、4. 阳茎骨化脊侧面观；2、3. 雄性外生殖器
（仿 Bellés and Halstead）

蛛甲属 *Ptinus* 种检索表

1	前胸背板近基部中央两侧各有 1 高隆的金黄色毛垫	2
	前胸背板无高隆的金黄色毛垫（白斑蛛甲仅具低的毛垫）	3
2	前胸背板上的毛垫呈"廾"形；鞘翅着生单一黄褐色毛	沟胸蛛甲 *Ptinus sulcithorax* Pic
	前胸背板上的毛垫不如上述，毛垫前端加宽且更高隆起；雄性外生殖器左右阳基侧突不对称	

·· 日本蛛甲 *Ptinus japonicus*（Reitter）

3 前胸背板着生白色毛或鳞片 ······························ 六点蛛甲 *Ptinus exulans* Erichson

前胸背板无白色毛或鳞片 ··· **4**

4 头部中央，触角基部之后有 1 浓密的白毛斑；鞘翅中区行纹刻点的刚毛短于刻点本身；雄性外生殖器的阳茎明显超越阳基侧突端部 ································ 短毛蛛甲 *Ptinus sexpunctatus* Panzer

头部无白色毛；鞘翅中区行纹刻点的刚毛长于刻点本身；雄性外生殖器的阳茎不超越或稍超越阳基侧突端部 ··· **5**

5 鞘翅无白色鳞片或毛 ··· **6**

鞘翅具白色鳞片或毛 ··· **7**

6 前胸背板中区中央具刻点；鞘翅行间密生倒伏状细短毛，每行间中央有 1 列近直立的长毛；雄性外生殖器的阳茎基部 2/5 突然而强烈加宽 ······················· 澳洲蛛甲 *Ptinus tectus* Boieldieu

前胸背板中区中央具颗瘤；鞘翅行间无倒伏状短毛，仅在每行间中央有 1 列近直立的长毛；雄性外生殖器的阳茎向基部方向均匀加宽 ························· 棕蛛甲 *Ptinus clavipes* Panzer

7 前胸背板中区每侧有 1 斜倾的纵长毛垫 ······················ 白斑蛛甲 *Ptinus fur*（Linnaeus）

前胸背板上的毛分布较均匀，不形成纵长的毛垫 ··············· 四纹蛛甲 *Ptinus villiger* Reitter

242. 沟胸蛛甲 *Ptinus sulcithorax* Pic（图 252；图版 XX-11）

形态特征 体长 2.5~3.3mm。卵圆形。表皮暗红褐色，有光泽，全身着生黄褐色毛。前胸背板后部缢缩；中纵沟深，两侧有金黄色毛垫，毛垫的形状呈"卄卜"形。小盾片不明显。两鞘翅愈合，后翅退化；鞘翅刻点大而深，椭圆形，在中区的每行间有 1 列近直立的毛及多数倒伏状短毛；毛前密后稀，不遮盖体表结构。雄虫外生殖器的阳基侧突比阳茎长，端部扁平膨大呈棒状；阳茎由基部至端部逐渐狭缩，末端尖细。

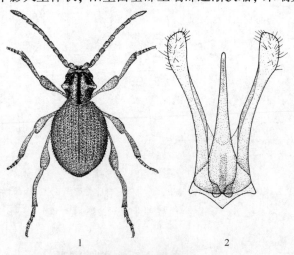

1   2

图 252 沟胸蛛甲

1. 成虫；2. 雄性外生殖器

（刘永平、张生芳图）

经济意义 为害多种农副产品及中药材等，发现于粮食加工厂、榨油厂、酿造厂、药材库及土特产仓库。

分布　云南、贵州、浙江、四川、陕西;国外分布未详。

注:该种在国内大多数文献中都误鉴定为仓储蛛甲(或粗足蛛甲)*Tipnus unicolor*(Piller & Mitterpacher)。两个种可以通过以下特征区分:仓储蛛甲两触角窝间头壳隆起部分的宽度大于第1触角节长的1/2,前胸背板无毛垫;沟胸蛛甲两触角窝间头壳隆起部分的宽度小于第1触角节长的1/4,前胸背板毛垫发达。

243. 日本蛛甲 *Ptinus japonicus* (Reitter)(图253;图版XX-12)

形态特征　成虫体长3.5~5.0mm。雌雄异形。雄虫较细长,两鞘翅外缘近平行,肩胛明显;雌虫较短粗,两鞘翅外缘弧形外突,不平行。表皮黄褐色至褐色,被黄褐色毛。前胸背板小,中部有1对黄褐色毛垫,每一毛垫前部有1高而宽的隆起。每鞘翅近基部及近端部各有1白色大毛斑。雄虫外生殖器的两阳基侧突不等长。

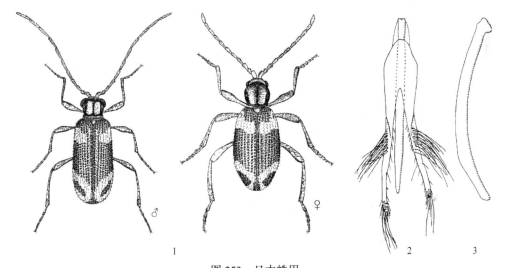

图253　日本蛛甲
1. 成虫;2. 雄性外生殖器背面观;3. 阳茎侧面观
(1. 刘永平、张生芳图;2、3. 仿 Hinton)

生物学特性　1年发生1~2代,多以幼虫态在仓内各种缝隙内及粮粒之间越冬,但也偶见以成虫越冬的。成虫有假死习性,喜在粮食表面活动,或在近表层处连缀碎屑粉末匿伏在内为害,黄昏后开始大量活动。

每雌虫平均产卵40粒,卵散产于谷屑内。幼虫喜欢潜伏于粮食碎屑下或在谷粉近表层处,连缀粉屑或粮粒做成球形小茧,在茧内食害。蛹期12~13天,完成1代需100天,成虫寿命可长达5个月。

经济意义　为害干燥的或腐败的动植物性物质,食性较杂,尤喜食面粉,导致面粉结块变味。也为害谷物、种子、干果、皮毛、毛织品、中药材和动物标本等。

分布　国内几乎遍及各省(直辖市、自治区);日本,苏联的远东地区,印度,斯里兰卡。

244. 六点蛛甲 *Ptinus exulans* Erichson（图 254；图版 XXI-1）

形态特征　体长 2.5mm，宽 1.3mm。雌雄同形，两侧近平行；表皮红黑色，头及前胸背板稍暗。头密被金黄褐色毛。前胸背板中部有 1 低的横隆起，基部 1/4 有 1 深而狭窄的横凹槽；被近直立状金黄褐色毛，由基部 1/4 至端部 1/2 每侧有 1 白色宽纵带，该带的前内侧还有 1 小白毛斑。鞘翅行间着生直立状金黄褐色毛；行纹刻点的毛与行间的毛相似，但较短（为行间直立状毛长的 2/3）且呈倒伏状至近直立状；白色毛在鞘翅近肩部、中区中央第 2、第 3 行间及中央稍后的第 7、第 8 行间形成卵圆形的白毛斑。小盾片密生白色毛。后胸腹板中区近平坦，基半部的中纵线宽而颇深。

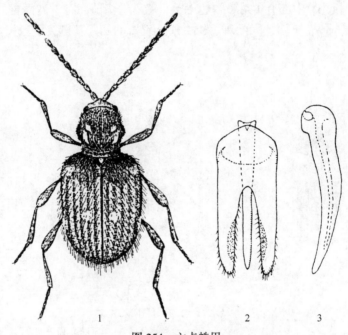

图 254　六点蛛甲
1. 成虫；2. 雄性外生殖器；3. 阳茎侧面观
（仿 Hinton）

经济意义　发现于仓库，不造成明显危害。

分布　欧洲，亚洲，澳大利亚。

245. 短毛蛛甲 *Ptinus sexpunctatus* Panzer（图 255；图版 XXI-2）

形态特征　体长 3.2～5.3mm。身体长形，两侧近平行。表皮褐色至暗褐色，着生黄褐色毛。前胸背板中区每侧有 1 较明显的中隆起，中隆起外侧又有 1 侧隆起，在上述隆起上无毛垫。每鞘翅基部稍后有 1 椭圆形白毛斑，位于第 4～10 行；近翅端部 1/4 处有 2 个相连的白毛斑，一个位于第 3～6 行，另一个位于第 7～9 行。雄性外生殖器的阳基侧突由基部至端部逐渐狭缩；阳茎侧面观呈弧形弯曲，正面观两侧近平行，内阳茎有长形的骨化刺约 10 个，排成 2 行。

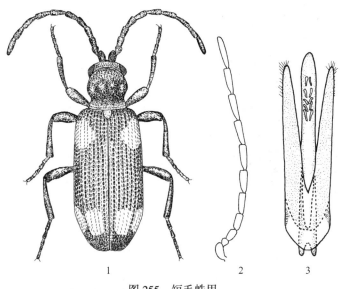

图 255　短毛蛛甲

1. 雌虫；2. 雄虫触角；3. 雄性外生殖器

（刘永平、张生芳图）

生物学特性　生活于仓库和居室内，也发现于蜜蜂及燕子的巢内。

经济意义　为害面粉、谷物及中药材等。

分布　新疆；英国，法国，德国，比利时，地中海地区，巴尔干半岛，挪威，芬兰，苏联。

246. 澳洲蛛甲 *Ptinus tectus* Boieldieu （图 256；图版 XXI-3）

形态特征　体长 2.5~4.0mm，宽 1.2~1.7mm。宽卵圆形至两侧略平行。表皮栗褐色，密生黄褐色毛，无白毛斑。前胸背板基部 1/4 处有 1 完整的横沟；密被淡黄褐色倒伏至直立的细短毛及金黄色直立的粗长刚毛；基部每侧有 1 淡色椭圆形毛斑；刻点深，圆形至椭圆形，刻点间距为 0.5~1 个刻点直径。鞘翅中区行纹内的刻点深，卵圆形至长方形，刻点直径为行间宽的 1/3~2/5。雄性外生殖器阳茎基半部显著膨大。

生物学特性　此虫生活于居室、粮仓、储藏室、磨坊、面包厂及饼干厂等处。在 25℃ 及相对湿度 70% 的条件下，以小麦为食，雌虫寿命 185~380 天，雄虫 181~319 天。每雌虫产卵可达 276 粒。在 26.8℃ 及相对湿度 70% 的条件下，取食小麦时，卵期 7.1 天；幼虫 1 龄 6.4 天，2 龄 7.7 天，3 龄 23.1 天；蛹期 8.9 天。幼虫成熟之后，利用仓房或包装的纸、木质材料及纺织品做茧化蛹。

发育最低温度为 10℃，最低相对湿度为 50%；最适发育的温度为 20~25℃、相对湿度为 80%~90%。在最适条件下，完成 1 个发育周期需要 67 天。成虫寿命 180~730 天。1 个月最大的增殖速率为 4 倍。该种对气候的适应性较强。

经济意义　为害多种动植物产品，包括豆类、谷物及其加工品、干果、药材、鱼粉、可

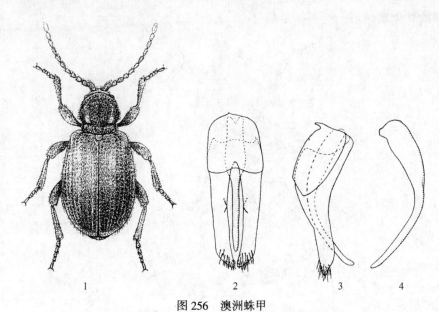

图 256　澳洲蛛甲

1. 成虫；2. 雄性外生殖器背面观；3. 雄性外生殖器右侧面观；4. 阳茎左侧面观

（1. 仿 Bousquet；2~4. 仿 Hinton）

可等。由于该种产卵多，发育快，是蛛甲科的优势种。

　　分布　据全国中药材系统调查报道，该种发现于辽宁、天津、山西、湖南；英国，爱尔兰，冰岛，北欧、中欧及东欧，加拿大，美国，新西兰，俄罗斯，北非，澳大利亚。

247. 棕蛛甲 *Ptinus clavipes* Panzer（图 257；图版 XXI-4）

　　形态特征　体长 2.3~3.2mm。两性异形，雌虫卵圆形，肩胛不显著；雄虫身体两侧近平行，肩胛显著。表皮黄褐色至褐色，被黄褐色毛，无白毛斑。前胸背板两侧在近基部缢缩，雄虫前胸背板中央在两侧缢缩部分之前有 1 长椭圆形隆脊。鞘翅行间着生近直立的黄褐色毛，刻点内的毛呈倒伏或直立状。雄性外生殖器的阳基侧突稍长于阳茎，在近端部明显弯曲；阳茎正面观两侧近平行，侧面观基部显著弯曲。

　　生物学特性　发育的最低温度为 10℃，最低相对湿度为 50%；最适发育的温度为 20~27℃，相对湿度为 70%。在最适温湿度条件下完成 1 个世代需 180~270 天，成虫寿命 180~730 天。

　　经济意义　为害谷物、干果、药材、羽毛、皮张及昆虫标本等。

　　分布　内蒙古、新疆、甘肃、青海；英国，爱尔兰，波罗的海以南的欧洲部分，小亚细亚，伊朗，阿尔及利亚，突尼斯，马达加斯加，马德拉岛，亚速尔群岛，加拿大，美国，新西兰，夏威夷，日本。

　　注：国内文献曾将该种定为窃蛛甲 *Ptinus latro* Fabricius。关于窃蛛甲这个种名，Illiger 于 1802 年通过研究认为窃蛛甲乃是白斑蛛甲 *P. fur*（L.）的异名；Boieldieu 于 1856 年以及许多其他学者，其中包括 Hinton（1941），又曾将棕蛛甲的孤雌生殖型（三倍体雌虫）误认为是窃蛛甲，后经 Moore 于 1956 年通过饲养实验澄清了这一混淆。由

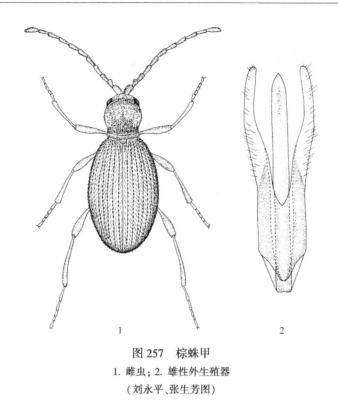

图 257　棕蛛甲
1. 雌虫；2. 雄性外生殖器
（刘永平、张生芳图）

此可见，*P. latro* 既是白斑蛛甲的异名，又是棕蛛甲的异名。

248. 白斑蛛甲 *Ptinus fur* (Linnaeus)（图 258；图版 XXI-5）

形态特征　体长 2~4.3mm。浅至深黑褐色，长形而两侧近平行（♂）或宽卵形（♀）。触角丝状，11 节，其长等于或大于体长（♂）或小于体长 1/2（♀）。前胸背板密生黄褐色毛；中部两侧各纵列黄褐色狭长毛垫 1 个，毛垫前端与其后端在同一水平位置；雄虫前胸背板近基部中央有 1 不显著隆起。鞘翅着生黄褐色毛，其间杂生少量白色毛，每鞘翅基部 1/4 处及端部 1/4 处各有 1 白色毛斑。小盾片明显。后胸腹板中纵陷线宽而深，位于腹板基部 2/5（♂）或 1/6（♀）。腹部第 1~3 腹板中部长形刻点的长为宽的 5~6 倍（♂）或不超过宽的 3 倍（♀）。第 4 跗节末端不膨大，不二裂。雄性外生殖器左右阳基侧突等长；阳茎细长，背面观不伸越或略伸越阳基侧突端部。

生物学特性　1 年发生 2~3 代，老熟幼虫或成虫在各种缝隙或寄主内以分泌物缀尘芥杂物及寄主碎屑做茧，潜伏其中越冬。成虫静止在茧中的前羽化期比一般蛛甲长，达 30~60 天。雌虫在开始的 2 周内产卵极少，从第 3 周起产卵量显著增加，至第 4 周达最盛期，以后产卵量急速下降。产卵期约 16 周，每雌虫产卵平均 38.6 粒。成虫寿命平均 12~15 周。卵在 30℃ 时不孵化。幼虫 3 龄，偶尔 4 龄；在温度 23℃、相对湿度 70% 及食粗鱼粉时，1 龄平均 14 天，2 龄平均 16 天，3 龄平均 32 天（不滞育）或（235±21）天（滞育）。在 20℃ 食小麦时比食粗鱼粉发育快；不滞育幼虫在 23℃ 比在 20℃ 或 30℃ 时发育快；在 30℃ 时，不滞育幼虫的死亡率高，蛹期较长，成虫体重轻。30℃ 为此虫发育适

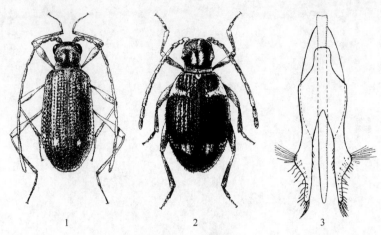

图 258　白斑蛛甲

1. 雄虫；2. 雌虫；3. 雄性外生殖器

(1、2. 仿 Spilman；3. 仿 Hinton)

温上限。老熟幼虫做茧化蛹。20℃ 及 30℃ 时，部分老熟幼虫在茧内滞育；在 23℃ 时滞育的幼虫均为雄性，在 20℃ 时滞育的幼虫有 27% 为雄性。蛹的发育在 23℃ 比在 20℃ 或 30℃ 快。发育最适温度为 23℃，相对湿度 70%。

经济意义　发生于住房、仓库、储藏室及标本室，取食多种干燥及腐败的动植物性物质，包括面粉、谷物、枣、可可、多种植物种子、干果、生姜、辣椒、烟草、啤酒酵母、羽毛、皮毛、皮革、动植物标本等。

分布　我国无分布；世界性。

249. 四纹蛛甲 *Ptinus villiger* Reitter（图 259；图版 XXI-6）

形态特征　体长 2.0~3.8mm。表皮黄褐色至黑褐色。雌雄异形：雄虫长形，两侧近平行，触角与身体约等长；雌虫长卵圆形，鞘翅两侧缘呈弧形向外突出。前胸背板密生小突起，每一小瘤突上着生 1 根黄褐色毛；中部横列 4 个黄褐色毛撮。鞘翅密生黄褐色毛，每鞘翅基部 1/4 及端部 1/4 各有 1 白色鳞片斑；刻点间的毛长而直立，奇数行间的毛常为偶数行间毛长的 2 倍。雄性外生殖器的两阳基侧突不对称，上面不均匀地着生长毛。

生物学特性　在我国北方，1 年发生 1 代，以成虫或幼虫越冬。在温度为 25℃ 和相对湿度为 70% 的条件下，饲喂小麦，卵期、幼虫期及蛹期分别为 12 天、35~39 天及 12 天。发育的最低温度为 10℃，最低相对湿度为 40%。最适温度为 20~25℃，最适相对湿度为 80%~90%，在最适条件下完成 1 代需要 58 天。成虫寿命 180~730 天。

经济意义　为害储藏谷物及其加工品、中药材等。

分布　内蒙古、新疆；德国，芬兰，挪威，中欧及东北欧，苏联的高加索和西伯利亚，加拿大，美国。

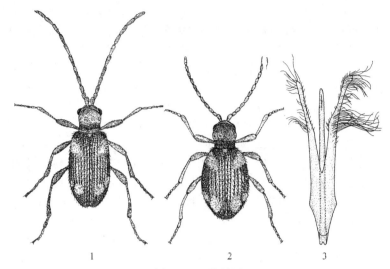

图 259 四纹蛛甲

1. 雄虫；2. 雌虫；3. 雄性外生殖器

（刘永平、张生芳图）

（二十二）粉蠹科 Lyctidae

小型甲虫，体长 1~7mm。身体细长而扁平，两侧平行，黄色、红褐色、暗褐色至近黑色，体表被毛或鳞片状毛。头倾斜突出，不被前胸背板遮盖；复眼大而突出；触角短，11 节，末 2 节膨大形成触角棒。胸部发达，前胸背板多呈方形。前足基节窝关闭，前足左右基节相接，后足左右基节远离。跗节式 5-5-5，第 1 节短。鞘翅遮盖腹部末端。腹部腹板 5 节，第 1 腹板长。成虫和幼虫多生活于木材和竹材内，为多种建筑材、家具材和加工材的重要害虫。

该科昆虫全世界记载不足 100 种，分隶于 12 个属。Gerberg 于 1957 年报道 70 种，其中重要的属有：*Lyctus*，25 种；*Trogoxylon*，12 种；*Minthea*，7 种；*Lyctoxylon* 和 *Lyctoderma*，各 4 种。

种 检 索 表

1 后足腿节侧扁，近球形或椭圆形；鞘翅上的毛排列混乱，不成行；前胸背板侧缘无沟槽；上颚基部
　　不呈叶状扩展 ·· **2**
　　后足腿节细，非近球形或椭圆形；鞘翅上的刻点和毛排列成行 ·· **4**
2 头顶在复眼内缘上方有明显的瘤突 ····················· 方胸粉蠹 *Trogoxylon impressum*（Comolli）
　　头顶在复眼内缘上方无瘤突 ··· **3**
3 前胸背板无光泽，长略大于宽，前角尖锐突出，中区具浅凹，刻点密，近网状；触角棒从第 10 节起
　　突然膨扩 ······································· 角胸粉蠹 *Trogoxylon parallelopipedum*（Melsheimer）
　　前胸背板有光泽，方形，前角圆，中区隆起，刻点稀；触角粗，从第 7 节起向端部渐膨扩 ············

······························ 加州粉蠹 *Trogoxylon aequale*（Wollaston）

4 触角棒末节卵圆形，向端部方向紧缩，通常长于端前节；体背面的毛细或粗而弯曲···············5
   触角棒有1或2节十分延长；体背面被直立或半直立的粗毛···································9

5 体黄褐色略带红色，前胸背板基部2/3及鞘翅内缘暗褐色；前胸背板中区的凹陷不呈"Y"形；近鞘
   翅缝处行间的刚毛和刻点排列混乱··················· 中华粉蠹 *Lyctus sinensis* Lesne
   无上述综合特征···6

6 鞘翅刻点行间有2列刻点；触角细，触角棒弱，狭卵圆形，第10节宽不大于长·····················
   ··· 美西粉蠹 *Lyctus cavicollis* LeConte
   鞘翅刻点行间有1列或多于2列刻点···7

7 前胸背板的中纵凹宽而深，布网状皱纹刻点 ·············· 栎粉蠹 *Lyctus linearis*（Goeze）
   前胸背板隆起，最多具浅的中纵凹 ···8

8 额叶和后唇基叶之间有明显的缺切；前胸背板两侧近波曲状，向后收狭；雌虫腹部第4腹板无缘毛
   ··· 褐粉蠹 *Lyctus brunneus*（Stephens）
   额叶与后唇基叶靠近且连续，两者之间无明显缺切；前胸背板两侧近平行；雌虫腹部第4腹板有多
   数粗缘毛··································· 非洲粉蠹 *Lyctus africanus* Lesne

9 触角棒末节长，索节着生半直立的鳞状毛；鞘翅行纹明显，着生宽扁直立的鳞状毛 ··················
   ··· 鳞毛粉蠹 *Minthea rugicollis*（Walker）
   触角棒末2节长，两者长均大于宽，末节比端前节窄；头部在复眼上方、额叶及后唇基叶侧缘着生直
   立的粗毛；背面被半直立的粗毛，不形成规则的毛列 ········ 齿粉蠹 *Lyctoxylon dentatum*（Pascoe）

250. 方胸粉蠹 *Trogoxylon impressum*（Comolli）（图版XXI-7）

　　形态特征　体长2.7~4.5mm。头部窄于前胸背板；头顶不明显隆起，有皱纹，着生
金黄色短毛；头顶侧缘与复眼内缘相邻处，在复眼之上有瘤突；额脊及后唇基隆起呈瘤突
状，因此，头每侧有3个瘤突；上颚具单一齿突；触角与前胸背板等长。前胸背板近方形，
中纵沟宽深，在中央分叉呈"Y"形；中区刻点密；前角尖；两侧近平行，着生细齿，稍波曲
状向后收狭；后角尖；前胸背板窄于鞘翅。鞘翅长为宽的2倍，在中部最宽；刻点浅圆杂
乱；被金黄色细毛，不形成毛列。腹部腹板侧缘暗色；雄虫的第5腹板着生规则的丝状长
毛；雌虫的该腹板具2圈长而弯的粗毛，腹板端缘下弯。前足基节左右分离；胫节内侧距
小，外侧距看上去似胫节的尖锐延伸结构。

　　方胸粉蠹复眼上方有明显的瘤突，该特征可与该属其他种区分开。

　　分布　赵养昌于1980年报道，该虫分布于我国青海、北京、天津、山东；地中
海区。

251. 角胸粉蠹 *Trogoxylon parallelopipedum*（Melsheimer）（图260；
　　　图版XXI-8）

　　形态特征　体长2.5~4.3mm。头部稍窄于前胸背板；头顶稍隆起，刻点粗深而呈
长形，近网状；被金黄色细短毛；触角稍短于前胸背板，基部2节大，与触角棒等长，触
角棒的端前节比末节短且略宽，触角棒突然膨大。前胸背板宽略大于长，与鞘翅基部略
等宽；中区刻点密而规则，近网状，多毛，有1"Y"形的浅中纵凹陷；前缘弧形；前角尖

锐突出，两侧波曲状向后收狭，后角尖。鞘翅长约为宽的2倍；着生混乱的金黄色细毛；两侧缘近平行，向后稍加宽。腹面具细皱纹，刻点浅稀；第5腹板后缘中央两侧各有1个三角形的毛簇。前足基节左右远离；胫节内侧距发达，外侧距短而钝。

该种主要的鉴别特征为：前胸背板前角尖锐突出；后唇基呈圆形；触角棒突然膨扩。

分布　北美，英国。

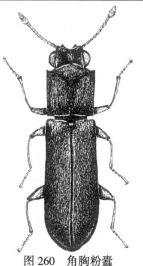

图260　角胸粉蠹
（仿Hickin）

252. 加州粉蠹 *Trogoxylon aequale*（Wollaston）（图版XXI-9）

形态特征　体长2.2~2.7mm。头窄于前胸背板；头顶扁平，具网状刻点，刻点长而浅；被金黄色短毛；上唇凹缘，着生长毛；触角短于前胸背板，基部2节膨大但短于触角棒，触角棒长为触角总长的1/4，两个棒节长宽近等，末节端部圆；颏的中部无凹窝。前胸背板长宽相等，窄于鞘翅；前缘圆形，前角圆形，后角尖；两侧向后收狭；中区隆起，布刻点，刻点呈颗瘤状，彼此明显分离，覆盖金黄色倒伏状长毛；中纵沟狭窄，由基部1/3向前延伸。鞘翅长约为宽的2倍，向后稍加宽；被杂乱的金黄色细毛；刻点长形。腹面具细皱纹；雌虫的第5腹板中央每侧有1毛簇，雄虫第5腹板边缘有缨毛。前足基节左右远离；胫节内侧距发达，延伸达第2跗节端部；胫节外侧距尖而不突出。

该种的主要鉴别特征为：前胸的前角圆；后胸腹板无浅中沟；颏的中部无凹窝。

分布　发生于新热带区及埃塞俄比亚区，包括巴西，中美，古巴，墨西哥，美国，夏威夷，佛得角半岛，刚果，巴布亚新几内亚，菲律宾。

253. 中华粉蠹 *Lyctus sinensis* Lesne（图261；图版XXI-10）

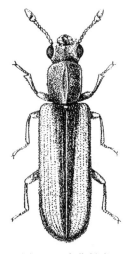

图261　中华粉蠹
（仿赵养昌）

形态特征　体长2.8~5.3mm。黄褐色略带红色，无光泽，身体细长。触角11节，末两节膨大形成触角棒，其中末节宽大，向端部紧缩。前胸背板长明显大于宽，中间有1光滑而不明显的沟纵贯全长。鞘翅宽于前胸背板，在近翅缝处行间的刚毛排列混乱，不形成毛列。前胸背板后2/3及鞘翅基部色暗，此暗色区并沿鞘翅缝两侧向后伸达翅末端。

生物学特性　程振衡等于1964年报道，在天津市1年发生1代。卵期平均10天，幼虫期323天，前蛹期4天，蛹期8天，成虫期16天。成虫羽化期从4月末至6月初。以幼虫越冬。成虫羽化后不久即行交尾，每次交尾时间很短，有多次交尾现象。

经济意义　为害干燥的木材、建筑材、家具、竹器及中药材等。

分布　辽宁、内蒙古、青海、宁夏、山西、河北、江苏、浙江、安徽、四川、贵州、福建、云南；朝鲜，日本。

254. 美西粉蠹 *Lyctus cavicollis* LeConte（图 262；图版 XXI-11）

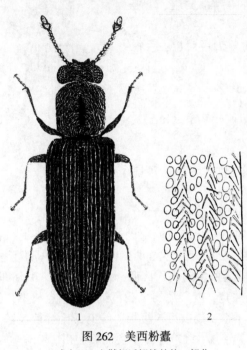

图 262　美西粉蠹
1. 成虫；2. 左鞘翅近翅缝处的一部分
（仿 Hickin）

形态特征　体长 2.5 ~ 5mm。头部窄于前胸；头顶着生细的丝状毛，布均匀的网状刻点；上颚外缘具圆形缺切；雄虫的颏着生弯曲的细毛，毛的长度约为颏长的 3/4；雌虫颏上的毛着生在颏的两侧，不着生在整个后缘；触角稍长于前胸背板，基部 2 节膨大但不及触角棒长，触角末节长为端前节的 1.25 倍，两节略等宽，末节的端部平截，端部宽为基部宽的 1/2。前胸背板长方形，宽大于长，窄于鞘翅基部，前角钝圆，后角突出呈齿状，两侧具齿，向后收狭；中区疏布刻点，刻点间着生细长毛；背面具中央凹陷。鞘翅长为宽的 3 倍，两侧平行；行纹内有刻点两列，每行间隆脊上有 1 列细毛。腹部无光泽，具细皱纹；腹部第 5 腹板在雌虫呈三角形，端缘中线每侧有 1 三角形毛斑；雄虫的第 5 腹板圆形，具缘毛，但不排列成三角形毛斑。前足基节窝分离；前足胫节内侧距短，与第 1 跗节近等长，外侧距宽短。

该种与栎粉蠹相似，不同于栎粉蠹在于：鞘翅行间有刻点 2 列；前胸背板中部有浅凹陷及雌虫的第 2 性征。

经济意义　为害栎、桦等。

分布　美国。

255. 栎粉蠹 *Lyctus linearis*（Goeze）（图 263；图版 XXI-12）

形态特征　体长 2.0 ~ 5.5mm。黄褐色至暗赤褐色，被黄色细毛。前胸背板长大于宽，侧缘锯齿状，背面中区有 1 纵长凹陷。鞘翅明显宽于前胸，上面的刻点行深，刻点大而浅，行间的刚毛倒向后方，形成明显的毛列，每鞘翅上有黄色毛 11 纵列。

生物学特性　1 年 1 代。成虫始见于 4 月中旬和下旬（在房舍内和仓库内羽化期明显提前），5 月中、下旬为羽化盛期，7 月底还有少量成虫出现。成虫寿命 14 ~ 22 天。成虫喜阴暗温湿，多栖息于木材缝隙等隐蔽场所。成虫由羽化孔内爬出后，不久即行交尾，5 月中旬开始产卵，卵产于幼虫的坑道壁上及木材导管口外突出部分和木材表面粗糙处，由黏液固着在木材上。6 月上旬卵开始孵化。幼虫蛀入木材边材部分为害，坑道纵向，互相密接，里面充满粪屑。11月下旬幼虫在坑道内越冬，翌年2月中旬又继续为害，为害期长达300天以上。老熟幼虫运行到木材表层化蛹，蛹期15～26天，成虫羽化后咬1圆形羽化孔或由旧的羽化孔逸出。

经济意义　为害伐倒的阔叶树，主要为害栎树。在我国对刺槐木材为害也较重。此外，还为害壳斗科和杨柳科木材家具等器材。

分布　内蒙古、新疆、河南、山东、安徽、江苏、浙江；西伯利亚，日本，欧洲，北美。

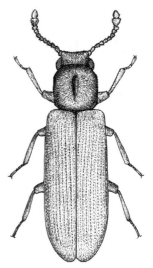

图263　栎粉蠹
（刘永平、张生芳图）

256. 褐粉蠹 *Lyctus brunneus*（Stephens）
（图264；图版 XXI-13）

形态特征　体长2.2～5.0mm。黄褐色、赤褐色至暗褐色，鞘翅色稍淡，通常发红。触角11节，触角棒2节，末节卵形。前胸背板宽大于长，前端与鞘翅基部几乎等宽，前侧角圆而明显，中区有1浅而宽的"Y"形凹陷，有时该凹陷非常不明显。鞘翅长为宽的2.3倍；边区的刻点清晰，形成不规则的行。前足腿节明显比中、后足腿节粗。

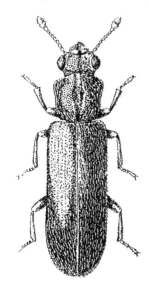

图264　褐粉蠹
（仿 Hinton）

生物学特性　在日本1年发生1代，当营养条件不良时两年1代。以老熟幼虫在木材内越冬，翌年4～5月将隧道的尽端蛀成椭圆形，并用粪粒筑成坚固的蛹室，幼虫化蛹于其中。蛹期8～21天。成虫于5～6月羽化，在室内有供暖的条件下，2～3月开始羽化，若木材含淀粉少，羽化可推迟到10月。当成虫从直径1～2mm的圆形羽化孔中出来时，受害木材表面会有大量白色粉末排出。在此之前木材外表几乎看不出被害状，即使被害严重，木材表面仍保持完整的表面薄层。成虫寿命10天左右。白天成虫从羽化孔爬出之后，即钻入孔洞中或阴暗处，夜间开始活动，进行交尾、产卵。卵多产于直木纹的薄木片和木板缝里的边材导管中，一次产卵1～4粒。在有树脂状填充物的心材导管及表面涂有涂料不显现导管的家具上不产卵。适宜产卵的导管直径比卵小端的直径大0.18mm以上，过大的导管不适于产卵。适于产卵的木材含水率从7%到纤维饱和点，以16%左右最宜。产卵期10～14天。幼虫在导管中孵化后沿纤维方向边蛀食边穿行，主要的营养是边材中的储藏淀粉，无淀粉的心材部分可免于受害。

经济意义　为害干燥的木材、建筑材、家具、竹器及中药材等。被害木材主要为柳、桉、泡桐、豆科、双羽柿科、锦葵科、无患子科及白蜡、红南橡树及水曲柳等。

分布　河北、山西、湖南、安徽、四川、贵州、广东、广西、云南、台湾；世界温带及热带区。

257. 非洲粉蠹 *Lyctus africanus* **Lesne**（图 265；图版XXⅡ-1：A 背面，B 腹面）

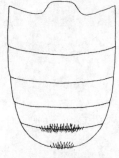

图 265 非洲粉蠹雌虫
腹部腹面观
（刘永平、张生芳图）

形态特征 体长 2.5~4.0mm。红褐色至暗褐色，鞘翅除基部之外比前胸背板色淡。触角 11 节，触角棒 2 节，末节卵圆形，末端紧缩。前胸背板方形，长宽几乎相等，在近前缘处最宽，背面中央有 1 卵圆形浅凹陷。鞘翅约与前胸背板等宽，两侧平行，长约为宽的 2.2 倍，靠近鞘翅的外缘区刻点列及毛列均明显。不同于褐粉蠹，非洲粉蠹雌虫腹部第 4 腹板后缘着生大量黄色毛。

经济意义 为害木材及竹材等。

分布 云南、广东、广西、四川、浙江；日本，非洲，欧洲，美洲。

258. 鳞毛粉蠹 *Minthea rugicollis*（**Walker**）（图 266；图版XXⅡ -2）

形态特征 体长 2.0~3.5mm。赤褐色至暗褐色，背面着生直立的端部膨扩的鳞片状毛。触角 11 节，触角棒 2 节，第 10 节长宽略等，末节端部近截形，索节上着生鳞片状毛。上颚端部二分裂。前胸背板近方形，近端部处最宽，前角稍圆，中央有 1 个长卵圆形凹窝。鞘翅略宽于前胸，两侧平行，每鞘翅上有鳞片状毛 6 纵列。

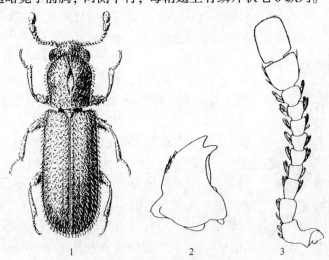

1   2   3

图 266 鳞毛粉蠹
1. 成虫；2. 上颚；3. 触角
（1. 仿 Chûjô；2、3. 刘永平、张生芳图）

生物学特性 在我国海南岛 1 年发生 3 代。生活周期长短与温度等条件有关。在平均温度 27.2℃的春季需 71~105 天，在平均温为 23℃的季节需 166~199 天。在当地，成虫全年均可活动，从 3 月下旬至 4 月上旬为活动盛期。成虫羽化孔圆形，直径为 0.5~1.0mm。成虫取食木材的薄壁组织作为补充营养。成虫寿命最长达 92 天，雄虫寿命平均 27.6 天，雌虫平均 22.8 天。雌虫产卵于木材导管内，一般不在木材表面或缝隙内产卵。每雌虫平均产卵 25.5 粒。卵期约 1 周。幼虫最初取食导管周围的薄壁组织，所做的坑道与木材的纹理平行，老熟前移向表层，在坑道末端化蛹，蛹期 12 天左右。成虫羽化后在坑道内停留数日再由羽化孔钻出。

经济意义　多发生于芳香植物木材内，对精制木料也造成严重危害。有时也为害植物根部，曾发现于多种中药材内。

分布　江西、浙江、四川、福建、湖南、贵州、云南、广西、广东、台湾；日本，非洲西海岸，马尔加什，印度，马来西亚，斯里兰卡，巴基斯坦，新喀里多尼亚岛，夏威夷，安德列斯群岛。

259. 齿粉蠹 *Lyctoxylon dentatum*（Pascoe）（图 267；图版 XXII -3）

形态特征　体长 1.5~2.5mm。红褐色，密生淡黄色鳞片状毛。头的上颚端部不分裂；触角节上着生细刚毛，末 2 节膨大呈长圆筒状，其中第 10 节长远大于宽，且比末节宽，第 11 节端部近截形。前胸背板近方形，长宽略等，侧缘密生等距离的鳞片状刚毛，中区有 1 个明显的卵圆形凹窝。鞘翅长为两翅合宽的 2 倍，约与前胸等宽，上面的鳞片状毛不形成毛列。

经济意义　为害竹器、家具及中药材。

分布　浙江、四川、广东、广西、云南、贵州；日本，印度，印度尼西亚。

注：该种的学名曾用 *Lyctoxlon japonum* Reitter，在 1985 年出版的《原色日本甲虫图鉴》中，该学名修订为 *L. dentatum*（Pascoe）。

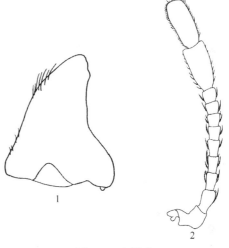

图 267　齿粉蠹
1. 上颚；2. 触角
（刘永平、张生芳图）

（二十三）球棒甲科 Monotomidae

体长 1.5~3.0mm。体扁平。头前口式，触角 11 节，触角棒 1~2 节。前胸背板方形。前足基节窝后方多关闭。跗节式雌虫为 5-5-5，雄虫为 5-5-4。小盾片小，三角形。鞘翅端部平截，腹末臀板外露。腹部可见腹板 5 节，第 1、第 5 腹板较长。

该科记述 220 多种，分隶于 20 余属。多数种类生活于树皮下或木质内，个别种类生活于蚁巢内。幼虫和成虫捕食蛀木昆虫，生活于食木昆虫的蛀道内。同时，某些种类也发现于因真菌侵染而腐烂的木头内及仓储物内。

种 检 索 表

1　头大，不窄于前胸背板；身体红褐色；鞘翅具刻点行，中区近端部有 1 模糊的暗斑；雄虫第 1 触角节扩展呈梯形 ························ **怪头球棒甲 *Mimemodes monstrosus*（Reitter）**

260. 怪头球棒甲 *Mimemodes monstrosus* (Reitter) (图版 XXII-4)

　　形态特征　体长2.5mm左右。红褐色。头大，复眼间距约与前胸背板前缘等宽。触角第10、第11节愈合形成触角棒，第9节显著窄于第10节；雄虫第1触角节扩展呈梯形。前胸背板无凹窝，宽略大于其长，前缘角呈直角，后缘角圆，两侧缘具微齿；散布长形刻点。鞘翅颜色稍淡，在近端部的中区有1模糊的暗色斑；刻点行间的刻点小，行间扁平。

　　经济意义　对储藏物造不成明显危害，主要取食真菌，生活于仓内腐败的植物性物质（如酒糟、酒曲）及粮食和面粉内。

　　分布　台湾、广西、四川、湖南；苏联的远东地区，日本。

261. 四窝球棒甲 *Monotoma quadrifoveolata* Aubé (图268；图版 XXII-5)

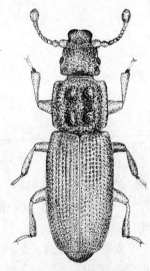

　　形态特征　体长2.0~2.2mm。红褐色。触角第10与第11节愈合形成触角棒，第3~9节显著狭窄；后颊发达，不小于复眼长径。前胸背板几乎正方形，两侧缘多少平行；背方每侧有1大的纵凹窝，窝的前、后端深，向前伸达前胸背板前方1/3处。鞘翅较光滑而无光泽；刻点行细，着生倒伏状刚毛，毛较长，前根毛向后通常可伸达相邻后根刚毛的着生处。

　　经济意义　该种多生活于人类居住区，发现于腐败的物质（如堆肥）内，也出现于粮食及面粉中，可能取食真菌。

　　分布　内蒙古、山西、山东、河北；世界性分布。

图268　四窝球棒甲
（刘永平、张生芳图）

262. 长胸球棒甲 *Monotoma longicollis* Gyllenhal（图269；图版XXII-6）

形态特征　体小，长1.4~1.8mm。身体背面多少有光泽。头部后颊小于复眼长径之半，向后方尖锐突出。前胸背板长稍大于其宽，疏布刻点；侧缘的后部略呈圆形，无明显的齿或圆形瘤突。鞘翅狭长，光滑无横皱，刻点散乱，不形成刻点行。

经济意义　生活于腐败物质及粮食下脚料中，对储藏物不直接造成危害。

分布　黑龙江、河北、江苏；欧洲，苏联的高加索及远东地区，日本，北美，澳大利亚，新西兰。

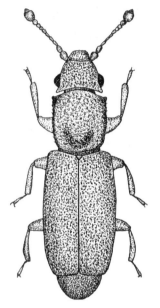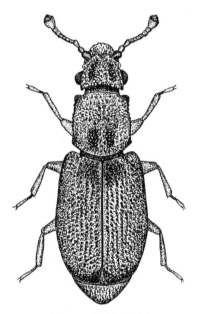

图269　长胸球棒甲
（刘永平、张生芳图）

图270　黑足球棒甲
（刘永平、张生芳图）

263. 黑足球棒甲 *Monotoma picipes* Herbst（图270；图版XXII-7）

形态特征　体长2.0~2.5mm。背面红褐色至黑色，鞘翅颜色往往较淡。头部刻点粗大；额区在两复眼间有2个深纵凹陷；后颊明显短于复眼长径之半，尖锐突出。前胸背板中区刻点粗而密。鞘翅较短，其表面的刻点粗大且排列成行。

经济意义　生活于腐败植物性物质内，食菌，没有明显的经济意义。

分布　新疆、青海、甘肃、内蒙古；欧洲，北美，日本，苏联，世界性分布。

264. 二色球棒甲 *Monotoma bicolor* Villa（图271；图版XXII-8）

形态特征　体长2.0~2.8mm。背方色暗，或仅鞘翅呈红褐色，鞘翅近小盾片处有1暗色区。头部额区在两复眼间无纵凹陷；后颊圆，不短于复眼长径之半。前胸背板纵长，两侧缘平行，前侧角略圆，其后着生圆形弱齿。雄虫前足胫节的前部稍内弯。

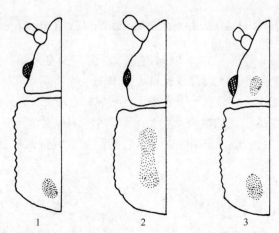

图 271　二色球棒甲与其近缘种头胸部特征比较

1. 二色球棒甲；2. 四窝球棒甲；3. 黑足球棒甲

（仿 Nikitsky）

经济意义　食菌，生活于腐败的植物性物质中，也发现于粮食、面粉及酒糟内。

分布　黑龙江、吉林、辽宁、内蒙古、甘肃、山西、河北、山东、江苏等省（直辖市、自治区）；苏联的高加索及沿海边区，欧洲，新西兰，美国。

（二十四）坚甲科 Colydiidae

小至中型甲虫，体长 1~18mm。身体细长或长椭圆形，褐色至黑色，背面隆起或扁平。触角 11 节，少数种类 8~10 节，着生于复眼前方。鞘翅完全遮盖腹部，上面有行纹和脊。腹部可见腹板 5 节。前足基节球形，稍突出，后足基节横形；跗节式 4-4-4，极少为 3-3-3。

成虫和幼虫多生活于蕈类中、树皮下、落叶中或多种蛀木甲虫的隧道内，部分种类生活在石块下、土壤内或蚁巢中，以取食真菌和腐木为生。

全世界记述 1400 种，分隶于 215 个属（Hinton，1945）。坚甲科与储藏物有关的种类隶属于 3 个属，这 3 个属可以用以下检索表加以区分。

属 检 索 表

1　鞘翅无显著的脊或粗大的瘤状刻饰；体被短的鳞片状毛；触角第 3 节约与其后的 3 节之和等长 ………

　………………………………………………………………………… *Colobicus*

　鞘翅具显著的脊或粗大的瘤状刻饰 ………………………………………………… **2**

2　触角沟发达，由头腹面伸达复眼后缘；前胸背板每侧有 3 条脊，共 6 条，其中 4 条完整，2 条仅基部明显；前胸背板侧缘由背方明显可见；前胸基节间突后缘呈三叶状；腹部前 3 个腹板具凹窝 …………

　………………………………………………………………………… *Microprius*

　触角沟在头腹面短；前胸背板中区每侧有 2~3 条纵脊，这些纵脊至少在端部明显；前胸背板侧缘由背方不明显可见；前胸的基节间突后缘多呈圆形；腹部腹板平坦 …………………………… *Bitoma*

265. 六脊坚甲 *Bitoma siccana*（Pascoe）（图272；图版XXII -9）

形态特征　体长2.4~3.0mm。体色多变，某些个体几乎呈黑色。前胸背板中央两侧各有纵脊3条，其中外脊及中脊完整，内脊十分短，仅在端部明显。鞘翅上也有明显突出的脊。

生物学特性　成虫及幼虫生活于阔叶树及针叶树腐败的树皮下，幼虫取食某些半知菌纲的真菌。

经济意义　对储藏物不造成明显危害。

分布　江苏;日本，东南亚，尼泊尔，马达加斯加。

266. 孢坚甲 *Colobicus parilis* Pascoe（图273;图版XXII -10）

形态特征　体长3~5mm。褐色至暗红褐色，触角及足色较淡。背方稍隆起，被近倒伏粗而短的鳞片状毛。触角11节，末3节形成触角棒，其中第9节小，末2节显著膨大;第3触角节十分长，约等于第4~6节的总长。前胸背板前侧角突出，侧缘弧形，在前缘稍后有1条缘线，与前缘略平行，在靠近后缘又有1条完整的缘线与后缘平行。鞘翅着生整齐的鳞片状毛列。

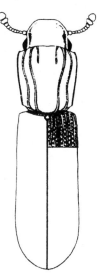

图272　六脊坚甲
（仿 Green）

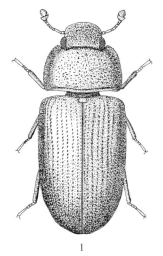

图273　孢坚甲
1. 成虫; 2. 触角
（刘永平、张生芳图）

生物学特性　曾记载大量发生于储藏的植物根和果实内。Whitney 于1927年报道，从中国输入到夏威夷的板栗中发现过该虫。作者在云南瑞丽的椰干内采集到成虫。

经济意义　据报道，该虫携带壳色二孢属 *Diplodia* 的真菌孢子，可侵染木薯和柑橘。

分布　台湾、云南;印度，马来西亚，马六甲，菲律宾，澳大利亚，英国。

（二十五）伪瓢虫科 Endomychidae

微小至中等大，体长 1~25mm。体形似瓢虫，半球形或椭圆形，赤色或黑色，热带产的种类色泽鲜明。头小，触角着生于复眼之间，触角棒 3 节。前足和中足基节球形，跗节式 4-4-4，第 3 节微小，或跗节式 3-4-4 或 3-3-3。腹部可见腹板 5~6 节，第 1 腹板最长。

本科与瓢虫科近缘，但后者爪的基部膨大或有小齿突，腹部第 1 节有 1 对基节窝切线，中胸后侧片呈三边形等特征区别于伪瓢虫科。

幼虫弯曲而形短，缺眼，体表平滑，有毛的种类则生有突起，触角发达。取食菌类、粪便、朽木、酒糟、干果等物，以食菌类为主。

该科全世界记述约 1300 种。

种 检 索 表

触角 10 节，跗节 3 节 ································ 日本伪瓢虫 *Idiophyes niponensis*（Gorham）
触角 11 节，跗节 4 节 ···························· 长毛伪瓢虫 *Mycetaea subterranea*（Fabricius）

267. 长毛伪瓢虫 *Mycetaea subterranea*（Fabricius）（图 274）

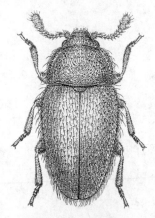

图 274　长毛伪瓢虫
（仿 Bousquet）

形态特征　体长 1.5~1.8mm，宽 0.76~0.85mm。倒卵圆形，背面显著隆起，被黄褐色直立状长毛及倒伏状短毛。表皮淡赤褐色，有光泽，触角、口器、足及腹面大部淡棕褐色。触角棒松散，由 3 节组成；第 1 棒节短，远窄于第 2 节，第 2 棒节与末节约等宽，其长约为末节的 2/3。前胸背板宽大于长，最宽处位于中部；两侧强烈弧形，有颇宽的缘边；两侧方有完整的亚侧脊，呈弧形，该脊在端部与侧缘的距离为在基部与侧缘距离的 2 倍多。鞘翅长约为前胸背板的 3 倍，在肩部稍后处最宽；直立状长毛由行间的刻点发出，倒伏状的短毛由行纹刻点发出。后胸腹板无中纵陷线。跗节 4 节，第 3 节远小于第 2 节。腹部第 6 腹板有时也伸突出来。

经济意义　多发生于地下室等有霉粮及其他腐败的植物性材料存放处，取食菌类等植物性材料，对储藏物不造成明显危害。

分布　亚洲，欧洲，北美洲，夏威夷群岛。

268. 日本伪瓢虫 *Idiophyes niponensis*（Gorham）（图 275；图版 XXII-11）

形态特征　体长 1.3~1.8mm。半球形，背面显著隆起，酷似瓢虫，黄褐色至赤褐色，有光泽，被黄褐色直立长毛。头小，隐于前胸背板之下，由背方大部不可见。触角 10 节，末 3 节形成大而松散的触角棒。前胸背板显著横宽，中央隆起，两侧呈翼状平展，前角前凸而圆滑，侧缘弧形外凸，后缘直，沿后缘有横沟 1 条，侧沟伸达前缘。鞘翅

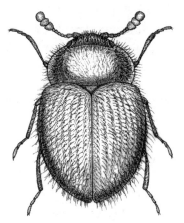

图 275　日本伪瓢虫

（刘永平、张生芳图）

背面显著隆起，两侧缘平展，有刻点行；雄虫每鞘翅近端部有 1 瘤状突，该瘤突内侧近翅缝处有 1 小刺。跗节式 3-3-3。

经济意义　未详。对储藏物不造成明显危害。

分布　内蒙古、河南；日本。

（二十六）露尾甲科 Nitidulidae

小至中型甲虫，体长 1~18mm。倒卵圆形至长形，稍扁平，背面密生柔毛。多为淡褐色至近黑色，有的种类鞘翅缀黄色至红色斑，或有青铜色光泽。触角短，11 节，末 3 节显著扁平膨大，形成圆形或椭圆形紧密的触角棒。下唇须 3 节，下颚须 4 节。前胸背板宽大于长，常具缘边，基部多与鞘翅基部密接。鞘翅遮盖腹末端，或短而端部平截，使腹末有 1~4 节背板外露。腹部可见腹板 5 节，有时雄虫有 6 节可见腹板（有附加体节，第 5 腹板后缘深凹陷以收纳圆形至椭圆形的第 6 腹板）。足粗短，前足基节横圆筒状，左右分离，不突出，前足基节窝后方多关闭；中、后足基节宽扁且左右远离；跗节式 5-5-5，第 1~3 节膨大，腹面多毛，第 1、第 2 节等长，第 4 节短小。

成虫和幼虫生活于谷物、干果、菌类、新鲜及腐败果实、花卉及树皮下，一般为腐食性，少数为捕食性。

属及某些种检索表

1 腹部完全被鞘翅覆盖，或仅臀板外露 ··· **2**
　腹末至少有 2 节背板外露 ·· **4**
2 上唇呈双叶状，前缘中部的缺切狭而深；前胸背板两侧的缘边细，略向上弯 ·······················
　·· **棉露尾甲 *Haptoncus luteolus*（Erichson）**
　上唇前缘浅凹 ·· **3**
3 前胸背板近后缘中央两侧各有 1 深凹窝；前胸背板及鞘翅两侧无明显的缘毛 ·······················
　··· **窝胸露尾甲属 *Omosita***

前胸背板近后缘无上述凹窝；前胸背板及鞘翅两侧有明显的缘毛，缘毛长于 1 个小眼的直径 ……
…………………………………………………………………………………… 露尾甲属 *Nitidula*

4 腹末有 3 节背板外露 ……………………………………… 隆肩露尾甲 *Urophorus humeralis* (Fabricius)
腹末有 2 节背板外露 ……………………………………………………… 果实露尾甲属 *Carpophilus*

269. 棉露尾甲 *Haptoncus luteolus* (Erichson) （图 276；图版 XXII -12）

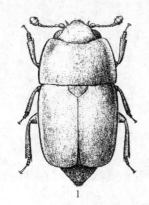
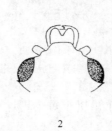

图 276 棉露尾甲
1. 成虫；2. 头部放大
（仿 Connell）

形态特征 体长 1.9~2.7mm。宽倒卵圆形至两侧近平行，背部较扁平。淡黄色至暗黄褐色，有强光泽。头部背面观，复眼后方向侧方突出呈狭而圆的尖突状；复眼大，内缘呈弧形；唇基的额唇基沟不明显，前缘近截形；上唇前缘中部缺切深而狭。前胸背板宽为长的 2 倍，侧缘微圆，具上弯的薄缘边，后缘中部及两侧略弯曲。鞘翅长稍大于宽（1.31：1.20），稍大于前胸背板中部长的 2 倍（1.31：0.60），鞘翅末端略斜截。小盾片较大，三角形。腹部臀板外露，末端平截（♂）或宽圆形（♀）。臀板后的附加背板背面短，末端宽圆（♂）或背面无可见附加体节（♀）。前足第 1~3 跗节极膨大，雄虫后足胫节明显弯曲，前 1/3 细，后 2/3 明显加宽。

生物学特性 幼虫经常发现于腐烂的柑橘和其他瓜果内。在无花果将成熟之前，幼虫可以蛀入无花果果实内，在干燥的无花果内也较常见。

经济意义 为果实类的害虫。

分布 河南、湖北、湖南、四川、广东、广西；世界性分布，但北纬 40°以上较少见。

270. 隆肩露尾甲 *Urophorus humeralis* (Fabricius) （图 277；图版 XXIII -1）

形态特征 体长 3.0~4.8mm，宽 1.8~2.3mm。倒卵形至两侧近平行，背方较隆起。暗栗褐色至黑色，有光泽。触角基部 8 节及足黑褐色，触角第 2 节略长于第 3 节。前胸背板前角带红色，侧缘及后角偶尔带红色。鞘翅色泽单一，或肩部带红色，该红色区有时扩展到小盾片处。前胸背板宽大于长（1.75：1.09），后缘宽于前缘（1.64：1.04），侧缘均匀弧形；侧面观，侧缘由中部向端部突然加厚，在端部 1/4 处比近基部厚 1 倍。两鞘翅合宽大于其长（1.86：1.56）。中胸腹板中部及两侧均无隆脊。腹末 3 节背板外露。

雄虫的附加体节在背方可见；第 4 腹板后缘中部两侧各有 1 凹刻，由此发出直立的黄褐色毛束；第 5 腹板中央有 1 圆形深凹，凹陷表面密生细而高的颗瘤；臀板后缘平截。雌虫无附加体节，第 4 及第 5 腹板无上述结构，臀板后缘宽圆形。

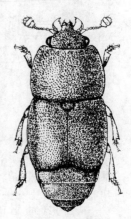

图 277 隆肩露尾甲
（仿 Gillogly）

生物学特性 生活于腐败的果实或植物性的物质中，也为害田间生长或仓储的谷物。

雌虫交尾后即可产卵，数日后产卵量逐渐减少到停止产卵，但再次交尾后又重新开始产卵。成虫寿命 23～113 天，平均 89 天；产卵前期 4～24 天，平均 7.5 天；后产卵期 0～28天，平均 5.4 天；产卵期 14～100 天，平均 75.9 天，每雌虫产卵平均 88.2 粒。在 27℃恒温条件下，完成 1 个世代需 20～21 天。

经济意义 为害谷物、种子、腐败的果实和蔬菜等。

分布 云南、广东、广西、浙江、福建、贵州、四川；东洋区，美洲，非洲。

窝胸露尾甲属 *Omosita* 种检索表

鞘翅的傍缝线几乎伸达小盾片；最大的淡色花斑位于鞘翅近端部；触角棒长明显大于宽 …………
……………………………… 短角露尾甲 *Omosita colon*（Linnaeus）

鞘翅的傍缝线仅伸达翅中部；最大的淡色花斑位于翅基部 2/3；触角棒长不大于宽………………
……………………………… 宽带露尾甲 *Omosita discoidea*（Fabricius）

271. 短角露尾甲 *Omosita colon*（Linnaeus）（图 278；图版 XXⅢ -2）

形态特征 体长 2.5～4.0mm。椭圆形，背方中度隆起，密生茸毛。淡红褐色至暗红褐色，有光泽。触角棒 3 节，大而紧密；触角沟相互近平行，后部略接近。前胸背板显著横宽，最宽处位于中部或中部稍后，侧缘近弧形而边缘平展，近后缘中央两侧各有 1 宽深的凹窝。鞘翅长大于前胸背板长的 2 倍，末端常遮盖部分臀板；每鞘翅基部有若干淡色斑；端部 1/3 处有大型黄色斑，该黄色斑内有 1 黑色斑，另外，在侧缘中部还有 1 个淡色斑。

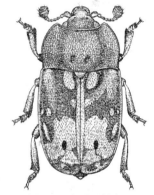

图 278 短角露尾甲
（仿 Bousquet）

生物学特性 生活于粮仓、中药材库、酿造厂及粮油加工厂等场所，取食腐败的动植物性物质，尤其喜食腐败的动物尸体。

经济意义 对储藏物造成轻度危害。

分布 黑龙江、辽宁、吉林、内蒙古、陕西、甘肃、新疆、青海、宁夏、山西、河北、山东、江苏、浙江；欧洲，北美洲，亚洲北部（包括日本、俄罗斯、蒙古）。

272. 宽带露尾甲 *Omosita discoidea*（Fabricius）（图版 XXⅢ -3）

形态特征 体长 2.3～3.7mm。外形与短角露尾甲相似。主要特点在于，鞘翅基部 2/3 色淡，其中仅有少数暗色斑，鞘翅端部 1/3 色暗，其中有一些淡色斑。

生物学特性 多生活于腐肉和骨骼内。

经济意义 主要取食动物尸体的腐肉，偶尔发现于住宅和仓内，对储藏物一般不造成明显危害。

分布 四川、广西、湖南；欧洲，北美洲，西伯利亚，日本。

露尾甲属 *Nitidula* 种检索表

1 鞘翅单一暗褐色至黑色，无淡色斑纹………………………… 暗色露尾甲 *Nitidula rufipes*（Linnaeus）

273. 暗色露尾甲 *Nitidula rufipes*（Linnaeus）（图版 XXⅢ-4）

　　形态特征　体长 2~4mm。两侧近平行,背面稍隆起。黑色或赤褐色,触角基部数节及足稍淡,鞘翅无淡色斑纹。上唇前缘缺切宽而深,凹弧形。前胸背板宽约为其长的 1.3 倍,最宽处位于基部 1/3 或 2/5 处;侧缘弧形,不显著平展;中区不凹入。鞘翅长约为前胸背板长的 1.3 倍。

　　两性成虫外形相似,区别在于前胸背板上的刻点:雄虫前胸背板中区的刻点比头部的刻点密而小,在大刻点间又有大量小刻点且呈皱状;雌虫前胸背板中区的刻点比头部的刻点大,且刻点间光滑,只有少量小刻点。

　　经济意义　为害昆虫标本、骨骼、火腿等。

　　分布　Whitney 于 1927 年报道,该虫在中国出口到夏威夷的板栗和生姜中被截获;欧洲,亚洲,北美。

274. 二纹露尾甲 *Nitidula bipunctata*（Linnaeus）（图 279;图版 XXⅢ-5）

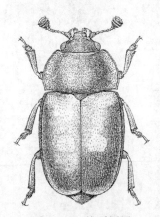

图 279　二纹露尾甲
（仿 Bousquet）

　　形态特征　体长 3~5mm。倒卵形至两侧近平行,背方较隆起。黑褐色至黑色,有光泽,每鞘翅端部 3/5 处靠近翅缝有 1 黄褐色大圆斑。头部密布圆形或卵圆形刻点,刻点直径大于小眼面直径,头两侧的刻点较大且密,其间夹杂小刻点;触角第 2 节短,第 3 节稍短于第 4、第 5 节的总长,末 3 节极度膨大呈圆形棒。前胸背板宽大于长（2.05:1.37）,最宽位于基部 1/3 或 2/5 处,两侧均匀弧形且明显平展,没有亚侧沟。鞘翅长约为前胸背板长的 2 倍。

　　生物学特性　多生活于鸟和其他动物尸体下及骨骼内、家庭食品柜及食品加工厂。

　　经济意义　为害火腿、香肠及熏肉,为肉类食品加工厂的害虫。此外,也取食面包和糕点。

　　分布　黑龙江;欧洲,亚洲,北美洲。

275. 四纹露尾甲 *Nitidula carnaria*（Schaller）（图 280;图版 XXⅢ-6）

　　形态特征　体长 1.6~3.5mm。两侧近平行。暗褐色至黑色,无光泽,背面密生黄褐色毛,前胸背板及鞘翅侧缘密生灰白色毛。触角基部红褐色,第 3 节长约等于第 4、第 5 节长之和;触角沟后部明显接近。上唇前缘缺切宽浅。前胸背板宽约为其长的 1.5

倍，中部无凹陷，两侧有明显的亚侧沟，侧缘不平展。鞘翅长为前胸背板长的 2 倍，腹部臀板外露，鞘翅基部 1/4 有淡色大斑 2 个，中部后方又有 2 个淡色大斑，每侧往往还有淡色小斑 3 个。

　　生物学特性　该虫发现于皮革厂、中药材仓库及粮油加工厂和粮库，似乎更喜食动物性的干物质。在骨骼和储藏的肉类中更常见。

　　经济意义　为害储藏的肉类。

　　分布　黑龙江、辽宁、内蒙古、新疆、青海、甘肃、宁夏、山东、陕西、江苏；苏联，蒙古，日本，伊朗，北美洲。

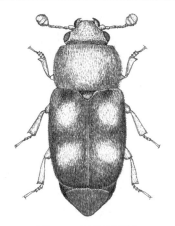

图 280　四纹露尾甲
（刘永平、张生芳图）

果实露尾甲属 Carpophilus 种检索表

1　鞘翅内缘长约为前胸背板中部长的 2 倍 ········ **长翅露尾甲** *Carpophilus sexpustulatus*（Fabricius）
　　鞘翅内缘与前胸背板中部近等长 ·· **2**

2　鞘翅的肩部及端部各有 1 黄斑 ·· **3**
　　鞘翅无淡色斑，或淡色斑不如上述 ·· **4**

3　鞘翅的暗色区向后伸达翅端部 1/3 处；后足胫节向端部方向显著放宽，较明显呈三角形；雄虫阳基侧突端部钝圆 ···················· **酱曲露尾甲** *Carpophilus hemipterus*（Linnaeus）
　　鞘翅的暗色区向后伸达近翅端部；后足胫节向端部方向不显著放宽，胫节两侧略平行；雄虫阳基侧突端部尖狭 ···················· **细胫露尾甲** *Carpophilus delkeskampi* Hisamatsu

4　中足基节窝后缘线与基节窝中部 1/3 平行，端部向后侧方弯，或自基节窝中部向后弯，终止于后胸前侧片中部或中部后方，形成的腋区极大；中胸腹板具中纵隆线 ·····················
　　························ **大腋露尾甲** *Carpophilus marginellus* Motschulsky
　　中足基节窝后缘线除极端部之外与基节窝平行；或自基节窝外侧约 1/3 处向后弯，终止于后胸前侧片前部 1/3 处，形成的腋区显著小 ·· **5**

5　中足基节窝后缘线全部与基节窝平行，或仅极侧端在后胸前侧片前缘略后方稍向后弯；前胸腹板中突端部两侧各有 1 隆线达中足基节窝，中胸腹板两侧被分割；中胸腹板具中纵隆线 ···················
　　························ **隆胸露尾甲** *Carpophilus obsoletus* Erichson
　　中足基节窝后缘线自基节窝外侧约 1/3 外向后弯，末端终止于后胸前侧片前 1/4～1/3 处；或与后胸前侧片接近再后弯，与后胸前侧片平行或相遇 ································ **6**

6　前背折缘密布大刻点，若刻点间的表皮光滑，则触角第 2 节远比第 3 节短，若刻点间的表面具小颗瘤，则第 2、第 3 节约等长 ··· **7**
　　前背折缘具小颗瘤，几乎无刻点；触角第 2、第 3 节约等长 ························· **8**

7　雄虫后足胫节基部 1/3 两侧略平行，由此向端部方向急剧放宽 ·····················
　　························ **小露尾甲** *Carpophilus pilosellus* Motschulsky
　　雄虫后足胫节不如上述 ··············· **脊胸露尾甲** *Carpophilus dimidiatus*（Fabricius）

8　后足腿节腹面基部有 1 小隆起，雄虫的显著，雌虫的不显著 ·····················
　　························ **隆股露尾甲** *Carpophilus fumatus* Boheman
　　雄虫后足腿节腹面基部无小隆起；前胸背板刻点间距等于或小于刻点直径 ·····················
　　························ **干果露尾甲** *Carpophilus mutilatus* Erichson

276. 长翅露尾甲 *Carpophilus sexpustulatus*（Fabricius）（图 281；图版 XXIII -7）

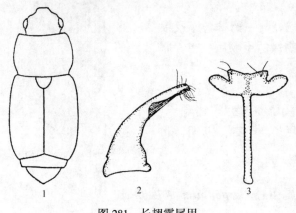

图 281　长翅露尾甲
1. 成虫；2. 雄虫阳基侧突；3. 雄虫腹部第 8 腹板
（仿 Dobson）

形态特征　体长 2 ~ 3.5mm。体较扁平，两侧近平行，背面被黄褐色细毛。表皮暗栗褐色至黑色，有强光泽；前胸背板两侧、足及触角通常为暗褐色；鞘翅肩部及中部各有 1 黑褐色斑，端部 1/3 近侧缘也有 1 不明显的同色斑。触角第 2 节略短于第 3 节。前胸背板近中部最宽，宽大于长（1.12：0.75），基部略比端部宽；侧缘除基部前方略波曲状外呈均匀圆形，侧面观，端部比基部略厚；前角钝圆，后角钝角或直角；中区颇扁平，近后角处无凹陷。两鞘翅合宽小于翅长（1.2：1.48）；基部比前胸背板基部宽（1.01：0.91）；内缘长为前胸背板中部长的 2 倍。前足基节间突在前基节间的宽度为端部宽的 1/2。中胸腹板无隆脊。后胸腹板上的中足基节窝后缘线不伸达两侧，不形成明显的腋区。腹末 2 节背板外露。雄虫腹部腹板 6 节，臀板末端近截形，第 5 腹节末端中央深凹，第 6 腹板近圆形。雌虫腹部腹板 5 节，臀板末端狭圆，第 5 腹板末端圆形。

分布　欧洲。

277. 酱曲露尾甲 *Carpophilus hemipterus*（Linnaeus）（图 282；图版 XXIII -8）

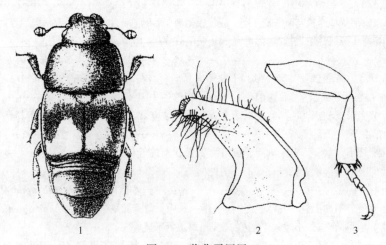

图 282　酱曲露尾甲
1. 雌成虫；2. 雄虫阳基侧突；3. 后足
（1. 仿 Connell；2、3. 刘永平、张生芳图）

　　形态特征　体长 2~4mm。倒卵形至两侧近平行，背面略隆起。表皮暗栗褐色，有光泽，鞘翅肩部及端部各有 1 个黄色斑。触角第 2 节略长于第 3 节。前胸背板宽大于长，末端 1/3 或 1/4 处最宽，两侧均匀弧形，近后角处有 1 凹窝。两鞘翅合宽大于其长。中足基节窝后缘线与基节窝平行，仅在近末端处有一小段后弯。腹末 2 节背板外露。雌虫臀板末端截形，有 5 个可见腹板；雄虫有 6 个可见腹板，臀板末端非截形。

　　生物学特性　成虫寿命偶尔超过 1 年。在室内用发酵的桃干饲养时，雌虫寿命平均 103.3 天，雄虫 145.6 天。雌虫平均产卵 1071 粒。卵期 1~7 天，平均 2.2 天。幼虫期 6~14 天，平均 10 天。蛹期 5~11 天，平均 6.8 天。

　　经济意义　成虫和幼虫为害谷物及其加工品、豆类、花生、干果、药材等。

　　分布　福建、广东、广西、云南；世界温带及热带区。

278. 细胫露尾甲 *Carpophilus delkeskampi* Hisamatsu（图 283；图版 XXIII -9）

　　形态特征　体长 2~4mm，宽 1.5~2.0mm。卵圆形，褐色至暗褐色。每鞘翅的肩部及端部各有 1 个黄色斑。

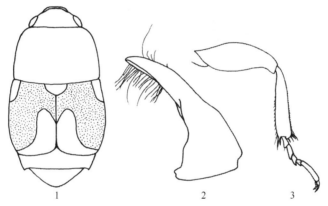

图 283　细胫露尾甲
1. 成虫；2. 雄虫阳基侧突；3. 后足
（刘永平、张生芳图）

　　该种与酱曲露尾甲的外形十分相似，两个种的形态区别见表 2。

表 2　酱曲露尾甲与细胫露尾甲的形态区别

	酱曲露尾甲	细胫露尾甲
鞘翅花斑	淡色斑鲜明，边缘清晰，黑色斑向后延伸达翅端 1/3 处	淡色斑不太鲜明，边缘不太清晰，黑色斑向后延伸至鞘翅近端部
体长宽之比	体侧缘向外扩展弱，体长稍大于宽的 2 倍	体侧缘向外扩展较强，体长稍小于宽的 2 倍
后足胫节	向端部方向显著加宽，胫节较明显呈三角形	向端部方向不显著加宽，胫节两侧相对平行
雄虫阳基侧突侧面观	较宽，端部钝圆	显著狭窄，端部尖细

生物学特性　广泛发生于粮仓、酿造厂、米面加工厂、中药材库及食品仓库。

分布　黑龙江、吉林、辽宁、内蒙古、新疆、青海、甘肃、宁夏、山西、山东、河北、贵州、福建、广东、广西、云南；日本，菲律宾。

279. 大腋露尾甲 *Carpophilus marginellus* Motschulsky（图 284；图版 XXIII-10）

形态特征　体长 2.0~3.5mm，宽 1.0~1.5mm。背面略隆起，两侧近平行。栗褐色，有光泽，背方有时近黑色。触角第 2 节略短于第 3 节。前胸背板侧缘均匀圆弧形，前角稍圆，后角近直角。鞘翅长略等于两翅合宽。中胸腹板上的中纵脊完整。中足基节窝后缘线自基节窝中部向后弯，终止于后胸前侧片中部或后方，形成的腋区极大。

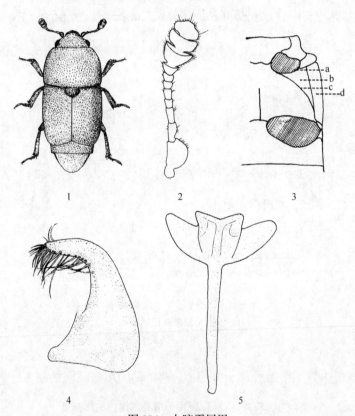

图 284　大腋露尾甲

1. 成虫；2. 触角；3. 后胸腹板；4. 雄虫阳基侧突；5. 雄虫腹部第 8 腹板；a. 中足
基节窝；b. 腋区；c. 中足基节窝后缘线；d. 后胸前侧片

（刘永平、张生芳图）

经济意义　为害谷物、面粉、通心粉及可可豆等。

分布　内蒙古、山东、湖北、浙江、四川、江西、福建、广西、云南等省（直辖市、自治区）；世界性分布。

280. 隆胸露尾甲 *Carpophilus obsoletus* Erichson（图285；图版XXⅢ-11）

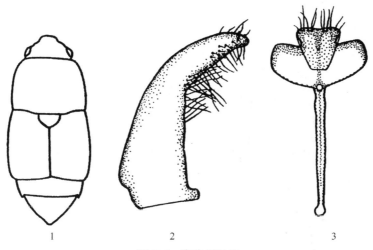

图285　隆胸露尾甲

1. 成虫；2. 雄虫阳基侧突；3. 雄虫腹部第8腹板

（1. 仿 Connell；2、3. 仿 Dobson）

　　形态特征　体长2.3~4.5mm，宽1.0~1.6mm。体长约为宽的3倍，两侧近平行，背方略隆起，疏生褐色毛。表皮栗褐色至近黑色，有光泽；鞘翅肩部及前胸背板两侧有时色泽稍淡且带红色；足及触角基部数节呈赤褐或黄褐色。触角第2节等于或稍长于第3节。前胸背板宽大于长（1.34：0.98），最宽处位于中部至基部1/3处，侧缘在端部及基部前方明显波状，后缘两侧波状，近后角处有1宽浅凹陷。两鞘翅合宽大于翅长（1.47：1.23）。中胸腹板有1条完整的中纵脊，两侧各有1条斜隆线。腹末2节背板外露。雄虫腹部腹板6节，第5节端缘中央深凹，第6节（即附加体节）椭圆形；雌虫腹部腹板5节，腹末略平截。

　　生物学特性　Okuni 于1928年报道，在我国台湾年发生5~6代。成虫羽化大约2周后开始交尾，产卵前期约1周，每1雌虫产卵约80粒。卵期2.8~19天，幼虫期36~59天，雌幼虫期略长于雄幼虫。幼虫蜕皮3次，偶尔2次。雌虫寿命207天，雄虫168天。

　　经济意义　为害储藏的大米、小麦、花生、面粉及多种植物种子。

　　分布　辽宁、天津、陕西、河南、安徽、湖北、湖南、浙江、江西、四川、广东、广西、云南、台湾；欧洲，亚洲，非洲，马达加斯加，马来西亚，印度，日本，所罗门群岛。

281. 小露尾甲 *Carpophilus pilosellus* Motschulsky（图286；图版XXⅢ-12）

　　形态特征　体长1.7~2.8mm。椭圆形，黄褐色至暗褐色。背面密布刻点，着生淡黄色毛，腹末两背板不被鞘翅遮盖。触角第2、第3节等长。前背折缘密布粗大刻点。

中胸腹板中央无纵隆脊，中足基节窝后缘线向内延伸终止于后胸前侧片前部，腋域小。雄虫后足胫节基部 1/3 细而两侧略平行，由此向端部方向显著加宽。雄虫的阳基侧突细长。

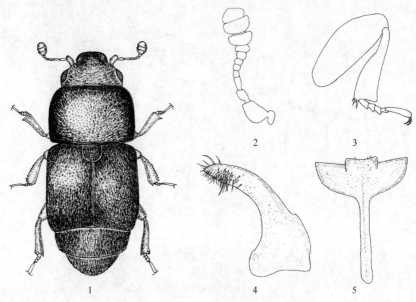

图 286　小露尾甲

1. 成虫；2. 触角；3. 雄虫后足；4. 雄虫阳基侧突；5. 雄虫腹部第 8 腹板

（刘永平、张生芳图）

该种的外形与脊胸露尾甲和干果露尾甲极相似，但后两种雄虫的阳基侧突相对粗短。另外，小露尾甲雄虫后足胫节基部 1/3 细，端部 2/3 明显加宽，而脊胸露尾甲雄虫后足胫节由基部至端部逐渐加宽，基部 1/3 并不如此细。

生物学特性　广泛发生于粮仓、面粉厂、粮油加工厂、啤酒厂、土特产仓库及中药材仓库。

经济意义　为储藏谷物的重要害虫。

分布　黑龙江、吉林、辽宁、内蒙古、甘肃、陕西、山西、河北、河南、山东、贵州、福建、广东、广西、云南、台湾；日本，越南，印度。

282. 脊胸露尾甲 *Carpophilus dimidiatus* (Fabricius)（图 287；图版XXIV-1）

形态特征　体长 2~3.5mm。倒卵形至两侧近平行。表皮淡栗褐色至黑色，鞘翅有 1 黄褐色宽纹，自肩部斜至内缘端部。触角第 2 节短于第 3 节。前胸背板横宽，近基部 1/3 处最宽，侧缘弧形。两鞘翅合宽大于其长。前背折缘的刻点粗而密，刻点间光滑。前胸腹板的基节间突略隆起，无中纵脊。中胸腹板无中纵脊。中足基节窝的后缘线向侧端后弯，终止于后胸前侧片中部与前部 1/3 之间，腋区较小。腹末两节背板外露。雄虫腹部腹板可见 6 节，雌虫 5 节。该种与小露尾甲的区别见小露尾甲的描述。

生物学特性　在亚热带地区，1 年可发生 5~6 代，主要以成虫群集于仓内隐蔽处越

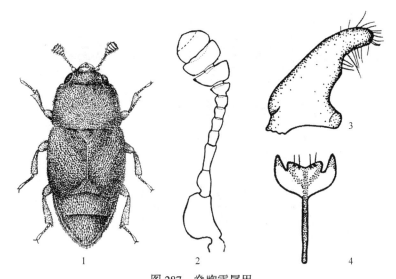

图 287　脊胸露尾甲

1. 成虫；2. 触角；3. 雄虫阳基侧突；4. 雄虫腹部第 8 腹板

（1. 仿赵养昌；2. 仿 Green；3、4. 仿 Dobson）

冬。卵散产于谷粒或包装物缝隙内。初孵幼虫先取食谷粒外表，稍长大后即蛀入粮粒内部为害。成虫善飞，有群栖、假死及趋光习性，黄昏时飞出仓外取食果树等植物的花粉、花蜜及烂果。以碎稻谷培养时，雌虫产卵 175~225 粒。成虫寿命在夏季为 63 天，冬季为 200 天。完成 1 个世代，夏季需 18 天，冬季长达 150~200 天。成虫喜食含水量为 15%~33% 的食物。适于发育的相对湿度为 70%~100%。

　　经济意义　在田间取食腐烂的果实、植物及植物受损伤后渗出的汁液，在仓内取食干果和谷物。

　　分布　福建、广东、广西、云南；世界性分布。

283. 隆股露尾甲 *Carpophilus fumatus* Boheman（图 288；图版 XXIV-2）

　　形态特征　体长 2.3~3.6mm。头、鞘翅及腹部红褐色，前胸背板黄色至橙黄色，鞘翅边缘、端部及前胸背板中部有时色暗同头部，鞘翅中区有时有 1 模糊的失色区。表皮暗淡无光泽，被不明显的黄色及棕色毛。前背折缘无刻点。后胸腹板由中足基节窝后缘线所包围的腋区较小。前胸背板刻点密，刻点间距等于或小于刻点直径。前胸腹板大部分区域布刻点，仅前缘中部后方的 1 小区域内无刻点。雄虫后足腿节腹面近转节处突然膨扩形成小隆起，雌虫的隆起有时不明显或缺如。

　　经济意义　在田间为害水果、棉花和某些谷物，也发现于储藏的玉米、玉米粉及芝麻。

　　分布　热带及亚热带。在非洲分布于尼日利亚，乌干达，肯尼亚，马拉维，斯威士兰和南非，在美国仅发现于佛罗里达州。

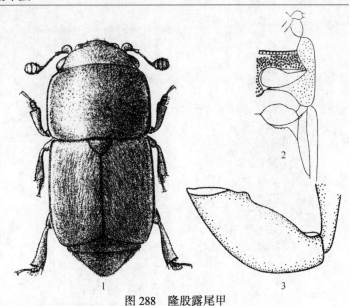

图 288　隆股露尾甲

1. 成虫；2. 前胸腹面观，示刻点；3. 雄虫后足腿节，示腹面近基部膨大的小隆起

（1、2. 仿 Connell；3. 仿 Dobson）

284. 干果露尾甲 *Carpophilus mutilatus* Erichson（图 289；图版 XXIV-3）

　　形态特征　体长 2.3~3.9mm。背面略隆起，两侧近平行。表皮淡锈褐色至黑色，略有光泽。触角第 2、第 3 节等长，第 8 节宽小于第 9 节宽的 1/2。前胸背板宽约为长的 1.5 倍，近基部处最宽。鞘翅两侧近平行，以端部 1/3 处最宽。前胸腹板中突无隆脊，前背折缘几乎无刻点而具小颗瘤。中胸腹板有 1 条光滑而略隆起的中纵纹。后胸腹板中足基节窝的后缘线与基节窝中部 2/3 平行，端部后弯，终止于后胸前侧片中部；腋区光滑无刻点。雄虫腹部有 6 个可见腹板，最末腹板中部凹陷。雌虫腹部有 5 个可见腹板。

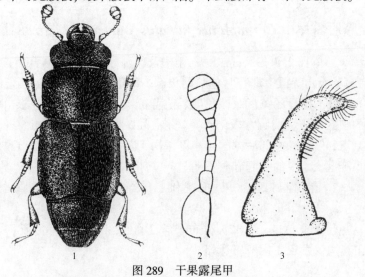

图 289　干果露尾甲

1. 成虫；2. 触角；3. 雄虫阳基侧突

（1. 仿 Bengston；2、3. 仿 Dobson）

经济意义 为害储藏的椰干、果干、大米、芝麻、花生等。

分布 尽管有文献报道干果露尾甲在国内分布广泛,但可能是误将小露尾甲当成干果露尾甲所致。该种在我国的分布尚待进一步调查;世界性分布。

(二十七) 扁谷盗科 Laemophloeidae

体微小至中型,扁平细长或呈圆筒状。头前伸,上颚发达。触角长,多由 11 节组成。前胸背板有完整的亚侧脊。前足基节球形,基节窝后方开放;中足基节球形,基节窝外方开放;跗节式 5-5-5,有时雄虫为 5-5-4。鞘翅两侧近平行。

该科全世界记述约 550 种。多数生活于树皮下,营捕食性生活;有的转入仓内为害,取食谷物等植物性产品,其中扁谷盗属 Cryptolestes 的某些成员为最常见的一个类群,该科的储藏物害虫主要是扁谷盗属的种类。

扁谷盗科曾作为扁甲科 Cucujidae 的 1 个亚科 Laemophloeinae 处理,根据 Thomas 和 Lawrence 的研究,已上升为独立的科。

扁谷盗科的某些种类个体微小,种间的外部形态差别极小,两三个种或更多种往往混生在一起,而且同一种又有明显的雌雄异形,使种的鉴定极为困难。为了正确地鉴定种,除外部形态之外,必须观察成虫的外生殖器骨片。

属及某些种检索表

1 头部额唇基沟明显;腹末节背板不被鞘翅遮盖 ·················· **露尾扁谷盗属 Placonotus**
  头部无额唇基沟;鞘翅遮盖整个腹部 ·· **2**

2 体较粗大,体长通常大于 2.5mm(1.84~3.01mm);唇基的两侧角稍前突(雌虫)或强烈前突(大个体的雄虫)呈角状 ··················· **褐色扁谷盗 Planolestes brunneus(Grouvelle)**
  体较细小,体长 1.2~2.5mm;唇基两侧不向前突出呈角状(角扁谷盗 Cryptolestes cornutus Thomas & Zimmerman 除外)··· **3**

3 身体横截面几乎呈圆筒状;两性触角长均小于体长之半;头及前胸背板每侧有 1 条脊(或线) ···
  ························· **珍氏筒扁谷盗 Leptophloeus janeti(Grouvelle)**
  身体横截面颇扁平,某些种的雄虫触角有时几乎与体等长;头及前胸背板每侧有 1~2 条脊(或线)
  ·· **4**

4 头部每侧在复眼之后有 2 条侧线;前足基节窝向侧方扩展宽;雄虫上颚向腹侧方强烈突出,复眼之下颊的下颊(jowls)发达·················· **双脊扁谷盗 Passandrophloeus glabriculus(Grouvelle)**
  头部每侧在复眼之后有 1 条侧线;前足基节窝向侧方扩展狭窄;雄虫上颚有时向腹侧方中度突出呈齿状,但颊并不如此发达 ···························· **扁谷盗属 Cryptolestes**

该科有经济意义的种类基本上都集中在扁谷盗属,以下重点对该属的种类进行讨论。

扁谷盗属 Cryptolestes 种检索表

1 两性的唇基具角状突;外生殖器见图 290;分布于东洋区 ····································
  ················· **角扁谷盗 Cryptolestes cornutus Thomas & Zimmerman**
  唇基无角状突 ··· **2**

2 两鞘翅在端部岔开(该种仅发现雄虫);雄性外生殖器见图 291;分布于东洋区及古北区 ···········

285. 角扁谷盗 *Cryptolestes cornutus* Thomas & Zimmerman（图 290；图版 XXIV-4）

  形态特征 体长 1.1~1.7mm。淡黄褐色，身上的毛长而稀，表皮有光泽。头部中央和额区的刚毛主要倒向前方；唇基中部直，两侧前突，呈短角状；复眼突出；雄虫触角长为体长的 0.74~0.84 倍，雌虫触角为体长的 0.55~0.60 倍，雄虫的触角节比雌虫的稍延长。前胸背板横宽，最大宽度与长度之比为（1.18~1.27）：1，呈心脏形，与锈赤扁谷盗的前胸背板形状相似；前角不突出，后角略呈直角。鞘翅长与宽之比为（1.68~1.95）：1，第 1、第 2 间室各有 3 列刚毛，两翅在端部不相互岔开。外生殖器：雌虫的交配囊骨片十分小而卷曲，并具 1 长的延伸物；雄虫的附骨片由 1 大的新月形骨片和 1 较小的弯曲骨片构成，内阳茎每侧有 1 骨化的棒状物，被中央横向的膜质结构缠绕，端部有 1 细的骨化环。

  经济意义 对储藏物不造成明显的危害。该虫发现于来自泰国的干辣椒内。同时

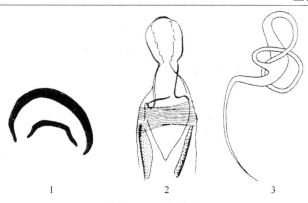

图 290　角扁谷盗

1. 雄性外生殖器附骨片；2. 雄虫内阳茎；3. 雌虫交配囊骨片

（仿 Green）

在该批干辣椒内发现的还有长角扁谷盗、亚非扁谷盗、米扁虫及锯谷盗等。

分布　泰国。

286. 岔翅扁谷盗 *Cryptolestes divaricatus*（Grouvelle）（图 291）

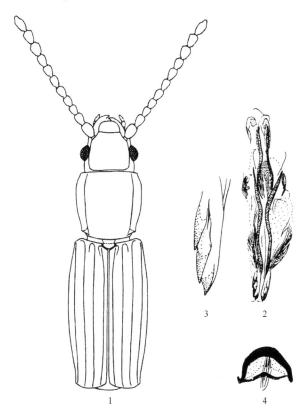

图 291　岔翅扁谷盗雄虫

1. 成虫；2. 内阳茎；3. 内阳茎端部的齿放大；4. 雄性外生殖器附骨片

（仿 Green）

形态特征　雄虫体长 1.6~1.8mm。淡黄色至红褐色，有光泽。头部在头顶后方有横沟；多数刻点的间距大于刻点直径，仅触角着生处上方及额中央无刻点；额区的刚毛由中央呈辐射状指向，两侧刚毛前侧方指向；唇基边缘浅凹；触角长约为体长之半。前胸背板长宽相等或长稍大于其宽［长：宽为（10.0~10.3）：10］。鞘翅末端平截，两翅在端部岔开；鞘翅第1、第2间室各有3纵列刚毛。内阳茎近后端每侧有3个大齿。

经济意义　该虫发现于马来西亚产的龙脑香科娑罗双属 1 个种（*Shorea stenoptera* Burck.）的坚果及来自斯里兰卡的椰干中。Howe 和 Lefkovitch（1957）认为此虫可能取食娑罗双树上成熟或脱落的坚果，或捕食坚果上的其他昆虫。

分布　天津；斯里兰卡，马来西亚。

287. 锈赤扁谷盗 *Cryptolestes ferrugineus*（Stephens）（图 292；图版 XXIV-5）

形态特征　体长 1.70~2.34mm。红褐色，有光泽。头部后方无横沟；额中部的刚毛辐射指向；雄虫触角长约等于体长之半（为体长的 0.42~0.55 倍），雌虫触角略短（为体长的 0.4~0.42 倍），雄虫的触角节与雌虫的相比稍延长；雄虫上颚近基部有 1 个外缘齿。前胸背板两侧向基部方向显著狭缩（尤其雄虫更明显，侧缘在基部之前呈波状，使前胸背板略呈心脏形），前角稍突出，雄虫前胸背板后角尖而明显，雌虫的后角钝，几乎呈直角。鞘翅长为两翅合宽的 1.6~1.9 倍；第1、第2间室各有 4 纵列刚毛。雌虫交配囊骨片为 1 近环状构造，一端膨大呈棒状，呈一端骨化强。雄虫的 2 块生殖器附骨片呈新月形，同等弓曲，上方的 1 块比下方的 1 块略粗；内阳茎末端有 2 个附器，内有 3 对骨化刺，中央的 1 对略呈锯状。

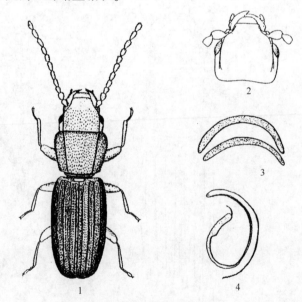

图 292　锈赤扁谷盗
1. 成虫；2. 头部背面观；3. 雄性外生殖器附骨片；4. 雌虫交配囊骨片
（1. 仿 Anon；2. 仿 Bousquet；3、4. 刘永平、张生芳图）

生物学特性　成虫羽化1~2天后开始交尾。产卵前期1~2天，雌虫产卵于粮粒裂隙或破隙处，尤喜产于粮粒的胚部。在35℃及相对湿度70%的条件下，每头雌虫产卵可多达423粒，平均日产卵6粒。在32℃及相对湿度60%~90%的条件下，卵期平均3.8天（3.6~3.9天），1龄幼虫平均龄期4.1天（3.3~5.1天），2龄幼虫平均3.0天（2.4~3.6天），3龄幼虫平均3.5天（2.7~4.0天），4龄幼虫平均6.8天（6.4~7.5天），蛹期平均4.3天（4.0~4.5天），由卵至成虫羽化平均25.37天（23.0~27.5天）。

在相对湿度为75%的条件下，当温度为38℃、32℃、27℃和21℃时，由卵发育至成虫分别需要21天、20天、27天和94天。在22~38℃时，卵的成活率在85%以上，但在40℃及相对湿度70%的条件下卵的成活率仅50%。在21℃条件下雄虫寿命180天，雌虫寿命214天；在32℃条件下雄虫寿命93天，雌虫134天。

锈赤扁谷盗虽然喜食小麦和黑麦，并喜欢将卵产于上述食物上，但该虫至少可以在种子携带的10种真菌上完成发育。该虫也经常发现于树皮下、土壤内及许多植物性材料的堆放处。除取食植物性物质之外，还可兼营捕食性生活，并有同类自相残杀习性。

在20~40℃及相对湿度40%~95%的条件下，锈赤扁谷盗可顺利发育和繁殖，其中最适的温度为32~35℃，最适的相对湿度为70%~90%。在最适温、湿度条件下该虫1个月增殖的速率为60倍。在-12℃及相对湿度10%的条件下仍然可存活。当温度升到23℃以上时成虫开始飞翔。

经济意义　该虫属第二食性，成虫及幼虫为害破碎或损伤的谷物、油料、粉类、豆类及干果等多种农产品及其加工品，有时虫口密度极高。除直接取食外，也往往导致农产品发热霉变。在非洲为害可可豆、豇豆及油料种子。

分布　国内各省（直辖市、自治区）；广布于世界温带热带区。

288. 长角扁谷盗 *Cryptolestes pusillus*（**Schönherr**）（图293；图版XXIV-6）

形态特征　体长1.35~2.00mm。淡红褐色至淡黄褐色，或在该种的亚种 *C. pusillus fuscus* 中，触角、头、前胸及鞘翅基部的半圆形区域及中胸腹板黑色，鞘翅其余部分、后胸腹板、腹部腹板及足淡红褐色。头部额区的刚毛呈辐射状指向，两侧的刚毛为前侧方指向；雄虫触角稍长于体长之半，其第5~11触角节比雌虫的长；雌虫触角长等于或稍长于体长之半。前胸背板明显横宽，宽为长的1.22~1.34倍（♂）或1.17~1.25倍（♀），前角不突出，后角钝，两侧向基部方向稍狭缩。鞘翅短，其长最多为两翅合宽的1.75倍；第1、第2间室各具4纵列刚毛。雄性外生殖器有两块附骨片，上方的1块较窄而骨化强，下方的1块较宽而直，骨化弱；内阳茎端部有2个具关节的附器，每侧有1个杆状物，中央的骨化物由多数横向加厚的刺组成，顶端区域呈加厚马蹄形。

生物学特性　1年发生3~6代，以成虫在较干燥的碎粮、粉屑、底粮、尘芥或仓库缝隙中越冬。成虫羽化后，在茧内静止1至数日，便开始交尾产卵。卵散产，产于疏松的食物内或谷物缝隙内，卵上黏附着食物颗粒。

每雌虫产卵20~334粒。17℃时日平均产卵0.5粒，30℃时日平均4粒。在相对湿度50%~90%条件下，产卵量随湿度的增加而锐增。在32℃及相对湿度90%的条件下，卵期3.5天，幼虫4个龄的龄期分别为4.0天、3.6天、3.3天和7.0天，蛹期4.4天。在

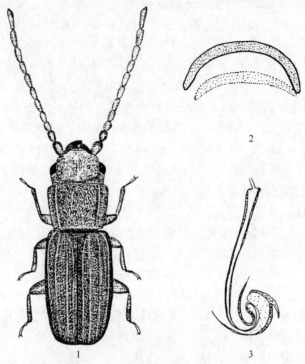

图293 长角扁谷盗
1. 成虫；2. 雄性外生殖器附骨片；3. 雌虫交配囊骨片
（刘永平、张生芳图）

相对湿度90%及温度17.5℃的条件下，雄虫寿命48周，雌虫24.1周；在相对湿度90%及温度为37.5℃下，雄虫寿命16.1周，雌虫8.2周。除温度、湿度条件外，食物对该虫的发育也有很大影响。例如，在28℃及相对湿度75%时，饲喂英国小麦，生活周期平均37.1天。同样温湿度条件下若饲喂加拿大面粉，生活周期平均43.4天。在不利的营养条件下可发生同类相残现象。

该虫发育的温度为18~38℃，相对湿度为45%~100%。发育最适温度为35℃，最适相对湿度为90%。每月虫口最大的增殖速率为10倍。32.5℃及相对湿度90%时最适于产卵。

经济意义 同锈赤扁谷盗。

分布 国内各省（直辖市、自治区）；世界性分布。

289. 微扁谷盗 Cryptolestes pusilloides（Steel & Howe）（图294；图版XXIV-7）

形态特征 体长1.8~2.2mm。淡红褐色，表皮虽稍暗淡但有光泽，被长茸毛。头部额区中部的刚毛指向中央，并可能相互交叉，两侧的刚毛指向前侧方。雄虫触角长等于或几乎等于体长，触角各节也较长，雌虫触角仅达鞘翅基部1/3处。前胸背板横宽，宽与其长之比为（12.3~13.6）∶10（♂）或（12.1~13.0）∶10（♀），前角钝，在雄虫通常稍突出；两侧由基部1/2或1/3至基部狭缩；在近前角处稍狭缩（雄虫更明显）。鞘翅长几乎为两翅合宽的 2 倍，第 1、第 2 间室各有刚毛 3 纵列。雄性外生殖器的附骨片均匀弯曲，相互远离，1 长 1 短；内阳茎内有几块大骨化板。雌虫交配囊骨片呈双环状。

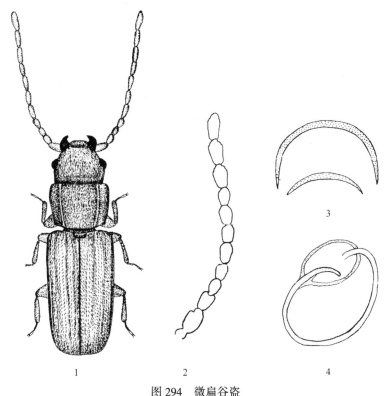

图 294　微扁谷盗

1. 雄成虫；2. 雌虫触角；3. 雄性外生殖器附骨片；4. 雌虫交配囊骨片

（刘永平、张生芳图）

生物学特性　幼虫共有 4 龄，末龄幼虫的前胸腺可分泌少量丝线用以做茧，茧薄且不坚固。

微扁谷盗发育所需时间较其他几种扁谷盗稍长，雄虫发育所需时间又长于雌虫。在32.5℃及相对湿度 90% 的条件下发育最快，在 27.5℃及相同湿度下成活率最高，在 17~35℃及相对湿度低至 50% 时仍可发育。在 15℃时，幼虫极少能发育到成虫。在 30℃及相对湿度 90% 的条件下产卵速率最快，温度或湿度降低均可降低产卵速率。与土耳其扁谷盗和锈赤扁谷盗相比，微扁谷盗的耐寒力远远不如前者，因此，该种只分布在我国最南方个别省而未能向北扩展。另外，微扁谷盗也不耐干燥，在相对湿度低于 50% 的条件下就不能存活，也是该虫不能向北扩展的原因之一。

经济意义　同锈赤扁谷盗。Howe 于 1943 年报道，该虫能引起大量的谷物发热，因而显得特别重要。Bishop 于 1959 年报道认为微扁谷盗是为害储藏谷物最猖獗的害虫。又据 Banks 调查，在澳大利亚的昆士兰，65% 的农庄受到该虫侵害。

分布　云南；东南亚，印度，日本，欧洲，非洲，南美洲，北美洲，澳大利亚。

290. 乌干达扁谷盗 *Cryptolestes ugandae* **Steel & Howe**（图 295）

形态特征 体长 1.3~2mm。淡红褐色，颇有光泽。身上的毛较微扁谷盗的短，头上的毛不及微扁谷盗的密，额中部的刚毛不交叉；唇基强烈凹缘；雄虫触角长为体长的 0.7~0.9 倍，除第 1 节外，各节长形，尤其第 6~11 节更延长，无触角棒；雌虫触角约为体长之半，触角节比雄虫的短，末 3 节比第 8 节宽，形成不明显的触角棒。前胸背板雄虫比雌虫的更横宽；前角稍突出，前缘每侧近前角稍波曲状。鞘翅长为宽的 2~2.1 倍，在第 1、第 2 间室各有 3 纵列刚毛；第 1 间室内缘线的基部常常消失。外生殖器：雌虫的交配囊骨片长，似破损的橡胶带；雄虫的附骨片 1 个呈长的新月形，另 1 个很短，不太明显；内阳茎形状见图 295。

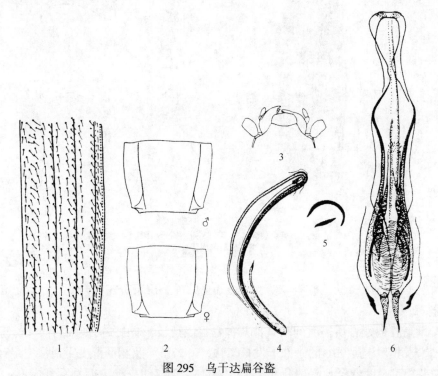

图 295　乌干达扁谷盗

1. 部分右鞘翅；2. 前胸背板；3. 头的前部分；4. 雌虫交配囊骨片；5. 雄性外生殖器附

骨片；6. 雄虫内阳茎

（仿 Green）

生物学特性 Lefkovitch 发现，在 17.5~35℃ 时该虫均可发育到成虫。在 30℃ 及相对湿度 90% 的条件下发育最快，由卵至成虫需 22.3 天。在 15℃ 时卵不能孵化。最适的发育条件为温度 25~27.5℃，相对湿度 90%，该虫完成发育需要高湿度。比较在同样温度及不同相对湿度（50% 及 70%）条件下幼虫的发育情况，发现在相对湿度 50% 条件下幼虫死亡率高，发育期明显延长。由于乌干达扁谷盗要求的相对湿度高，故该虫不可能像锈赤扁谷盗和长角扁谷盗那样分布如此广泛。

分布　加纳，尼日利亚，乌干达，肯尼亚，南非。

291. 开普扁谷盗 *Cryptolestes capensis* (Waltl)（图296；图版XXIV-8）

形态特征　体长 1.6~2.3mm。红褐色。头和前胸背板上的毛中等长，鞘翅上的毛较短；表皮有光泽。头部的刚毛大部分倒向前方，额区的刚毛没有倒向后方的；唇基的边缘直或稍凹；雄虫触角约为体长之半，雌虫触角稍短于体长之半；雄虫上颚的外侧突位于上颚近基部，向腹方突出。与雌虫相比，雄虫前胸背板两侧向后更明显狭缩，雌虫前胸背板两侧在端部 1/2 或 2/3 近平行，在近端部至前角稍收狭，由基部 1/2 或 1/3 至基部收狭；后角为直角或稍钝，不突出。鞘翅第 1、第 2 间室的大部分各有 3 纵列刚毛，另外在基部及第 1 间室的内方 2 列刚毛间还分散有稀疏的刚毛。外生殖器：雌虫交配囊骨片为 2 个相连的弯曲骨片；雄虫的外生殖器附骨片及内阳茎见图 296。

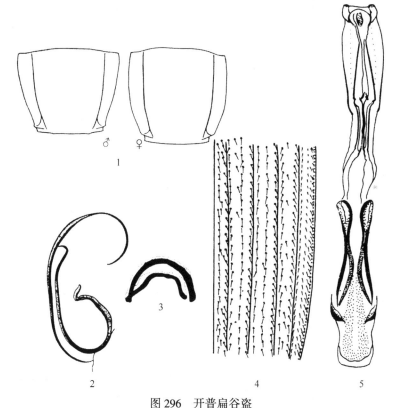

图 296　开普扁谷盗

1. 前胸背板；2. 雌虫交配囊骨片；3. 雄性外生殖器附骨片；4. 部分右鞘翅；5. 雄虫内阳茎

（仿 Green）

生物学特性　最适于该虫发育的温、湿度为 30℃ 及相对湿度 70%。在以上条件下，以小麦下脚料饲养，该虫由卵至成虫需要 33 天。在相对湿度为 90% 时，发育的温度范围为 15~32.5℃。在 30℃ 下，可耐相对湿度达 10% 的低湿度。

经济意义　发现于面粉厂、饲料加工厂及粮仓内，与谷物及谷物制品关系密切，同时也发现于杏仁及角豆内。

分布 欧洲，北非，苏联的中亚。

292. 土耳其扁谷盗 *Cryptolestes turcicus*（Grouvelle）（图 297；图版 XXIV -9）

形态特征 体长 1.2~2.2mm。表皮淡红褐色，有时呈黄褐色，有光泽。头部额中区的刚毛呈辐射状排列；唇基边缘略直；雄虫触角为体长的 0.69~0.80 倍，触角节较长；雌虫触角为体长的 0.50~0.54 倍，触角节较短。前胸背板由稍横宽至近方形，宽为长的 1.10~1.21 倍（♂）和 1.09~1.16 倍（♀），前角不圆，微突出，两侧缘向基部方向稍狭缩。鞘翅长约为宽的 2 倍，第 1、第 2 间室至少大部分区域各有 3 纵列刚毛，近基部处的毛列可能混乱，刚毛长而交迭。雌虫交配囊骨片简单，由 2 条平行而稍弓曲的骨片和端部的 1 块短骨片组成。雄性外生殖器附骨片由 1 个较大的"U"形骨片和 1 个较小的弓曲不均匀的骨片组成；内阳茎的中区宽，具多数纵向加厚的骨片，中部有 4 个长形骨化板，端部有 2 个尖形附器。

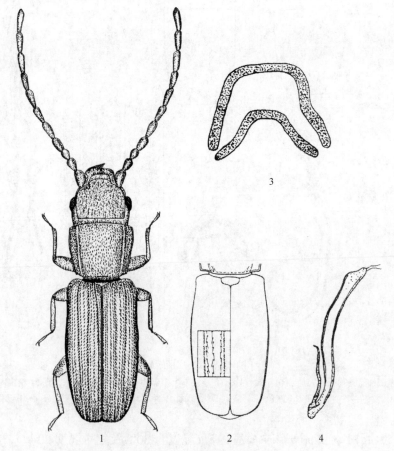

图 297 土耳其扁谷盗

1. 成虫；2. 鞘翅，示第 1、第 2 隆脊间 3 列刚毛；3. 雄性外生殖器附骨片；4. 雌虫交配囊骨片

（1、3、4. 刘永平、张生芳图；2. 仿 Bousquet）

　　生物学特性　成虫行动迅速且善飞,野外多生活于树皮下。成虫羽化后即行交尾产卵。幼虫喜食种胚。老熟幼虫结茧,化蛹于其中。面粉中孳生的霉菌对该虫的发育有利。以小麦下脚料进行饲养观察,发育的最适温度接近 27.5℃,最适的相对湿度为90%。在上述条件下,平均发育周期为 33.9 天,但卵的死亡率甚高。在 32℃ 及相对湿度 90% 的条件下,卵期 3.5 天,幼虫期 20.1 天,蛹期 4.4 天,从卵发育至成虫需要 28天。在相对湿度为 90% 时,该虫发育的温度为 17.5~35.0℃。若相对湿度降至 70%,在上述极端的温度下则不能发育。即使在最适温度下,若湿度低于 40%~50%,此虫也不能发育。

　　该虫是一个抗寒力较强的种,故在我国的最北部地区仍有发生。

　　经济意义　同锈赤扁谷盗。发现于谷物、面粉、干果、可可、香料、椰肉及中药材内,为面粉厂及饲料加工厂的重要害虫。

　　分布　国内大部分省(直辖市、自治区);日本,朝鲜半岛,加拿大,美国,乌拉圭,阿根廷,英国,希腊,土耳其,北非和南非。

293. 亚非扁谷盗 *Cryptolestes klapperichi* Lefkovitch (图 298;图版 XXIV-10)

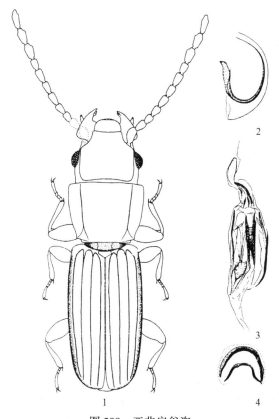

图 298　亚非扁谷盗

1. 雄虫; 2. 雌虫交配囊骨片; 3. 雄虫内阳茎; 4. 雄性外生殖器附骨片

(仿 Green)

形态特征 体长 1.3~1.8mm。淡黄色至红褐色，具中等强度光泽。头部额区中部的刚毛由中央向外指，两侧的刚毛指向前侧方；雌虫及小型雄虫的触角长约为体长之半，大型雄虫的触角长约为体长的 3/5，雄虫的触角节也比雌虫的长；雄虫上颚有侧突，雌虫上颚无。前胸背板横宽，宽与长之比为 10∶（8.6~8.9）（♂）或 10∶（9.1~9.4）（♀），两侧向后狭缩，其中雄虫狭缩更明显。鞘翅在第 1、第 2 间室各有 3 纵列刚毛。雄性外生殖器附骨片及雌虫交配囊骨片见图 298。

生物学特性 对该虫生物学方面的研究还很少。在田间曾发现于濒死的树干上、树皮下及真菌 *Daldinia concentrica*（Bolton ex Fr.）Ces. et de Not 中。该虫在仓库内与肉豆蔻关系密切，曾在装有木薯的船内发现，也发现于干辣椒和洋李脯内。

经济意义 可能为害木薯等物品，但不造成明显的经济损失。

分布 香港；阿富汗，斯里兰卡，泰国，马来西亚，印度尼西亚，刚果，也门，维尔京群岛。

（二十八）扁薪甲科 Merophysiidae

小型甲虫，体长多为 1.0~1.5mm。椭圆形，黄褐色至赤褐色，背面光滑，有光泽。触角 8~11 节，触角棒 1~2 节；唇基与额位于同一平面，额唇基沟浅而不明显；下唇须 3 节。前足基节窝后方开放，后足转节长为宽的 2 倍以上。鞘翅光滑，每翅仅有 1 条与翅缝靠近且与之平行的陷线。

幼虫具尾突，与成虫一起生活于霉粮及其他腐败的植物性物质中，有的种类与蚂蚁在一起共生。

该科全世界记述约 90 种。过去某些著作中多将该科并入薪甲科而作为 1 亚科（全薪甲亚科 Holoparamecinae）。

种 检 索 表

1 前胸背板顶区有凹窝，每侧后角附近有 1 凹窝和 1 细脊 ··················
·························· 扁薪甲 *Holoparamecus depressus* Curtis
前胸背板顶区无凹窝，后侧角附近没有脊 ·· **2**
2 雄虫触角 9 节，第 3 节长于以后各节 ·············· 椭圆扁薪甲 *Holoparamecus ellipticus* Wollaston
雄虫触角 10 节，第 3 节几乎不长于以后各节，触角棒突然膨大 ····················
·························· 头角扁薪甲 *Holoparamecus signatus* Wollaston

294. 扁薪甲 *Holoparamecus depressus* Curtis（图 299；图版 XXIV-11）

形态特征 体长 1.0~1.4mm，宽 0.45~0.55mm。淡褐色至棕黄褐色，有光泽。触角棒 2 节，雄虫触角 9 节，第 2、第 3 节等长，雌虫触角 10 节，第 3 节短于第 2 节；复眼发达，与触角基部的距离小于复眼直径的 1/2。前胸背板心脏形，端部 1/7~1/6 处最宽，宽大于长；中区中央有 1 卵形浅凹窝，两侧近后角处各有 1 不明显的细隆线。鞘翅长约为前胸背板长的 3 倍，基部 2/3 处最宽；翅基缝线完整，其余部分无线纹。后胸腹板长于腹部第 1 腹板，后半部有 1 条中纵陷线。

生物学特性　生活于腐木中、树皮下、粮仓及面粉厂和酿造厂的粮堆底层和下脚料中，也发现于中药材和土特产品中。

经济意义　一般不直接为害储藏品，但当发生量大时可对食品造成污染。国外曾记载，由法国出口到马达加斯加的巧克力棒，由于幼虫蛀入做虫道，使该批巧克力遭到严重损失。

分布　云南、广东、广西、福建、贵州、四川、浙江、湖南、湖北、安徽、江西、江苏、山东、河南、河北、山西、陕西、甘肃、青海、内蒙古、辽宁；世界性分布。

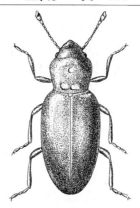

图 299　扁薪甲

（仿 Hinton）

295. 椭圆扁薪甲 *Holoparamecus ellipticus* Wollaston（图 300；图版 XXV-1）

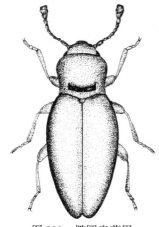

形态特征　体长 1.0~1.2mm。外形与扁薪甲相似，但扁薪甲体较扁，而该种体颇凸；该种触角棒比扁薪甲更发达，雄虫触角第 3 节长于以下各节（除第 8 节外），且前胸背板中区中央无凹窝。

该种的生物学特性及经济意义同扁薪甲。

分布　云南、贵州、湖南、湖北、广东、广西、浙江、江苏、福建、江西、安徽、四川、陕西、山西、山东、河北、甘肃、青海、内蒙古、辽宁、吉林；日本。

图 300　椭圆扁薪甲

（刘永平、张生芳图）

296. 头角扁薪甲 *Holoparamecus signatus* Wollaston（图 301；图版 XXV-2）

形态特征　体长 1.0~1.4mm，与扁薪甲和椭圆薪甲外形相似。不同于以上两种在于其雄虫触角 10 节，第 3 节几乎不长于以后诸节，触角棒突然显著膨大。

生物学特性及经济意义同扁薪甲。

分布　云南、广东、广西、贵州、四川、湖南、湖北、江西、浙江、江苏、陕西、安徽、河南、河北、山东、山西、内蒙古、辽宁、黑龙江；日本。

（二十九）薪甲科 Lathridiidae

小型昆虫，体长 0.8~3.0mm。倒卵形，背面隆起或扁平，光裸或被茸毛，淡褐色至近黑色。头部前伸，横宽。

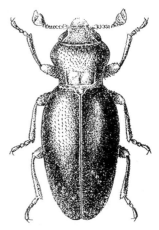

图 301　头角扁薪甲

（仿赵养昌）

唇基与额在同一平面上或唇基低于额面。复眼大而突出，近圆形；或复眼极退化，仅由几个小眼面组成。触角 8~11 节，触角棒 1~3 节。下颚须 4 节，下唇须 2~3 节。前胸背板宽于头部，窄于鞘翅，两侧圆弧形，具细齿突，或侧缘宽阔平展；背方扁平或隆起，或具各种隆脊或凹陷。两鞘翅分离或愈合，遮盖整个腹部。后翅发达，缀生短的缘毛，个别种类后翅退化。小盾片小，三角形。腹部有 5~6 节可见腹板。前足基节圆锥形突出，左右相接或几乎相接，或球形而左右远离，前足基节窝后方关闭。中胸后侧片不伸达中足基节窝。后足基节不突出，左右远离。跗节式 3-3-3，有的雄虫跗节式为 2-3-3 或 2-2-3，各节长，爪简单。

成虫和幼虫取食真菌孢子和菌丝，通常栖息于发霉的物质中，在霉变的食物、谷物及腐烂的植物性物质中经常被发现，在室外多发现于枯枝落叶下及草垛下。

全世界已知 600 余种。本科的分类几经修订，属的变更较大。国内的中文资料多来自于 Hinton（1945）的《储藏物甲虫》专著，很少体现修订后的情况。现将部分变化介绍如下：*Aridius* 中有的种曾放在 *Coninomus*；*Cartodere* 中有的种曾放在 *Coninomus*；*Dienerella* 中有的种曾放在 *Cartodere* 及 *Microgramme*；*Lathridius* 中有的种曾放在 *Enicmus*；*Thes* 有的种曾放在 *Lathridius* 中。

种 检 索 表

1 唇基与额在同一平面上，额唇基沟浅；鞘翅行间不隆起，常被明显的毛；触角 10 节 ……………
…………………………………………………… 东方薪甲 *Migneauxia orientalis* Reitter
  唇基略低于额平面，额唇基沟深；鞘翅行间隆起或呈脊状，表面光滑或极少有明显的毛…………… 2
2 前胸背板背面有 2 条近平行且几乎完整的中纵脊 …………………………………………… 3
  前胸背板背面无纵脊，或仅在基半部有极不明显的中纵脊 ……………………………………… 4
3 触角棒 2 节 …………………………………… 缩颈薪甲 *Cartodere constricta*（Gyllenhal）
  触角棒 3 节，鞘翅第 3 行间端部 1/3 处有 1 长椭圆形瘤状突
………………………………………………… 瘤鞘薪甲 *Aridius nodifer*（Westwood）
4 前足基节间突呈龙骨状隆起，达到或超越前足基节的高度 ……………………………………
………………………………………………… 龙骨薪甲 *Enicmus histrio* Joy & Tomlin
  前足基节间突不十分隆起，不达前足基节的高度 ………………………………………………… 5
5 鞘翅后半部在第 7 行间与侧缘之间有 4 行刻点；鞘翅强烈隆起 ………………………………
………………………………………………… 四行薪甲 *Thes bergrothi*（Reitter）
  鞘翅后半部在第 7 行间与侧缘之间有 2 行刻点；鞘翅多扁平或稍隆起 ………………………… 6
6 腹部第 1 腹板基部中央与后胸腹板愈合；前、中足基节各近于相接；鞘翅的第 3 和第 7 行间呈强隆脊状 ……………………………… 华氏薪甲 *Adistemia watsoni*（Wollaston）
  腹部第 1 腹板与后胸腹板不愈合；前、中足基节左右明显分开 ……………………………… 7
7 复眼大小和形状正常；体卵圆形，背面稍隆起，体长多在 1.5mm 以上；鞘翅两侧不平行；小盾片明显
………………………………………………… 湿薪甲 *Lathridius minutus*（Linnaeus）
  复眼通常小，仅由少数小眼组成，如果小眼面多，则眼面突出；体细扁，体长多在 1.5mm 以内；鞘翅两侧平行；小盾片不明显 ………………………………………………………… 8
8 前胸背板两侧在基部 1/3 显著缢缩，鞘翅具 7 行刻点 …………………………………………
………………………………………………… 红颈薪甲 *Dienerella ruficollis*（Marsham）

297. 东方薪甲 *Migneauxia orientalis* Reitter（图 302；图版 XXV-3）

　　形态特征　体长 1.2~1.5mm。倒宽卵圆形，表皮黄色至淡褐色，有光泽，密布短毛。触角 10 节，触角棒显著膨大，由 3 节组成。前胸背板横宽，近圆形，侧缘圆弧形，在中后部有明显的齿突，由每一齿上发出 1 根刚毛，背面在后缘之前两侧各有 1 宽而浅的纵凹陷。鞘翅行间扁平略皱，刻点行内和行间的茸毛等长且排成纵列。第 2 跗节稍短于第 1 跗节，第 3 跗节长约为第 1、第 2 跗节之和。

　　生物学特性　生活于粮仓、药材库、粮食加工厂及土产品库内。

　　经济意义　取食霉菌，对储藏物不造成明显危害。

　　分布　云南、广东、广西、四川、湖南、湖北、江西、江苏、浙江、山东、山西、河北、河南、安徽、陕西、新疆、内蒙古、辽宁、黑龙江；欧洲，印度，日本，南美。

图 302　东方薪甲

（仿赵养昌）

298. 缩颈薪甲 *Cartodere constricta*（Gyllenhal）（图 303；图版 XXV-4）

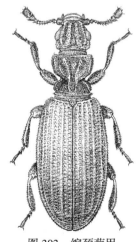

图 303　缩颈薪甲

（仿 Bousquet）

　　形态特征　体长 1.2~1.7mm。细长，两侧近平行至倒卵形，黄褐色至暗红褐色，体表近于光滑。头部有 1 浅而窄的中纵沟；复眼大而突出，与触角基部的距离小于复眼直径；触角 11 节，触角棒 2 节。前胸背板在端部 1/5~1/4 处最宽，长宽略等，两侧在基部 1/3 处显著内缢；中区基部 1/3 处有 1 横凹陷，中区前半部有 1 卵形浅凹，近基部有 2 条中纵隆线伸达前缘。鞘翅长约为前胸背板长的 3 倍；第 2、4、6、8 行间扁平，第 1 行间基半部略隆起，第 3 行间略隆起，在近端部与亚隆线状的第 7 行间相连；第 5 行间略隆起，向后延伸不及第 3 和第 7 行间远，第 7 行间与侧缘间有刻点 2 列。

　　生物学特性　生活于居室、地下室、仓房、树皮下和枯枝落叶内，也发生于发霉的干草、谷物、药材和食品中。

　　经济意义　取食霉菌，对储藏物没有直接危害。

　　分布　辽宁、内蒙古、河北、山东、山西、河南、安徽、新疆、宁夏、甘肃、陕西、江苏、四川、广东、广西、云南；世界性分布。

299. 瘤鞘薪甲 *Aridius nodifer*（Westwood）（图 304；图版 XXV -5）

形态特征 体长 1.5~2.1mm。体长形，两侧近平行，背面显著隆起，光滑或近于光滑。有光泽，淡棕黄褐色至黑色或暗黑褐色，触角及足赤褐色，前胸背板两侧及腹面大部有白色蜡质覆盖物。复眼突出，近圆形，与触角基部的间距小于复眼直径；触角细，触角棒 3 节，第 8 节长为宽的 2 倍。前胸背板端部 1/6 或 1/5 处最宽，长宽近等，后缘宽于前缘；两侧基部 1/3 宽深缢缩；中纵隆线明显，自基部 1/7 伸向前缘；中区端部 1/4 两侧各有 1 隆线弯向外方，端半部在中纵隆线之间浅凹入。鞘翅长为前胸背板的 3 倍，基部宽超过前胸背板最宽处；基部 1/3 有一大的浅横陷，伸达第 5 行间；第 3 行间基部 1/4 隆线状，端部 1/3 有 1 长椭圆形瘤突，第 5 行间自基部至近端部隆线状；第 2、4、6、8 行间略隆起或扁平；每鞘翅有刻点 8 列。中胸腹板在中足基节间深凹。后胸腹板后部 3/5 具中纵陷线；两侧在中足基节后方各有 1 宽卵形深凹，凹窝中各有 1 簇直立细毛；雄虫在近后缘中央两侧各有 1 大毛瘤，雌虫无。腹部第 1 腹板中部在后足基节间深凹，凹底两侧各有 1 卵形大凹刻；第 6 腹板不可见。前足转节腹面有 1 细隆线；雄虫前、中足胫节端内侧各有 1 短细刺突或齿，后足胫节端内侧 1/4 处有 1 齿突。

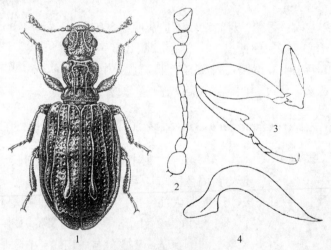

图 304 瘤鞘薪甲
1. 成虫；2. 触角；3. 后足；4. 雄性外生殖器侧面观
（1. 仿 Bousquet；2~4. 仿 Hinton）

经济意义 多发生于霉变的植物性物质中，也曾在小麦船舱内发现。
分布 世界性。

300. 龙骨薪甲 *Enicmus histrio* Joy & Tomlin（图 305；图版 XXV -6）

形态特征 体长 1.7~2.0mm。长椭圆形，背面稍隆起，赤褐色，略有光泽，腹面暗褐色至近黑色。头部中央有 1 纵沟，与基部的横沟汇合；
后颊较发达，为复眼长的3/5左右；触角 11 节，第 1 节呈
卵圆形膨大，触角棒 3 节，末节端部略呈斜截状。前胸背
板近方形，稍横宽，上面无明显的纵隆脊，前角不呈叶状
突出，两侧平展，侧缘缀生多数微齿；前方有 1 中纵深凹
陷，后半部有 1 深横凹陷呈沟状。鞘翅宽约为前胸背板宽
的 1.7 倍，肩部隆起，行间平坦，行纹内刻点粗大成行。
前胸腹板隆起；前胸基节间突呈龙骨状隆起，达到或超越
前足基节的高度。

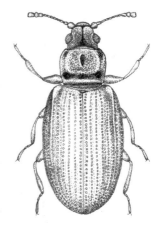

图 305　龙骨薪甲
(刘永平、张生芳图)

　　生物学特性　多见于室内及较潮湿的谷仓、药材库和粮
食加工厂。

　　经济意义　取食霉菌，对储藏物不造成明显的危害。

　　分布　云南、江西、福建、湖南、湖北、安徽、浙江、河南、
甘肃、新疆、宁夏、陕西、河北、内蒙古、辽宁、吉林、黑龙江；日本，巴基斯坦，印度，澳大
利亚，欧洲。

301. 四行薪甲 *Thes bergrothi* (Reitter) (图 306;图版 XXV -7)

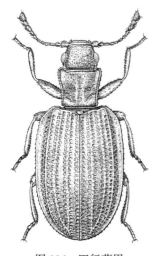

图 306　四行薪甲
(仿 Bousquet)

　　形态特征　体长 1.8~2.2mm，宽 1.0~1.2mm。卵
形，赤褐色，有光泽，背方隆起，疏生微毛。复眼小而圆，
与触角着生处的距离等于复眼直径；触角 11 节，触角棒 3
节。前胸背板宽大于长，端部 1/6 处最宽；中隆脊仅基半
部明显；基部 1/3 有 1 长形横凹陷。鞘翅长大于前胸背板
长的 3 倍，明显宽于前胸；第 3、5、7 行间有隆脊，第 7 行
间与侧缘间基部 2/5 有 2 列刻点，端部 1/5~3/5 处有 4 列
刻点。

　　生物学特性　该虫多发生于潮湿发霉的场所，在居室
及厨室内、粮仓及地下室内、中药材库及粮食加工厂经常被
发现。

　　经济意义　食霉菌，对储藏物不造成直接危害。但当
发生量十分大时，虫尸及虫粪污染食品，可造成一定危害。

　　分布　云南、贵州、四川、广东、广西、青海、甘肃、内蒙
古、辽宁、黑龙江；欧洲，北美，亚洲。

302. 华氏薪甲 *Adistemia watsoni* (Wollaston) (图 307;图版 XXV -8)

　　形态特征　体长 1.2~1.7mm，宽 0.35~0.54mm。狭长，两侧近平行。背面疏生
黄褐色细毛，表皮淡黄褐色至赤褐色，略有光泽。头长大于宽；复眼小而近圆形，约
由 6 个小眼组成，复眼与触角基部距离大于复眼直径的 2 倍；后颊长约等于复眼直径

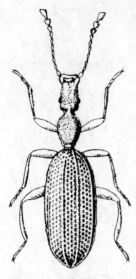

图 307 华氏薪甲
(仿 Lefkovitch)

的 1.5 倍；触角棒 3 节；唇基的前缘缺切宽浅。前胸背板长略大于宽，两侧圆弧形，中部膨扩，两端狭缩；基部和端部的缘线完整而明显，基缘线较端缘线宽而深；中区有 1 长而浅的横凹陷，占据基部 2/5 的大部分区域。鞘翅长约为前胸背板的 4 倍，向后放宽，最宽处位于翅中部；翅端宽圆，肩胛不明显；翅的缝行间微隆起，尤其在端部 3/5 明显，第 3、第 7 行间由近基部至端部呈脊状，并在近翅端相接，其余行间扁平；每鞘翅有刻点 8 行。后胸腹板无中纵线，腹部第 1 腹板基部中央与后胸腹板愈合，沿第 2、第 5 腹板前缘各有 1 条完整的深横凹陷。足的胫节外面，当侧视时近端部突然狭窄。雄虫前足跗节 2 节，雌虫为 3 节；雄虫后足基节中缘具 1 细刺，略长于复眼，雌虫后足基节无刺。

经济意义　发现于储藏药材内，对储藏物不造成直接危害。

分布　云南、四川；欧洲，马德拉群岛，加那利群岛，非洲，南美和北美。

303. 湿薪甲 *Lathridius minutus* (**Linnaeus**)（图 308；图版 XXV -9）

形态特征　体长 1.2～2.4mm。卵形，淡赤褐色至黑色，背面隆起，光滑或略有微毛。头部有 1 宽浅中纵沟；复眼大而圆，与触角基部距离约为复眼直径的 2/3，后颊为复眼的 1/2；触角 11 节，棒 3 节，第 2～9 触角节长大于宽。前胸背板端部 1/7～1/6 处最宽，宽大于长，两侧缘上翘，前角呈叶状，中区基部有 1 宽横凹陷，端半部有 1 卵形深凹。鞘翅长大于前胸背板长的 3 倍，端部宽圆，基部与前胸背板最宽处近等宽；每鞘翅有刻点 8 列。

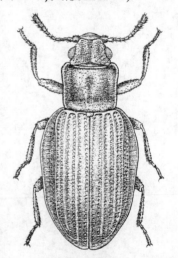

图 308　湿薪甲
(仿 Bousquet)

生物学特性　该虫生活于居室、地下室、厨房、谷仓、药材库及草垛、粪堆和蜂巢、蚁巢、鸟巢内，也常出现于潮湿的纸张、木头和霉粮中。只以霉菌为食可以顺利地完成生活周期。Hinton 用面包上的一种霉菌 *Penicilium glaucum* 在 16.7～18.3℃（62～65°F）条件下培养成功，成虫和幼虫取食该菌的孢子及菌丝。卵散产于面包的表面或下面，卵期 5～6 天。幼虫第 1 龄期 4～5 天，第 2 龄期近于第 1 龄期，第 3 龄期 3～4 天，前蛹期 2～3 天。幼虫停食后徘徊短时间，直到发现适宜的化蛹场所为止。幼虫用肛门的分泌物将身体后端紧紧固着在物体表面。蛹期 6～7 天（另有报道蛹期 14 天或 15 天，可能是不同温度下的结果）。从产卵到成虫羽化需 24～30 天。

经济意义　发生于储藏的粮食、豆类、烟叶、药材、咖啡及面粉中，只取食以上物品上的霉菌，对物品本身无明显损害。但由于其存在十分普遍，有时发生数量颇大，对食品仍然造成污染，它的存在是保管条件欠佳的标志。

分布 云南、四川、广西、湖南、江苏、浙江、山东、新疆、宁夏、青海、甘肃、陕西、河北、河南、内蒙古、辽宁、黑龙江;世界性分布,主要发生于温带区。

304. 大眼薪甲 *Dienerella arga*(Reitter)(图 309;图版XXV-10)

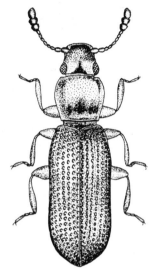

形态特征 体长 1.3~1.4mm。体狭长,两侧近平行,背面几乎光裸,表皮黄褐色至红褐色,有光泽。复眼大而突出,近圆形,复眼与触角基部的间距大于复眼直径,后颊缺如;触角 11 节,触角棒 3 节,第 9、第 10 节稍横宽,第 3~8 触角节近念珠状。前胸背板心脏形,基部与端部近等宽,两侧平展,近基部有 1 深的横凹陷,中部有 1 深凹窝。鞘翅最宽处略宽于前胸背板,侧缘肩部后方略呈 1 角度;行间窄而扁平,仅第 7 行间稍隆起,每鞘翅有刻点 8 列。

生物学特性 发生于潮湿的谷物及药材库等场所。

经济意义 取食发霉物质,对储藏物本身一般不造成直接危害。

分布 云南、河南、内蒙古;欧洲,北非,北美。

图 309 大眼薪甲
(刘永平、张生芳图)

305. 脊鞘薪甲 *Dienerella costulata*(Reitter)(图 310;图版XXV-11)

形态特征 体长 1.0~1.5mm。体长形,颇隆起,两侧近平行,背面光滑有光泽,黄褐色至暗红褐色。头宽略大于头长(不包括颈部),中纵沟宽而浅;复眼小,近圆形,每复眼约由 4 个小眼面组成,后颊与复眼等长或稍长于复眼;触角 11 节,触角棒 3 节,第 3~8 触角节长大于宽,第 9、第 10 节横宽。前胸背板宽大于长,端部 1/3 最宽,两侧圆而边缘平展,基部 1/3 有 1 横的深凹陷,凹陷两侧各有 1 圆形深窝。鞘翅长约为前胸背板长的 3 倍,侧缘基部 1/3 处呈 1 角度,第 3、5、7 行间显著隆起,每鞘翅有刻点 8 列。

生物学特性 多生活于地下室、粮仓、中药材库等较潮湿的角落,取食霉菌。

经济意义 除对粮食、食品和药材等有污染外,对储藏物一般不造成直接危害。

分布 内蒙古、河北、甘肃、四川;欧洲,日本,北美。

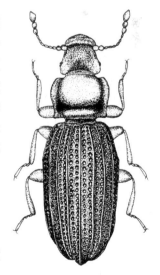

图 310 脊鞘薪甲
(刘永平、张生芳图)

306. 丝薪甲 *Dienerella filiformis*（Gyllenhal）（图 311；图版 XXV -12）

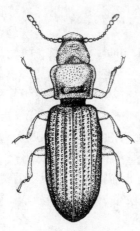

图 311 丝薪甲
（刘永平、张生芳图）

形态特征 体长 1.2~1.4mm。体长形，两侧近平行，赤褐色至黄褐色，有光泽，背方中度隆起，近于光滑。头宽大于头长（不包括颈部），额区无中纵沟；复眼小而微突，每一复眼约由 4 个小眼面组成，后颊略短于复眼；触角棒 3 节组成，第 3~8 触角节等宽，近念珠状。前胸背板以端部 1/4 处最宽，宽大于长；中部至基部 1/5 有 1 深的横凹陷，该凹陷两侧各有 1 圆形深凹；两侧宽阔平展。鞘翅长为前胸背板长的 3 倍，行间扁平，每鞘翅有 8 行刻点，其中第 5、第 6 刻点行在端半部合二为一。

生物学特性 生活于潮湿的霉菌孳生处，多见于住房、地下室、粮库、药材库及发霉的食品中，取食霉菌 *Penicillium glaucum* 及 *Reticularia lycoperdo* 可以顺利完成其生活周期。卵散产于真菌表面，在 16℃ 条件下培养，卵期 11 ~ 12 天。在 19.4℃ 条件下，各龄幼虫的龄期：1 龄 5 天，2 龄 10 天，3 龄 9 天。在 3 龄幼虫取食 5 日后，其尾端通过肛门分泌物固定在容器或食物上，停止取食，4 天后化蛹，蛹期 16 天。由卵发育至成虫需要 51~52 天。成虫羽化约 1 周之后体色达到正常。

经济意义 取食霉菌，对储藏物一般不造成直接危害。

分布 云南、四川、湖南、陕西、河北、内蒙古、新疆；日本，欧洲，北美。

307. 红颈薪甲 *Dienerella ruficollis*（Marsham）（图 312；图版 XXVI-1）

形态特征 体长 1.0~1.2mm。长倒卵形，背面光滑隆起，头胸部赤褐色，有光泽，鞘翅色较暗。头宽稍大于其长，额区无中纵沟；复眼小而突出，近圆形，每一复眼约由 20 个小眼面组成，眼与触角间距约为复眼直径的 1.5 倍，后颊明显短于复眼；触角 11 节，触角棒 3 节。前胸背板以端部 1/5 处最宽，宽大于长，近基部 1/4 处向内显著缢缩，两侧缘多有蜡质分泌物镶边，背方有 1 横形深凹陷。鞘翅长大于前胸背板长的 3 倍，第 5、第 6 行间隆起，其余行间扁平，每鞘翅有 7 行刻点。

生物学特性 广泛发生于粮仓、潮湿的房间、中药库、鸟巢、草垛底部、面粉厂及博物馆等，在有霉菌发生的场所大量存在。

经济意义 主要取食菌类，对储藏品一般不造成直接危害。

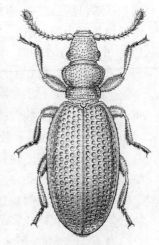

图 312 红颈薪甲
（仿 Bousquet）

分布 云南、四川、贵州、广东、江西、浙江、湖南、湖北、宁夏、新疆、山东、山西、河南、内蒙古、黑龙江；欧洲，北非，加那利群岛，北美和中美，日本，苏联。

（三十）隐食甲科 Cryptophagidae

小型甲虫，体长 1.5~3mm。长椭圆形或卵圆形，淡黄色、褐色至深褐色，背面稍隆起。触角 11 节，末 3 节（极少数种类末 2 节或 4 节）形成触角棒。前胸背板侧缘多具齿。鞘翅遮盖腹部末端。前足基节球形，略突出，基节窝后方开放，各足基节左右分离。跗节式 5-5-5，有的种类雄虫为 5-5-4。

隐食甲科全世界已记述 600 余种。与储藏物有关的种类主要集中在隐食甲属 *Cryptophagus*，其次还分散于沟胸隐食甲属 *Atomaria*、齿胸隐食甲属 *Micrambe* 和锯胸隐食甲属 *Henoticus*。国内对该科研究很少。在苏联，隐食甲属记述 60 余种，沟胸隐食甲属记述约 90 种，锯齿隐食甲属及齿胸隐食甲属分别为 3 种和 8 种。

该科种的鉴定难度较大。以下以隐食甲属为例，进一步解释个别名词和术语。隐食甲属成虫前胸背板前角增厚成胝（callosity），边缘斜切状。背缘（dorsal rim）指前角增厚部分表面向上突出来的脊状边缘。若该脊状边缘低而圆，不发达，即背缘弱；若该边缘发达，呈竖直片状，即背缘强。所谓缘齿（rim-tooth），是指在背缘强的情况下，由背缘向后伸突形成的齿突。所谓齿（或真齿），是指当前角增厚部分在无背缘或背缘极弱时，由前角后方向后延伸出的细齿。

该科成虫和幼虫多发现于发霉的植物和动物性物质中；在植物的花内、真菌内、树皮下；在蚁类、蜂类、鸟类乃至小型哺乳动物的巢穴内；部分种类经常生活于房舍、地下室及仓库内。一般并不直接为害人类的储藏品，而是取食这些储藏物上孳生出的真菌菌丝和孢子。因此，目前尚难评价它们的经济意义，一般认为它们的存在可以表明储藏条件欠佳，湿度过高，已有发霉的物质产生。

种 检 索 表

1　触角着生于额之前、两复眼之间；身体近卵圆形，前胸背板侧缘中央呈钝角状突出，鞘翅侧缘呈弧形
　　…………………………………………………………… 黄圆隐食甲 *Atomaria lewisi* Reitter
　　触角着生于额两侧、复眼前方；身体呈椭圆形，两侧近平行 ………………………………… **2**
2　前胸背板除增厚的前角外，侧缘较均匀分布多数小齿，近中央无较大的侧齿，两侧缘在中央之后显
　　著缢缩 ……………………………………… 黑胸隐食甲 *Micrambe nigricollis* Reitter
　　前胸背板除增厚的前角之外，在侧缘近中央有 1 较大的侧齿，侧缘的其余部分有或无小齿 …… **3**
3　鞘翅中区着生直立和倒伏的 2 种毛 ………………………………………………………… **4**
　　鞘翅中区只着生倒伏状毛 ……………………………………………………………………… **5**
4　前胸背板侧缘在中央侧齿之后略呈波状；前角增厚部分有后指的小齿 ………………………………
　　……………………………… 拟施氏隐食甲 *Cryptophagus pseudoschmidti* **Woodroffe**
　　前胸背板侧缘在中央侧齿之后近直线形；前角增厚部分无后指的小齿……………………………
　　…………………………………… 窝隐食甲 *Cryptophagus cellaris*（Scopoli）
5　前胸背板前角增厚部分向侧方极强烈突出，两前角齿尖的间距明显大于两中央侧齿齿尖的间距 …
　　………………………………… 尖角隐食甲 *Cryptophagus acutangulus* Gyllenhal
　　前胸背板前角增厚部分向侧方不如此强烈突出，两前角齿尖的间距不大于或略大于两中央侧齿齿
　　尖的间距 ……………………………………………………………………………………… **6**

6 前胸背板前角增厚部分不向侧方突出，侧缘近直形，两侧缘略平行 ····················
·························· **腐隐食甲 Cryptophagus obsoletus Reitter**
前胸背板前角增厚部分较明显向侧方突出，侧齿多位于侧缘中央稍前；小眼面大；每鞘翅上多有 2
个淡色斑 ···················· **四纹隐食甲 Cryptophagus quadrimaculatus Reitter**

308. 黄圆隐食甲 *Atomaria lewisi* Reitter（图 313；图版 XXVI-2）

形态特征 体长 1.4~2.0mm，倒卵圆形，赤黄色，有光泽，被淡黄色毛。两触角着
生处十分接近，其间距等于或小于第 1 触角节的长度。前胸背板横宽，侧缘中央呈钝角
外突，由此向前或向后略呈直线缢缩；前缘近直线状，后缘稍比前缘宽且稍向后突，后
缘之前有凹沟。鞘翅密布小刻点，两侧缘弧形，最宽处位于鞘翅中部稍前。

分布 内蒙古、辽宁、山西、甘肃、河南、湖北、浙江、台湾；欧洲，苏联（高加索、西伯利亚
和中亚），阿富汗，蒙古，印度，越南，日本，朝鲜，南非，北美，南美，澳大利亚，新西兰。

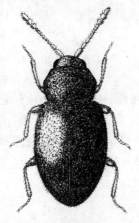

图 313 黄圆隐食甲
（刘永平、张生芳图）

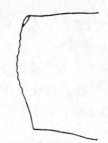

图 314 黑胸隐食甲前胸背板左半部
（仿 Емец）

309. 黑胸隐食甲 *Micrambe nigricollis* Reitter（图 314；图版 XXVI-3）

形态特征 体长 1.8~2.8mm。红褐色，鞘翅颜色单一，上面仅着生倒伏状毛。前胸
背板显著横宽，前角的加厚部分短，侧缘在中央之后向基部方向显著缢缩，附多数小齿。
分布 内蒙古；蒙古，苏联的外高加索。

310. 拟施氏隐食甲 *Cryptophagus pseudoschmidti* Woodroffe（图 315；
图版 XXVI-4）

形态特征 体长 2.6~3.6mm。红褐色，鞘翅向后明显缢缩。触角细；复眼大而突
出，小眼面粗大。前胸背板宽与长之比为（1.3~1.5）：1，两侧均匀圆形，仅在后角之
前呈波状；侧齿位于侧缘中央稍前；前角增厚部分长为侧缘的 1/6~1/4，后面具齿。前
胸背板刻点密，刻点间距约等于刻点半径；鞘翅刻点稍小，刻点间距约等于刻点直径；鞘
翅上着生短的倒伏状毛和较长的半直立状毛。

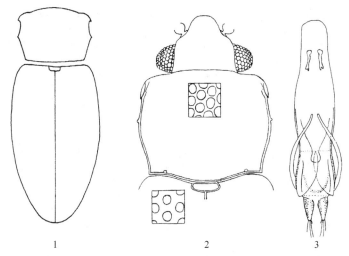

图 315　拟施氏隐食甲

1. 前胸背板及鞘翅；2. 头及前胸背板；3. 雄性外生殖器

（仿 Woodroffe）

分布　内蒙古；蒙古。

311. 窝隐食甲 *Cryptophagus cellaris*（**Scopoli**）（图 316；图版 XXVI-5）

形态特征　体长 2~3mm。身体两侧平行。复眼大，半圆形，但并不突出。前胸背板宽与长之比为（1.5~1.6）：1，侧缘在侧齿处呈 1 角度，由侧齿至基部几乎呈直线缢缩；侧齿位于侧缘中央；前角增厚部分中等大小至相当小，为侧缘长的 1/7~1/6，向侧方中等突出，不向前突。体背方有长短两种毛，长毛斜生并排列成行。前胸背板刻点中等大小，刻点间距为 0.5~1 个刻点直径，鞘翅上的刻点小而更稀。

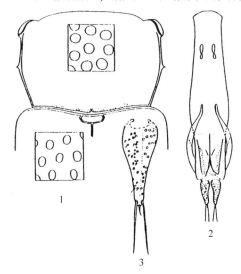

图 316　窝隐食甲

1. 前胸背板及鞘翅基部；2. 雄性外生殖器；3. 阳基侧突放大

（仿 Woodroffe）

分布　内蒙古；欧洲，北非，苏联（高加索、西伯利亚及中亚），阿富汗，伊拉克，日本，朝鲜，北美。

312. 尖角隐食甲 *Cryptophagus acutangulus* Gyllenhal（图317；图版XXVI-6）

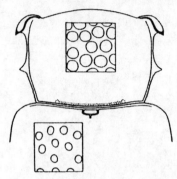

图317　尖角隐食甲前胸背板及鞘翅基部
（仿 Woodroffe）

形态特征　体长1.9~2.8mm。长形，两侧颇平行。触角细，索节显著长；复眼大而突出，半圆形，小眼面粗大。前胸背板宽与长之比为（1.5~1.6）：1，两侧缘几乎直，由侧齿向基部方向缢缩；侧齿大，位于侧缘近中央；前角增厚部分为侧缘长的1/6~2/9，向前不突出，向侧方强烈突出，形成前胸背板的最宽处。前胸背板刻点相对大而密，刻点间距通常不大于刻点的半径；鞘翅刻点显著小而间距大。雄性外生殖器的内阳茎骨化刺构成1方形结构。

生物学特性　幼虫和成虫通常只取食真菌孢子和菌丝。卵散产，常产于菌丝之间或菌丝顶端。在20℃条件下，产卵持续5~6天，完成发育周期约1个月。

该虫多发现于干草堆和其他植物性材料的废弃物中，也生活于房舍、地下室及储粮和其他储藏物内，在潮湿的角落里多见。

分布　国内大部分省（直辖市、自治区）；欧洲，西伯利亚，格陵兰，北美，墨西哥，澳大利亚，日本。

313. 腐隐食甲 *Cryptophagus obsoletus* Reitter（图318；图版XXVI-7）

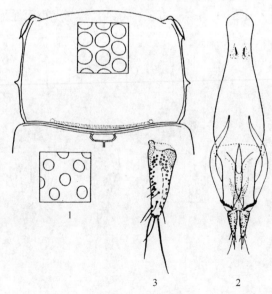

图318　腐隐食甲
1. 前胸背板及鞘翅基部；2. 雄性外生殖器；3. 阳基侧突放大
（仿 Woodroffe）

形态特征　体长 2.2~2.8mm。稍带黑色，鞘翅肩部及近端部常有红褐色斑，但有的个体整个鞘翅呈均一红褐色。前胸背板宽与长之比为（1.5~1.6）∶1，两侧几乎直，近平行，侧齿位于侧缘中央之后；前角增厚部分为侧缘长的 1/8~1/6，向前显著突出，不向侧方突出。前胸背板刻点大而密，刻点间距为刻点直径的 1/4~1/2，鞘翅刻点明显小而稀。雄性外生殖器的阳茎端部膨大且呈斜截形。

分布　内蒙古、黑龙江、新疆、湖南；英国，蒙古，西伯利亚东部地区，北美。

314. 四纹隐食甲 *Cryptophagus quadrimaculatus* Reitter（图 319;图版 XXVI-8）

形态特征　体长 1.9~2.5mm。淡褐色、暗褐色至黑色，每鞘翅上有 2 个淡色斑，一个位于肩部，另一个位于近端部，在淡色个体，鞘翅上的斑可能不明显。前胸背板稍横宽，向基部方向强烈缢缩；前角增厚部分不大，约为前胸背板侧缘长的 1/5；侧齿位于侧缘中央稍前，十分小或几乎缺如。前胸背板及鞘翅上的刻点较稀浅。触角棒仅稍宽于索节。

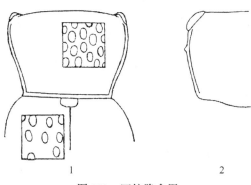

图 319　四纹隐食甲
1. 前胸背板及鞘翅基部；2. 前胸背板左半部，示侧
缘形态变异
（1. 仿 Lyubarsky；2. 仿 Емец）

分布　内蒙古；欧洲，中亚，西伯利亚，蒙古。

（三十一）拟叩甲科 Languriidae

小至中型甲虫，体长 1.2~25mm。体长椭圆形，表面平滑，许多种类着青、绿、赤等色泽，有金属光泽。触角着生于头两侧，位于复眼之前和上颚基部，11 节，较短，末 3~6 节形成触角棒。下颚端部有毛束，分内外两叶，外叶较大。前基节窝后方开放或关闭。跗节式 5-5-5，第 3 节扩张，第 4 节微小，显 4 节。

全世界记述约 900 种，隶属于 80 个属。对于该科的分类地位，争议颇多，有的著作中将该科归入隐食甲科 Cryptophagidae，有的归入大蕈甲科 Erotylidae 或毛蕈甲科 Biphyllidae。

种 检 索 表

1 前胸背板基部每侧有 1 短脊；体长 4~4.5mm ·················· 谷拟叩甲 *Pharaxonotha kirschi* Reitter
  前胸背板基部无短脊，前角钝，不突出，两侧弧形无锯齿··· 2
2 鞘翅单一褐色；体长 2~2.3mm ······························ 褐蕈甲 *Cryptophilus integer*（Heer）
  鞘翅中部有 1 暗色宽横带，或每鞘翅中部外侧有 1 暗色斑；体长 2.4~3mm ·····························
  ·· 黑带蕈甲 *Cryptophilus obliteratus* Reitter

315. 谷拟叩甲 *Pharaxonotha kirschi* Reitter（图 320；图版 XXVI-9）

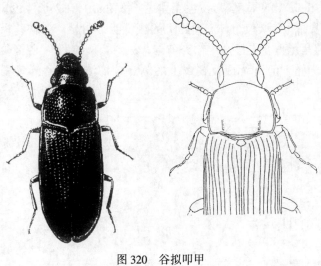

图 320　谷拟叩甲
（仿 Kingsolver）

形态特征　体长 4~4.5mm，宽 1.2~1.5mm。表皮暗褐至黑色发红，有强光泽，背面疏被细短倒伏状毛。头部布圆形或卵圆形刻点；唇基前缘具宽浅的弧形缺切；触角第 2~8 节大小略等，末 3 节构成松散的触角棒。前胸背板宽大于长，后缘宽于前缘，前缘稍呈圆形前突，两侧微弓曲，基缘和两侧的缘边粗，端缘的缘边十分细；近基部每侧有 1 宽凹陷，每个凹陷内有 1 条窄纵脊。鞘翅长约为前胸背板的 3 倍，行纹不明显凹入，中区行纹内的刻点宽为行间宽的 1/3~1/2，刻点纵向间距通常为刻点直径的 1~1.5 倍，刻点在翅端变得稀小，每行间有稀小刻点 1 列，鞘翅基部的副行纹（位于翅缝和第 1 行纹之间）有刻点 7~9 个。

后胸腹板的中陷线几乎伸展到前 1/4 处。雄虫腹部第 5 腹板端缘中央有 1 短齿，雌虫无此结构。前足的前 3 个跗节稍膨扩，中足及后足跗节不膨扩，各足的第 4 跗节较第 3 跗节显著短而狭窄。

生物学特性　成虫产卵于食物表面。在 26℃、相对湿度 75% 的条件下观察，雌虫产卵持续 10~12 天；卵期、幼虫期和蛹期分别为 5.2 天、31 天和 6.7 天。当取食玉米和小麦粉时，其生殖力相近，在 42 天内每雌虫产卵 45~432 粒。与小麦、大麦和大豆相比较，该虫更喜食玉米、高粱的种子和面粉。1 年繁殖几代。幼虫受惊后身体蜷缩呈球状。

经济意义　为害储藏的玉米、高粱、面粉、小麦、大麦和豆类。

分布　原产于美洲，现已传入欧洲。当前分布的范围包括墨西哥，美国，危地马拉和中欧。

316. 褐蕈甲 *Cryptophilus integer* (Heer)（图 321；图版 XXVI-10）

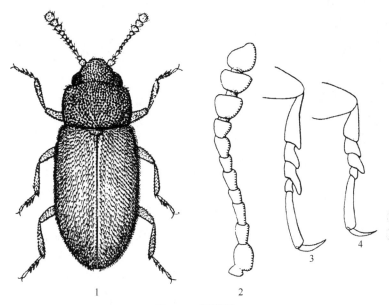

图 321　褐蕈甲
1. 成虫；2. 触角；3. 后足跗节；4. 前足跗节
（仿 Hinton）

　　形态特征　体长 2.0~2.3mm。椭圆形，两侧近平行。体壁暗褐色，有光泽，触角及足通常略淡。唇基前缘截形。触角第 2、第 3 节等长，末 3 节形成松散的触角棒，3 个棒节几乎等长。前胸背板宽大于长，最宽处位于中央稍前，两侧呈均匀弧形，有缘边。鞘翅长为前胸背板的 3 倍，着生颇密的茸毛，其中行间的毛细而近直立，刻点行内的毛较细。后胸腹板中纵陷线仅后部 1/3~1/2 明显。腹部第 1 腹板中区两侧的细线向外、向后延伸至该节后缘。

　　经济意义　虽然该种广泛发生于粮仓的豆类、油料及中药材和烟草库，但对储藏物并不造成明显危害，主要取食真菌和霉菌。

　　分布　国内多数省（直辖市、自治区）均有分布，仅吉林、内蒙古、宁夏、青海、甘肃等地尚无记载；欧洲，北美。

317. 黑带蕈甲 *Cryptophilus obliteratus* Reitter（图 322；图版 XXVI-11）

　　形态特征　体长 2.4~3.0mm。长椭圆形，密被淡黄色长毛，该种鞘翅上的暗色花斑多变，鞘翅中部有 1 暗褐色宽横带，或每鞘翅有 1 暗色大斑。触角粗壮，末 3 节膨大形成较松散的触角棒。前胸背板横宽，后缘中央稍后突，侧缘弧形，前角明显前突，后角向侧方明显突出。鞘翅刻点成行，行间宽。

　　生物学特性　野外多发现于朽木中和树皮下，仓内多发现于腐败的动植物物质及其

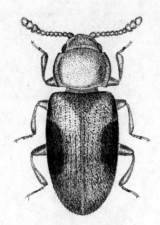

图 322　黑带蕈甲

（刘永平、张生芳图）

残屑和尘芥杂物内。成虫有趋光性。

经济意义　成虫及幼虫食菌，对仓储物不造成明显危害。

分布　该种在国内的分布可能相当广泛。由于其耐寒力强，在我国无褐蕈甲分布的北方地区，黑带蕈甲的虫口也相当高，如在内蒙古为习见种。该种在国内的分布有待进一步调查。国外已知日本有分布。

（三十二）隐颚扁甲科 Passandridae

小至中等大小，体长而两侧平行，中等扁平至亚圆筒状，表皮有光泽至稍暗淡。下颚不同程度地被突出的外咽片由腹面遮盖，外咽缝汇合。触角念珠状或丝状。每鞘翅可有 10 条行纹，通常减少至 2~5 条。跗节式 5-5-5，第 1 节通常最小。

该科成员多分布于热带，在欧洲和新西兰无分布。多栖息于树皮下或蛀木昆虫（长蠹、天牛）的虫道内。成虫营捕食性生活，幼虫为蛀木昆虫的外寄生物。

隐颚扁甲科曾作为扁甲科 Cucujidae 的 1 个亚科。根据 Slipinski（1987，1989）、Burckhard 和 Slipinski（1991）、Thomas 和 Peck（1991）的研究，上升为独立的科。

作为储藏物昆虫该科记述 1 种。

318. 红褐隐颚扁甲 *Aulonosoma tenebrioides* Motschulsky（图 323；图版 XXVI-12）

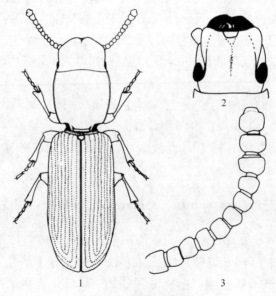

图 323　红褐隐颚扁甲

1. 成虫；2. 头部腹面观；3. 触角

（仿 Green）

形态特征　体长 3.0~4.5mm。单一黄褐色至暗红褐色，头、前胸背板（有时还有鞘翅中部区域）比鞘翅其余部分暗，背面表皮有细网纹，有光泽至稍暗淡。头部的前中纵凹浅而清晰，复眼的长径为复眼前缘与触角着生处间距的 1.1~1.4 倍；外咽片侧方狭而圆。前胸背板长宽相等；中区不凹陷，基部略扁平；前角不突出；由后角至头后孔的边缘明显凹入；基缘中部加厚。鞘翅长为两翅合宽的 2 倍。雄性外生殖器的阳基侧突在一侧着生刚毛，顶端有 2 根更长的刚毛（顶端最长的刚毛约为阳基侧突长的 1/2）；阳茎端部呈三角形，基部宽。

生物学特性　该种常与长蠹科和粉蠹科的昆虫在一起，生活于被上述昆虫为害的木薯根、木料或衬垫料中，捕食蛀木昆虫。

经济意义　天敌昆虫。

分布　云南、台湾、湖北；印度，斯里兰卡，印度尼西亚，越南，菲律宾，巴布亚新几内亚，加纳，肯尼亚，坦桑尼亚，赞比亚，科摩罗群岛。

（三十三）拟步甲科 Tenebrionidae

小至大型甲虫，体形不一，一般呈长形略扁，但各个类群变异很大。体壁坚硬，多为黑色，也有暗褐色、赤褐色或具花斑者；表皮平滑或有粗刻点、颗粒及脊纹等刻饰。头小，口器发达，上颚强壮。触角着生于头的侧下方，由 10~11 节组成，多为11 节，较短，棍棒状或近念珠状，少数种类呈丝状；触角棒多由 3 节组成，有的种类 2 节、4 节或更多节。颊正常或向外方扩张，以至或多或少将眼包围。复眼位于头的两侧，一部分折在头下，前缘凹，呈肾形。前胸背板大小和形状不一。足粗而长，平滑或着生刺或齿，有的种类前足特化成开掘足，适于挖掘；跗节式 5-5-4，爪简单。鞘翅一般遮盖腹末端，某些种类两鞘翅愈合，不能活动。腹部可见腹板 5节，前 3 节腹板往往相互愈合而不能活动，有的种类在第 3、第 4 及第 4、第 5 节间有光亮的节间膜。

幼虫体长 5~40mm，圆筒状，背面骨化强，呈黄色、褐色或近于黑色。有胸足 3 对，尾端有 2 根钩棘和 1 个可伸缩器官。

本科种类一般夜间活动，有假死习性。多为植食性，常以腐败物、粪便、种子、谷物、中药材及蕈类等为食，个别种类栖息于蚁巢内。

属及某些种检索表

1　鞘翅二色，具淡色斑纹 ·· **2**
　　鞘翅单一色（有时鞘翅上的毛色不同于鞘翅表皮，但鞘翅表皮色一致）············· **3**
2　鞘翅黑色，在肩后及翅端 1/3 处各有 1 条黄褐色横带 ·······························
　　······················· 二带黑蕈虫 *Alphitophagus bifasciatus*（Say）
　　鞘翅黑褐色，每鞘翅上有多条黄褐色棒状纵纹，斑纹多集中于翅的端半部 ··············
　　······················· 小隐甲 *Microcrypticus scriptum*（Lewis）

3 体细长，红褐色；触角丝状；前胸背板卵圆球形，背面有 2 条完整的纵脊 ……………
………………………………………… 中华龙甲 *Leptodes chinensis* Kaszab
无上述综合特征 ………………………………………………………………… **4**

4 体呈褐色；前胸背板略圆形，前端最宽；鞘翅长为前胸背板的 4 倍，在端部 1/4 处最宽 ………
…………………………………………………… 中华垫甲 *Lyprops sinensis* Marseul
前胸背板及鞘翅不如上述 ……………………………………………………… **5**

5 黑褐色无光泽；疏被紧贴体壁的灰黄色毛，鞘翅每行间有毛 3 纵列；前胸背板前凹，基部有 2 个深
缺切 …………………………… 仓潜 *Mesomorphus villiger* Blanchard
无上述综合特征 ……………………………………………………………… **6**

6 鞘翅侧方的每行间有 1 条细纵脊 ………………………………… 拟谷盗属 *Tribolium*
鞘翅行间平坦或隆起，无脊，或仅第 7 行间有 1 粗纵脊 …………………… **7**

7 体长 10~25mm ………………………………………………………………… **8**
体长 3~7mm ……………………………………………………………………… **9**

8 前胸背板遍布小刻点，仅两侧有十分大的刻点 …… 北美拟粉虫 *Neatus tenebrioides* Palisot
前胸背板遍布大小 2 种刻点 ………………………………………… 粉虫属 *Tenebio*

9 鞘翅的假缘折（pseudopleuron）逐渐狭窄，有时伸达鞘翅端 …………………… **10**
鞘翅的假缘折在翅端部之前骤然狭窄 …………………………………………… **14**

10 体宽卵圆形，两侧强烈弓突；背面黑亮无毛………… 红角拟步甲 *Platydema ruficorne*（Sturm）
体长形，两侧近平行；背面有光泽或光泽弱，或着生毛 ……………………… **11**

11 体长 5~7mm；复眼凹缘或被分割为二 ……………………………………… **12**
体长 3~3.5mm；复眼完整 …………………………………………………… **13**

12 头在复眼处最宽；复眼大，两复眼的间距约等于复眼之宽 …………………………
……………………………………… 洋虫 *Palembus dermestoides*（Fairmaire）
头在复眼之前最宽；复眼小，复眼间距大于复眼宽的 3 倍 ……… 菌虫属 *Alphitobius*

13 鞘翅第 7 行间隆脊状，前胸背板两侧有纵深凹………… 深沟粉盗 *Coelopalorus foveicollis*（Blair）
鞘翅第 7 行间圆隆或扁平 ……………………………………… 粉盗属 *Palorus*

14 体长至少 5mm；鞘翅假缘折上的脊由背方可见 ………………………………… **15**
体长小于 4mm；鞘翅假缘折上的脊由背方不可见 ……………………………… **16**

15 前胸背板布小刻点；触角长，至少末 1 节超越前胸背板基部 ……………………
……………………………… 长角拟步甲 *Sitophagus hololeptoides*（Laporte）
前胸背板两侧布大刻点，中部布小刻点；触角末端不伸达前胸背板基部（至少尚差触角末 2 节的
长度）……………………………………… 大黑粉盗 *Cynaeus angustus*（LeConte）

16 头部在复眼之前的长度远大于两眼距离的 1/2；触角短，其长小于两眼间的距离…………………
………………………………………… 长头谷盗 *Latheticus oryzae* Waterhouse
头部在复眼之前的长度不大于两眼距离的 1/2；触角长，长于两眼间距的 1.5 倍…………………
………………………………………………… 角谷盗属 *Gnathocerus*

319. 二带黑菌虫 *Alphitophagus bifasciatus*（Say）（图 324；图版 XXVII-1）

　　形态特征　体长 2.2~3.0mm，宽 1.2~1.4mm。长卵形，略凸，锈赤色有光泽，被
粉状细毛。头前部及口器黄褐色，头顶黑色；触角黄褐色，11 节，第 2 节小，第 5~10 节
近念珠状。前胸背板黑色，侧缘及后缘中央淡黄褐色；小盾片三角形，黄褐色。鞘翅黑

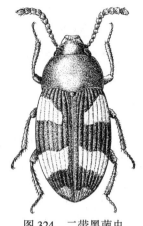

图 324　二带黑菌虫

（仿 Lepesme）

色，末端黄褐色至赤褐色；肩后及端部 1/3 处各有 1 条黄褐色横带，向内不伸达翅缝，第 1 条带近三角形，第 2 条长方形。

雄虫唇基膨扩，基部有横沟，额区有 2 个棒状突起，以此区别于雌虫。

生物学特性　取食真菌和霉菌，常发现于腐败的植物性储藏品内。在面粉厂、粮仓的废品堆内经常被发现，喜潮湿的环境。在仓外，生活于树皮下及腐烂的木质内。

经济意义　对储藏物不造成明显的危害。

分布　内蒙古、湖北、河南、河北、山西、山东、辽宁、吉林、北京、上海、广东、四川、陕西、甘肃、宁夏、新疆；欧洲，北美，澳大利亚。

320. 小隐甲 *Microcrypticus scriptum*（Lewis）（图 325；图版 XXVII-2）

形态特征　体长约 3mm，宽 1.7mm。身体卵形稍凸，黑褐色，稍有光泽。头的前端有横凹；触角褐色，末节草黄色。前胸背板宽远大于长，两侧缘向前显著缢缩。每鞘翅端半部有多条橙黄色纵斑纹，在翅的基半部又有 2 条纵斑纹；鞘翅略宽于前胸。中胸腹板弯成"V"形。

生物学特性　可能以霉菌为食，多在粮仓、面粉厂、花生及中药材库内被发现。

经济意义　对仓储物不造成明显危害。

分布　内蒙古、河北、山东、山西、辽宁、江苏、浙江、福建、江西、安徽、河南、湖北、湖南、广东、广西、陕西、四川、贵州、云南；热带美洲，热带亚洲及热带非洲，大洋洲，日本，阿富汗。

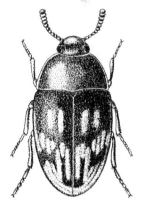

图 325　小隐甲

（仿赵养昌）

321. 中华龙甲 *Leptodes chinensis* Kaszab（图 326；图版 XXVII-3）

图 326　中华龙甲

（仿赵养昌）

形态特征　体长 6.8~8.0mm。身体细长，触角及足细长。前胸卵圆球形，两侧尖锐，附均匀的钝齿，背方有 2 条完整的纵脊，在前方 1/3 向后两脊的间距渐加大，后 2/3 大部分平行，仅在末端彼此靠近。鞘翅长卵形，向两端方向显著缢缩，翅缝旁无 1 行小粒突。除第 5 节外，腹部每节两侧各有 1 个带钝齿的纵脊，以上的脊包围着长卵形的扁平中区。

生物学特性　6~9 月出现于仓储小麦、大麦、玉米、高粱、大米、面粉及大豆内。

经济意义　对储藏物不造成明显危害。

分布　内蒙古、新疆、甘肃。

322. 中华垫甲 *Lyprops sinensis* Marseul（图 327；图版 XXVII-4）

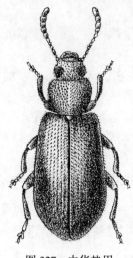

图 327 中华垫甲
（仿赵养昌）

形态特征 体长 8.0~9.5mm，宽 3.5~4.0mm。长椭圆形，栗色，鞘翅和足较淡，有光泽。唇基隆起，与额之间由深沟分开，下颚须末节斧状；触角 11 节，向末端方向逐渐放宽，第 3 节略长于第 4 节，以下各节圆锥状，末节卵形。前胸背板前端宽，两侧圆形，后端呈波状窄缩，后缘直，有细缘边。鞘翅长为前胸的 4 倍，两侧略平行，在端部 1/4 处最宽。各足跗节腹面密被金黄色毛，后足第 1 跗节长于第 2、第 3 跗节之和。

生物学特性 据江苏省高邮县粮食局观察，在当地，1 年发生 1 代，以成虫钻入芦苇、草帘、粮粒间越冬，或飞出露天囤越冬。

成虫有群集性，喜飞善爬，羽化后多聚集在粮囤表层和褶边活动，幼虫也都群集在表层活动。

春季当气温回升到 15℃左右时，越冬成虫飞回粮囤。最适于生长繁殖的温度为 25℃，粮食含水量为 16%~18%，相对湿度为 90% 以上。在上述条件下，幼虫期 25 天，蛹期 6 天。在环境干燥、粮粒含水量低的情况下，幼虫可进入滞育，幼虫期可长达两个半月。成虫有明显的趋光性。

经济意义 过去某些文献记载该虫为仓库寄居性种类，对仓储物的影响不明显。然而，随着粮食保管方法的多样化，特别是 20 世纪 70 年代后推广露天存粮、草帘遮盖技术，中华垫甲对露天存粮的危害越来越明显，在局部地区已上升为主要害虫。幼虫除取食小麦胚部和剥食小麦的皮层之外，甚至可吃掉整粒小麦，小麦的被害率常可达 20%，质量损失达 15%，严重被害时质量损失达 40%。

分布 黑龙江、吉林、辽宁、内蒙古、河北、江苏、湖北、安徽、浙江、四川、贵州、湖南、广西、云南；日本，朝鲜。

323. 仓潜 *Mesomorphus villiger* Blanchard（图 328；图版 XXVII-5）

形态特征 体长 6.3~8.0mm，宽 2.7~3.0mm。长椭圆形，暗栗褐色，无光泽，被稀疏而紧贴体壁的灰黄色毛。触角向后不达前胸基部，第 8~10 节圆形，末节桃形。复眼大，完全被颊分割。唇基深凹，与额愈合。前胸背板宽约为长的 2 倍，与鞘翅等宽；后缘有 2 个深凹；两侧圆，前角钝，后角近直角。鞘翅长为前胸的 4 倍，每一行间有 3 行稀疏的灰黄色毛；刻点行不太明显，行间几乎扁平。中胸腹板前端的 "V" 形脊上有毛。

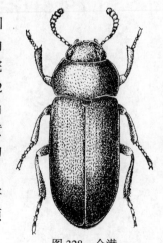

图 328 仓潜
（仿赵养昌）

生物学特性 3~9 月常出现于堆放的大豆、豆饼、菜籽饼、各种谷物中及中药材库内。白天成虫躲在天花板和屋顶间及墙壁缝隙内，夜间爬出活动。

经济意义 在我国粮仓内普遍发生，似乎仅以仓库作为潜伏场所，并不明显为害储藏物。但曾有报道，在缅甸 10 月中旬以后大量入侵到室内，为害毛毡或袋织品，并造成使人难以忍受的骚扰。

　　分布　黑龙江、辽宁、内蒙古、陕西、山西、河北、河南、山东、江苏、安徽、湖北、湖南、四川、贵州、云南、广东、福建；澳大利亚，巴布亚新几内亚，日本，印度，马来西亚，马尔加什，热带非洲。

324. 北美拟粉虫 *Neatus tenebrioides* Palisot（图 329；图版 XXVII-6）

　　形态特征　体长 10.5~14.5mm。头部唇基前缘呈弧形浅凹；复眼被颊分隔，上下仅由狭窄部分相连；触角 11 节，向端部方向渐增粗。前胸背板基缘双凹形；大型刻点仅分布于两侧，中部广大区域布小刻点。鞘翅色单一；行间不形成脊；刻点行清晰；缘折伸达缝角处。前足胫节稍弯曲。

　　经济意义　为害谷物及谷物制品。

　　分布　北美。

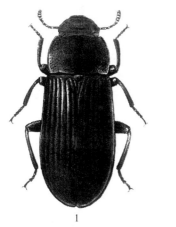
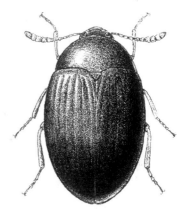

图 329　北美拟粉虫

1. 成虫；2. 前胸背板左半部，示刻点

（仿 Spilman）

图 330　红角拟步甲

（仿 Spilman）

325. 红角拟步甲 *Platydema ruficorne*（Sturm）（图 330；图版 XXVII-7）

　　形态特征　体长 3.5~5.8mm。宽卵圆形，背面黑色略带紫色，无毛。头部额的两侧呈弧形；复眼大；触角红褐色，向端部方向逐渐膨大。前胸背板后缘中部呈叶状强烈后突，两侧由基部向前呈弧形狭缩。鞘翅缘折伸达缝角处；具刻点行。前足左右基节十分接近。

　　经济意义　为害玉米及潮湿发霉的谷物。

　　分布　北美。

326. 洋虫 *Palembus dermestoides*（Fairmaire）（图 331；图版 XXVII-8）

形态特征　体长 5.5~6mm，宽 2~2.5mm。长椭圆形，背面略隆起，黑褐色，有光泽。触角 11 节，由第 4 节开始向侧方扩展略呈锯齿状，端部加宽的几节不对称；复眼大而突出，两复眼的间距约为 1 个复眼的横径。前胸背板在近基部 1/3 处最宽，由此向两端收狭；后缘中央两侧各有 1 宽凹陷；前缘中部无缘边。

生物学特性　在 32~35℃、相对湿度 70%~75% 的条件下，以花生仁及红枣饲养，每代需时约 2 个月。在 30℃、相对湿度 41%~75% 的条件下以米糠为食，产卵前期、产卵持续时间、卵期、幼虫期及蛹期分别为 5~9 天、35~50 天、3~4 天、35~50 天及 3~4 天，每雌虫产卵约 160 粒。

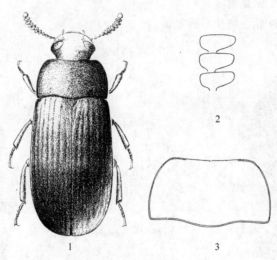

图 331　洋虫
1. 成虫；2. 触角末 3 节；3. 前胸背板
（仿 Spilman）

经济意义　为害玉米、玉米粉、小麦粉、燕麦、稻米糠、花生、坚果类、干酵母、蔗糖、花粉、蜂乳、面包。

分布　辽宁、广东、福建、山东、吉林；热带及亚热带。

327. 深沟粉盗 *Coelopalorus foveicollis*（Blair）（图 332；图版 XXVII-9）

形态特征　体长 3.6~4.3mm，宽 1.2~1.6mm。暗红褐色，有光泽，背面扁平。头的前缘浅凹；唇基宽，中部稍突；头顶中央具浅凹，复眼大。前胸背板每侧有 1 条深纵沟，由近端部延伸到近基部，且向后逐渐加宽加深；两侧缘在基部 4/5 近平行；基缘呈浅的双凹形，基部每侧有 1 小凹陷区。鞘翅两侧近平行，第 7 行间由基部（肩角处）至端部 1/6 呈脊状隆起，其他行间由端部 1/3 至末端略隆起；侧缘平展部分狭窄，行间各有 1 列小刻点。

　　生物学特性　在相对湿度 70% 的条件下，卵在
17.5~35℃ 的温度下可以孵化，当温度降至 15℃ 或升
至 37.5℃ 时卵不能孵化。在相对湿度 70% 及温度为
20~32.5℃ 时，卵的孵化率为 83%~98%。湿度不影
响胚胎发育速度，但当相对湿度低于 70% 时死亡率稍
有增加，相对湿度 100% 时死亡率很高。幼虫有 8~9
龄，多为 9 龄。发育最适的温度接近 32.5℃，最适的
相对湿度为 80%。在 30℃ 时发育所需的最低相对湿度
为 40%。在 30℃ 及相对湿度 70% 的条件下，平均每日
产卵 4.3 粒。

　　经济意义　为害面粉、大米、油料等储藏物。

　　分布　广东、广西、云南、台湾；缅甸，斯里兰卡，印
度，菲律宾，马来西亚，越南，夏威夷，美国及太平洋的
关岛。

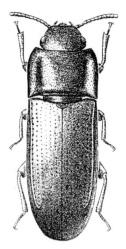

图 332　深沟粉盗

（仿 Spilman）

328. 长角拟步甲 *Sitophagus hololeptoides*（**Laporte**）（图 333；图版 XXVII-10）

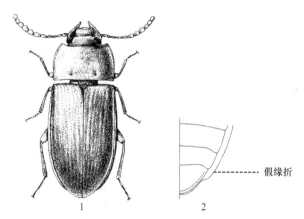

假缘折

1　　　　　　　2

图 333　长角拟步甲

1. 成虫；2. 腹部腹面观，示假缘折在鞘翅近端部突然狭窄

（仿 Spilman）

　　形态特征　体长 5~7.2mm。体表有光泽。雄虫口上片向背方弯曲形成 2 个宽的角
状体，雌虫的口上片简单。触角细长，末 6 节形成触角棒，触角向后至少末 2 节超越前
胸背板基部。鞘翅行间扁平；假缘折在鞘翅端之前突然狭窄，假缘折上的脊由虫体背方
可见。

　　经济意义　为害玉米、谷物、西米、可可、椰干、鳄梨、酸橙、番茄、花生、薯蓣。

　　分布　中美，墨西哥，巴拿马，马德拉群岛，南美，美国，西印度群岛。

329. 大黑粉盗 *Cynaeus angustus*（LeConte）（图 334；图版 XXVII-11）

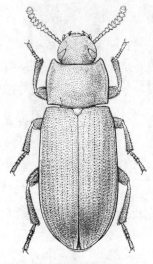

图 334　大黑粉盗
（仿 Bousquet）

形态特征　体长 4.5~6.1mm。栗褐色，无光泽或略有光泽，体两侧平行。头部额区稍凹缘，密布刻点；触角不达前胸背板基部。前胸背板端缘凹，基部中央稍后突，两侧均匀弧形；端角近直角，后角钝；中区颇隆起，两侧的平展区狭窄；两侧布大刻点，中部的刻点小；基部中央两侧各有 1 短皱褶，不伸达基缘。鞘翅由基部至端部 1/3 稍加宽，肩胛突出；腹面观，假缘折在翅端部之前突然狭窄，假缘折上的脊由背方可见；翅两侧的行纹相当深，近翅缝的行纹减弱。

经济意义　为害小麦、面粉、玉米、燕麦、大麦、高粱、谷物及其制品、大豆、无花果。

分布　北美。

330. 长头谷盗 *Latheticus oryzae* Waterhouse（图 335；图版 XXVII-12）

形态特征　体长 2~3mm。长椭圆形，瘦长，黄赤褐色，略有光泽。头宽大呈方形，略窄于前胸背板，头长约为前胸背板长的 5/6；复眼黑色，圆形；触角短，端部 5 节构成触角棒，末节小而近方形。前胸背板宽略大于长，前缘比后缘略宽，近梯形，后角呈直角，前角钝；有细缘边。鞘翅与前胸几乎等宽，两侧平行，光滑无毛，有刻点 7 行，刻点行间无刻点；基角近方形，末端圆。

生物学特性　1 年发生 4~5 代，主要以成虫群集在包装物、仓储用具、杂物或仓内各种缝隙中越冬，极少以幼虫或蛹越冬。

此虫除在仓内及面粉厂中发现外，还生活于野外的朽木中和树皮下。在 25℃ 及 75% 相对湿度下，卵期 8~9 天，在 37℃ 及 75% 相对湿度下，卵期 3~4 天。幼虫在 30℃ 以上有 4~5 龄。在 27.5℃ 及 75% 相对湿度下，幼虫期 28~33 天，在 37℃ 及 75% 相对湿度下为 11~13 天。蛹期在 27.5℃ 及 75% 相对湿度下 6~8 天，在 37℃ 及 75% 相对湿度下 3~4 天。在 75% 相对湿度下完成 1 个发育周期，27℃ 条件下 40~60 天，30℃ 条件下 27~33 天，35℃ 条件下 19~23 天，37℃ 条件下 18~22 天。一般认为，该虫发育的最适温度为 33~37℃，最适相对湿度为 70%，低于 30% 则不能发育。

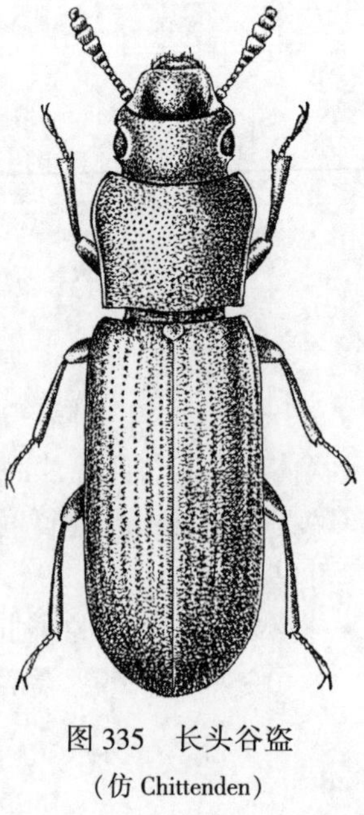

经济意义　为害谷物及面粉、干果和中药材等。在非洲

图 335　长头谷盗
（仿 Chittenden）

和亚洲的热带和亚热带为害最重。

　　分布　云南、广东、江苏、湖北、四川、山东、山西、河北、河南、陕西、内蒙古；欧洲，非洲，沙特阿拉伯，伊朗，埃及，美国。

拟谷盗属 *Tribolium* 种检索表

1　触角棒5节；头部在复眼之上隆起成脊 ·· **2**
　　触角棒3节；头部在复眼之上不隆起 ··· **3**
2　背面观，复眼前方头的侧缘向外突出略呈一角度；前胸背板中区和鞘翅行纹内的刻点小；前胸背板最宽处位于中部之前；体长2.6~4.4mm ·········· **杂拟谷盗 *Tribolium confusum* Jacquelin du Val**
　　背面观，复眼前方头的侧缘向外突出呈圆弧形，不呈一角度；前胸背板中部及鞘翅行纹内的刻点大；前胸背板最宽处位于中部；体长4.5~5.5mm ·········· **褐拟谷盗 *Tribolium destructor* Uyttenboogaart**
3　复眼被颊切割的最窄处仅2~3个小眼面宽；体红褐色至暗红褐色；体长4.1~4.9mm ·········
　　 ·· **弗氏拟谷盗 *Tribolium freemani* Hinton**
　　复眼被颊切割的最窄处有4~5个小眼面宽 ·· **4**
4　触角末节端缘呈弧形突出；复眼大，腹面观两复眼间距等于或略大于复眼宽；体红褐色至暗红褐色；体长2.3~4.4mm ·········· **赤拟谷盗 *Tribolium castaneum*（Herbst）**
　　触角末节端缘近平截；复眼小，腹面观两复眼间距为复眼宽的1.5倍以上；体黑褐色 ············· **5**
5　头部背方复眼间的刻点密，其中许多刻点相互连接；头部腹面两复眼间距为复眼宽的2.6~3.7倍；体较狭窄；体长2.8~4.5mm ·········· **美洲黑拟谷盗 *Tribolium audax* Halstead**
　　头部背方复眼间的刻点较稀，彼此不相连接；头部腹面两复眼间距为复眼宽的1.6~2.3倍；体较粗壮；体长3.6~5.2mm ·········· **黑拟谷盗 *Tribolium madens*（Charpentier）**

331. 赤拟谷盗 *Tribolium castaneum*（Herbst）（图336；图版XXVIII-1）

　　形 态 特 征　体长2.3~4.0mm，宽1.0~1.6mm。长椭圆形，背面扁平，褐色至赤褐色，有光泽。复眼大，腹面观，两复眼间距等于或稍大于复眼横径；背面观，头的前侧缘在复眼上方不呈隆脊状。触角11节，末3节形成触角棒。前胸背板横宽，宽为长的1.3倍，前缘无缘边。鞘翅第4~8行间呈脊状隆起。

　　雄虫前足腿节腹面基部1/4处有1卵圆形凹窝，其内着生多数直立的金黄色毛，雌虫无上述构造。

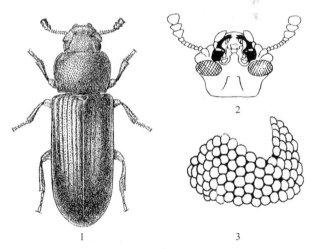

图336　赤拟谷盗
1. 成虫；2. 头部腹面观；3. 复眼放大
（1. 仿Good；2. 仿陈启宗；3. 刘永平、张生芳图）

生物学特性 一般情况下1年发生4~5代。每雌虫平均产卵450粒,卵产于食物表面。卵期在20~40℃时为2.6~13.9天,一般情况下为3~9天。相对湿度对卵期似乎没有影响。幼虫有5~11龄,幼虫期12~109天,取决于温度及食物等因子(在30~37.5℃及相对湿度90%的条件下,幼虫期12~15.3天)。幼虫最适的发育温度为35℃。幼虫畏光,常躲藏在食物内。蛹期在20~37.5℃条件下3.9~24天。老熟幼虫在食物表面或间隙内化蛹。在最适条件下,完成1个发育周期大约20天。在实验室内,成虫寿命可长达335~540天。

在20~40℃及相对湿度10%~95%的条件下该虫可顺利地发育和繁殖。最适的温度为32~35℃,最适的相对湿度为70%~75%。在最适的室内条件下培养,每月虫口最高的增长速率为70倍。

成虫不善飞,常聚集在粮堆下层或碎屑中,喜黑暗,有群集及假死习性。

经济意义 为害谷物、油料、动物性产品及加工品、中药材等。食性杂,以面粉被害最重。除取食外,该虫对被害产品又有严重的污染作用,使被害物结块,变色变臭。种子被害后明显降低发芽率。

分布 国内各省(直辖市、自治区);世界性分布。

332. 杂拟谷盗 *Tribolium confusum* Jacquelin du Val (图337;图版XXVIII-2)

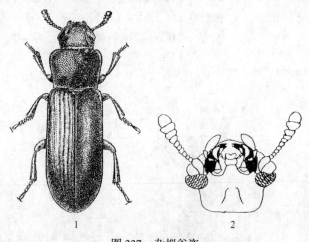

图337 杂拟谷盗
1. 成虫;2. 头部腹面观
(1. 仿Good;2. 仿陈启宗)

形态特征 该种的外形与赤拟谷盗十分相似,以下特征区别于赤拟谷盗:复眼小,腹面观,两复眼间的距离约为复眼横径的3倍;背面观,在两复眼的背区有明显的内侧脊;触角末5节形成触角棒。

生物学特性 1年发生5~6代,主要以成虫在仓内缝隙及其他杂物内越冬。幼虫和蛹也可以越冬,但在低温仓内则以成虫越冬。

雌虫羽化20h后可以交尾,5日后开始产卵。两性成虫可多次交尾。每雌虫产卵多达500粒,产卵可持续半年至1年,每天产1~15粒。在最适的室内条件下,每雌虫一生平均产卵可达1400粒。在37.5℃和25℃条件下,卵期分别为3.9天和7.7天;在22.5℃和17.5℃条件下,卵期分别为11.5天和30.4天。成虫寿命长达730~1080天。

经济意义 同赤拟谷盗,二者有时混生在一起。

分布 国内大部分省(直辖市、自治区);世界性分布。

333. 褐拟谷盗 *Tribolium destructor* Uyttenboogaart（图 338；图版 XXVIII-3）

　　形态特征　体长 4.5~5.7mm，多数个体体长在 5mm 以上。表皮暗红褐色至黑色，附肢颜色较淡。头部在复眼上方有隆脊；侧缘在复眼前方向外突出略呈圆形；额中区刻点卵圆形，与小眼面约等长，通常彼此纵向相连接，刻点间光滑；触角 11 节，棒 5 节，第 7 节宽不及第 6 节的 1.5 倍；复眼深凹，凹陷最深处仅 1~2 个小眼面宽；由头腹面观，两复眼的间距小于复眼直径的 2 倍。前胸背板中区布大刻点；基缘及侧缘的缘边明显；最宽处位于侧缘中央。鞘翅两侧近平行；第 1、第 2 行间大部分扁平，基部与中部无细脊，其他行间各有 1 细纵脊。雄虫前足腿节腹面基部 1/4 处无凹窝和毛刷，阳基侧突向端部方向均匀收狭。

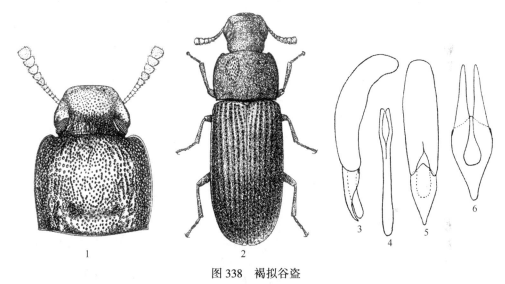

图 338　褐拟谷盗

1. 成虫头胸部；2. 成虫；3. 雄性外生殖器右侧面观；4. 阳茎背面观；5. 雄性外生殖器背面观；
6. 阳基侧突腹面观

（1、3、4、5、6. 仿 Hinton；2. 仿 Spilman）

　　生物学特性　雌虫产卵前期在 12~16℃条件下需 3~4 个月，在 25~30℃条件下 1~2 周。卵散产于面粉或其他粉状食物上，通常日平均产卵 1.6 粒。成虫有多次交尾现象。在相对湿度 70%~75% 的条件下，将雌雄对成虫用小麦和黑麦饲养，13~15℃条件下产卵 73~129 粒；14~21℃条件下产卵 585~883 粒；25~26℃条件下产卵 400~1239 粒；28℃条件下产卵 236~526 粒；30.5~31.5℃条件下产卵 0~80 粒，30.5~31.5℃条件下产的卵不孵化。在 14~21℃条件下，产卵持续 970 天。在 28℃条件下，卵的孵化率高达 80%，在 13.5~14℃条件下只有 10%。由卵发育到成虫，在 30.5~31.5℃条件下需 39 天，在 15~17℃条件下需 212 天。在 19~20℃条件下卵期 12 天，幼虫期 70 天，蛹期 17 天。发育期的长短也与食物有关：将小麦粉与麦麸混合作饲料，在 24℃条件下完成发育需要 3 个月；但用花生、榛子、杏仁、玉米及碎小麦饲养时，发育期长达 7.5 个月；用小麦粉饲养，发育期少于 150 天。成虫寿命 290~730 天，偶尔长达 3~4 年，高温使寿命减少。1 年发生 2~3 代。该虫在 13~30℃ 及相对湿度 10%~100% 均可完成发育，但最适的温度为 24~28℃，相对湿度为 70%~75%。

该虫适应温带气候，但对寒冷也较为敏感。在瑞典和英国冬季无加温条件的粮仓内，最低温达-7℃ 和-2℃，褐拟谷盗不能存活。在瑞典，暴露到 0.5~5℃ 条件下 1 个月可杀死各虫态。在 3.5℃ 条件下 40 天或-2℃ 条件下 10 天也可杀死各虫态。在-6℃ 条件下经过 3 天成虫和幼虫也均死亡。然而，该虫对不利的相对湿度和营养条件显示出一定的抵抗力，成虫可在温暖干燥的条件下（小麦含水量为 10.8%）生活长达 2 年。在 50℃ 条件下，幼虫经 15min，卵经 5min 死亡。

经济意义　较严重为害谷物、面粉，也发现于糠麸、向日葵籽、禽饲料及动物性产品中。

分布　几乎世界性，但更普遍地发生在北欧。分布的国家有：瑞典，挪威，丹麦，荷兰，德国，南斯拉夫，英国，法国，意大利，苏联，以色列，沙特阿拉伯，印度，埃塞俄比亚，加拿大，美国，阿根廷。

334. 美洲黑拟谷盗 *Tribolium audax* Halstead（图 339；图版 XXVIII-4）

形态特征　体长 2.8~4.5mm，宽 1~1.6mm，长宽之比为（2.75~3）:1。暗褐色，无光泽，足及触角色较淡。头部背方触角之间的刻点密，卵圆形，有的刻点相互连接；复眼被颊切割最窄部分的宽度为 5~6 个小眼面，头腹面两复眼的距离为复眼腹面宽的 2.6~3.7 倍；触角具明显的 3 节棒。前胸背板最宽处位于前 1/3 处；两侧稍收狭，近平行，宽与长之比为（1.35~1.49）:1；前

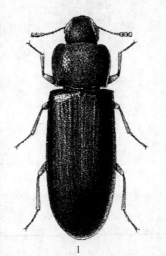
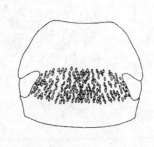

图 339　美洲黑拟谷盗
1. 成虫；2. 头部背面，示两复眼间的刻点
（仿 Spilman）

缘直，后缘二波状。鞘翅长与宽之比为（1.8~1.9）:1，略比前胸背板基部宽[（1.2~1.1）:1]；第 2 行间端部 1/4 及整个第 3 行间稍呈隆脊状，第 4~8 行间的脊明显，第 9 行间仅端半部明显隆起。雄虫前足腿节近基部无毛窝。

生物学特性　雌虫将卵直接产在食物上，卵单产。在 21℃、相对湿度 50% 条件下，由卵发育到成虫需 80 天，在 30℃ 及相对湿度 56% 时需 41 天。用小麦粉加酵母（19:1）饲养，在 35℃ 及相对湿度 60% 的条件下，雄虫寿命 68~97 天，雌虫 69~94 天。在野外，该虫生活于树皮下及蜂巢内。

经济意义　为害小麦、大麦、面粉、谷物及谷物制品。

分布　北美。

注：该种长期被误认为是黑拟谷盗 *Tribolium madens*（Charp.）。Halstead（1969）通过杂交实验及形态学研究，确立为 1 新种。

335. 黑拟谷盗 *Tribolium madens*（**Charpentier**）（图 340；图版XXVIII-5）

形态特征　体长 4~5.4mm，宽 1.4~1.8mm。深暗褐色至黑色，触角及足红褐色。头部背面两复眼之间的刻点较稀，刻点相互不连接；头腹面两复眼的距离为复眼腹面宽度的 1.6~2.3 倍，复眼被颊切割最窄处的宽度为 4~5 个小眼面；触角有明显的 3 节棒。前胸背板横宽，宽约为长的 1⅛ 倍，略扁平；前缘向前微弓曲，后缘略呈双波状，侧缘从前角至 1/3 处外突，再向后逐缩窄，后角略钝。鞘翅两侧近平行，末 1/3 处最宽；第 1、2 行间光滑，第 3、4 行间稍隆起，第 5~7 行间略突起，第 8 行间突起更不明显，第 9、10 行间近平坦；刻点小而密，中区的刻点不明显。雄虫前足腿节近基部有毛窝。

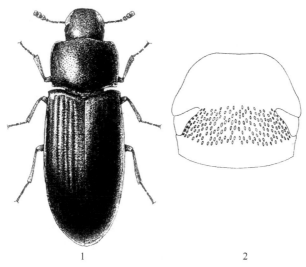

1　　　　　　　　　　　2

图 340　黑拟谷盗

1. 成虫；2. 头部背面，示两复眼间的刻点

（仿 Spilman）

生物学特性　多发现于面粉厂，粮仓中也有发现，野外生活于树皮下、朽树干内、蜂巢及附近的木板石块下。在 32~35℃ 及相对湿度 70% 的适宜条件下，卵期 3~4 天，幼虫期 19~22 天，蛹期 5~6 天，由卵到成虫 25~30 天。对于各虫态发育最适的温度为 30~35℃，最适的相对湿度为 65%~90%，完成 1 个生活周期需 25~30 天。该种适应于温带气候，具有中度的抗寒力。在南斯拉夫，面粉厂及粮仓在冬季的温度为 3~6℃，该虫仍可大量越冬。在温带地区，多以大龄幼虫进入滞育度过冬季。

经济意义　为害面粉、玉米粉、谷物、种子等。

分布　法国，捷克，斯洛伐克，南斯拉夫，葡萄牙，希腊，俄罗斯（欧洲部分及高加索），中亚，埃及，摩洛哥，加拿大，美国。我国无分布，过去的分布记述归因于鉴定有误。

336. 弗氏拟谷盗 *Tribolium freemani* Hinton（图 341；图版 XXVIII-6）

形态特征　体长 4.13~4.89mm，宽 1.40~1.70mm，长宽之比为 [2.72~3.02（平均 2.89）] : 1（根据 16 个个体测量）。身体两侧近平行，中度隆起，鞘翅中区稍平。表皮红褐色至暗红褐色，有轻度光泽。头部密布刻点，刻点间距为 0.5~1 个刻点直径。唇基前缘呈浅弧形凹缘。复眼被颊分隔的最狭窄处有 2~3 个小眼面宽（多数为 2 个小眼面宽）；头腹面两复眼间的距离为腹面复眼横向直径的 1.5~2.3（平均 1.9）倍（根据 16 个个体测量）。触角具明显的 3 节棒。

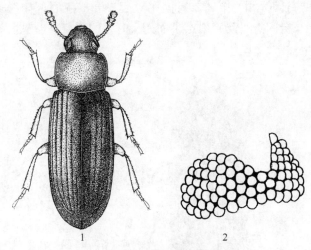

图 341　弗氏拟谷盗

1. 成虫；2. 复眼放大

（1. 周玉香图；2. 刘永平、张生芳图）

前胸背板宽与长之比为 [1.30~1.68（平均 1.47）] : 1（根据 16 个个体测量）；两侧缘均匀弧形，在基部之前并不明显呈波状；端缘无缘边，基缘的缘边明显；中区的刻点稍粗大，刻点间距为 0.5~1 个刻点直径（少数 2 个刻点直径），有的个体前胸背板基半部有 1 狭窄的无刻点中纵线。

鞘翅长与宽之比为 [1.9~2.02（平均 1.96）] : 1（根据 16 个个体测量）；第 3~8 行间各有 1 条完整的纵脊，第 2 行间脊仅端部稍明显，第 1 行间在端部有明显的缘边，第 9 行间不形成脊。

拟谷盗属 *Tribolium* 赤拟谷盗组目前全世界有 8 个种，该组的形态特征是前胸背板端缘无缘边，触角棒 3 节。该组具重要经济意义的有 4 个种，即赤拟谷盗、弗氏拟谷盗、欧洲黑拟谷盗和美洲黑拟谷盗。4 个种的形态特征比较见表 3。

表3　4种拟谷盗成虫形态特征比较

虫种	美洲黑拟谷盗 T. audax	黑拟谷盗 T. madens	弗氏拟谷盗 T. freemani	赤拟谷盗 T. castaneum
体长及体色	2.84~4.47mm, 深暗褐色, 足和触角较淡	3.89~5.09mm, 深暗褐色, 足和触角较淡	4.13~4.89mm, 全身均一红褐色至暗红褐色	2.30~4.40mm, 全身均一红褐色至暗红褐色
头背方复眼间刻点距离	密, 中部刻点间距等于或小于1个刻点的宽度	较稀, 中部刻点间距为1~2个刻点的宽度	密, 中部刻点间距等于或小于1个刻点的宽度	密, 中部刻点间距等于或小于1个刻点的宽度
头腹面复眼间的距离	为复眼腹面宽度的2.6~3.7倍	为复眼腹面宽度的1.6~2.3倍	为复眼腹面宽度的1.5~2.3倍	等于或稍大于复眼腹面宽度
复眼被颊切割最窄部分的宽度	4~5个小眼面	4~5个小眼面	2~3个小眼面	4~5个小眼面
雄虫前足腿节近基部的毛窝	无	有	有	有

生物学特性　幼虫的发育既受温度的影响, 又受相对湿度的影响。卵期和蛹期的发育则主要受温度的影响。由卵发育至成虫虽然在温度33℃、相对湿度75%的条件下历时最短, 但与温度30℃、相对湿度75%条件下相比, 卵的孵化率较低, 幼虫死亡率较高。因此, 对弗氏拟谷盗发育的最适条件似乎是温度为30℃、相对湿度为75%这一组合。

在我国新疆, 弗氏拟谷盗在粮库内主要取食谷物和面粉; 在中药材库多发现于含油量较高的物品如杏仁内, 对杏仁造成的危害较重。另外, 部分标本还采自于土鳖虫、刺猬皮及蝉蜕内。在北京室内曾用花生仁饲养, 可以完成生活周期。

经济意义　对谷物、中药材等造成一定程度的危害。

分布　新疆; 克什米尔, 中亚。

注:过去国内文献均误将我国的弗氏拟谷盗报道为黑拟谷盗 *Tribolium madens* (Charpentier)。

粉虫属 *Tenebrio* 种检索表

前胸背板刻点相互不接近; 前足胫节端部中度膨扩, 端半部背缘锐利; 表皮有弱光泽 ················
·································· **黄粉虫** *Tenebrio molitor* Linnaeus

前胸背板刻点相互接近; 前足胫节向端部稍膨扩, 端半部背缘钝圆; 表皮无光泽 ················
·································· **黑粉虫** *Tenebrio obscurus* Fabricius

337. 黄粉虫 *Tenebrio molitor* Linnaeus (图342;图版XXVIII-7)

形态特征　体长14~18mm。长椭圆形, 黑褐色, 有脂肪样光泽。触角第3节短于第1、第2节之和, 末节长宽相等。前胸背板宽略大于长, 上面的刻点较密而均匀。鞘翅刻点密, 刻点行间没有大而扁的颗粒, 翅末端较圆。

生物学特性　一般情况下1年发生1代, 个别情况下两年1代或1年2代。成虫在

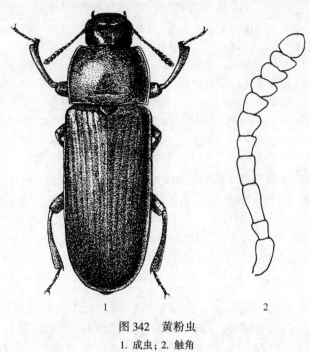

图 342　黄粉虫
1. 成虫；2. 触角
（1. 仿 Spilman；2. 刘永平、张生芳图）

羽化后 2~5 天交尾，平均产卵量 276 粒（最多 1 头雌虫能产 600 粒），每天产卵可多达 40 粒。成虫寿命约 2 个月。卵期 4~19 天，幼虫期 281~629 天，幼虫有 7~20 龄，取决于温度、食物、幼虫密度等环境条件。蛹期 6~18 天。

黄粉虫以幼虫在仓内潮湿阴暗处、各种缝隙内及底粮尘芥中越冬。在我国北方，越冬幼虫在 5 月上旬开始活动，中旬化蛹，下旬见成虫。成虫喜夜间活动，爬行迅速，善飞。

黄粉虫繁殖的温、湿度分别为 18~30℃ 和相对湿度 60%~90%。在室内饲养时，常置于 25~30℃ 的条件下。幼虫既抗低温又抗干燥，在极干燥的条件下进入休眠状态可存活很长时间。

经济意义　取食腐败、陈旧的谷物及其加工品，也取食面粉、麦麸、面包等。在仓内及面粉厂，该虫对谷物及其制品并不造成严重的危害，其存在又是储藏条件欠佳的标志。

分布　黑龙江、吉林、辽宁、内蒙古、甘肃、河北、山东、四川、山西；世界性分布。

338. 黑粉虫 *Tenebrio obscurus* Fabricius（图 343；图版 XXVIII-8）

形态特征　体长 14.0~18.5mm。长椭圆形，暗褐色至黑色，无光泽。触角第 3 节长为第 1、第 2 节之和，为第 2 节的 3 倍或为第 4 节的 2 倍。前胸背板长宽约相等，背板上的刻点特别密。鞘翅刻点极密，而且比较粗糙，行间有大而扁的颗粒，形成明显隆起的脊，翅末端略尖。黑粉虫的外部形态与黄粉虫相似，二者区别见表 4。

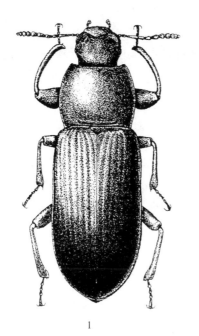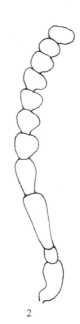

图 343　黑粉虫

1. 成虫；2. 触角

（1. 仿 Spilman；2. 刘永平、张生芳图）

表 4　黑粉虫与黄粉虫外部形态的区别

黑粉虫	黄粉虫
黑色，无光泽	黑褐色，有脂肪样光泽
触角第 3 节约等于第 1、第 2 节长之和，末节宽大于长	触角第 3 节短于第 1、第 2 节长之和，末节长宽相等
前胸宽几乎不大于长，表面刻点十分密	前胸宽略大于长，表面刻点不十分密
鞘翅行间有大而扁的刻点，鞘翅刻点十分密	鞘翅行间无大而扁的刻点，鞘翅刻点不十分密

　　生物学特性　1 年多发生 1 代，以幼虫在仓内缝隙、地板下、底粮中、碎屑杂物内及其他阴暗处越冬。在我国北方，5 月越冬幼虫开始活动、化蛹并出现成虫。每头雌虫产卵平均 403 粒。卵期 4~19 天，取决于温度。幼虫期 79~642 天，平均 300 天；幼虫有 12~22 龄（通常 14~15 龄），蛹期在不同温度下 7~20 天。成虫负趋光性，喜夜间活动，幼虫和成虫均有自相残杀习性。

　　经济意义　同黄粉虫。

　　分布　黑龙江、辽宁、吉林、内蒙古、新疆、山西、河北、山东、江苏、浙江、湖南、安徽、四川、贵州、广东、福建；世界性分布。

菌虫属 *Alphitobius* 种检索表

1　身体有光泽；前胸背板布小刻点，刻点间距远大于刻点直径；前足胫节端部显著加宽 ……………
…………………………………………………………… 黑菌虫 ***Alphitobius diaperinus***（Panzer）
　身体无光泽；前胸背板布大刻点，刻点间距不大于刻点直径；前足胫节端部中度或稍加宽 …… **2**

2 前胸背板侧缘近后角处显著狭缩；前胸背板刻点较稀；触角第6~10节端部不对称膨扩；前足胫节端部中度加宽 ⋯⋯⋯⋯⋯⋯⋯⋯⋯⋯⋯⋯⋯⋯⋯ **小菌虫 *Alphitobius laevigatus* (Fabricius)**

前胸背板侧缘近后角处两侧近平行；前胸背板刻点较密；触角第5~10节端部不对称膨扩；前足胫节端部稍加宽 ⋯⋯⋯⋯⋯⋯⋯⋯⋯⋯⋯ **非洲褐菌虫 *Alphitobius viator* Mulsant & Godart**

339. 黑菌虫 *Alphitobius diaperinus* (Panzer)（图 344；图版 XXVIII-9）

形态特征 体长5.5~7.0mm。长椭圆形，背面略隆起，无毛，黑色至黑褐色，有光泽。触角从第5节开始向内侧逐渐扩展呈锯齿状。复眼不凸，左右远离，两复眼距离至少为复眼横径的2倍，复眼被后延的头部侧缘分隔，最窄处3~4个小眼面宽。前胸背板侧缘端半部略呈圆形，基半部近直形，中区刻点小而疏。中胸腹板在中足间的"V"形脊光滑有光泽，腹部第1腹板的后足间突边缘无隆线。

雄虫中、后足胫节有端距1对，一个直，另一个端部向内弯；雌虫中、后足胫节端距1对均直形。

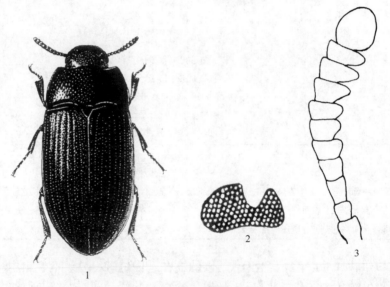

图 344 黑菌虫
1. 成虫；2. 复眼；3. 触角
(1. 仿 Spilman；2、3. 刘永平、张生芳图)

生物学特性 1年多发生1~3代。以成虫或幼虫聚集在仓内各种阴暗壁角、砖石木板下、尘芥杂物中或粮食碎屑内越冬。成虫有群栖性、趋光性、假死性及同类自相残杀现象，喜食潮湿谷物和霉菌。成虫寿命在最适条件下长达1年，一般为2~3个月。羽化后5~7日开始交尾产卵，卵散产于粮食表面，或集产在各种缝隙及粮粒间，每头雌虫产卵近千粒。卵期18℃条件下平均18天，32~34℃条件下平均3天。幼虫有假死性、群栖性及趋光性；在17℃以上开始发育，最适发育温度为32℃，在32℃条件下幼虫期30天，21℃或39℃条件下平均45天。蛹期在32~36℃条件下平均4天，18~24℃条件下至少8天。在32℃及相对湿度100%的条件下，完成1个发育周期需37天。

经济意义　为害水分较高的潮湿粮食、糠麸、粉类及饼屑等，常发生于粮油加工厂及粮仓内的阴暗潮湿处，在干燥的环境中不发生。在欧亚许多国家，该虫为鸡舍内的重要害虫，可毁坏鸡舍内的建筑材料。然而，在澳大利亚及厄瓜多尔等国家，又广泛利用处理鸡粪。由于该虫大量在鸡粪内增殖使鸡粪变得疏松呈粉状，便于鸡粪的清理，并破坏了蝇类的生存条件，同时也大大降低了鸡舍内氨气的产生。

分布　内蒙古、辽宁、山西、陕西、河北、河南、山东、安徽、湖北、江苏、浙江、江西、湖南、四川、云南、广西、广东、福建；世界性分布。

340. 小菌虫 *Alphitobius laevigatus*（Fabricius）（图 345；图版 XXVIII-10）

形态特征　与黑菌虫十分相似，以下特征区别于黑菌虫：体长 4.5~5.0mm，个体较小，黑色，略具光泽；复眼被后延的头部侧缘分隔，最窄处约 1 个小眼面宽；触角由第 7 节起向内侧扩张成锯齿状；前胸背板两侧缘弧形，中区刻点粗大而密；两中足之间腹板上的"V"形脊着生小颗粒，不发亮。

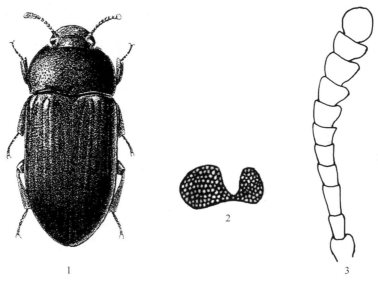

图 345　小菌虫

1. 成虫；2. 复眼；3. 触角

（1. 仿 Spilman；2、3. 刘永平、张生芳图）

生物学特性　1 年发生 1 代，以成虫越冬，次年春产卵。幼虫出现于 6~7 月，8~9 月出现新成虫。成虫寿命 1 年以上。有假死和群栖性，喜生活在潮湿腐败的粮食或陈粮中。适宜发育的温度为 25~35℃，最适相对湿度 80%~95%，在最适条件下完成 1 个发育周期需要 35 天。

经济意义　对储藏物不造成明显危害。该虫很少生活在鸡粪内，且发生世代少，不用于处理鸡粪。

分布　黑龙江、吉林、内蒙古、山西、河北、浙江、湖南、四川、贵州、云南、广西、广东；世界性分布。

341. 非洲褐菌虫 *Alphitobius viator* **Mulsant & Godart**（图 346;图版 XXVIII-11）

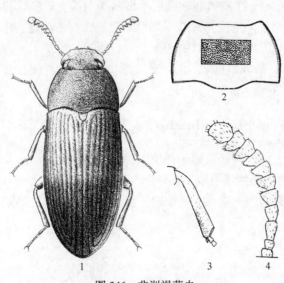

图 346　非洲褐菌虫
1. 成虫; 2. 前胸背板,示刻点; 3. 前足胫节; 4. 触角
（仿 Spilman）

形态特征　体长 5.5~6mm,宽 2.3~2.7mm。红褐色至黄褐色,背面稍暗;密布较粗大刻点,刻点内着生短刚毛,刚毛长不超过刻点直径;腹面较背面暗,密布小刻点,被金黄色倒伏状细毛。头部腹面观,两复眼的间距小于复眼横径的 2 倍[（1.5~1.9）:1],侧面观,复眼凹缘最深处的宽度为 2~3 个小眼面;触角与前胸背板约等长,由第 5 节至第 10 节向侧方扩展。前胸背板长宽之比为 1:（1.5~1.7）;刻点间距小于或等于刻点直径;前角呈直角至钝角,后角近直角;前缘及侧缘有窄缘边;与鞘翅肩部约等宽。鞘翅长为宽的 1.7~1.8 倍,约为前胸背板长的 3 倍[（2.9~3.2）:1],行纹深,布粗大刻点。前足胫节细,端部略放宽。

生物学特性　此虫产卵及发育需要高的湿度,在潮湿发霉的条件下发育良好。在 25℃ 及 70% 的相对湿度下,用小麦精粉、全粉及酵母饲养,再加上湿的衬垫物,发育状况极好。

经济意义　为害姜根、干辣椒、玉米。

分布　据报道国内偶有发现;热带非洲,已查明的有塞拉利昂,尼日利亚,肯尼亚,塞内加尔,象牙海岸,坦桑尼亚。

粉盗属 *Palorus* 种检索表

1	颊向后扩展到眼上方,并遮盖眼的一部分 ·············· 亚扁粉盗 *Palorus subdepressus*（Wollaston）
	眼不被颊的扩张部分遮盖 ·· **2**
2	体瘦长;前胸背板长宽几乎相等;体长 2~3mm,黄褐色······ 小粉盗 *Palorus cerylonoides*（Pascoe）
	体较宽;前胸背板宽大于长;体色稍深;眼小,几乎不到颊的一半 ·························
	·· 姬粉盗 *Palorus ratzeburgi*（Wissmann）

342. 亚扁粉盗 *Palorus subdepressus*（**Wollaston**）（图 347;图版 XXVIII-12）

形态特征　体长 2.5~3.0mm,宽 0.9~1.0mm。红褐色,有光泽。头部中纵凹浅,多少明显;颊高于唇基,向后突出,从背方遮盖复眼端部区域;复眼多数情况下小（但非洲的个体复眼发达）,腹面观,复眼间距为其横径的 2.7~4.1 倍。前胸背板横宽,两侧略圆至两侧近平行,刻点小而颇密,近两侧的刻点稀,在两侧基半部通常有无刻点小区。鞘翅稍扁平,有刻点行,刻点小而密,行间有 1 列刻点,部分个体内侧的行间有两行不规则刻点。

　　生物学特性　该种大量生活于树皮下。在仓库内,通常与玉米象及米象属 *Sitophilus* 的其他害虫生活在一起,取食谷物象虫形成的粮食碎屑,因此常发生于谷物及谷物制品中。此外,也发现于生姜、花生和椰子仁干等货物内。成虫有明显的趋光性。

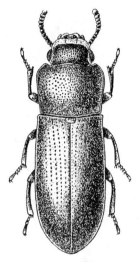

图347　亚扁粉盗
(仿赵养昌)

　　在相对湿度70%的条件下,卵可以孵化的温度为17.5~37.5℃,在低于15℃或高于40℃时卵不能孵化。在17.5℃条件下,卵的孵化率为60%,卵期16~29天,平均20天;在25℃条件下,孵化率为94%,卵期5~7天,平均6天;在37.5℃条件下,孵化率75%,卵期3~4天,平均3.8天。在25℃、30℃和相对湿度70%的条件下,幼虫多数有7龄,少数有8~9龄。在相对湿度70%条件下,温度为17.5℃和37.5℃时幼虫不能成活,1、2龄幼虫全部死亡。20~35℃条件下幼虫可以完成发育,最适的温度为30~32℃。在相对湿度70%,温度为20℃、25℃及30℃的条件下幼虫期分别为96.3天、38.5天及30.9天,蛹期分别为14.5天、7.3天及4.2天。

　　经济意义　为第二食性害虫,取食储藏的谷物及面粉等。

　　分布　内蒙古、河北、山东、陕西、河南、江苏、浙江、江西、安徽、湖南、湖北、云南、贵州、四川、广东、广西;日本,新加坡,缅甸,马来西亚,土耳其,叙利亚,黎巴嫩,葡萄牙,尼日利亚,埃及,东非,西非,美国,墨西哥,巴西。

343. 小粉盗 *Palorus cerylonoides* (Pascoe)(图348;图版XXIX-1)

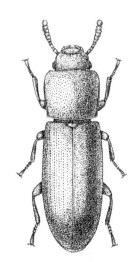

图348　小粉盗
(仿赵养昌)

　　形态特征　体长1.9~2.2mm,宽0.5~0.6mm。细长略扁,褐色至黄褐色,有光泽。头部布中等密的具毛刻点;唇基前伸掩盖上唇,宽于复眼背面的长度;颊不高于唇基,前缘直;头顶显著隆起。前胸背板方形或宽略大于长,两侧缘平行或向基部方向略狭缩。鞘翅与前胸等宽,长而隆起,行纹内刻点小而深,行间各有1列小而浅的刻点。

　　生物学特性　生活于树皮下,也发生于面粉厂和仓库内。

　　经济意义　同亚扁粉盗。

　　分布　内蒙古、河北、山东、陕西、山西、青海、贵州、四川、湖南、湖北、江苏、浙江、江西、广东、广西;印度,缅甸,日本,印度尼西亚,菲律宾,巴布亚新几内亚,马达加斯加。

344. 姬粉盗 *Palorus ratzeburgi*（Wissmann）（图349；图版XXIX-2）

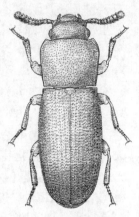

图 349 姬粉盗
（仿 Bousquet）

形态特征 体长 2.4~3.0mm，宽 0.9~1.0mm。褐色至暗褐色，有中等强的光泽。头布中等密的刻点；颊不突出不隆起，与唇基几乎位于同一水平，稍高于触角着生处；复眼小，背面观，复眼长度不大于小盾片的宽度；眶上脊十分突出。前胸背板宽大于长，最宽处位于近端部，有时两侧缘近平行；中区的刻点小，刻点间距为 4~5 个刻点直径，两侧刻点粗大，刻点间距为 1~2 个刻点直径。鞘翅有刻点行，行间扁平且有 1 行刻点。

生物学特性 大量发生于树皮下，在粮仓内也普遍发生。取食谷物象虫为害形成的粮食碎屑，因此，多与玉米象、米象生活在一起。

卵在 15℃ 和 42.5℃ 条件下不能孵化。在相对湿度 70%，温度分别为 20℃、25℃、30℃ 和 35℃ 条件下，卵的孵化率分别为 100%、86%、93% 和 91%，平均卵期分别为 16.2 天、8.0 天、3.8 天及 3.9 天。17.5℃ 条件下孵化率为 57%，卵期长达 33.3 天；40℃ 条件下孵化率仍达 85%，卵期平均 4.3 天。在相对湿度 70%，温度 17.5℃ 和 40℃ 的条件下幼虫不能成活；在 70% 相对湿度及温度分别为 20℃、25℃、30℃ 和 35℃ 条件下，平均幼虫期分别为 55.1 天、34.7 天、22.5 天、18.3 天，平均蛹期分别为 13.8 天、8.1 天、5.0 天及 3.9 天。

经济意义 同亚扁粉盗。

分布 吉林、黑龙江、辽宁、内蒙古、河北、山东、山西、陕西、河南、湖北、湖南、江苏、浙江、福建、江西、四川、广东、广西、贵州、云南；美国，日本，小亚细亚，南斯拉夫，德国，英国，葡萄牙，尼日利亚，突尼斯，马达加斯加。

角谷盗属 *Gnathocerus* 种检索表

1	雄虫：上颚具角状突；头部复眼之间有 2 个或 4 个瘤状突；口上片前方有缺切 ·············	**2**
	雌虫：上颚无角状突；头部复眼之间无瘤状突；口上片无缺切 ·············	**3**
2	上颚角状突宽，具细齿 ············· **阔角谷盗 *Gnathocerus cornutus*（Fabricius）**	
	上颚角状突细而简单 ············· **细角谷盗 *Gnathocerus maxillosus*（Fabricius）**	
3	复眼缺切深，最窄处仅 1 个或 2 个小眼面 ············· **阔角谷盗 *Gnathocerus cornutus*（Fabricius）**	
	复眼缺切较浅，最窄处多于 2 个小眼面 ············· **细角谷盗 *Cnathocerus maxillosus*（Fabricius）**	

345. 阔角谷盗 *Gnathocerus cornutus*（Fabricius）（图350；图版XXIX-3：A ♂，B ♀）

形态特征 体长 3.5~4.5mm。长椭圆形，赤褐色，平滑而有光泽，身体两侧平行。触角细长，末端略粗，触角棒不十分明显。雄虫的上颚极发达，内缘附多数细齿，基部宽，端部尖而内弯，头顶在两复眼间有 1 对瘤状突；雌虫的上颚不发达，头部两复眼间的瘤状突不明显。前胸背板宽于头，宽略大于长，两侧在中部之前最宽，前角显著突出，

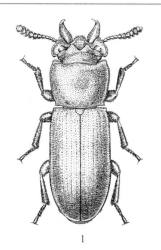
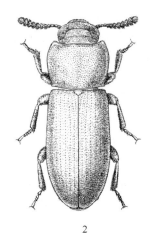

图 350　阔角谷盗
1. 雄虫；2. 雌虫
（仿 Bousquet）

后角尖，后缘几乎直。鞘翅两侧平行，长为两翅合宽的 2 倍，刻点行规则而细。

生物学特性　成虫寿命 10 个月以上，产卵期持续长达 8 个月，因此各虫态往往同时出现。卵散产于寄主表面，每头雌虫产卵约 100 粒。在 25℃ 条件下卵期 10 天，幼虫有 7~8 龄。肉食性，常食阔角谷盗或其他仓虫的卵及蛹。老熟幼虫以分泌物缀寄主碎屑做蛹室化蛹。蛹期 7~15 天，最长达 1 个月。1 年多发生 1 代，每代需要 7 个月。发育的最低温为 16℃，最适温为 30℃，可发育最低的相对湿度为 40%。

经济意义　为害粮食及加工品、油料种子和中药材等。

分布　云南、贵州、四川、广西、广东、福建、江苏；世界性分布。

346. 细角谷盗 *Gnathocerus maxillosus*（**Fabricius**）（图 351；图版 XXIX-4：A ♂, B ♀）

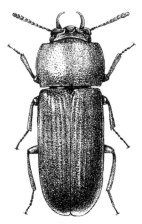

形态特征　体长 3~4mm。外形与阔角谷盗相似，区别于阔角谷盗的一个重要特征是该种雄虫的上颚细长似象牙状，由基部向端部渐细，内缘无细齿。

生物学特性　该虫发育的温度为 18~35℃，发育的最适温度为 30℃，可发育的相对湿度为 6%~100%。在适宜条件下发生 1 代需要 34~40 天，成虫寿命可长达 365 天。

经济意义　为害小麦、玉米、玉米粉、稻米、混合饲料、花生、西米、南瓜籽、罗望子荚。

分布　世界性，多发生于热带区。

图 351　细角谷盗雄虫
（仿 Spilman）

（三十四）小蕈甲科 Mycetophagidae

多为小型甲虫，体长 1.5~6.0mm。长椭圆形至卵圆形，背面略扁平，密生细毛。体壁黄褐色、褐色至近黑色，有的种类鞘翅上缀橘黄色或红色花斑。触角着生于复眼之前及额的侧缘下方，11 节，触角棒 2~7 节。鞘翅遮盖腹末。腹部可见腹板 5 节，第 1 腹板的前方呈三角形，伸达后足基节之间。各足的左右基节靠近，前足基节卵圆形，倾斜，稍突出，前基节窝后方开放。雄虫的跗节式为 3-4-4，雌虫为 4-4-4。

该科昆虫全世界记述 200 余种，分隶于 20 个属，广泛分布于全北区。成虫、幼虫生活于树皮下及仓库和居室内，以取食真菌为主，也兼食潮湿的谷物，极个别种类取食松树的花粉。

种 检 索 表

1 触角棒 4 节；每鞘翅有多数红褐色斑纹 ················ 波纹小蕈甲 *Mycetophagus hillerianus* Reitter
  触角棒 3 节 ··· 2
2 每鞘翅有 2 个淡色大斑 ··· 3
  鞘翅无淡色花斑 ·· 4
3 触角末节端部弓突；体长 1.7~1.9mm ················ 二色小蕈甲 *Litargus balteatus* LeConte
  触角末节端部斜截；体长 2.1~2.2mm ················ 亚洲二色小蕈甲 *Litargus antennatus* Miyataka
4 体长 2.5~3mm；侧面观，鞘翅中区的毛长，呈半直立状（有两种毛，短毛倒伏状，长毛半直立状）；前胸背板最大宽度位于中部之后；雄性外生殖器见图 356.2、3 ··
  ··· 小蕈甲 *Typhaea stercorea*（Linnaeus）
  体长 2.2~2.4mm；侧面观，鞘翅中区的毛较短，倒伏状；前胸背板最大宽度位于近中部；雄性外生殖器见图 356.5、6 ················ 黄色小蕈甲 *Typhaea pallidula* Reitter

347. 波纹小蕈甲 *Mycetophagus hillerianus* Reitter（图 352；图版 XXIX-5）

形态特征　体长 4~5mm。长椭圆形，暗褐色，每鞘翅上有多数黄色纵斑纹，其中在端部 1/3 处黄色纹连接呈"W"形。触角 11 节，触角棒 4 节，末节圆锥形，色淡。前胸背板侧缘均匀弧形，在近基部每侧有 1 凹陷。

生物学特性　发现于粮库、粮油加工厂及酿造、食品、土特产、皮毛及中药材库内，多栖息于储藏物底层的潮湿阴暗处，取食霉菌及霉粮。

经济意义　对储藏物不造成明显的危害。

分布　黑龙江、吉林、辽宁、内蒙古、河北、山西、陕西、甘肃、宁夏、新疆、四川、青海、云南、贵州；日本，西伯利亚东部。

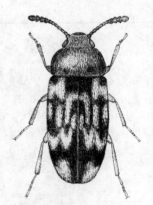

图 352　波纹小蕈甲
（刘永平·张生芳图）

348. 亚洲二色小蕈甲 *Litargus antennatus* Miyataka（图353；图版XXIX-6）

形态特征　体长2.1~2.2mm。椭圆形，两侧近平行。背面中度隆起，略有光泽。暗褐色，头的前半部、触角、颚须、前胸背板两侧及鞘翅上的花斑黄褐色，腹面色暗。触角末节长，约等于其前2节之和，端部斜截形。前胸背板横宽，密布刻点。每鞘翅上有2个大花斑，前1个由翅肩部斜向伸达翅缝前1/3处，后1个在翅中部之后，近横形。

经济意义　发现于粮食加工厂及中药材库对储藏物不造成明显灾害。

分布　浙江、云南等省（直辖市、自治区）；日本。

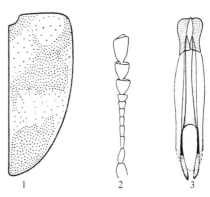

图353　亚洲二色小蕈甲
1. 右鞘翅；2. 触角；3. 雄性外生殖器
（仿 Miyataka）

349. 二色小蕈甲 *Litargus balteatus* LeConte（图354；图版XXIX-7）

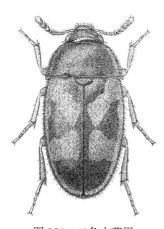

图354　二色小蕈甲
（仿 Bousquet）

形态特征　体长1.7~1.9mm。椭圆形，表皮红褐色至近黑色。每鞘翅基部1/3有1斜形斑，在中央之后有1横形斑。触角11节，触角棒3节，末节长为第9、第10节的总长或为第10节长的2倍，末节端部弓突。前胸背板两侧均匀弧形，最宽处位于基部或近基部，近后缘在小盾片两侧各有1不太明显的凹窝。鞘翅长大于前胸背板的3倍，刻点不成行；被不等长的黄色毛，长毛长度为短毛的2倍。

经济意义　发生于粮库、粮食加工厂、仓储物及居室内，也发现于真菌内，对储藏物不造成明显灾害。

分布　起源于北美，现已世界性分布。

350. 小蕈甲 *Typhaea stercorea*（Linnaeus）（图355；图版XXIX-8）

形态特征　体长2.2~3.2mm。椭圆形，两侧近平行，淡褐色、黄褐色至栗褐色。触角11节，触角棒3节，末节端部略尖。前胸背板明显横宽，最宽处位于基部1/3处，后缘略直。鞘翅长大于前胸背板长的3倍；行纹浅，中区行纹内的刻点浅而不明显，行间刻点更小而浅；每一行间中央有1列近直立的较长而粗的刚毛，行纹内及行间着生细而短的倒伏状毛。

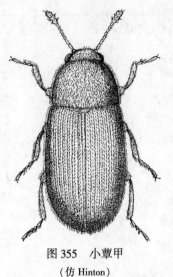

图 355　小蕈甲

(仿 Hinton)

生物学特性　为多食性昆虫，发生在粮库、粮油加工厂及酿造、食品、皮毛、外贸及中药库内。幼虫经常取食谷物的胚，成虫取食胚乳部。幼虫食玉米时发育较快，比取食小麦和大麦要快 10 天。在平均温度 26℃ 及相对湿度 73% 的条件下，完成 1 个生活周期平均 47 天；在 24℃ 及相对湿度 71% 的条件下生活周期平均 59 天。成虫及幼虫取食含水量 13% 以上的各种谷物，当玉米、小麦、大麦和黍的含水量达 16% 时被害最重。该虫也取食霉菌。

经济意义　主要为害含水量高的谷物、干果及豆类等。

分布　国内大多数省（直辖市、自治区）；世界性分布。

351. 黄色小蕈甲 *Typhaea pallidula* **Reitter**（图 356；图版 XXIX-9）

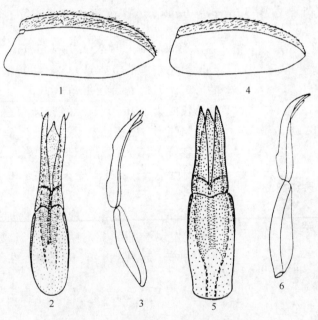

图 356　黄色小蕈甲与小蕈甲的形态比较

1~3. 小蕈甲；4~6. 黄色小蕈甲；1、4. 鞘翅侧面观；2、3、5、6. 阳茎（2、5. 背面观；3、6. 侧面观）

(仿 Ориг.)

形态特征　与小蕈甲极相似，二者主要区别见检索表。

分布　内蒙古、山西、陕西、浙江、贵州；日本。

参 考 文 献

白旭光．储藏物害虫与防治(第二版)．北京：科学出版社，2008

蔡邦华．昆虫的分类（中册）．北京：科学出版社，1973

曹志丹．贮粮昆虫．西安：陕西科学技术出版社，1981

陈启宗，黄建国．仓库昆虫图册．北京：科学出版社，1985

陈耀溪．仓库害虫（增订本）．北京：农业出版社，1984

陈志粦，等．长蠹科害虫检疫鉴定．北京：中国农业出版社，2011

邓福珍，等．罗望子象和花生豆象发生规律及生物学特性．植物检疫，1993，(6)：422~424

邓望喜．城市昆虫学．北京：农业出版社，1992

番启山，等．菜豆象的生物学及防治初步研究．植物检疫，1994，(3)：135~141

黄建国，张生芳，刘永平．黄胸客科的几种仓虫记述．粮食储藏，1984，(6)：15~17

黄建国，周玉香．中国仓储露尾甲成虫检索表及新纪录种简述．植物检疫，1989，(6)：406~409

黄世水，梁凤娇．谷斑皮蠹幼虫耐饥力的初步观察．植物检疫，1995，(4)：204~205

黄信飞，等．菜豆象对寄主选择性的观察．植物检疫，1993a，(2)：88~92

黄信飞，等．菜豆象在温州适生性的初步研究．植物检疫，1993b，(6)：417~420

蒋小龙．罗望子象的生物学特性．植物检疫，1990，(3)：177~178

李隆术，朱文炳．储藏物昆虫学．重庆：重庆出版社，2009

林其铭，陈启宗．介绍两种害虫——浓毛窃蠹、灵芝窃蠹．植物检疫，1996，(6)：335~337

刘巨元，张生芳，刘永平．内蒙古仓库昆虫．北京：中国农业出版社，1997

刘永平，张生芳，等．中缅中老边境地区仓储害虫调查．植物检疫，1988，(3)：197~201

刘永平，张生芳．菜豆象在我国适生性的初步分析．吉林粮专学报，1995，(4)：1~9

刘永平，张生芳．弗氏拟谷盗——我国西北地区的一种重要仓储害虫．郑州粮食学院学报，1991，(2)：9~12

刘永平，张生芳．我国斑皮蠹属仓虫的快速鉴定研究．植物检疫，1989，(4)：241~247

刘永平，张生芳．我国仓储物内发现的两种皮蠹及两种蛛甲害虫．粮食储藏，1986，(6)：7~10

刘永平，张生芳．我国口岸检疫截获的皮蠹科害虫．植物检疫，1996，(1)：45~51

刘永平，张生芳．我国微扁谷盗的发现及初步调查研究．植物检疫，1984，(3)：1~4

刘永平，张生芳．中国仓储品皮蠹害虫．北京：农业出版社，1988

刘永平，张生芳．我国三种蛛甲记述及仓储物蛛甲检索表．粮食储藏，1989，(1)：39~43

吕杰，等．菜豆象危害损失的初步观察．植物检疫，1994，(5)：263~267

四川省粮食学校，等．四川仓库害虫图册．成都：四川人民出版社，1983

王殿轩，白旭光，周玉香，赵英杰．中国储粮昆虫图鉴．北京：农业科技出版社，2008

萧采瑜，等译．昆虫的分类．北京：科学出版社，1959

萧刚柔．中国森林昆虫（增订本）．2版．北京：中国林业出版社，1992

谢伟宏．在深圳截获的二纹大蕈甲．植物检疫，1985，(3)：18

忻介六，杨庆爽，胡成业．昆虫形态分类学．上海：复旦大学出版社，1985

杨赛军．黑带蕈甲的形态特征及其与褐蕈甲的比较．植物检疫，1993，(2)：111~112

姚康. 仓库害虫及益虫. 北京：财政经济出版社，1986

张建军，范华胜. 储藏物害虫与防治. 北京：中国商业出版社，2007

张生芳，陈洪俊，薛光华. 储藏物甲虫彩色图鉴. 北京：农业科技出版社，2008

张生芳，刘水平. 巴西豆象卵、幼虫及成虫的快速鉴定研究. 植物检疫，1989，(2)：95~100

张生芳，刘水平. 我国皮蠹科豆象科二新纪录种. 昆虫分类学报，1988，(3~4)：298，320

张生芳，刘永平，武增强. 中国储藏物甲虫. 北京：农业科技出版社，1998

张生芳，刘永平. 谷斑皮蠹在我国的适生性分析及检疫对策研究. 植物检疫，1988，(4)：258~268

张生芳，刘永平. 巴西豆象的发育及在北京适生性的研究. 植物保护学报，1991，(1)：35~38

张生芳，刘永平. 菜豆象卵、幼虫及成虫的快速鉴定研究. 植物检疫，1991，(5)：326~331

张生芳，刘永平. 酱曲露尾甲与细胫露尾甲的形态区别及二纹露尾甲记述. 粮食储藏，1984，(4)：23~25

张生芳，刘永平. 拟谷盗属赤拟谷盗组重要种的鉴定. 植物检疫，1992a，(4)：241~245

张生芳，刘永平. 云南圆胸皮蠹属一新种记述. 昆虫分类学报，1988，(1~2)：27~29

张生芳，刘永平. 中国仓储阎虫记述. Ⅰ. 形态结构、分属及甲阎虫属的种. 吉林粮专学报，1992b，(1)：1~5；Ⅱ. 木阎虫属、清亮阎虫属、分阎虫属及阎虫属的种. 吉林粮专学报，1992c，(2)：1~5；Ⅲ. 腐阎虫属及钩颚阎虫属的种. 吉林粮专学报，1992d，(3)：1~6

张生芳，刘永平. 中国沟股豆象属一新种记述. 昆虫分类学报，1987，(3)：191~193

张生芳，刘永平. 中国皮蠹科四新纪录种. 昆虫分类学报，1992e，(3)：233~234

张生芳，周玉香. 拟谷盗属重要种的分布、寄主及鉴别. 植物检疫，2002，(6)：349~351

张生芳. 我国口岸植物检疫截获的豆象科害虫. 植物检疫，1997，(6)：321~330

张禹安. 四川成渝两地仓贮甲虫的调查和研究. 重庆：西南农学院学报，1985，(1)：84~92

赵养昌，等. 中国仓库害虫区系调查. 北京：农业出版社，1982

赵养昌. 中国经济昆虫志 (第四册). 鞘翅目 拟步行虫科. 北京：科学出版社，1965

赵养昌. 中国仓库害虫. 北京：科学出版社，1966

浙江农业大学. 植物检疫. 上海：上海科学技术出版社，1979

郑州粮食学院，吉林财贸学院. 仓库昆虫学. 北京：财政经济出版社，1985

中国科学院动物研究所. 中国农业昆虫. 北京：农业出版社，1986

中国中药材公司. 中药材仓虫图册. 天津：天津科学技术出版社，1990

周力兵，等. 巴西豆象的生物学研究. 植物检疫，1990，(5)：326~331

朱冠，吴晓波. 云南省元江县发现罗望子象和花生豆象. 植物检疫，1988，(2)：124

Archer T L, Strong R G. Comparative studies on the biologies of six species of *Trogoderma*：*T. glabrum*. Ann. Entomol. Soc. Am. , 1975, 68：105~114

Arora G L. Taxonomy of the Bruchidae (Coleoptera) of Northwest India. part I. Adults. Oriental Insects, supplemant. 1977, 132

Beal R S. Biology and taxonomy of the Nearctic species of *Trogoderma* (Coleoptera：Dermestidae). Univ. Calif. Publ. Entomol. , 1954, 10：35~102

Beal R S. Synopsis of the economic species of *Trogoderma* occurring in the United States with description of a new species (Coleoptera：Dermestidae). Ann. Entomol. Soc. Am. , 1956, 49：559~566

Beal R S. Taxonomy and biology of Nearctic species of *Anthrenus* (Coleoptera：Dermestidae). Transactions of the American Entomological Society, 1998, 124 (3, 4)：271~332

Borowiec L. Bruchidae Strakowce, Fauna of Poland. PWN, Warszawa, 1998

Bousquet Y. Beetles associated with stored products in Canada：An identification guide. Agriculture Canada, 1990

Coombs C W, Woodroffe G E. A revision of the British species of *Cryptophagus* Herbst (Coleoptera: Cryptophagidae). Trans. Roy. Ent. Soc. London, 1955, 106: 237~282

Dobson R M. The species of *Carpophilus* Stephens (Coleoptera: Nitidulidae) associated with stored products. Bull. Entomol Res. , 1954, 45: 389~402

Gerberg E J. A revision of the New World species of powder-post beetles belonging to the family Lyctidae. United States Department of Agriculture, Technical Bulletin No. 1157, 1957

Gorham J R. Insect and mite pests in food, An illustrated Key. Agriculture handbook No. 655,1991

Green M. The identification of *Trogoderma variabile* Ballion, *T. inclusum* LeConte and *T. granarium* Everts (Coleoptera: Dermestidae) using characters provided by their genitalia. Entomol. Gaz. , 1979,30: 199~204

Haines C P. Insects and Arachnids of Tropical Stored Products: Their Biology and Identification. Natural Resources Institute, 1991

Haines C P. Observations on *Callosobruchus analis* (F.) in Indonesia, including a key to storage *Callosobruchus* spp. (Col. , Bruchidae). J. stored Prod. Res. , 1989, 25 (1): 9~16

Halslead D G H. A new species of *Tribolium* from North America previously confused with *Tribolium madens* (Charp.) (Coleoptera: Tenebrionidae). J. stored Prod. Res. , 1969, 4: 295~304

Halstead D G H. External sex differences in stored products Coleoptera. Bull. Entomol. Res. , 1963, 59: 119~134

Halstead D G H. Keys for the identification of beetles associated with stored products. II—Laemophloeidae, Passandridae and Silvanidae. J. stored Prod. Res. , 1993, 29 (2): 99~197

Halstead D G H. Keys for the identification of beetles associated with stored products. I—Introduction and key to families. J. stored Prod. Res. ,1986, 22 (4): 163~203

Halstead D G H. Taxonomic notes on some *Attagenus* spp. associated with stored products, including a new black species from Africa (Coleoptera: Dermestidae). J. stored Prod. Res. , 1981, 17: 91~99

Halstead D G H. A revision of the genus *Palorus* (Sens. lat.) (Coleoptera: Tenebrionidae). Bull. Br. Mus. (Nat. Hist.) Entomol. , 1967, 19: 59~148

Hatch M H. The Beetles of the Pacific Northwest Part IV. University of Washington Press,1965

Herford G M. A key to the members of the family Bruchidae (Coleoptera: Bruchidae) of economic importance in Europe. Trans. Soc. Brit Ent. , 1935, 2: 1~32

Hickin N E. The Insect Factor in Wood Decay. 3rd edition. Hutchinson, London,1975

Hinton H E. A Monograph of the Beetles Associtated With Stored Products. Vol. 1, Brit. Mus. (Nat. Hist.), London,1945

Hinton H E. A synopsis of the genus *Tribolium* MaCleay with some remarks on the evolution of its species-group (Coleoptera: Tenebrionidae). Bull. Entomol. Res. , 1948, 39: 13~56

Hinton H E. The Histeridae associated with stored products. Bull. Entomol. Res. , 1945, 35: 309~340

Hinton H E. The Ptinidae of economic importance. Bull. Entomol. Res. , 1941, 31: 331~381

Hodges R J. A new review of the biology and control of the greater grain borer *Prostephanus truncatus* (Horn) (Coleoptera: Bostrichidae). Trop. Stored Prod. Inf. , 1982, 43: 3~9

Howe R W, Currie J E. Some laboratory observations on the rates of development , mortality and oviposition of several species of Bruchidae breeding in stored pulses. Bull. Entomol. Res. , 1964, 55: 437~477

Howe R W, Lefkovitch L P. The distribution of the storage species of *Cryptolestes*. Bull. Entomol. Res. , 1957, 48 (4): 795~809

Kingsolver J M. A key to the genera and species of Bostrichidae commonly intercepted in USDA Plant Quarantine Inspection. U. S. Department of Agriculture, Agricultural Quarantine Inspection Memorandum, No. 697. 1971

Lawrence J F. Three new Asiatic Ciidae (Coleoptera: Tenebrionidae) associated with commercial, dried fungi. Coleopt. Bull. , 1991, 45 (3): 286~292

Lefkovitch L P. A revision of African Laemophloeinae (Coleoptera: Cucujidae). Bull. Brit. Mus. (Nat. Hist.), 1962, 12: 167~245

Moore B P. The identity of *Ptinus latro* Auct. (Coleoptera: Ptinidae). Proc. R. Ent. Soc. Lond. (B) 26. PTS. , 1957, 11~12:199~202

Mroczkowski M. Distribution of the Dermestidae (Coleoptera) of the world with a catalogue of all known species. Ann. Zool. , Warszawa. , 1968, 26: 15~191

Mroczkowski M. Dermestidae Skórnikowate (Insecta: Coleoptera) Fauna Polski. Fauna Poloniae, Tom 4, 1975

Mroczkowski M. Silphidae and Dermestidae (Coleoptera) collected in Mongolia by Polish Zoologists in the years 1959~1964. Fragm. Faun. , Warszawa, 1966, 12: 333~338

Mroczkowski M. The palearctic species of *Megatoma* Herbst (Coleoptera: Dermestidae). Pol. Pismo Ent. , Wroclaw, 1967, 37: 2~34

Nakakita H. Rediscovery of *Tribolium freemani* Hinton: A stored product insect unexposed to entomologists for the past 100 years. JARQ. , 1983, 16: 240~245

Singh R S. Pests of grain legumes: Ecology and Control. Academic Press, London,1978

Sinha R N , Watters F L. Insect Pests of Flour Mills, Grain Elevators, and Feed Mills and Their Control. Canadian Gonvernment Publishing Center, Ottawa,1985

Southgate B J, Howe R W, Brett G A. The specific status of *Callosobruchus maculatus* (F.) and *Callosobruchus analis* (F.). Bull. Entomol. Res. , 1957, 48 (1): 79~87

Southgate B J. Biology of the Bruchidae. Ann. Rev. Entomol. , 1979, 24: 449~473

Southgate B J. Systematic notes on species of *Callosobruchus* of economic importance. Bull. Entomol. Res. , 1958, 49 (4): 591~599

Veer V, Negi B K, Rao K M. Dermestid beetles and some other insect pests associated with stored silkworm cocoons in India, including a world list of dermestid species found attacking this commodity. J. stored Prod. Res. , 1996, 32 (1): 69~89

Woodroffe G E, Coombs C W. A revision of the North American *Cryptophagus* Herbst (Coleoptera: Cryptophagidae). Misc. Publ. Entomol. Soc. Am. , 1961, 2: 179~211

Woodroffe G E. Ergebnisse der zoologischen Forschungen von Dr. Z. Kaszab in der Mongolei. 194. A new species of *Cryptophagus*, and the male of *Micrambe translatus* Grouvelle from Mongolia (Coleoptera: Cryptophagidae). Reichenbacbia, 1970, 13 (3): 9~13

Академия Наук СССР. Определитель насекомых Европейской части СССР. II . Жесткокрылые и Веерокрылые. Наука, 1965

Академия Наук СССР. Определитель насекомых Дальнего Востока СССР. Т. 3. Жесткокрылые, или Жуки. Ч. 1. Наука,1989

Жантиев Р Д. Жуки-кожееды (Семейство Dermestidae) Фауны СССР. Издательство Московского Университета, 1967

Крыжановский О Л и А Н Рейхард,Жуки надсемейство Histeroidea,Жесткокрылые. Т. 5. в. 4,Наука. 1976

Лукьянович Ф К и М Е Тер-Минасян, Жесткокрылые. Т. 24, в. 1. Жуки-зерновки (Bruchidae) , Академия Наук СССР, 1957

Любарский Т Ю. Кавказские жуки-скрытноеды рода *Cryptophagus* (Coleoptera, Cryptophagidae). Зоологический Журнал, 1992, 71 (10): 68~82

Медведев Г С. Определитель жуков-чернотелок Монголии. Лениград，1990

Румянцев П Д. Биология вредителей хлебных запасов. Москва，1959

青木郎,等．日本昆虫图鉴(修订第 5 版)．上海：上海忠良书店影印,1952

中条道夫．豆象科．日本动物分类,十卷八编九号,三省堂,1937

中条道夫．长蠹科、扁蠹科．日本动物分类、十卷八编七号,三省堂,1937

中根猛彦,等．原色昆虫大图鉴 II(甲虫篇)．北隆馆,1963

黑泽良彦,等．原色日本甲虫图鉴(II．III．IV)．保育社,1985

　　本书的出版,得到质检公益性项目(201310075-2)、国家质检总局科研项目(2014IK023、2015IK128、2009IK243、2012IK276)、江苏出入境检验检疫局科研项目(2012KJ55、2013KJ55)的支持和资助。

拉丁文英文名称对照

A

Acanthoscelides obtectus	bean seed beetle, bean weevil
Ahasverus advena	foreign grain beetle
Alphitobius diaperinus	lesser mealworm
Alphitobius laevigatus	black fungus beetle
Alphitophagus bifasciatus	two-banded fungus beetle
Anthicus floralis	narrownecked grain beetle
Anthrenus flavipes	furniture carpet beetle
Anthrenus scrophulariae	carpet beetle
Anthrenus verbasci	varied carpet beetle
Apsena rufipes	fig engraver beetle
Araecerus fasciculatus	coffee bean weevil
Attagenus pellio	two-spotted carpet beetle
Attagenus unicolor	black carpet beetle

B

Blaps mucronata	churchyard beetle
Blapstinus discolor	fig darkling beetle
Bruchus pisorum	pea beetle, pea weevil
Bruchus rufimanus	broadbean beetle, broadbean weevil

C

Callosobruchus chinensis	azuki seed beetle, Southern cowpea weevil
Callosobruchus maculatus	cowpea seed beetle, cowpea weevil
Callosobruchus phaseoli	dolichos seed beetle
Callosobruchus rhodesianus	Rhodesian bean seed beetle
Carpophilus dimidiatus	corn sap beetle
Carpophilus hemipterus	driedfruit beetle
Carpophilus lugubris	dusky sap beetle
Caryedon serratus	groundnut bruchid
Cathartus quadricollis	squarenecked grain beetle
Caulophilus oryzae	broad-nosed grain weevil
Chalcodermus aeneus	cowpea curculio
Crioceris asparagi	asparagus beetle
Crioceris duodecimpunctata	spotted asparagus beetle

Cryptolestes ferrugineus	rust-red-grain beetle
Cryptolestes pusillus	flat grain beetle
Cryptolestes turcicus	Turkish grain beetle
Curculio caryae	pecan weevil
Cynaeus angustus	larger black flour beetle

D

Dermestes ater	black larder beetle
Dermestes lardarius	larder beetle
Dermestes maculatus	hide beetle
Dermestes peruvianus	Peruvian larder beetle
Dinoderus bifoveolatus	west african ghoon beetle
Dinoderus minutus	bamboo powderpost beetle

G

Gibbium psylloides	shiny spider beetle
Gnathocerus cornutus	broad-horned flour beetle
Gnathocerus maxillosus	slender-horned flour beetle

H

Haptoncus luteolus	yellowbrown sap beetle
Hypothenemus hampei	coffee berry borer

L

Lasioderma serricorne	cigarette beetle
Latheticus oryzae	long-headed flour beetle
Leptinotarsa decemlineata	Colorado potato beetle
Lophocateres pusillus	Siamese grain beetle
Lyctus brunneus	brown powderpost beetle

M

Mezium americanum	American spider beetle
Mycetaea subterranea	hairy callar beetle

N

Niptus hololeucus	golden spider beetle
Necrobia ruficollis	red-shouldered ham beetle
Necrobia rufipes	red-legged ham beetle

O

Oryzaephilus mercator	merchant grain beetle
Oryzaephilus surinamensis	saw-toothed grain beetle

P

Palorus ratzeburgi	small-eyed flour beetle
Palorus subdepressus	depressed flour beetle
Pharaxonotha kirschi	Mexican grain beetle
Platydema ruficorne	redhorned grain beetle
Prostephanus truncatus	larger grain borer
Ptinus clavipes	brown spider beetle
Ptinus fur	whitemarked spider beetle
Ptinus raptor	Canadian spider beetle
Ptinus tectus	Australian spider beetle
Ptinus villiger	hairy spider beetle

R

Rhyzopertha dominica	lesser grain borer

S

Sitophilus granarius	granary weevil
Sitophilus linearis	tamarind weevil
Sitophilus oryzae	rice weevil
Sitophilus zeamais	maize weevil
Stegobium paniceum	drugstore beetle

T

Tenebrio molitor	yellow mealworm
Tenebrio obscurus	dark mealworm
Tenebroides mauritanicus	cadelle
Thylodrias contractus	odd beetle
Tribolium audax	American black flour beetle
Tribolium brevicorne	giant flour beetle
Tribolium castaneum	red flour beetle
Tribolium confusum	confused flour beetle
Tribolium destructor	false black flour beetle
Tricorynus herbarius	Mexican book beetle
Trogoderma glabrum	glabrous cabinet beetle
Trogoderma granarium	khapra beetle
Trogoderma inclusum	larger cabinet beetle
Trogoderma ornatum	ornat cabinet beetle
Trogoderma variabile	warehouse beetle
Trogoderma versicolor	European larger cabinet beetle
Trogonogenius globulum	globular spider beetle

中文名索引

（中文名后对应数字为该虫在本书中的序号）

拉丁名索引

（拉丁名后对应数字为该虫在本书中的序号）

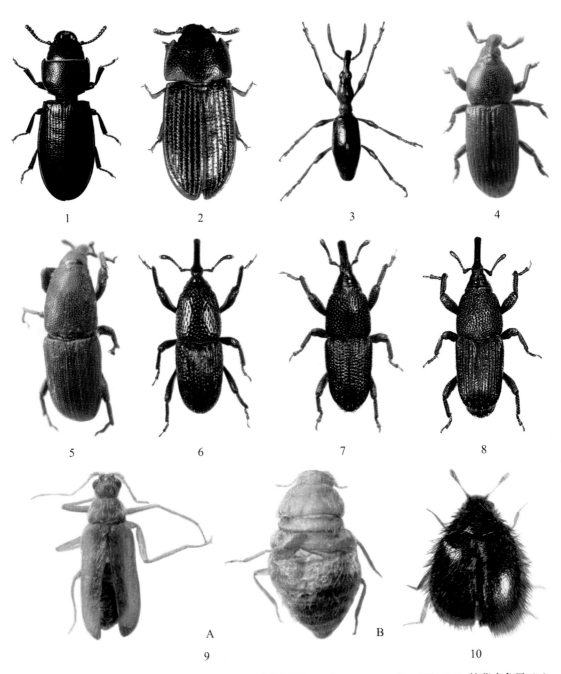

1. 大谷盗 *Tenebroides mauritanicus* (Linnaeus); 2. 暹罗谷盗 *Lophocateres pusillus* (Klug); 3. 甘薯小象甲 *Cylas formicarius* (Fabricius); 4. 阔鼻谷象 *Caulophilus oryzae* (Gyllenhal); 5. 罗望子象 *Sitophilus linearis* (Herbst); 6. 谷象 *Sitophilus granarius* (Linnaeus); 7. 米象 *Sitophilus oryzae* (Linnaeus); 8. 玉米象 *Sitophilus zeamais* Motschulsky; 9. 百怪皮蠹 *Thylodrias contractus* Motschulsky (A♂, B♀); 10. 棕长毛皮蠹 *Trinodes rufescens* Reitter; 图 10 引自 Herrmann

1. 里斯皮蠹 *Reesa vespulae* (Milliron); 2. 澳洲皮蠹 *Anthrenocerus australis* (Hope); 3. 拟长毛皮蠹 *Evorinea indica* Arrow; 4. 畹町拟长毛皮蠹 *Evorinea smetanai* Herrmann, Háva & Zhang; 5. 玫瑰皮蠹 *Dermestes dimidiatus* ab. *rosea* Kusnezova; 6. 白背皮蠹 *Dermestes dimidiatus* Steven; 7. 中亚皮蠹 *Dermestes elegans* Gebler; 8. 云纹皮蠹 *Dermestes marmoratus* Say; 9. 花冠皮蠹 *Dermestes coronatus* Steven; 10. 白腹皮蠹 *Dermestes maculatus* Degeer; 11. 肉食皮蠹 *Dermestes carnivorus* Fabricius; 12. 拟白腹皮蠹 *Dermestes frischii* Kugelann; 图 2、4、7、8、9 引自 Herrmann, 图 5 引自 Smirnov

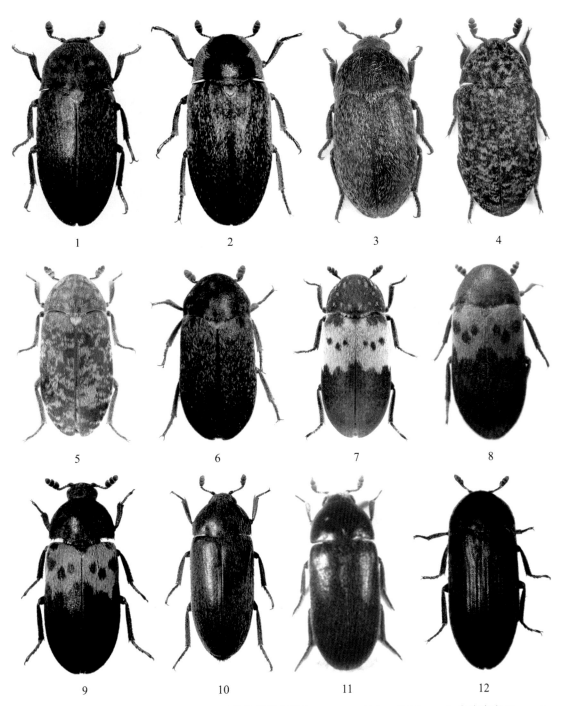

1. 双带皮蠹 *Dermestes coarctatus* Harold; 2. 西伯利亚皮蠹 *Dermestes sibiricus* Erichson; 3. 金边皮蠹 *Dermestes laniarius* Illiger; 4. 鼠灰皮蠹 *Dermestes murinus* Linnaeus; 5. 波纹皮蠹 *Dermestes undulatus* Brahm; 6. 赤毛皮蠹 *Dermestes tessellatocollis* Motschulsky; 7. 火腿皮蠹 *Dermestes lardarius* Linnaeus; 8. 红带皮蠹 *Dermestes vorax* Motschulsky; 9. 淡带皮蠹 *Dermestes vorax* var. *albofasciatus* Matsumura & Yokoyama; 10. 钩纹皮蠹 *Dermestes ater* Degeer; 11. 印度皮蠹 *Dermestes leechi* Kalik; 12. 沟翅皮蠹 *Dermestes freudei* Kalik & N. Ohbayashi; 图 3、4 引自 Herrmann

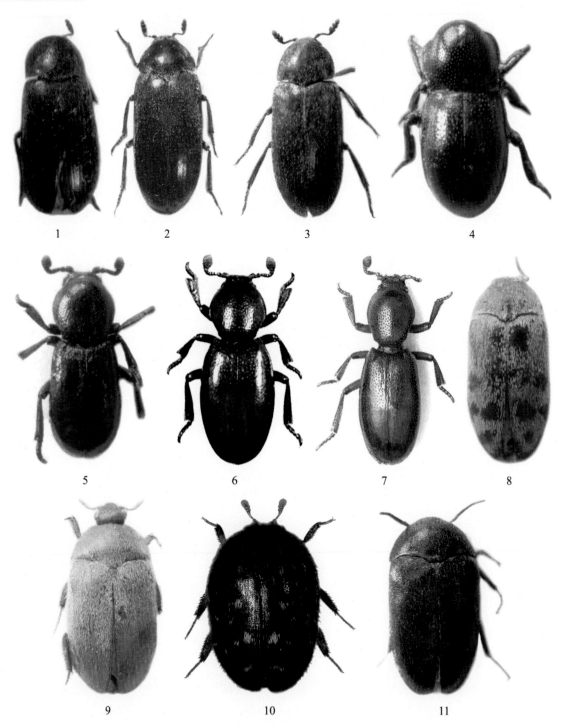

1. 美洲皮蠹 *Dermestes nidum* Arrow; 2. 秘鲁皮蠹 *Dermestes peruvianus* Castelnau; 3. 痔皮蠹 *Dermestes haemorrhoidalis* Küster; 4. 翼圆胸皮蠹 *Thorictodes dartevellei* John; 5. 小圆胸皮蠹 *Thorictodes heydeni* Reitter; 6. 云南圆胸皮蠹 *Thorictodes brevipennis* Zhang & Liu; 7. 印中圆胸皮蠹 *Thorictodes erraticus* Champ.; 8. 长翅毛皮蠹 *Attagenus longipennis* Pic; 9. 叶胸毛皮蠹 *Attagenus lobatus* Rosenhauer; 10. 波纹毛皮蠹 *Attagenus undulatus* (Motschulsky); 11. 十节毛皮蠹 *Attagenus schaefferi* (Herbst); 图 1、2、7 引自 Herrmann

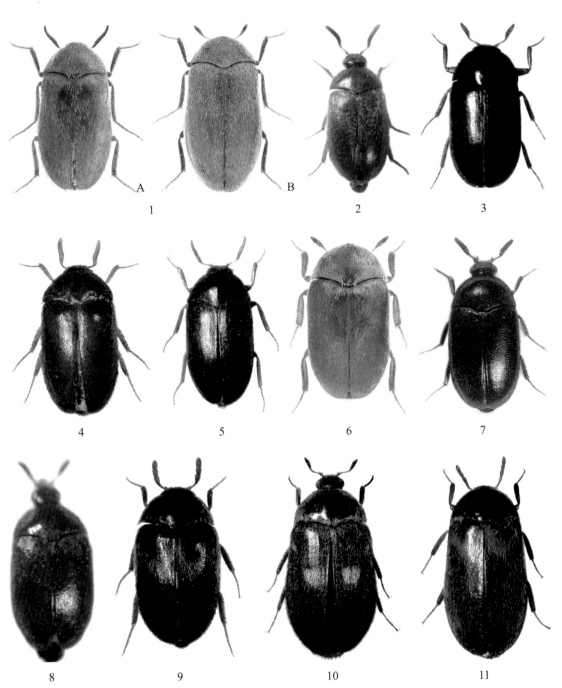

1. 褐毛皮蠹 *Attagenus augustatus gobicola* Frivaldszky(A♂, B♀); 2. 斯氏毛皮蠹 *Attagenus smirnovi* Zhantiev; 3. 短角褐毛皮蠹 *Attagenus unicolor simulans* Solskij; 4. 驼形毛皮蠹 *Attagenus cyphonoides* Reitter; 5. 暗褐毛皮蠹 *Attagenus brunneus* Faldermann; 6. 黑毛皮蠹 *Attagenus unicolor japonicus* Reitter; 7. 世界黑毛皮蠹 *Attagenus unicolor unicolor* (Brahm); 8. 东非毛皮蠹 *Attagenus insidiosus* Halstead; 9. 缅甸毛皮蠹 *Attagenus birmanicus* Arrow; 10. 二星毛皮蠹 *Attagenus pellio* Linnaeus; 11. 月纹毛皮蠹 *Attagenus vagepictus* Fairmaire; 图 2、7、8 引自 Herrmann

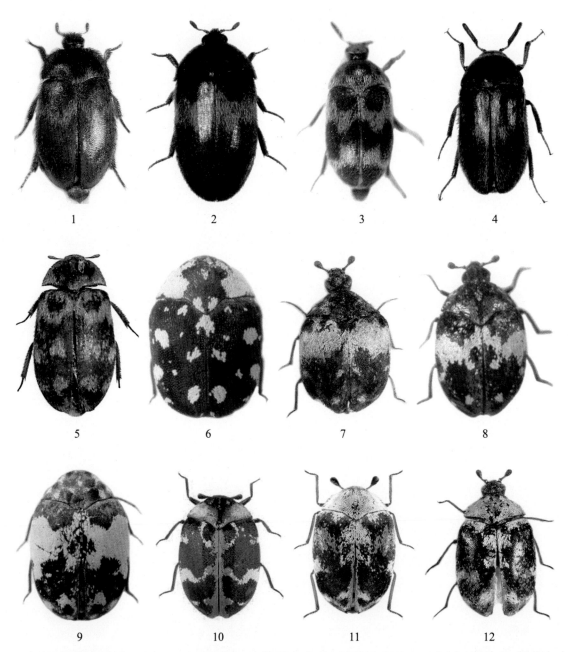

1. 伍氏毛皮蠹 *Attagenus woodroffei* Halstead; 2. 横带毛皮蠹 *Attagenus fasciatus* (Thunberg); 3. 斑胸毛皮蠹 *Attagenus suspiciosus* Solskij; 4. 斜带褐毛皮蠹 *Attagenus augustatus augustatus* Ballion; 5. 三带毛皮蠹 *Attagenus sinensis* Pic; 6. 多斑圆皮蠹 *Anthrenus maculifer* Reitter; 7. 拟白带圆皮蠹 *Anthrenus oceanicus* Fauvel; 8. 白带圆皮蠹 *Anthrenus pimpinellae* Fabricius; 9. 日本白带圆皮蠹 *Anthrenus nipponensis* Kalik & N. Ohbayashi; 10. 地毯圆皮蠹 *Anthrenus scrophulariae* (Linnaeus); 11. 红圆皮蠹 *Anthrenus picturatus hintoni* Mroczkowski; 12. 箭斑圆皮蠹 *Anthrenus picturatus* Solskij; 图 1、3、7、8、12 引自 Herrmann, 图 10 引自 Makarov

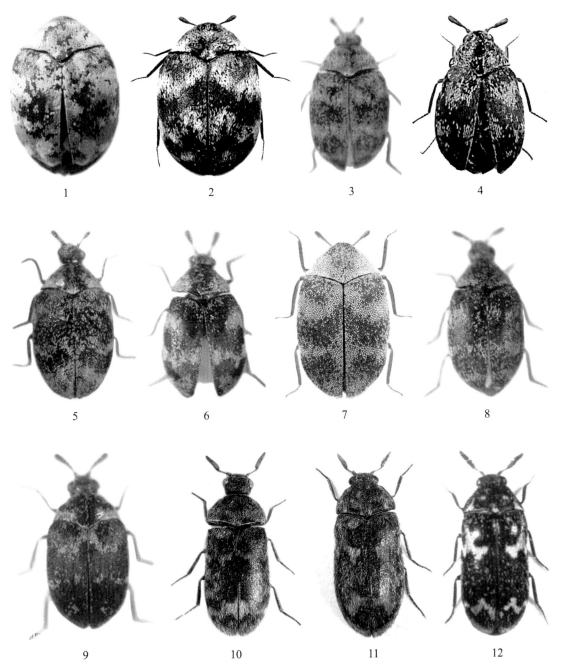

1. 丽黄圆皮蠹 *Anthrenus flavipes* LeConte; 2. 小圆皮蠹 *Anthrenus verbasci* (Linnaeus); 3. 黄带圆皮蠹 *Anthrenus coloratus* Reitter; 4. 金黄圆皮蠹 *Anthrenus flavidus* Solskij; 5. 标本圆皮蠹 *Anthrenus museorum* (Linnaeus); 6. 高加索圆皮蠹 *Anthrenus caucasicus* Reitter; 7. 中华圆皮蠹 *Anthrenus sinensis* Arrow; 8. 波兰圆皮蠹 *Anthrenus polonicus* Mroczkowski; 9. 黑圆皮蠹 *Anthrenus fuscus* Olivier; 10. 红毛长皮蠹 *Megatoma conspersa* Solskij; 11. 花斑长皮蠹 *Megatoma variegata* (Horn); 12. 波纹长皮蠹 *Megatoma undata* (Linnaeus); 图 3、5、6、8、9、10、11、12 引自 Herrmann

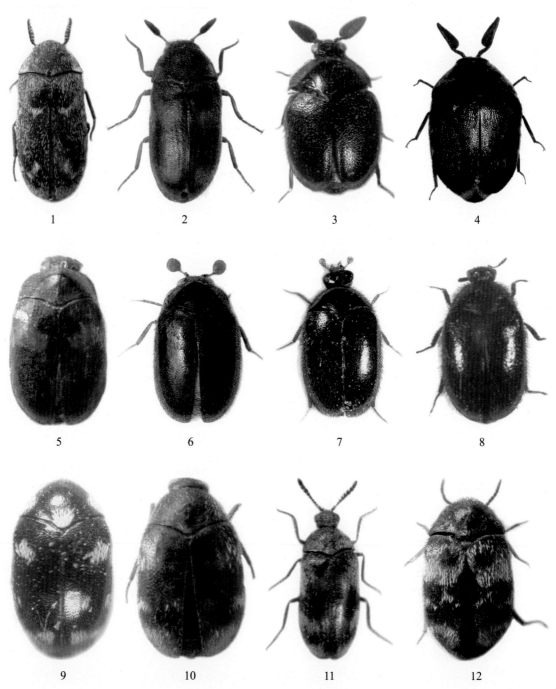

1. 柔毛长皮蠹 *Megatoma pubescens* (Zetterstedt); 2. 四纹长皮蠹 *Megatoma graeseri* (Reitter); 3. 无斑螵蛸皮蠹 *Thaumaglossa hilleri* Reitter; 4. 远东螵蛸皮蠹 *Thaumaglossa rufocapillata* Redtenbacher; 5. 日本球棒皮蠹 *Orphinus japonicus* Arrow; 6. 毕氏球棒皮蠹 *Orphinus beali* Herrmann, Háva & Zhang; 7. 褐足球棒皮蠹 *Orphinus fulvipes* (Guérin-Méneville); 8. 柔毛齿胫皮蠹 *Phradonoma villosulum* (Duftschmid); 9. 三色齿胫皮蠹 *Phradonoma tricolor* (Arrow); 10. 斑纹齿胫皮蠹 *Phradonoma nobile* Reitter; 11. 长斑皮蠹 *Trogoderma angustum* (Solier); 12. 简斑皮蠹 *Trogoderma simplex* Jayne; 图3、6、7、8、9、11 引自 Herrmann

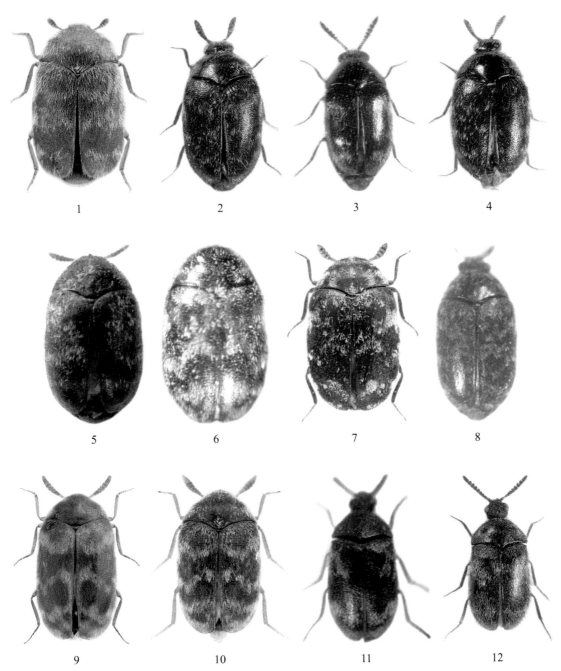

1. 谷斑皮蠹 *Trogoderma granarium* Everts; 2. 黑斑皮蠹 *Trogoderma glabrum* (Herbst); 3. 葛氏斑皮蠹 *Trogoderma grassmani* Beal; 4. 拟肾斑皮蠹 *Trogoderma versicolor* (Creutzer); 5. 肾斑皮蠹 *Trogoderma inclusum* LeConte; 6. 胸斑皮蠹 *Trogoderma sternale* Jayne; 7. 墨西哥斑皮蠹 *Trogoderma anthrenoides* (Sharp); 8. 饰斑皮蠹 *Trogoderma ornatum* (Say); 9. 花斑皮蠹 *Trogoderma variabile* Ballion; 10. 条斑皮蠹 *Trogoderma teukton* Beal; 11. 杂斑皮蠹 *Trogoderma variegatum* (Solier); 12. 白斑皮蠹 *Trogoderma megatomoides* Reitter; 图 2、3、4、8、11 引自 Herrmann; 图 12 引自 www. padil. gov. au

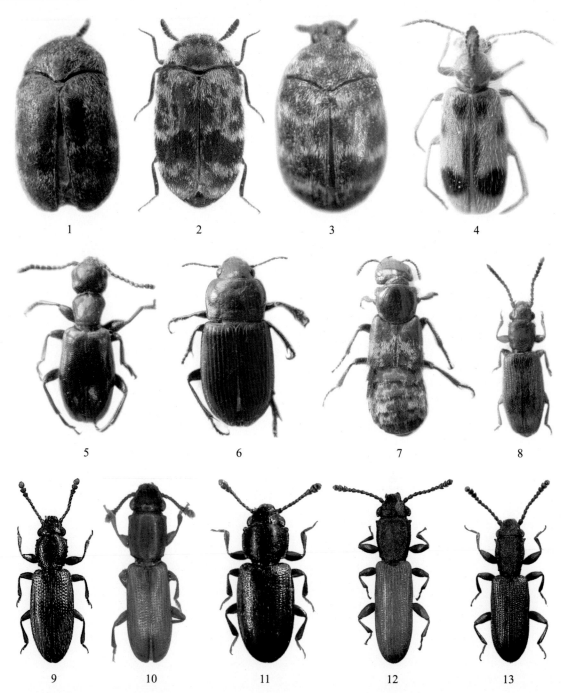

1. 日本斑皮蠹 *Trogoderma varium* (Matsumura & Yokoyama); 2. 云南斑皮蠹 *Trogoderma yunnaeunsis* Zhang & Liu; 3. 土库曼斑皮蠹 *Trogoderma bactrianum* Zhantiev; 4. 三点独角甲 *Notoxus monoceros* Linnaeus; 5. 谷蚁形甲 *Anthicus floralis* (Linnaeus); 6. 斑步甲 *Anisodactylus signatus* (Panzer); 7. 大隐翅虫 *Creophilus maxillosus* (Linnaeus); 8. 黑斑锯谷盗 *Cryptamorpha desjardinsii* (Guérin-Méneville); 9. T 形斑锯谷盗 *Monanus concinnulus* (Walker); 10. 方颈锯谷盗 *Cathartus quadricollis* (Gúerin-Méneville); 11. 米扁虫 *Ahasverus advena* (Waltl); 12. 脊鞘锯谷盗 *Protosilvanus lateritius* (Reitter); 13. 双齿锯谷盗 *Silvanus bidentatus* (Fabricius); 图 3 引自 Herrmann; 图 10 引自 www. ento. csiro. au

1. 锯谷盗 *Oryzaephilus surinamensis* (Linnaeus); 2. 大眼锯谷盗 *Oryzaephilus mercator* (Fauvel); 3. 东南亚锯谷盗 *Silvanoprus cephalotes* (Reitter); 4. 尖胸锯谷盗 *Silvanoprus scuticollis* (Walker); 5. 间隔小圆甲 *Murmidius segregatus* Waterhouse; 6. 小圆甲 *Murmidius ovalis* (Beck); 7. 五棘长小蠹 *Diapus quinquespinatus* Chap.(A♂, B♀); 8. 小钩颚阎虫 *Gnathoncus nanus* (Scriba); 9. 双斑腐阎虫 *Saprinus biguttatus* (Stev.); 10. 变色腐阎虫 *Saprinus semipunctatus* (Fabricius); 11. 细纹腐阎虫 *Saprinus tenuistrius* Mars.

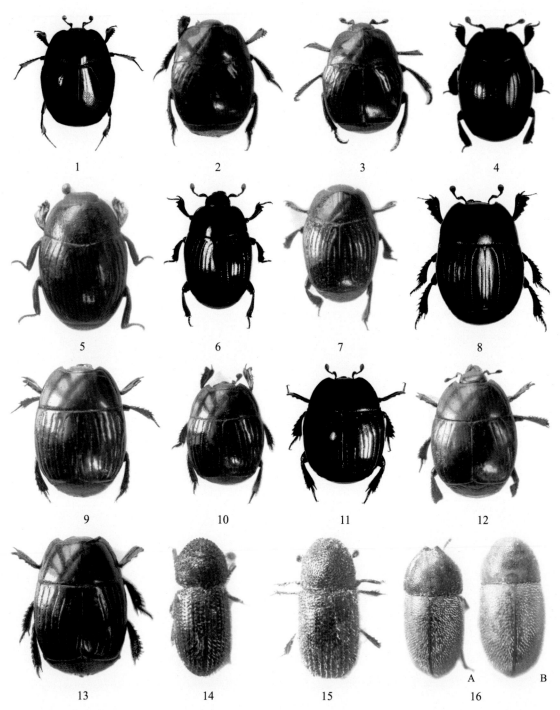

1. 平腐阎虫 *Saprinus planiusculus* Motschulsky; 2. 半纹腐阎虫 *Saprinus semistriatus* (Scriba); 3. 光泽腐阎虫 *Saprinus subnitescens* Bickh.; 4. 仓储木阎虫 *Dendrophilus xavieri* Marseul; 5. 麦氏甲阎虫 *Carcinops mayeti* Marseul; 6. 黑矮甲阎虫 *Carcinops pumilio* (Erichson); 7. 穴甲阎虫 *Carcinops troglodytes* (Paykull); 8. 窝胸清亮阎虫 *Atholus depistor* (Marseul); 9. 十二纹清亮阎虫 *Atholus duodecimstriatus* (Schrank); 10. 远东清亮阎虫 *Atholus pirithous* (Marseul); 11. 吉氏分阎虫 *Merohister jekeli* (Marseul); 12. 四斑阎虫 *Hister quadrinotatus* Scriba; 13. 谢氏阎虫 *Hister sedakovi* Marseul; 14. 咖啡果小蠹 *Hypothenemus hampei* (Ferrari); 15. 棕榈核小蠹 *Coccotrypes dactyliperda* (Fabricius); 16. 中华木蕈甲 *Cis chinensis* Lawrence（A♂, B♀）

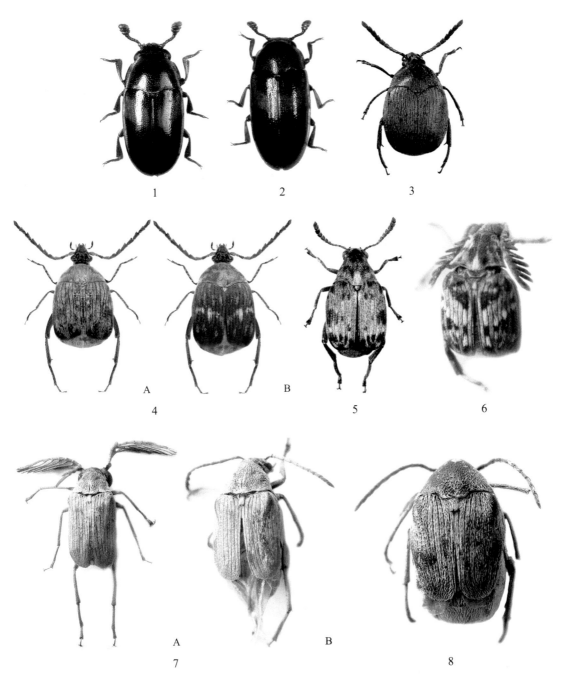

1. 二纹大蕈甲 *Dacne picta* Crotch; 2. 凹黄大蕈甲 *Dacne japonica* Crotch; 3. 牵牛豆象 *Spermophagus sericeus* (Geoffrey); 4. 巴西豆象 *Zabrotes subfasciatus* (Boheman) (A♂, B♀); 5. 皂荚豆象 *Megabruchidius dorsalis* (Fahraeus); 6. 曼氏脊背豆象 *Specularius maindroni* (Pic); 7. 柠条豆象 *Kytorhinus immixtus* Motschulsky (A♂, B♀); 8. 苦参豆象 *Kytorhinus senilis* Solsky

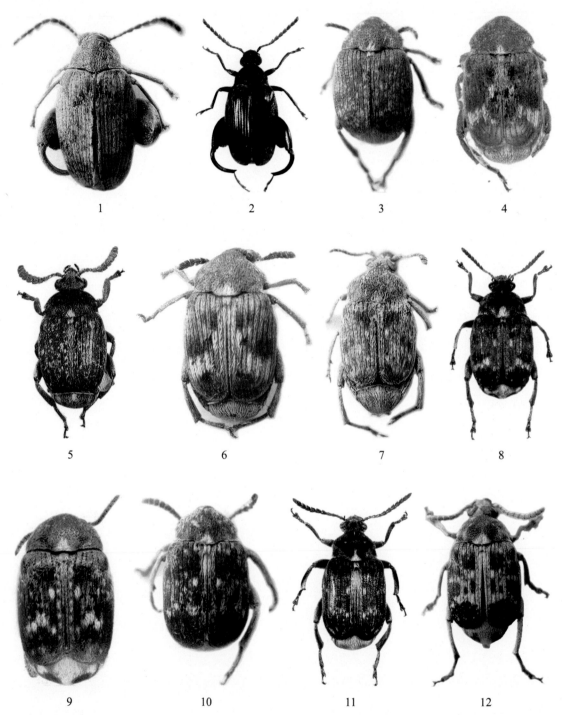

1. 胸纹粗腿豆象 *Caryedon lineatonota* Arora; 2. 花生豆象 *Caryedon serratus* (Olivier); 3. 山黧豆象 *Bruchus tristiculus* Fåhraeus; 4. 兵豆象 *Bruchus signaticornis* Gyllenhal; 5. 野豌豆象 *Bruchus brachialis* Fåhraeus; 6. 地中海兵豆象 *Bruchus ervi* Fröelich; 7. 欧洲兵豆象 *Bruchus lentis* Fröelich; 8. 豌豆象 *Bruchus pisorum* (Linnaeus); 9. 凹缘豆象 *Bruchus emarginatus* Allard; 10. 阔胸豆象 *Bruchus rufipes* Herbst; 11. 蚕豆象 *Bruchus rufimanus* Boheman; 12. 黑斑豆象 *Bruchus dentipes* (Baudi); 图 5 引自 www. claude. schott. free. fr; 图 4、9 引自 www. padil. gov. au

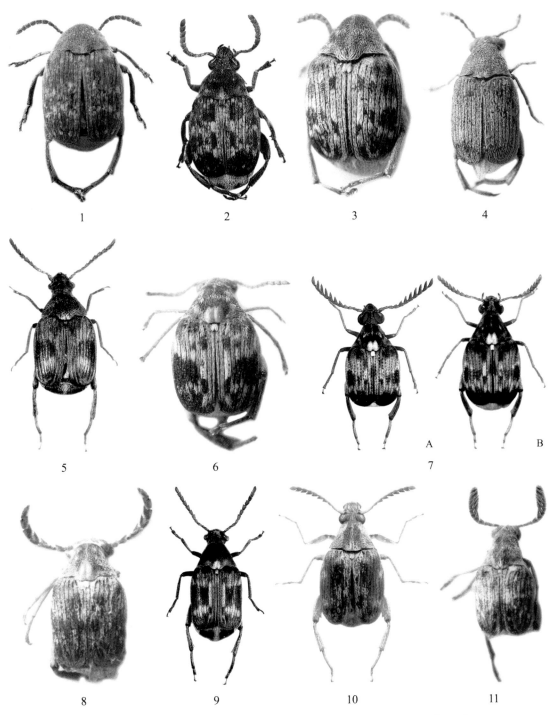

1. 四带野豌豆象 *Bruchus viciae* Olivier; 2. 扁豆象 *Bruchus affinis* Fröelich; 3. 野葛豆象 *Callosobruchus ademptus* (Sharp); 4. 西非豆象 *Callosobruchus subinnotatus* (Pic); 5. 鹰嘴豆象 *Callosobruchus analis* (Fabricius); 6. 可可豆象 *Callosobruchus theobromae* (Linnaeus); 7. 绿豆象 *Callosobruchus chinensis* (Linnaeus) (A♂, B♀); 8. 罗得西亚豆象 *Callosobruchus rhodesianus* (Pic); 9. 四纹豆象 *Callosobruchus maculatus* (Fabricius); 10. 灰豆象 *Callosobruchus phaseoli* (Gyllenhal); 11. 暗条豆象 *Bruchidius atrolineatus* (Pic); 图 21 引自 www. claude. schott. frcc. fr

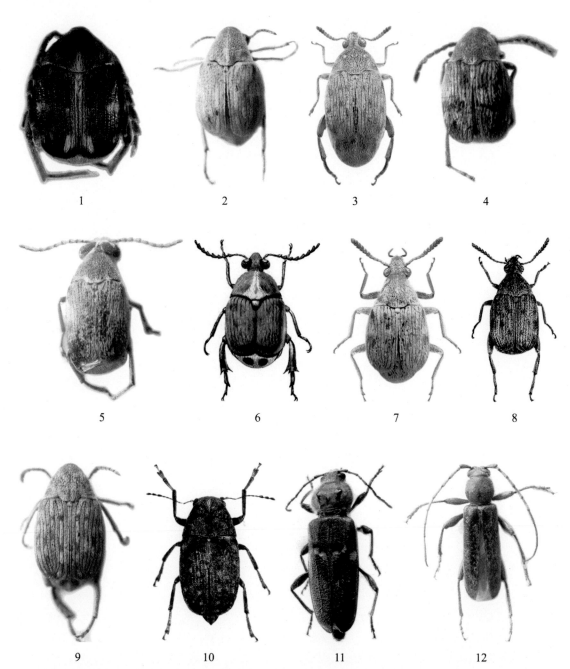

1
2
3
4

5
6
7
8

9
10
11
12

1. 五斑豆象 *Bruchidius quinqueguttatus* (Olivier); 2. 臀瘤豆象 *Bruchidius tuberculicauda* Luk. & T.-M.; 3. 合欢豆象 *Bruchidius terrenus* (Sharp); 4. 三叶草豆象 *Bruchidius trifolii* Motschulsky; 5. 角额豆象 *Bruchidius angustifrons* Schilsky; 6. 埃及豌豆象 *Bruchidius incarnatus* (Boheman); 7. 紫穗槐豆象 *Acanthoscelides pallidipennis* (Motshulsky); 8. 菜豆象 *Acanthoscelides obtectus* (Say); 9. 银合欢豆象 *Acanthoscelides macrophthalmus* (Schaeffer); 10. 咖啡长角象（咖啡豆象）*Araecerus fasciculatus* (Degeer); 11. 家希天牛 *Hylotrupes bajulus* (Linnaeus); 12. 家茸天牛 *Trichoferus campestris* (Faldermann); 图 1 自引 www. ni. wikipedia. org; 图 6 引自 www. pesbicidy. fr; 图 11 引自 www. commons. wikimedia. org

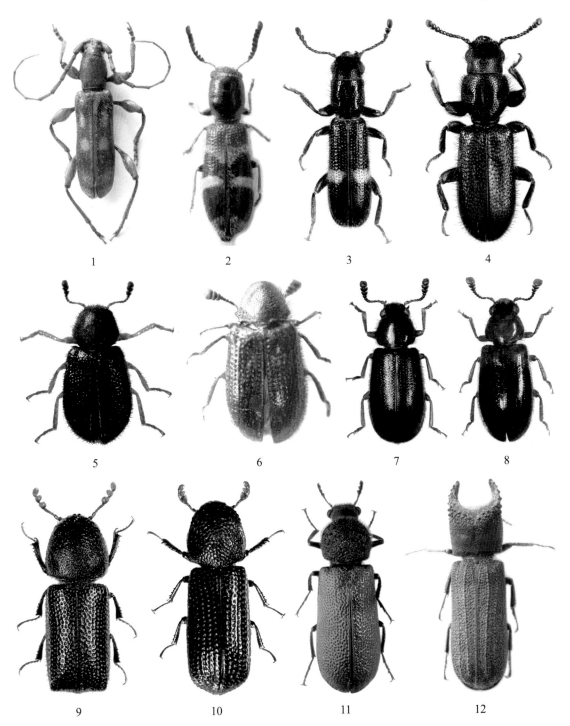

1. 拟蜡天牛 *Stenygrinum quadrinotatum* Bates; 2. 二带赤颈郭公虫 *Tilloidea notata* (Klug); 3. 玉带郭公虫 *Tarsostenus univittatus* (Rossi); 4. 暗褐郭公虫 *Thaneroclerus buqueti* (Lefebvre); 5. 赤胸郭公虫 *Opetiopalpus sabulosus* Motshulsky; 6. 青蓝郭公虫 *Necrobia violacea* (Linnaeus); 7. 赤足郭公虫 *Necrobia rufipes* (Degeer); 8. 赤颈郭公虫 *Necrobia ruficollis* (Fabricius); 9. 大谷蠹 *Prostephanus truncatus* (Horn); 10. 谷蠹 *Rhyzopertha dominica* (Fabricius); 11. 槲长蠹 *Bostrichus capucinus* (Linnaeus); 12. 大角胸长蠹 *Bostrychoplites megaceros* Lesne

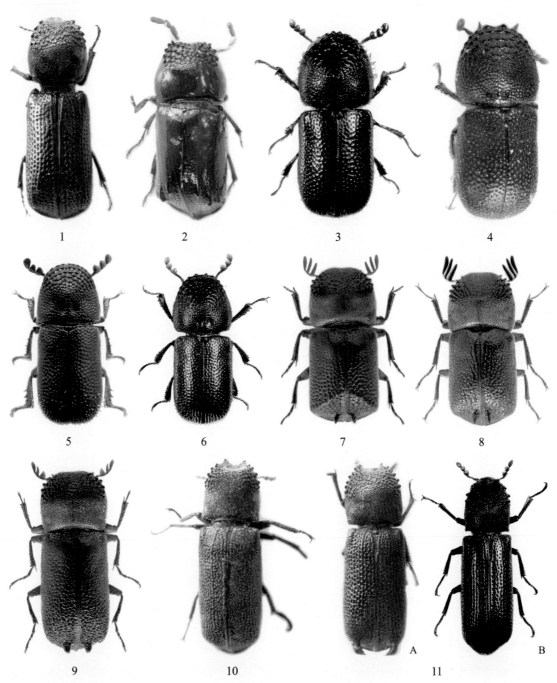

1. 大竹蠹 *Bostrychopsis parallela* (Lesne); 2. 电缆斜坡长蠹 *Xylopsocus capucinus* (Fabricius); 3. 日本竹长蠹 *Dinoderus japonicus* Lesne; 4. 小竹长蠹 *Dinoderus brevis* Horn; 5. 双窝竹长蠹 *Dinoderus bifoveolatus* (Wollaston); 6. 竹长蠹 *Dinoderus minutus* (Fabricius); 7. 双棘长蠹 *Sinoxylon anale* Lesne; 8. 黑双棘长蠹 *Sinoxylon conigerum* Gerstacker; 9. 日本双棘长蠹 *Sinoxylon japonicum* Lesne; 10. 棕异翅长蠹 *Heterobostrychus brunneus* (Murray); 11. 二突异翅长蠹 *Heterobostrychus hamatipennis* (Lesne) (A♂, B♀); 图 4 引自 www. padil. gov. au

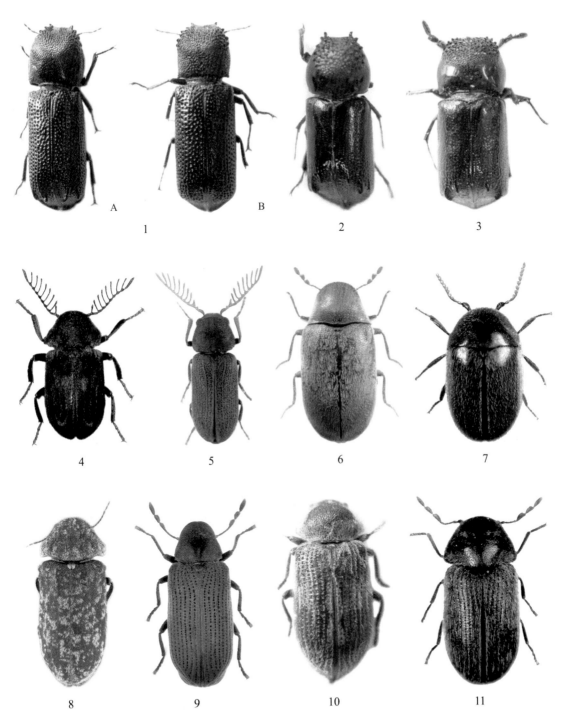

1. 双钩异翅长蠹 *Heterobostrychus aequalis* (Waterhouse) (A♂, B♀); 2. 黄足长棒长蠹 *Xylothrips flavipes* (Illiger); 3. 红艳长蠹 *Xylothrips religiosus* (Boisduval); 4. 大理窃蠹 *Ptilineurus marmoratus* (Reitter); 5. 脊翅栉角窃蠹 *Ptilinus fuscus* Geoffrey; 6. 档案窃蠹 *Falsogastrallus sauteri* Pic; 7. 烟草甲 *Lasioderma serricorne* (Fabricius); 8. 报死窃蠹 *Xestobium rufovillosum* (Degeer); 9. 家具窃蠹 *Anobium punctatum* (Degeer); 10. 浓毛窃蠹 *Nicobium castaneum* (Olivier); 11. 药材甲 *Stegobium paniceum* (Linnaeus); 图 5 引自 Smirnov; 图 8 引自 www. padil. gov. au; 图 9 引自 www. blogdosbichos. sapo. pt

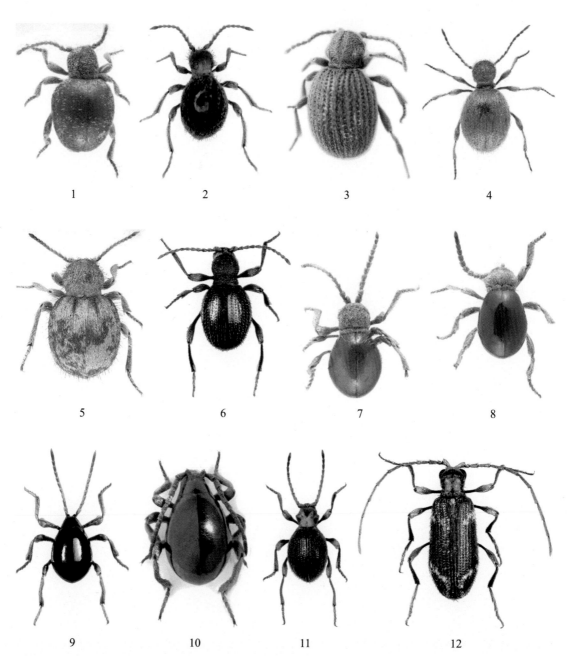

1. 凸蛛甲 *Sphaericus gibboides* (Boieldieu); 2. 西北蛛甲 *Mezioniptus impressicollis* Pic; 3. 仓储蛛甲 *Tipnus unicolor* (Piller & Mitterpacher); 4. 黄蛛甲 *Niptus hololeucus* (Faldermann); 5. 球蛛甲 *Trigonogenius globulum* (Solier); 6. 褐蛛甲 *Pseudeurostus hilleri* (Reitter); 7. 谷蛛甲 *Mezium affine* Boieldieu; 8. 美洲蛛甲 *Mezium americanum* (Laporte); 9. 拟裸蛛甲 *Gibbium aequinoctiale* Boieldieu; 10. 裸蛛甲 *Gibbium psylloides* (Czenpinski); 11. 沟胸蛛甲 *Ptinus sulcithorax* Pic; 12. 日本蛛甲 *Ptinus japonicus* (Reitter); 图 1、5、7、8 引自 www. padil. gov. au; 图 10 引自 Smirnov

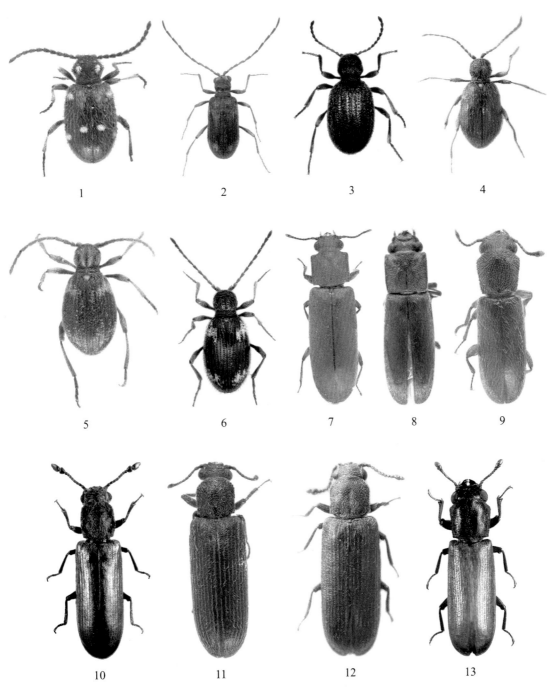

1. 六点蛛甲 *Ptinus exulans* Erichson; 2. 短毛蛛甲 *Ptinus sexpunctatus* Panzer; 3. 澳洲蛛甲 *Ptinus tectus* Boieldieu; 4. 棕蛛甲 *Ptinus clavipes* Panzer; 5. 白斑蛛甲 *Ptinus fur* (Linnaeus); 6. 四纹蛛甲 *Ptinus villiger* Reitter; 7. 方胸粉蠹 *Trogoxylon impressum* (Comolli); 8. 角胸粉蠹 *Trogoxylon parallelopipedum* (Melsheimer); 9. 加州粉蠹 *Trogoxylon aequale* (Wollaston); 10. 中华粉蠹 *Lyctus sinensis* Lesne; 11. 美西粉蠹 *Lyctus cavicollis* LeConte; 12. 栎粉蠹 *Lyctus linearis* (Goeze); 13. 褐粉蠹 *Lyctus brunneus* (Stephens); 图 1、7、8、9、11 引自 www. padil. gov. au

1. 非洲粉蠹 Lyctus africanus Lesne (A 背面; B 腹面); 2. 鳞毛粉蠹 Minthea rugicollis (Walker); 3. 齿粉蠹 Lyctoxylon dentatum (Pascoe); 4. 怪头球棒甲 Mimemodes monstrosus (Reitter); 5. 四窝球棒甲 Monotoma quadrifoveolata Aubé; 6. 长胸球棒甲 Monotoma longicollis Gyll.; 7. 黑足球棒甲 Monotoma picipes Herbst; 8. 二色球棒甲 Monotoma bicolor Villa; 9. 六脊坚甲 Bitoma siccana (Pascoe); 10. 孢坚甲 Colobicus parilis Pascoe; 11. 日本伪瓢虫 Idiophyes niponensis (Gorham); 12. 棉露尾甲 Haptoncus luteolus (Erichson); 图 6、7、8 引自 Borowiec

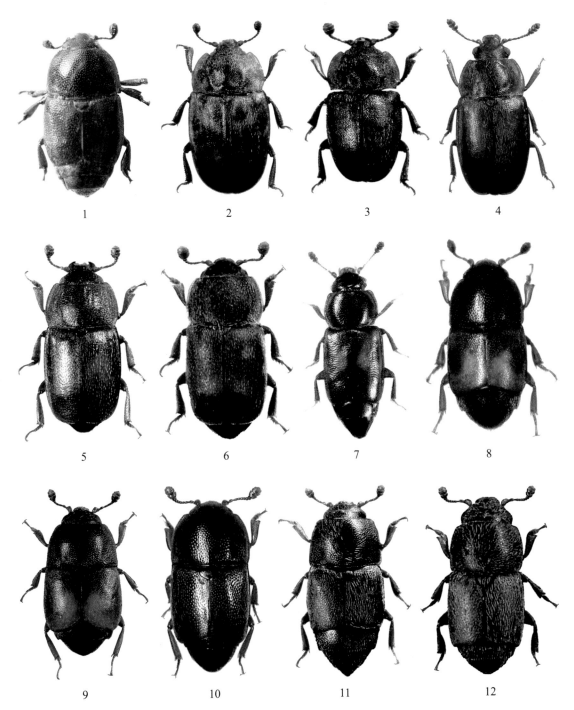

1. 隆肩露尾甲 *Urophorus humeralis* (Fabricius); 2. 短角露尾甲 *Omosita colon* (Linnaeus); 3. 宽带露尾甲 *Omosita discoidea* (Fabricius); 4. 暗色露尾甲 *Nitidula rufipes* (Linnaeus); 5. 二纹露尾甲 *Nitidula bipunctata* (Linnaeus); 6. 四纹露尾甲 *Nitidula carnaria* (Schaller); 7. 长翅露尾甲 *Carpophilus sexpustulatus* (Fabricius); 8. 酱曲露尾甲 *Carpophilus hemipterus* (Linnaeus); 9. 细胫露尾甲 *Carpophilus delkeskampi* Hisamatsu; 10. 大腋露尾甲 *Carpophilus marginellus* Motschulsky; 11. 隆胸露尾甲 *Carpophilus obsoletus* Erichson; 12. 小露尾甲 *Carpophilus pilosellus* Motschulsky; 图 3、7 引自 www. kochlerptera. de

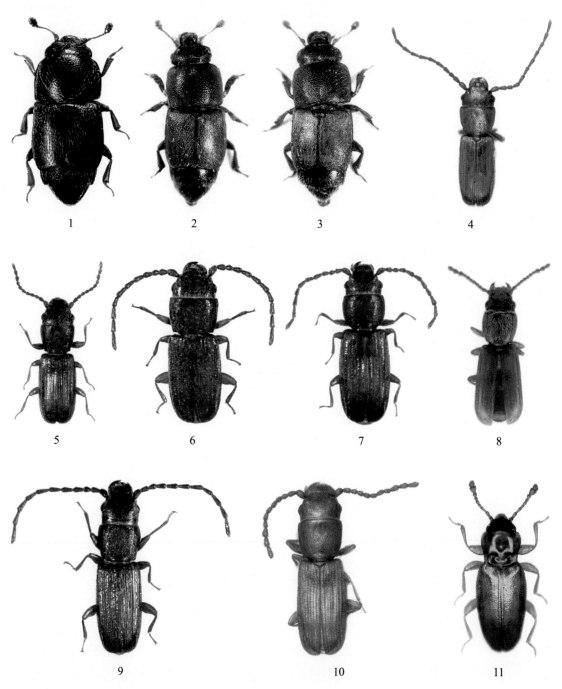

1. 脊胸露尾甲 *Carpophilus dimidiatus* (Fabricius); 2. 隆股露尾甲 *Carpophilus fumatus* Boheman; 3. 干果露尾甲 *Carpophilus mutilatus* Erichson; 4. 角扁谷盗 *Cryptolestes cornutus* Thomos & Zimmerman; 5. 锈赤扁谷盗 *Cryptolestes ferrugineus* (Stephens); 6. 长角扁谷盗 *Cryptolestes pusillus* (Schönherr); 7. 微扁谷盗 *Cryptolestes pusilloides* (Steel & Howe); 8. 开普扁谷盗 *Cryptolestes capensis* (Waltl); 9. 土耳其扁谷盗 *Cryptolestes turcicus* (Grouvelle); 10. 亚非扁谷盗 *Cryptolestes klapperichi* Lefkovitch; 11. 扁薪甲 *Holoparamecus depressus* Curtis; 图 2、3 引自 www. kochleroptera. de; 图 4、10 引自 www. fsca-dip. org

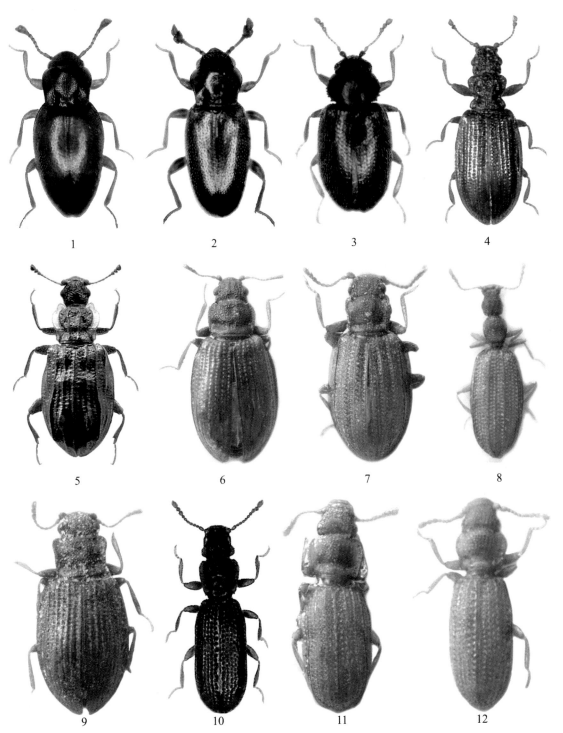

1. 椭圆扁薪甲 *Holoparamecus ellipticus* Wollaston; 2. 头角扁薪甲 *Holoparamecus signatus* Wollaston; 3. 东方薪甲 *Migneauxia orientalis* Reitter; 4. 缩颈薪甲 *Cartodere constricta* (Gyllenhal); 5. 瘤鞘薪甲 *Aridius nodifer* (Westwood); 6. 龙骨薪甲 *Enicmus histrio* Joy & Tomlin; 7. 四行薪甲 *Thes bergrothi* (Reitter); 8. 华氏薪甲 *Adistemia watsoni* (Wollaston); 9. 湿薪甲 *Lathridius minutus* (Linnaeus); 10. 大眼薪甲 *Dienerella arga* (Reitter); 11. 脊鞘薪甲 *Dienerella costulata* (Reitter); 12. 丝薪甲 *Dienerella filiformis* (Gyllenhal)

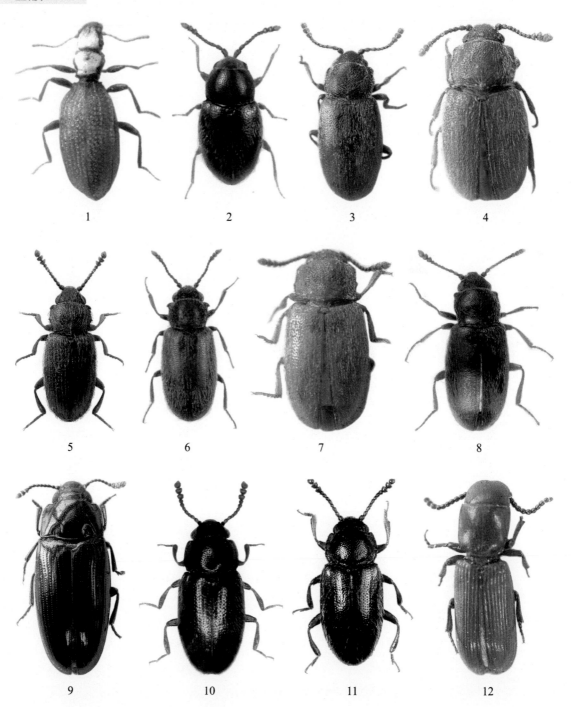

1. 红颈薪甲 *Dienerella ruficollis* (Marsham); 2. 黄圆隐食甲 *Atomaria lewisi* Reitter; 3. 黑胸隐食甲 *Micrambe nigricollis* Reitter; 4. 拟施氏隐食甲 *Cryptophagus pseudoschmidti* Woodroffe; 5. 窝胸隐食甲 *Cryptophagus cellaris* (Scopoli); 6. 尖角隐食甲 *Cryptophagus acutangulus* Gyllenhal; 7. 腐隐食甲 *Cryptophagus obsoletus* Reitter; 8. 四纹隐食甲 *Cryptophagus quadrimaculatus* Reitter; 9. 谷拟叩甲 *Pharaxonotha kirschi* Reitter; 10. 褐覃甲 *Cryptophilus integer* (Heer); 11. 黑带覃甲 *Cryptophilus obliteratus* Reitter; 12. 红褐隐颚扁甲 *Aulonosoma tenebrioides* Motschulsky; 图 5 引自 Borowiec

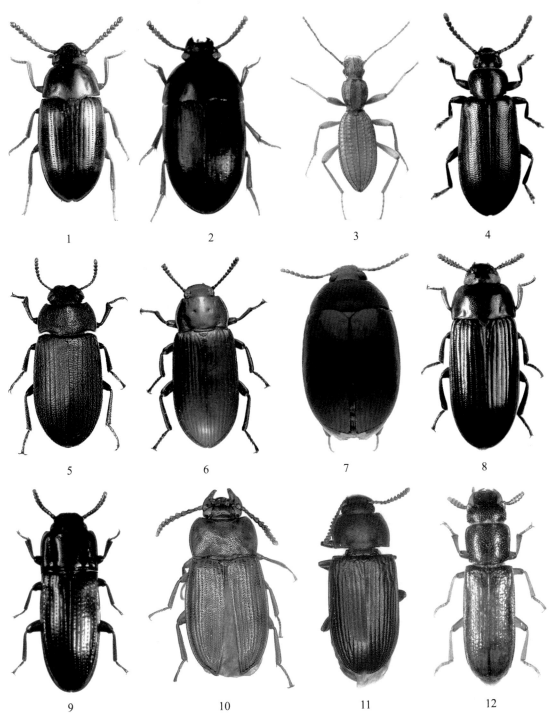

1. 二带黑菌虫 *Alphitophagus bifasciatus* Say; 2. 小隐甲 *Microcrypticus scriptum* (Lewis); 3. 中华龙甲 *Leptodes chinensis* Kaszab; 4. 中华垫甲 *Lyprops sinensis* Marseul; 5. 仓潜 *Mesomorphus villiger* Blanchard; 6. 北美拟粉虫 *Neatus tenebrioides* Palisot; 7. 红角拟步甲 *Platydema ruficorne* (Sturm); 8. 洋虫 *Palembus dermestoides* (Fairmaire); 9. 深沟粉盗 *Coelopalorus foveicollis* (Blair); 10. 长角拟步甲 *Sitophagus hololeptoides* (Laporte); 11. 大黑粉盗 *Cynaeus angustus* (LeConte); 12. 长头谷盗 *Latheticus oryzae* Waterhouse; 图 6、7、10、11 引自 Michael Yong

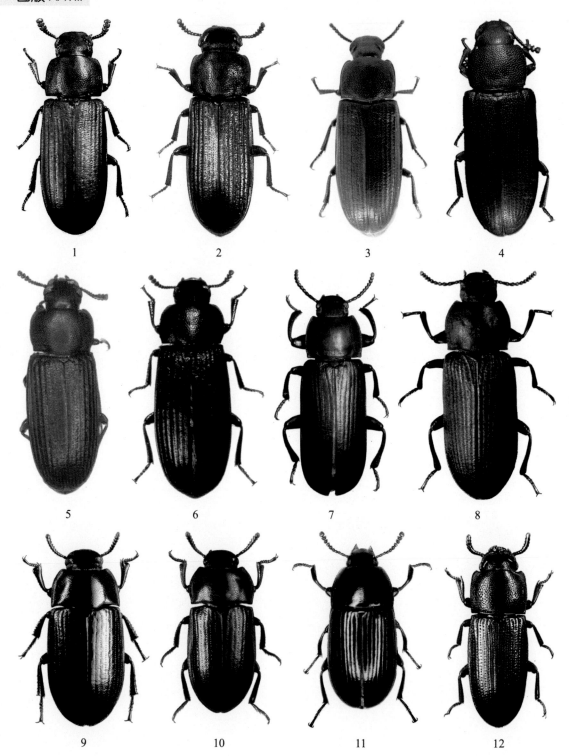

1. 赤拟谷盗 *Tribolium castaneum* (Herbst); 2. 杂拟谷盗 *Tribolium confusum* Jacquelin du Val; 3. 褐拟谷盗 *Tribolium destructor* Uyttenboogaart; 4. 美洲黑拟谷盗 *Tribolium audax* Halstead; 5. 黑拟谷盗 *Tribolium madens* (Charpentier); 6. 弗氏拟谷盗 *Tribolium freemani* Hinton; 7. 黄粉虫 *Tenebrio molitor* Linnaeus; 8. 黑粉虫 *Tenebrio obscurus* Fabricius; 9. 黑菌虫 *Alphitobius diaperinus* (Panzer); 10. 小菌虫 *Alphitobius laevigatus* (Fabricius); 11. 非洲褐菌虫 *Alphitobius viater* Mulsant & Godart; 12. 亚扁粉盗 *Palorus subdepressus* (Wollaston); 图 4、5 引自 Michael Yong

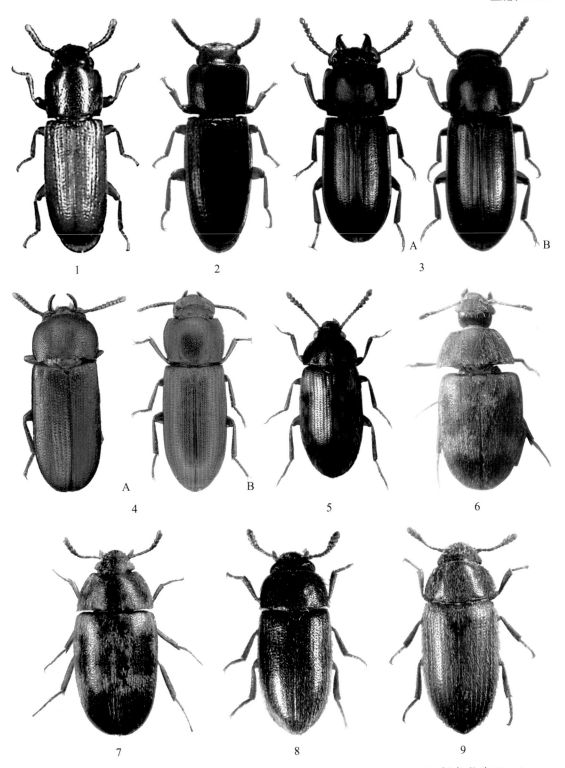

1. 小粉盗 *Palorus cerylonoides* (Pascoe); 2. 姬粉盗 *Palorus ratzeburgi* (Wissmann); 3. 阔角谷盗 *Gnathocerus cornutus* (Fabricius) (A♂, B♀); 4. 细角谷盗 *Gnathocerus maxillosus* (Fabricius) (A♂, B♀); 5. 波纹小蕈甲 *Mycetophagus hillerianus* Reitter; 6. 亚洲二色小蕈甲 *Litargus antennatus* Miyataka; 7. 二色小蕈甲 *Litargus balteatus* LeConte; 8. 小蕈甲 *Typhaea stercorea* (Linnaeus); 9. 黄色小蕈甲 *Typhaea pallidula* Reitter; 图 4A 引自 www. entnemdept. ufl. edu; 4B 引自 www. padil. gov. au